教育部职业教育与成人教育司推荐教材

多媒体设计案例教程

（第三版）

沈大林　王爱赪　主　编

万　忠　张　伦　曾　昊　王浩轩　副主编

中国铁道出版社
CHINA RAILWAY PUBLISHING HOUSE

内容简介

数字媒体包括数字化的文字、图形、图像、声音、视频影像和动画等。数字媒体技术包括计算机、通信、网络、流媒体、大数据和云服务等技术。在当前“大数据”和云计算时代，数字媒体的应用越来越广泛，数字媒体技术尤其显得重要。

本书共 9 章，介绍了数字媒体和数字媒体技术的基本知识，使用各种多媒体软件进行数字媒体的采集和格式转换的方法，以及编辑处理数字媒体的基本操作方法和技巧。

本书通俗易懂，理论、操作方法和实例制作相结合，适合作为中等职业技术学校计算机应用基础课程教材，也可作为社会培训学校的培训教材，以及计算机爱好者的自学用书。

图书在版编目（CIP）数据

多媒体设计案例教程/沈大林，王爱赪主编. —3 版.
—北京：中国铁道出版社，2015.10
教育部职业教育与成人教育司推荐教材
ISBN 978-7-113-21011-3

Ⅰ. ①多…　Ⅱ. ①沈…　②王…　Ⅲ. ①多媒体技术－职业教育－教材　Ⅳ. ①TP37

中国版本图书馆 CIP 数据核字（2015）第 244860 号

书　　名： 多媒体设计案例教程（第三版）
作　　者： 沈大林　王爱赪　主编

策　　划： 尹　娜　　**读者热线：** 010-63550836
责任编辑： 李中宝　冯彩茹
封面设计： 刘　颖
封面制作： 白　雪
责任校对： 汤淑梅
责任印制： 李　佳

出版发行： 中国铁道出版社（100054，北京市西城区右安门西街 8 号）
网　　址： http://www.51eds.com
印　　刷： 北京尚品荣华印刷有限公司
版　　次： 2007 年 5 月第 1 版　2009 年 4 月第 2 版　2015 年 11 月第 3 版　2015 年 11 月第 1 次印刷
开　　本： 787 mm×1 092 mm　1/16　**印张：** 17.75　**字数：** 426 千
印　　数： 1～2 000 册
书　　号： ISBN 978-7-113-21011-3
定　　价： 38.00 元

教育部职业教育与成人教育司推荐教材

FOREWORD

前言（第三版）

在现代数字媒体技术中，数字媒体通常是指以二进制数的形式记录、处理、传播、获取过程的信息表现形式，包括数字化的文字、图形、图像、声音、视频影像和动画等媒体。数字媒体技术是以计算机技术、存储技术、显示技术、信息处理技术、通信技术、网络技术、人机交互技术、流媒体技术、云计算和云服务技术、大数据技术和多种多媒体综合应用的技术为基础，通过设计规划和运用计算机进行艺术设计和融合而发展起来的新技术。在当前“大数据”和云计算时代，数字媒体的应用越来越广泛，数字媒体技术尤其显得重要。

本书是第三版，内容与前两版的最大区别是删除了使用 Authorware 软件设计多媒体课件的内容。本书介绍了数字媒体和数字媒体技术的一些基本知识，使用各种多媒体软件进行数字媒体的采集和格式转换的方法，编辑处理文字、图像、动画、音频和视频这些数字媒体的基本操作方法和操作技巧等。

本书共 9 章，第 1 章介绍了数字媒体和数字媒体技术基础知识；第 2 章介绍了使用“红蜻蜓抓图精灵”和汉化 SnagIt 软件截屏的方法，使用“录屏大师”、ZD Soft Screen Recorder 和汉化 SnagIt 软件录屏等方法，以及使用 Windows 录音软件、“克克 MP3 录音”和“超级 MP3 录音机”录音机软件录音和音频编辑的方法；第 3 章介绍了数字音频、动画和视频文件格式，使用“光盘刻录大师 8.1”和“格式工厂”软件进行音频格式转换的方法，使用“光盘刻录大师 8.1”软件进行音频简单编辑的方法；第 4 章介绍了“光盘刻录大师 8.1”、Bigasoft Total Video Converter 和“格式转换”软件进行视频格式转换，以及使用 Bigasoft Total Video Converter 和“视频编辑专家 8.0”软件进行视频简单编辑的方法；第 5 章介绍了使用“美图秀秀”软件对图片的简单加工编辑，以及“光影魔术手”软件的简单应用；第 6 章介绍了中文 GIF Animator 5 的基本使用方法和 5 个实例的制作方法；第 7 章介绍了中文 Ulead COOL 3D Studio 1.0 的基本使用方法和 6 个实例的制作方法；第 8 章和第 9 章介绍了使用“会声会影 X5”软件创建和编辑视频文件的基本方法和 6 个实例的制作方法与制作技巧。

本书由沈大林、王爱赪任主编，万忠、张伦、曾昊、王浩轩任副主编，参加本书编写以及为本书编写收集资料而提供各种帮助的主要人员有郑淑晖、赵玺、张秋、沈昕、肖柠朴、郑鹤、郝侠、丰金兰、许崇、郭海、陶宁、郭政、郑原、王加伟、孔凡奇、李宇辰、苏飞、王小兵、郑瑜、毕凌云、关山、于建海等。

由于编者水平有限，加之时间仓促，书中难免存在疏漏和不足之处，恳请广大读者批评指正。

编　者

2015 年 6 月

目录

CONTENTS

第1章 数字媒体和数字媒体技术基础知识

本章主要介绍了数字媒体的概念和基本特征，数字媒体技术的应用方向和发展过程与发展前景；介绍了数字媒体技术的基本特征、技术特点和数字媒体的压缩技术；简要介绍了数字媒体的应用设备、功能和分类等。另外，还介绍了文本、音频、图形、图像、动画和视频媒体的基础知识等。

1.1 数字媒体和数字媒体技术简介

1.1.1 媒体、数字媒体和流媒体简介

1. 媒体

媒体（Media）是指传递和存储信息的手段、工具和最基本的技术，也可以说是承载信息的载体。媒体按其形式划分为平面、电波、网络三大类，按照发展的先后顺序，主要有平面媒体（报纸、杂志等传统媒体）、广播媒体、电视媒体、互联网媒体和移动网络媒体。

媒体有两点含义：一是指信息的物理载体（即存储和传递信息的实体），如书本、挂图、磁盘、光盘、磁带以及相关的播放设备等；另一层含义是指信息的表现形式（或者说传播形式），如文字、数值、声音、图形、图像、动画、音频和视频等各种不同形式的信息。多媒体计算机中所说的媒体是指后者，即计算机能处理的多种形式的信息。按照国际电信联盟（ITU）电信标准部门（TSS）的 ITU-TI.347 建议，定义媒体有以下五大类：

（1）感觉媒体（Preception Medium）：指能够直接作用于人的感觉器官（听、视、味、嗅和触觉），并使人产生直接感觉的媒体，如引起听觉反应的声音，引起视觉反应的图像等。

（2）表示媒体（Representation Medium）：指为了传输感觉媒体而人为研究和创建的中介媒体，即用于数据交换的编码，不同的编码反映不同的感觉媒体。它的目的是为了更有效地将感觉媒体从一个地方传播到另一个地方，以便于对其进行加工、处理和应用。例如，日常生活中的条形码和电报码等，在计算机中使用的图像编码（JPEG、MPEG 等）、文本编码（ASCII 码、GB2312 等）、声音编码、动画和视频编码等。

感觉媒体和表示这些感觉媒体的表示媒体通称为逻辑媒体。

（3）表现媒体（Presentation Medium）：指感觉媒体输入到计算机中或通过计算机展示感觉媒体的物理设备，即获取和显示感觉媒体信息的计算机输入和输出设备。例如，显示器、打印机、音箱等输出设备，键盘、鼠标、话筒、扫描仪、数码照相机、摄像机等输入设备。

（4）存储媒体（Storage Medium）：是指存储、传输、显示媒体数据的物理设备，也叫实物媒体。例如，硬盘、磁带、光盘、内存和闪存盘等。

（5）传输媒体（Transmission Medium）：指将表示媒体从一个地方传播到另一个地方的物理设备，即传输数据的物理设备。例如，电缆、光纤、无线电波的发送与接收设备等。

在使用计算机中，人们首先通过表现媒体的输入设备将感觉媒体转换为表示媒体，再存放在存储媒体中，计算机将存储媒体中的表示媒体进行加工处理，然后通过表现媒体的输出设备将表示媒体还原成感觉媒体，反馈给用户。可以看出，五种媒体的核心是表示媒体，所以通常将表示媒体称为媒体。因此，可以认为多样化的表示媒体就是多媒体。

2. 数字媒体

数字媒体（Digital Media）是以二进制数的形式获取、记录、处理和传播过程的信息载体，这些信息载体包括二进制数字化的文字、图像、图形、动画、音频和视频影像等信息。任何信息在计算机中存储和传播时都可以分解为一系列二进制数“0”和“1”的排列组合。因此，通过计算机存储、处理和传播的信息媒体被称为数字媒体。

用计算机记录和传播的信息媒体有一个共同特点，就是信息的最小单元是比特（bit）。比特只是一种存在的状态，例如，开或关、高或低、真或假，可以统一表示为“0”或“1”。比特可以用来表现文字、图像、动画、影视、语音和音乐等信息，这些信息的融合被称为数字媒体。过去熟悉的媒体几乎都是以模拟的方式进行存储和传播的，而数字媒体却是以比特的形式通过计算机进行存储、处理和传播。交互性能的实现，在模拟域中是相当困难的，而在数字域中却容易得多。因此，具有计算机的“人机交互作用”是数字媒体的一个显著特点。

数字媒体主要分类如下。

（1）按时间属性分类：数字媒体可以分成静止媒体和连续媒体。静止媒体（Still Media）是指内容不会随时间而变化的数字媒体，如文本和图片。而连续媒体（Continues Media）是指内容随时间而变化的数字媒体，如音频、视频、虚拟图像等。

（2）按来源属性分类：可以分为自然媒体和合成媒体。自然媒体（Natural media）是指客观世界存在的景象和声音等，经过电子设备进行数字化和编码处理后得到的数字媒体，例如，数码照相机拍的照片、数字摄像机拍的影像和电影、录音机录制的 MP3 等格式的数字音频等。合成媒体（Synthetic Media）是指以计算机为工具，采用特定符号、语言或算法生成（合成）的文本、声音、音乐、图形、图像、动画和视频等，例如，用图像绘制软件绘制的图形和图像，用文字处理软件创建的文档，用音乐制作软件制作的音乐，用动画制作软件制作的动画，用视频制作软件制作的视频等。

（3）按组成元素划分：可以分成单一媒体和多媒体。单一媒体（Single Media）是指单一信息载体组成的媒体；多媒体（Multimedia）是指多种信息组成的媒体，包含各种表现形式和传递方式的各种媒体。通常，数字媒体就是指多媒体。

多媒体译自英文 multimedia，它是由 Multiple 和 Media 构成的复合词。Multiple 的中文含义是“多样的”，Media 是 Medium 的复数形式，其中文含义是“媒体”。

ITU 对多媒体含义的表述是：使用计算机交互式综合技术和数字通信网技术处理的多种表示媒体，使多种信息建立逻辑连接，集成一个交互系统。

3. 流媒体

流媒体（Streaming Media）又叫流式媒体，它是指在因特网（Internet）上按时间先后次序传输和播放的连续的文字、图像、音频、动画和视频等多媒体信息。以前传统的播放方式中，人们在网络上观看电影或收听音乐时，必须先将整个影音文件下载并存储在本地计算机上，然后才可以观看。与传统的播放方式不同，流媒体在播放前并不是下载整个文件，而是首先在用户计算机中创建一个缓冲区，多媒体信息首先存储在用户计算机的缓冲区作为缓冲，于播放前预先下载一段多媒体信息，用户不必等到整个多媒体文件全部下载完毕，而只需经过几秒或十数秒的启动延时即可进行观看多媒体信息，以后流媒体的多媒体数据不断传送并同时播放。当多媒体信息在用户计算机上播放时，多媒体文件的剩余部分会在后台从服务器内继续下载到用户计算机中。如果网络连接速度小于播放的多媒体信息需要的速度，播放程序就会播放先前建立的一缓冲区内的多媒体信息，避免播放的中断，保证多媒体信息播放的连续性。显然，流媒体实现的关键技术是流式传输，这种对多媒体文件边下载边播入的流式传输方式不仅使启动延时大幅度缩短，而且对系统缓存容量的需求也大大降低，极大地减少了用户等待的时间。

流媒体数据流具有连续性、实时性和时序性 3 个特点，即其数据流具有严格的前后时序关系。流媒体技术可以广泛地应用于各种网络，例如无线流媒体传输是 3G 网络的主要应用之一。常见流媒体的应用主要有：网上聊天、视频点播（VOD）、视频广播、视频监视、视频会议、远程教学、交互式游戏等。目前基于流媒体的应用非常多，可以预料，流媒体应用必然会成为未来网络的主流应用。

1.1.2　数字媒体技术简介

1. 数字媒体技术的概念

数字媒体技术是指通过现代计算和通信手段，把文字、音频、图形、图像、动画和视频等多媒体信息进行数字化采集、压缩/解压缩、编辑、存储等加工处理，再以单独或合成形式表现出来，使抽象的信息变成可感知、可管理和交互的一体化技术。数字媒体技术是以计算机技术、存储技术、显示技术、信息处理技术、通信技术、网络技术、流媒体技术、云计算和云服务技术、人机交互技术、多媒体和多种应用综合的技术为基础，通过设计规划和运用计算机进行艺术设计和融合而发展起来的新技术。例如，数字视听、动漫、网络资源共享和娱乐、手机通信和娱乐等。数字媒体的表现形式更复杂，更具视觉冲击力，更具互动特性。

数字媒体技术是计算机技术、通信技术和信息处理技术等各类信息技术的综合应用技术，其核心技术是数字信息的获取、存储、处理、管理、安全保证、传输和输出技术等，以及这些技术的综合技术，例如，基于数字传输和压缩处理技术的流媒体技术，基于计算机图形和动画的流媒体技术，广泛应用于娱乐、广播和教育等领域的虚拟现实技术等。

2. 数字媒体技术的应用

数字媒体的应用越来越广泛，它的应用主要有以下几个方面：

（1）教育：在现代教育方面，越来越多地将多媒体技术应用到教育教学软件中，这些软件使用大量的图形、图像、动画、视频和音频，并具有很好的交互性。计算机辅助教学（CAI）和培训软件允许个人以适合自己的速度学习，并可用逼真的图像表现所需信息。

（2）娱乐：可能是多媒体技术应用最多的一个领域，目前一般的游戏都用到了动画、实时三维图形、视频播放、预录声音或生成声音等多媒体技术。

（3）视频制作：要用到视频捕获、图像压缩、解压缩、图像编辑和转换等特殊技术；此外，还有音频同步、添加字幕和图形重叠等多媒体技术。

（4）信息咨询：可以利用多媒体技术建立无人值班的信息亭，用户自己操作、询问即可获得帮助。它常用于机场、银行、旅游胜地等地方。

（5）虚拟现实技术：可用来模拟复杂动作和仿真，利用计算机和相关设备将人们带入一个美妙的虚拟世界。它在驾驶训练、产品介绍、人体医学研究等许多方面已广泛采用。

（6）远程传输：多媒体技术在 Internet 上的应用，是其最成功的表现之一。不难想象，如果 Internet 只能传送字符，就不会受到这么多人的青睐。

3．数字媒体技术发展

1964 年，美国 SRI 公司发明了鼠标，使计算机的输入操作方式产生了变革，为 20 世纪 70 年代的图形用户界面（GUI）等图形处理软件的诞生与应用起到了支撑的作用。自 20 世纪 80 年代以来，世界上很多国际性的大公司都在研制开发多媒体计算机技术。

1982 年，Philips 和 Sony 公司联合推出数字激光唱盘 CD-DA。

1984 年，Apple 公司推出被誉为世界上最早的多媒体个人计算机（MPC）Macintosh。它的组成部分包括主机、多媒体插板、CD-ROM 驱动器，以及图像输入/输出设备等。率先采用位映射和图符技术来处理图形，运用超级卡使高保真音响和动态图像处理功能融入计算机，运用了窗口、菜单、面向对象和超文本技术，首先引入位图（Bitmap）的概念来描述和处理图形和图像，并使用由窗口（Window）和图标（Icon）构筑图形用户界面。

1985 年，Commodore 公司推出多媒体计算机系统 Amiga，后来形成系列产品。Philips 和 Sony 公司又联合推出可读光盘系统（CD-ROM），容量 650 MB。以后，它们又联合推出可读光盘交互系统（CD-I），用户可通过 CD-ROM 驱动器来播放光盘中的内容。后来，国际标准化组织（ISO）采纳该格式作为 CD-ROM 标准。

1989 年，新加坡 Creative Labs 公司在世界上率先推出支持数字化录音、放音功能的 PC 音效卡（即“声霸卡”）和 PC 视频卡。视频卡可以使计算机能处理和播放影视节目，在图像上叠加图形或文字，可以与录像机、摄像机、有线电视、激光视盘等设备相连。还可以将图像画面存储到硬盘中。1990 年，由 Microsoft 公司和多家厂商成立了多媒体计算机市场协会，制定了著名的 MPC 标准。1992 年，“运动图像专家小组”正式公布 MPEG-1 标准。1993 年，多媒体计算机市场协会又推出了 MPC 第二个标准。

以后，多媒体技术更不断发展。时至今日，多媒体技术正在与通信技术、网络技术、电视技术和手机技术联手，一起以更迅猛的速度不断发展，开创崭新的未来。

数字媒体包括用数字化技术生成、制作、管理、传播、运营和消费的文化内容产品及服务，具有高增值、强辐射、低消耗、广就业、软渗透的属性。“文化为体，科技为酶”是数字媒体的精髓。目前，数字媒体技术正向 3 个方向发展：一是计算机系统本身的多媒体化；二是数字媒体技术与视频点播、智能化家电、网络通信和手机通信等技术相结合，使数字媒体技术进入教育、咨询、娱乐、企业管理和办公自动化等领域；三是数字媒体技术与控制技术相互渗透，进入工业自动化及测控等领域。

在当前“大数据”时代，数字媒体技术尤其显得重要。“大数据”是由数量巨大、结构复杂、类型众多的数据构成的数据集合，是基于云计算的数据处理与应用模式，通过数据的整合共享，交叉复用，形成的智力资源和知识服务能力。

1.2　数字媒体技术的基本特性和技术特点

1.2.1　数字媒体技术基本特性

1．数字性

数字媒体技术的数字性是指数字媒体技术处理的都是二进制数字信息，这正是信息能够集成的基础。数据媒体数据具有数量大、差别大、类型多、输入/输出设备复杂等特点。

2．多样性

数字媒体技术的多样性是指多媒体种类的多样化，使计算机所能处理的信息不再局限于数值、文本，还包括图形、图像、音频、动画和视频等信息。使人类的思维表达不再局限于线性、单调、狭小的范围内，使计算机变得更加人性化。

3．交互性

数字媒体技术的交互性是指人们可以介入到各种媒体的加工、处理过程中，从而使用户更有效地控制和应用各种媒体信息。交互性可以增加对媒体信息的注意和理解，延长信息保留的时间。交互式工作是人们可以使用键盘、鼠标器、触摸屏、话筒等设备以及计算机程序去控制各种媒体的播放。人与计算机之间，人机交互的操作具有人性化和亲和性。

从数据库中检索图片、声音和文字，是多媒体交互性的初级应用；通过交互特征使用户介入到信息过程中，则为中级应用；当人们在一个与信息环境一体化的虚拟信息空间中遨游时，才达到了交互应用的高级阶段。这就是当今多媒体研究的热点之一——虚拟现实。

4．集成性

数字媒体技术的集成性是指不同的媒体信息有机地结合到一起，形成一个完整的整体，即各种信息媒体应该和多媒体的各种设备成为一体。

5．实时性

数字媒体技术的实时性是指音频与视频信息都是与时间有关的媒体信息，要求在加工、处理、存储和播放它们时，应保证它们的连续性，对数据存取、压缩和解压缩以及播放速度要求较高。

6．网络性

数字媒体技术的网络性是指充分利用网络，使得多媒体信息的传递基本不受时间和地域的限制，充分共享多媒体信息。

1.2.2　数字媒体的压缩、网络和移动通信技术

数字媒体应用涉及许多相关技术，因此数字媒体技术是一门多学科的综合技术，其主要有

数字压缩技术、网络技术和移动通信技术。

1. 数据压缩技术

数据压缩技术包括算法和实现视频及音频压缩的国际标准、专用芯片和其他硬件与软件等。数据压缩技术的发展，使得实时传输大容量的图像、音频和视频数据成为可能。一幅640×480像素中分辨率的彩色图像，数据量约为7.37 Mbit/帧（(640×480)像素×3基色/像素×8bit/基色＝7.372 8 Mbit），如果是视频（运动图像），要以每秒30帧的速度播放，则视频信号的传输速率为221.2 Mbit/s。如果存放于650 MB的光盘中，只能播出23 s，可见，数据压缩技术是多媒体计算机走向实用化的关键。视频和音频信号因其不仅数据量大而需要较大的存储空间，还要求传输速率快。如对于总线传输速率为150 kbit/s的PC，处理上述视频信号必须将数据压缩到原大小的1/200，否则无法实现。因此，视频、音频信号的数据压缩与解压缩是多媒体的关键技术。

虽然声音和图像信息数字化后都需要进行压缩处理，但其中矛盾最为突出和困难的是图像信息的压缩，特别是视频图像信息的压缩。图像存在大量的冗余，可以进行压缩。压缩分为不失真压缩和失真压缩两类。不失真压缩固然受到欢迎，但其研究应用难度较大。根据"特征选取"学说，一种好的特征选取方法有可能比一般的数据压缩方法更加适用。失真压缩技术正是基于这一认识，以丢弃一部分信息为代价，保留最主要的最本质的信息。

数据的压缩可以看成是一种变换，数据的恢复（解压缩）则被认为是一种反变换，这种变换的方法又称为编码技术。数据编码技术大致经历了1977—1984年基础理论研究阶段，1985—1995年为实用化阶段。

目前流行的关于压缩编码的国际标准有：彩色静止图像的压缩方式JPEG；彩色运动图像的压缩方式MPEG；电视电话/会议电视编码方式H.261。JPEG和MPEG压缩方式简介如下：

（1）JPEG标准：JPEG标准主要适用于压缩静止的彩色和单色多灰度的图像，一般用于彩色打印机、灰度和彩色扫描仪、部分型号的传真机。JPEG标准分为基本压缩系统、扩展系统（在基本系统上增加了算术编码、渐进构造等特性）和分层的渐进方法（通过滤波建立了一个分辨率逐渐降低的图像序列）3个系统。JPEG标准采用了混合编码方法。其基础是离散余弦变换（DCT）和霍夫曼变换，这是一种失真的有损压缩算法，即图像质量和压缩比有关，压缩比越大，图像质量损失越多。由于JPEG算法中要进行大量计算，因此需要配备专用的快速JPEG信号处理器，以减轻计算机CPU的负担。

（2）MPEG标准：MPEG英文原意为"运动图像专家小组"。由于ISO/IEC11172压缩编程标准是由该运动图像专家小组1990年制定的，因此将该标准称为MPEG标准。该标准又分为3个，其中MPEG-1用于普通电视，MPEG-2用于数字电视，MPEG-4为多媒体应用标准。MPEG标准具体包含MPEG视频、MPEG音频和MPEG系统（视频与音频同步）3部分。

MPEG视频是标准的核心部分，它采用帧内和帧间相结合的压缩方法，最终获得了100：1的数据压缩率（MPEG-1）。MPEG音频压缩算法则根据人耳的屏蔽滤波功能，利用"某些频率的音响在重放其他频率的音频时便听不到"这样一个特性，将那些人耳完全或基本上听不到的音频信号压缩，使音频信号的压缩比达到8：1或更多，同时音质逼真。

2. 网络技术

Internet 是一个通过网络设备把世界各国的计算机相互连接在一起的计算机网络，人们将其看成是信息高速公路的起点。人们可以通过连入 Internet，尽情享用其提供的服务和信息资源。Internet 上已经开发了很多应用，归纳起来可分成两类：一类是以文本为主的数据通信，包括文件传输、电子邮件、远程登录、网络新闻和电子商务等；另一类是以图像、声音和电视为主的通信，通常把上述两类内容称为多媒体网络技术。

万维网（WWW）亦称 Web，是在 Internet 上运行的全球性分布式信息系统。它的主要特点是将 Internet 上的现有资源全部通过超级链接互连起来，用户能够在 Internet 上查找到已经建立的 WWW 服务器的一切站点提供的超文本、超媒体资源文档，这些文档中包括文本、图像、声音、动画、视频等数据类型。

3. 移动通信技术

移动通信是移动体之间或移动体与固定体之间的通信，通信双方有一方或两方处于运动中的通信，移动体可以是人，也可以是汽车、火车、轮船等在移动状态中的物体。采用的频段遍及低频、中频、高频、甚高频和特高频。目前的移动通信已经发展到第三代移动通信系统（3G）和第四代移动通信系统（4G）。第三代移动通信系统最基本的特征是智能信号处理技术，支持话音和多媒体数据通信，它可以提供前两代产品不能提供的各种宽带信息业务，例如高速数据、慢速图像与电视图像等。第四代移动通信系统是最新的移动通信系统，它集 3G 与 WLAN 于一体，能够传输高质量视频图像，图像的质量与高清晰度电视不相上下；该系统能够以 100 Mbit/s 的速度下载，比拨号上网快 2 000 倍，上传的速度也能达到 20 Mbit/s，并能够满足几乎所有用户对于无线服务的要求。

目前移动通信使用最多的是手机和平板电脑，它们使用的芯片（TD 终端芯片）主要由高通、展讯、联芯、联发科、MARVELL、重邮信科等厂家生产。

1.2.3　数字媒体的其他技术

1. 数字媒体存储技术

数字媒体存储技术包括多媒体数据库技术和海量数据存储技术。多媒体数据库的特点是数据类型复杂、信息量大，光盘、U 盘、移动硬盘和云存储技术的发展，大大带动了多媒体数据库技术及大容量数据存储技术的进步。此外，数据媒体中的声音和视频图像都是与时间有关的信息，在很多场合要求实时处理（压缩、传输、解压缩），同时多媒体数据的查询、编辑、显示和演播，这些都向多媒体数据库技术提出了更高的要求。

2. 多媒体计算机专用芯片技术

大规模集成电路的发展，使得多媒体计算机的运算速度和内存容量大幅度地提高。

多媒体计算机专用芯片一般分为两种类型：一种是具有固定功能的芯片；一种是可编程的处理器。具有固定功能的芯片，主要用于图像数据的压缩处理，主要的半导体厂商有 C-cube 公司、ESS 公司、SGS-Thomson 公司、LSI Logie 公司等。

可编程的处理器比较复杂，它不仅需要快速/实时地完成视频和音频信息的压缩和解压缩，还要完成图像的特技效果（如淡入淡出、马赛克、改变比例等）、图像处理（图形的生成和绘制）、音频信息处理（滤波和抑制噪声）等项功能。目前，这方面的产品已经成功地应用于MPC中，主要生产厂商有Intel公司、得州仪器公司（TI）、集成信息技术公司（IIT）等。

3. 输入/输出技术

多媒体输入/输出技术涉及各种媒体外设以及相关的接口技术，它包括媒体转换技术、识别技术、媒体理解技术和媒体综合技术。

（1）媒体转换技术：是指改变媒体的表现形式，如当前广泛使用的视频卡、音频卡都属于媒体转换设备。

（2）媒体识别技术：是对信息进行一对一的映像过程，如语音识别是将语音映像为一串字、词或句子；触摸屏是根据触摸屏上的位置识别其操作要求。

（3）媒体理解技术：是对信息进行更进一步的分析处理和理解信息内容，如自然语言理解、图像理解、模式识别等。

（4）媒体综合技术：是把低维信息表示映像成高维模式空间的过程，如语音合成器就可以把语音的内部表示综合为声音输出。

4. 多媒体系统软件技术

多媒体系统软件技术主要包括多媒体操作系统、多媒体数据库管理技术。当前的操作系统都包括对多媒体的支持，可以方便地利用媒体控制接口（MCI）和底层应用程序接口（API）进行应用开发，而不必关心物理设备的驱动程序。

5. 云计算和云存储技术

云计算（Cloud Computing）是分布式计算技术的一种，它的基本概念是通过互联网将庞大的计算处理程序自动分拆成无数个较小的子程序，再交由多部服务器组成的庞大系统通过搜寻、分析计算之后将处理结果返回用户。通过这项技术，网络服务提供者可以在数秒之内处理数以千万计以上的信息，达到和超级计算机相同效能的服务。

最简单的云计算技术在网络服务中已经随处可见，如搜寻引擎、网络信箱等，使用者只要输入简单的指令，就可以获得大量信息。未来的手机、GPS等设备都可以通过云计算技术来发展出更多的应用服务。

云存储是在云计算概念上延伸和发展来的一个新的概念，是指通过集群应用、网格技术或分布式文件系统等功能，将网络中大量各种不同类型的存储设备通过应用软件集合起来协同工作，共同对外提供数据存储和访问功能的一个系统。

当云计算系统运算和处理的核心是大量数据的存储和管理时，云计算系统中就需要配置大量的存储设备，那么云计算系统就转变成一个云存储系统，所以云存储是一个以数据存储和管理为核心的云计算系统。

1.3 数字媒体应用设备

1.3.1 MPC标准和多媒体计算机的组成

1. MPC标准

具有多媒体功能的计算机被称为多媒体计算机，其中最广泛、最基本的是多媒体个人计算机（Multimedia Personal Computer，MPC）。多媒体计算机系统是一个由复杂的硬件系统和软件系统有机结合在一起的综合系统。它把音频、视频等媒体与计算机系统融合起来，并由计算机系统对各种媒体进行数字化处理。MPC 的最大特点是改善人机接口界面，拓宽了计算机的应用领域。

1990 年，为了规范市场，由 Microsoft 和 IBM 等 14 家著名厂商组成了多媒体计算机市场协会，进行多媒体标准的制定和管理。该组织制定的标准就是著名的 MPC 标准。1991 年，多媒体计算机市场协会制定了多媒体 PC 的基本标准即 MPC-I，对多媒体 PC 及相应的多媒体硬件规定了必须的最低技术规格，要求所有使用 MPC 标志的多媒体产品都必须符合该标准的要求。随着计算机和多媒体产品性能的不断提高，多媒体计算机协会（现已改名为多媒体 PC 工作组）根据多媒体技术的发展，先后在 1993 年和 1995 年又公布了 MPC-Ⅱ和 MPC-Ⅲ两个级别的 MPC 标准。MPC 基本标准只界定 MPC 必备的下限功能与配置。目前各种计算机的性能都远远超过 MPC-Ⅲ标准，种类也非常多，有台式计算机、微型电脑、一体化计算机、笔记本计算机和平板电脑等，如图 1-3-1 所示，它们的功能也越来越强大。

多媒体个人计算机（MPC）主要由硬件系统和软件系统组成。

图 1-3-1　多媒体台式计算机、笔记本电脑和平板电脑

2. 计算机硬件系统

硬件系统是指构成计算机系统各种实体的总称，它是一些实实在在、看得见摸得着的机器部件。通常所看到的计算机总会有一个机箱，里边有各式各样的电子元件，还有键盘、鼠标、显示器和打印机等，这些都是计算机的硬件，它们是组成一个计算机的物质基础。

（1）计算机平台：把多媒体计算机系统中除多媒体功能所必需的硬件以外的基本主机系统称为计算机平台，包括 CPU、内存、总线、显示系统、各种驱动器和输入/输出设备等。

多媒体涉及的数据量非常庞大，而多媒体信息表现的生动性和实时性又要求计算机能迅速，甚至实时地处理这些庞大的媒体数据，所以多媒体技术对计算机平台的要求很高。这包括要求高档次的 CPU、足够大的内存、快速的大容量存储设备、性能好的显示设备等。

输出设备中必须有高性能的显示部件，这包括显卡、内存和显示器，因为要快速显示 24 比特真彩色和分辨率较大的图像。另外，除了使用高效压缩技术外，还必须使用高速总线，如 PCI、SCSI、USB 等。

微型计算机大多采用以总线为中心的计算机结构。所谓总线，是指计算机中传送信息的公共通路，实际上是一些通信导线。计算机中的所有部件都被连接在这个总线上。图 1-3-2 是微型计算机的总线结构示意图，根据传送信息的不同，系统总线一般分为数据总线（DB）、地址总线（AB）和控制总线（CB）三类。

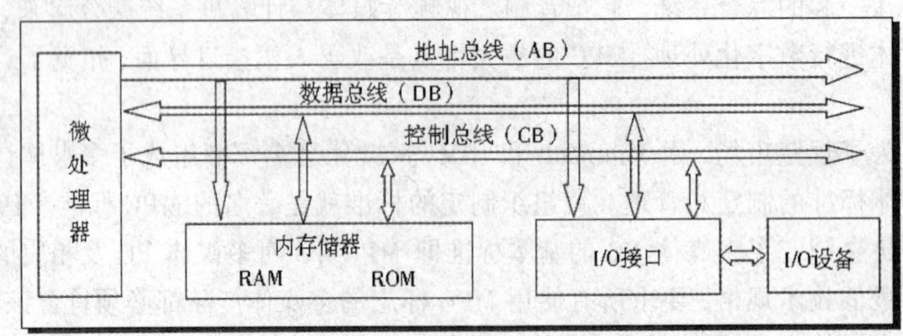

图 1-3-2 微型计算机系统总线结构示意图

（2）CD-ROM 或 DVD-ROM 驱动器：CD-ROM 驱动器是早期多媒体计算机的标准配置之一。它是大容量的数据存储设备，同时还是 CD、VCD 的播放器。目前，使用速率更高的 DVD-ROM 驱动器等替代了 CD-ROM，甚至用 U 盘替代 DVD-ROM 驱动器和光盘。

（3）多媒体接口卡：多媒体接口卡根据多媒体系统获取、编辑音频或视频的需要插接在计算机上，以解决各种媒体数据的输入/输出问题。多媒体接口卡是建立制作和播放多媒体应用程序工作环境必不可少的硬件设施。常用的接口卡有声卡、语音卡（具有音频信号获取、压缩/解压缩、MIDI 合成等功能）、视频压缩卡（具有视频信号获取、压缩/解压缩等功能）、VGA/TV 转换卡、视频捕捉卡、视频播放卡等。

（4）多媒体外围设备：多媒体外围设备种类繁多，按功能可分如下两类。

① 输入/输出设备：键盘、鼠标、显示器、光笔、话筒、音响、手机、摄像头、数码照相机、摄像机、电视机、打印机、扫描仪和投影仪等。

② 存储设备：硬盘、磁带、U 盘、光盘等。

3. 计算机软件系统

软件系统是指在计算机硬件基础上运行的程序及其相关的资料。程序是由一系列指令组成的，每条指令一般都能激发计算机进行相应的操作。

（1）系统软件：多媒体系统软件是多媒体系统运行的环境基础，它主要由多媒体操作系统组成。它的任务是控制多媒体硬件设备的使用，协调窗口软件环境的各项操作。它具有实时多任务处理能力，支持多媒体数据格式，可以综合使用各种媒体，具有灵活传输和处理多媒体数据的功能，如 Microsoft 公司的 Windows 等。

（2）创作软件：用于各种媒体的开发和创作。这些软件至少具有多媒体编辑和播放的功能。还可以将文本、图形、音频、图像和视频等多种媒体综合在一起，并赋予交互能力。例如，Windows 环境下的“录音机”使用工具软件、多媒体创作平台软件 Flash、PowerPoint、Authorware 和 ToolBOOK 等。

（3）应用软件：多媒体应用软件是在多媒体创作平台上设计开发的面向应用领域的软件系统，如计算机辅助教学系统（CAI）、技术培训软件、有声像的电子出版物、视频会议系统、多媒体数据库系统等。多媒体应用软件是多媒体计算机赖以生存的物质基础，没有丰富的多媒体应用软件，多媒体市场就不会得到迅速发展。

1.3.2　输入设备

1. 键盘

键盘是最常用也是最主要的输入设备，通过键盘可以将英文字母、数字、标点符号等输入到计算机中，从而向计算机发出命令、输入数据等。键盘的分类方法有很多种，简介如下。

（1）按键数分类：一般情况下，不同型号的键盘提供的按键数目也不同。常用的键盘有101、104 键等若干种。为了便于记忆，按照功能的不同，人们把键盘划分成主键盘区、功能键盘区、编辑键盘区和数字键盘区 4 个区域，还有 1 个状态指示灯区，如图 1-3-3 所示。图中左边最大的区域称为“主键盘区”，最上面的一个长条区域称为“功能键盘区”，最右边的区域称为“数字键盘区”，在主键盘区和数字键盘区之间的区域称为“编辑键盘区”。

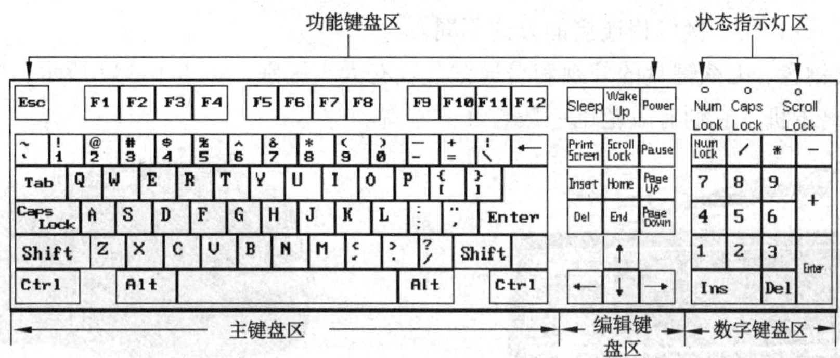

图 1-3-3　常用的键盘分布

近些年来又出现了多媒体键盘，它在传统键盘的基础上增加了不少常用快捷键或音量调节装置，并带有上网键、收发电子邮件键、音量调节键、打开浏览器软件键、启动多媒体播放器键和控制光盘驱动器键等，使计算机操作进一步简化。

（2）按功能分类：主要可分为以下几种。

① 标准键盘：标准键盘是市场上最常见的键盘，各厂商的标准键盘无论从尺寸、布局还是外形上来看，都是大同小异的。标准键盘中的一种键盘如图 1-3-4 所示。

② 人体工程学键盘：人体工程学键盘主要是提供给职业操作计算机的人，如图 1-3-5 所示。该键盘增加了底托，解决了长时间悬腕或塌腕的劳累，并将两手所控的键位向两旁分开一定的角度，使两臂自然分开，达到省力的目的。目前这类键盘品种很多，有固定式、分体式和可调角度式，以适应不同操作者的各种姿势。

图 1-3-4　标准键盘

图 1-3-5　人体工程学键盘

③ 多功能键盘：多功能键盘比标准键盘多加了一些功能键，用来完成一些快捷操作，如一键上网、开机、关机、播放 CD/VCD 的按键，话筒和音像的插槽等，使用户使用起来更加方便、功能更强大。另外，还有集成鼠标的键盘等。

④ 手写键盘：手写键盘就是键盘和手写板的结合产品，如图 1–3–6 所示。

（3）按接口类型分类：主要可分为以下几种。

① PS/2 接口的键盘：目前，只有极少部分的键盘属于此类，它与主板上的 PS/2 接口相连。

② USB 接口的键盘：USB 接口即通用串行总线，已经被广泛应用于鼠标、键盘、打印机等各种设备。其传输速率远远大于传统的并行口和串行口，设备安装简单并且支持热插拔，USB 设备一旦接入，就能立即被计算机所识别，并装入任何所需要的驱动程序，而且不必重新启动系统就可立即投入使用。当不再需要某台设备时，可随时将其拔除。USB 接口的键盘功能与普通键盘完全一致，只是接口相连接的方式不同。

③ 无线键盘：无线键盘的外观和普通键盘没有太大区别，如图 1–3–7 所示，没有连接线，可以完全脱离主机，它的有效范围一般在 3 m 左右。

图 1–3–6　手写键盘

图 1–3–7　无线键盘

2. 鼠标

鼠标是一种快速定位器，功能与键盘的光标键相似，可以快速移动屏幕上的鼠标箭头，是计算机图形界面交互的必用外围设备。鼠标分类主要由以下几部分：

（1）按键数分类：主要可分为以下几种。

① 两键鼠标：它通常称为 MS 鼠标，如图 1–3–8 左图所示。

② 三键鼠标：也叫 PC 鼠标，如图 1–3–8 中图所示，与两键鼠标相比，多了一个中间键，使用中间键在某些特殊程序中能起到事半功倍的效果。

③ 多键鼠标：常带有滚轮和侧键，如图 1–3–8 右图所示，使得浏览网页、文档时上下翻页方便。滚轮有横向、纵向之分。有一个滑轮的称为 3D 鼠标，有两个滑轮的称为 4D 鼠标。

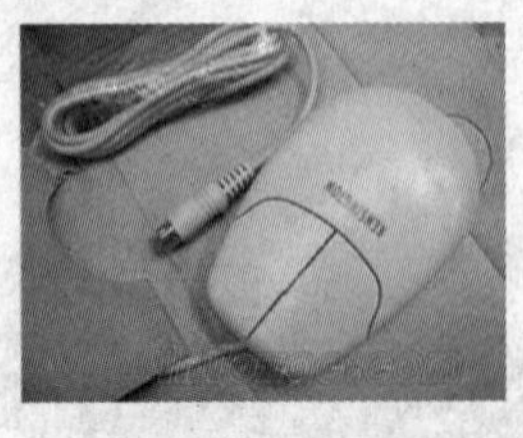
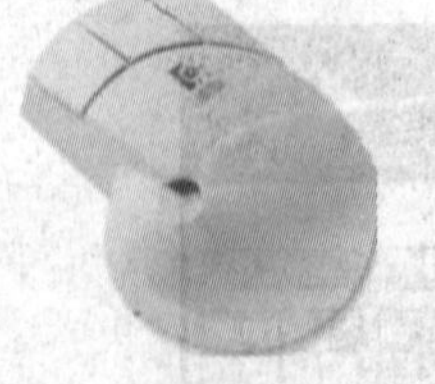

图 1–3–8　鼠标

（2）按内部结构分类：主要可分为以下几种。

① 机械式鼠标：鼠标的移动带动底部的胶质小球滚动，再带动 X 方向滚轴和 Y 方向滚轴

滚动，经过译码轮，产生与二维空间位移相关的脉冲信号。它的寿命短，已基本淘汰。

② 跟踪球鼠标：跟踪球鼠标实际上就是一个倒过来的机械鼠标，如图 1-3-9 所示。

③ 光电式鼠标：光电式鼠标是目前的主流产品，用发光二极管（LED）与光敏晶体管的组合来测量位移，这种鼠标的精度极高。从正面来看与机械鼠标没有任何区别，但是从底面来看，光电鼠标不带滚轮。目前这种鼠标比较流行。

（3）按接口类型分类：主要可分为以下几种。

① PS/2 接口的鼠标：PS/2 接口的鼠标使用了一个六芯的圆形接口，如图 1-3-8 左图所示，需要插接在主板上的一个 PS/2 端口中。

② USB 接口的鼠标：USB 接口的鼠标，如图 1-3-10 所示，功能完全一致，只是接口相连接的方式不同。

③ 无线（遥控式）鼠标：无线鼠标没有连接线，外形与普通鼠标没有太大区别，如图 1-3-11 所示。无线遥控式鼠标可分为红外无线型鼠标和电波无线型鼠标两种。红外无线型鼠标一定要对准红外线发射器后才可以活动自如，否则没有反应。

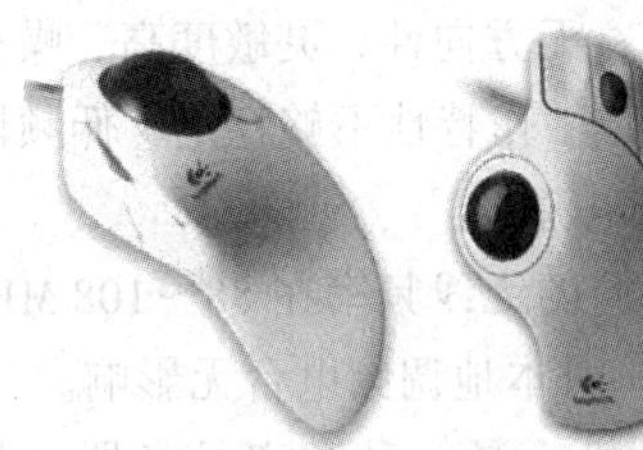

图 1-3-9　跟踪球鼠标

图 1-3-10　USB 接口鼠标

图 1-3-11　无线鼠标

3．其他输入设备

（1）数码照相机：简称数码相机（Digital Camera，DC），如图 1-3-12 所示。它是一种集光学、机械、电子一体化的产品，具有数字化存取、与计算机交互处理和实时拍摄等特点。光线通过镜头或者镜头组进入照相机，通过成像元件转化为数字信号，数字信号通过影像运算芯片存储在存储设备中。数码照相机的电子传感器是一种光感应式的电荷耦合器件（CCD）或互补性氧化金属半导体（CMOS）。

数码照相机的种类主要由卡片相机（外形小巧、轻薄时尚）和单反数码照相机（是指单镜头反光数码照相机）等。单反数码照相机和普通数码照相机相比较，内部结构不一样，快门、镜头和感光材料的面积也都不一样，主要优点是快门速度高，这是普通数码照相机所望尘莫及的。

（2）数码摄像机：数码摄像机（Digital Video，DV）如图 1-3-13 所示，它按存储介质可分为磁带式、光盘式、硬盘式、存储卡式；按用途可分为广播级、专业级和消费级机型。数码摄像机进行工作的基本原理简单来说就是光电数字信号的转变与传输，即通过感光元件将光信号转变成电流，再通过模数转换器芯片将模拟电信号转变成数字信号，由专门的芯片进行处理和过滤后得到的信息还原出来就是我们看到的动态画面了。数码摄像机的感光元件主要有 CCD（电荷藕合）和 CMOS（互补金属氧化物导体）两种器件。

数码摄像头在多媒体计算机中应用最广，它可以认为是一个微型数码摄像机，通常将摄像头和话筒合成一体，或者在显示器内自带一个摄像头。笔记本电脑通常都自带摄像头。

图 1-3-12　数码照相机

图 1-3-13　数码摄相机

（3）话筒：也叫麦克风，如图 1-3-14 所示，它是通过声波作用到电声元件上产生电压，再转为电能。话筒电路简单，种类繁多，按照功能分类，主要有动圈式筒和电容话筒。

① 动圈式话筒是由振膜带动线圈振动，从而使在磁场中的线圈感应出电流。它的特点是结构牢固，性能稳定，经久耐用，价格较低；频率特性良好，50～15 000 Hz 频率范围内幅频特性曲线平坦；指向性好；无需直流工作电压，使用简便，噪声小。

② 电容话筒的振膜就是电容器的一个电极，当振膜振动时，振膜和固定的后极板的间距跟着变化，产生可变电容量，它和话筒本身所带的前置放大器一起产生了信号电压。它的特点是频率特性好，在音频范围内幅频特性曲线平坦，优于动圈话筒；无方向性；灵敏度高，噪声小，音色柔和；输出信号电平比较大，失真小，瞬态响应性能好；工作特性不够稳定，低频段灵敏度随着使用时间的增加而下降，寿命较短，工作时需要直流电源。

另外，按照信号传送方式，可划分为有线和无线话筒。无线话筒的无线频率在 88～108 MHz 调频波段，发射距离 30 m 左右，接受的声音清晰，无杂波干扰，对本地调频电台无影响。

（4）数码录音笔：数码录音笔也称数码录音棒或数码录音机，是一种数字录音器，如图 1-3-15 所示。它与传统录音机相比，数码录音笔是通过数字存储的方式来记录音频的，它的造型并非以单纯的笔型为主，主要是携带方便，同时拥有多种功能，例如，激光笔、FM 调频、MP3 播放、声控录音、电话录音、定时录音、自动录音、外部转录、数码照相机、移动存储、多种播放查找和文件编辑等功能。通常数码录音笔的音质效果要比传统的录音机要好一些。录音时间的长短与录音笔支持的声音文件存储规格有关。目前常见的有 LP（长时间录音）、SP（标准录音）、HQ（高质量录音）3 种基本模式。除这 3 种模式外，还有一种 SHQ（超高保真录音）模式，不过有这种模式的数码录音笔很少。而标准录音时间是指在 SP 模式下录音笔内存支持的最长录音时间。

图 1-3-14　话筒

图 1-3-15　录音笔

（5）扫描仪：扫描仪（Scanner）是一种高精度的光电一体化的高科技产品，它是将各种形式的图像信息输入计算机的重要工具，如图 1-3-16 所示。扫描仪是继键盘和鼠标之后的第三代计算机输入设备，是功能极强的一种输入设备。人们通常将扫描仪用于计算机图像的输入，从图片、照片、胶片到各类图纸图形和各类文稿资料，都可以用扫描仪输入到计算机中，进而实现对这些图像形式的信息的处理、管理、使用、存储和输出等。

图 1-3-16　扫描仪

扫描仪有手持式（已不使用）、平板式（目前使用较普遍）和滚筒式（可扫描较大的画面，主要用于工程设计）。扫描仪与计算机的接口主要有并行接口（EPP 接口和打印接口）、SCSI 接口和 USB 接口 3 种。扫描仪的主要性能指标简介如下：

① 分辨率：是扫描时每英寸获取的像素个数，单位为像素/秒，分为水平分辨率和垂直分辨率。分辨率越高，扫描出的图像越清晰，但生成的文件也越大。常见的扫描仪分辨率为 600×1200 像素和 1200×2400 像素，分辨率为 2400×4800 像素的扫描仪是发展的方向。

② 灰度等级：是扫描时对图像的亮度从最黑到最白进行划分的等级。级数越高，图像的亮度变化范围越大，图像的层次越丰富。目前，扫描仪的灰度等级有 8 bit（有 2^8=256 个灰度等级）、10 bit（有 2^{10}=1 024 个灰度等级）和 12 bit（有 2^{12}=4 096 个灰度等级）等。

③ 色彩数量：表示扫描仪在扫描时可以识别的最大色彩数目。通常用每个像素点颜色的位数来表示。例如，24 位可描述的最大色彩个数为 2^{24}=1 677 216，32 位可描述的最大色彩个数为 2^{32}=4 294 967 296。色彩数量越大，图像色彩越丰富，但生成的文件也越大。

④ 扫描速度：主要决定于扫描仪的接口模式、扫描仪步进电动机的速率和扫描仪设定的分辨率。分辨率越高，扫描速度越慢。一幅 A4 幅面、300 像素/秒分辨率的图像，大约需要扫描 30～60 s。

⑤ 扫描幅面：是扫描仪可以扫描的画面的最大尺寸。常见的扫描仪的扫描幅面有 A4、A4 加长和 A3 等。

（6）数码绘图板：又叫手写板、数位板或电绘板，如图 1-3-17 所示。手写输入方法使用的输入笔有两种：一种是与写字板相连的有线笔；另一种是无线笔。无线笔的携带和使用均很方便，是手写输入笔的发展方向。手写板有两种：一种是电阻式；另一种是感应式。电阻式写字板的成本低，但必须充分接触。感应式分为有压感和无压感两种。有压感的感应式写字板可以感应到输入笔的压力大小，从而识别笔画的粗细和着色的浓淡，特别适合于绘画，是目前较好的手写输入设备。

（7）合成器：合成器（Musical Synthesizer）也叫电子合成器或电子音乐键盘等，如图 1-3-18 所示。它用来产生并修改正弦波形并叠加，然后通过声音产生器和扬声器发出特定的声音。泛音的合成决定声音音质。合成器就是各种各样的盒式设备互相连接，最后统一连接到一个键盘上去。当按下一个键盘时，一个包含振荡器的单元会发出声音，另外一些盒式设备，一个滤波器，便会控制这个声音的音色。一个放大器则会控制音量等。

目前，合成器已经不是一个人为合成音色的东西，它拥有大量的采样音色可供演奏使用，拥有自己的音序器可以录制编辑音乐，拥有可以与其他设备交换的信息，即集音源、音序器、

MIDI 键盘于一身的设备，只要拥有一台带音序器的合成器，就可以制作 MIDI 音乐等。

MIDI 键盘是可以输出 MIDI 信号的键盘，它自带了很多 MIDI 信号控制功能。这种键盘自己不带任何音色，但可以外接硬件音源或者下载软件，音源用 MIDI 键盘弹奏。

（8）手机：又叫移动电话，是可以握在手上的移动电话机。1973 年 4 月，美国工程技术员“马丁·库帕”发明世界上第一部推向民用的手机，“马丁·库帕”从此也被称为现代“手机之父”。以后手机经历了第一代模拟制式手机（1G，因为个头较大有大哥大的俗称），第二代 GSM、CDMA 等数字手机（2G），第三代手机（3G）时代，目前已发展至 4G 时代。

一般来讲，3G 手机是指将无线通信与互联网等多媒体通信结合的移动通信系统，它能够处理图像、音乐、视频流等多种媒体形式，提供包括网页浏览、电话会议、电子商务等多种信息服务。也就是说在室内、室外和行车的环境中能够分别支持至少 2 Mbit/s、384 kbit/s 以及 144 kbit/s 的传输速率。4G 手机能够传输高质量视频图像以及图像传输质量与高清晰度电视不相上下的技术产品。4G 系统能够以 100 Mbit/s 的速率下载，上传的速率达到 20 Mbit/s，并能满足几乎所有用户对于无线服务的要求。

手机分为智能手机（Smart Phone）和非智能手机（Feature Phone），一般智能手机的性能比非智能手机好，智能手机的主频较高，运行速度快，而非智能手机的主频则比较低，运行速度也比较慢，但是非智能手机比智能手机稳定，大多数非智能手机和智能手机一样都使用英国 ARM 公司架构的 CPU。智能手机像个人电脑一样，具有独立的操作系统，可以由用户自行安装第三方服务商提供的软件程序，通过该程序来提高手机的功能，并可以通过移动通信网络来实现接入无线网络。说通俗一点就是“掌上电脑+手机=智能手机”，如图 1–3–19 所示。

图 1–3–17 数码绘图板

图 1–3–18 合成器

图 1–3–19 手机

1.3.3 输出设备

1. 显示器

显示器（Monitor）又称监视器，是计算机必不可少的外围设备之一，用于显示输出各种数据。计算机的显示系统由显示器和显示适配器组成。显示适配器也叫显示卡，简称显卡，它由寄存器、视频存储器和控制电路 3 部分组成。显卡插入主机板上的扩展槽内或者做在主板内，用显示器连线将显示器与接口卡连接起来。

按照显示屏幕大小（以英寸为单位，1 in=2.54 cm）分类，通常有 14 in、15 in、17 in、19 in、21 in 和 24 in 等；按照显示器的显像管分类，可分为以下几种，它们的特点简介如下：

（1）CRT 显示器：是一种使用阴极射线管的显示器，目前这种显示器已很少。

（2）液晶显示器（LCD）：是一种采用液晶控制透光度技术来显示彩色图像的显示器。它质量提高的关键是反应时间和可视角度。

相比 CRT 显示器，液晶显示器的特点如下：

① 刷新率不高，但图像也很稳定，可以做到真正的完全平面。

② 大多采用了数字方式传输数据和显示图像，不会产生显卡造成的色彩偏差或损失。

③ 完全没有辐射，即使长时间观看液晶显示器屏，也不会对眼睛造成太大伤害。

④ 体积小、能耗低，同是 17 in 的显示器，LCD 显示器是 CRT 显示器耗电量的 1/3。

⑤ 液晶显示器图像质量仍不够完善；在色彩表现、饱和度、亮度、画面均匀度、可视角度等方面，液晶显示器比 CRT 显示器差一些。

⑥ 液晶显示器的响应时间也比 CRT 显示器要长一些，当画面静止时还可以，一旦画面更新速度快而剧烈时，画面会因响应时间长而产生重影、脱尾等现象。

（3）等离子显示器：是采用了近几年来高速发展的等离子平面屏幕技术的新一代显示设备。等离子显示器厚度薄、分辨率高、环保无辐射、占用空间少，可以作为家中的壁挂电视使用，代表了未来计算机显示器的发展趋势。等离子显示器具有高亮度和高对比度，对比度达到 500：1，亮度也很高，所以其色彩还原性非常好；等离子显示器的 RGB 发光栅格在平面中呈均匀分布，使图像即使在边缘也没有扭曲的现象发生；它具有齐全的输入接口。等离子显示器比传统的 LCD 显示器具有更高的技术优势，亮度高、色彩还原性好，灰度丰富，能够提供格外亮丽、均匀平滑的画面，对迅速变化的画面响应速度快等。

（4）LED 显示器：是一种通过控制半导体发光二极管的显示方式，用来显示文字、图形、图像、动画、行情、视频、录像信号等各种信息的显示屏幕。最初，LED 只是作为微型指示灯，随着大规模集成电路和计算机技术的不断进步，LED 显示器正在迅速崛起，近年来逐渐扩展到手机、电视和计算机显示器等领域。

市面上所谓的 LED 显示器，其实是“LED 背光液晶显示器”，现在流行的液晶显示器属于“CCFL 背光液晶显示器”。所以此两者都是液晶显示器，只是背光源不一样而已。不要看到 LED 显示器就误以为是下一代技术显示器，其实最新技术的 LED 显示器叫 OLED 显示器。不含汞的 LED 面板将更加节能和环保，功耗只是普通 LED 的 60%。部分厂商使用“不含汞”的 LED 面板，如华硕的 MS 系列无汞 LED 背光面板就受到了不少用户的青睐，在节能的同时也更加环保。

LED 显示器与 LCD 显示器相比较，LED 显示器在色彩、亮度、可视角度、屏幕更新速度和功耗等方面都具有优势。相同大小的 LED 显示器与 LCD 显示器的功耗比约为 10：1，视角在 160° 以上，色彩更艳丽，亮度更亮，屏幕更新速度更快。另外，LED 显示器比 LCD 显示器更薄、更清晰、寿命更长，更安全，更节能环保。LED 背光显示器将会得到很好的发展。

（5）OLED 显示器：是有机发光二极管或有机发光的显示器，它的产业化已经开始，其中单色、多色和彩色器件已经批量生产。OLED 和 LED 背光是完全不同的显示技术。OLED 是通过电流驱动有机薄膜本身来发光的，发的光可为红、绿、蓝、白等单色，同样也可以达到全彩的效果。所以说 OLED 是一种不同于 CRT、LCD、LED 和等离子技术的全新发光原理。OLED 显示器在色彩、亮度、可视角度、屏幕更新速度和功耗等方面都具有很大优势。

另外，还有投影仪也是用来输出视频影像和图像等数字媒体信息，只是它的画面更大。

2．打印机

打印机按照打印输出方式分类有串行式（LPM）、行式和页式（PPM）。按照打印原理划分可分为针式、字模式、喷墨、热敏、热转印式、激光、光墨、LED、LCS、荧光、电灼、磁、离子等。目前主要的打印机为针式、喷墨、激光三大类，简介如下：

（1）针式打印机：结构简单、耗费低，速度慢、噪声大、无彩色，如图 1-3-20 所示。

（2）喷墨打印机：整机价格低、工作噪声低、很容易实现彩色打印，如图 1-3-21 所示。其缺点是打印速度相对较慢、耗材较为昂贵。

（3）激光打印机：激光打印机打印速度快、工作噪声低、打印成本低，如图 1-3-22 所示。其缺点是整机价格较高。

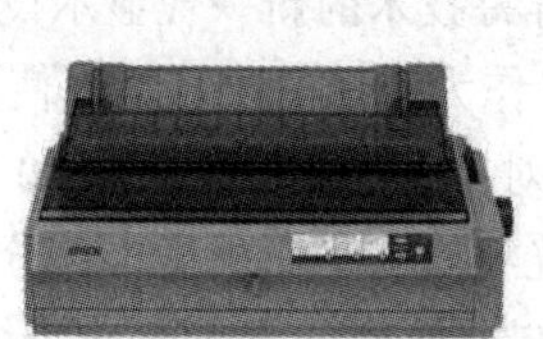

图 1-3-20 针式打印机

图 1-3-21 喷墨打印机

图 1-3-22 激光打印机

3．音箱

音箱是指将音频信号变换为声音的一种设备，如图 1-3-23 所示。音箱的作用是：主机箱体或低音炮箱体内自带功率放大器，对音频信号进行放大处理后由音箱本身回放出声音。音箱技术指标可分为放大器和音箱技术指标，这两种技术指标有共同点和不同点，且有一定的联系。放大器技术指标有输出功率、最大不失真连续功率、频响范围、信噪比和失真度等。音箱技术指标有承载功率、频响范围、灵敏度和失真度等。简介如下：

（1）输出功率：输出功率是该放大器负载可以获得的功率。功率在物理学上的定义是 $P=U\times I$ 或 $P=U^2/R$，其中，P 是功率、U 是电压、R 是电阻。输出功率的单位为瓦特（W），简称为瓦。输出功率越大，音箱发出的声音音量也越大。

（2）最大不失真连续功率（RNS）：在给定一定失真度的条件下的输出功率。根据产品不同的等级，失真度的取值有 1%、3%、5% 和 10%等，通常取值为 10%。

图 1-3-23 音箱

音箱的功率还有平均功率和音乐功率，使用的不多。普通放大器的功率越大则制造成本就越高。一般音箱放大器的 RNS 功率在 5W 左右即可。

（3）频响范围：音频的范围是 18 Hz～20 kHz，音频信号就是这一范围内不同频率、不同波形和不同幅度的瞬变信号，因此放大器要很好地完成音频信号的放大就必须拥有足够宽的工作频带。一般要求放大器的频带要覆盖音频信号的带宽。通常一个放大器在规定功率情况下，在频率的高、低端增益分别下降 0.707 倍时（–3 dB）两点之间的频带宽度称为该放大器的频响范围。优秀放大器的频响范围应该是 18 Hz～20 kHz。

频响范围分为放大器频响范围和音箱频响范围。音箱频响范围要求一般在 70 Hz～10 kHz（–3 dB）即可。要求较高的可在 50～16 kHz（–3 dB）左右。

（4）信噪比：放大器的输出信号电压与同时输出的噪声电压之比。即通常用英文字符 S/N 来表示，它的计量单位为分贝（dB）。信噪比越大，则表示混在信号里的噪声越小，音质就越高。反之，放音质就越差。音箱放大器的信噪比要求至少大于 70 dB、最好大于 80 dB。一般高保真放大器的信噪比要求大于或等于 90 dB。

（5）失真度：是用一个未经放大器放大前的信号与经过放大器放大后的信号作比较，比较后得出的差别就是失真度，其单位为百分比。失真有谐波失真、互调失真、相位失真等，一般是指谐波失真。谐波失真是由放大器的非线性引起的，失真的结果使声音失去了原有的音色。音箱的谐波失真在标称额定功率时的失真度均为 10%，要求较高的一般应该在 1%以下。失真度分为放大器失真度和音箱失真度。音箱失真度的定义与放大器失真度的定义基本相同。不同的是放大器输入、输出的都是电信号；而音箱输入的是电信号，输出的则是声波信号。所以音箱的失真度是指电信号转换的失真，声波的失真允许范围是 10%以内，一般人耳对 5%以内的失真基本不敏感。

（6）承载功率：音箱的承载功率主要是指在允许音箱有一定失真度的条件下，所允许施加在音箱输入端信号的平均功率。

（7）灵敏度：音箱的灵敏度是指在经音箱输入端输入 1 W 1 kHz 信号时，在距音箱平面垂直中轴前方 1 m 的地方所测试得的声压级。灵敏度的单位为分贝（dB）。音箱的灵敏度越高，则对放大器的功率需求越小。普通音箱的灵敏度在 85～90 dB 范围内。

1.3.4　存储设备

1. 光盘和光盘驱动器

（1）光存储介质：是指可以通过光学的方法，读出（也可以写入）数据的一种存储介质。光存储介质则是利用坑点来记录信号，这些极为微细的坑点是利用激光光刻技术制成的。这些坑点的反射率是不同的，当光电检测器上的光强度变化时，即可辨别出存储数据（例如 0 和 1）的不同。由于使用的光源目前基本上都是激光光源，所以也称为激光存储介质。

光存储介质可以根据其外形和大小进行分类，如盘、带、卡等，其中最常见的是光盘。光盘是一种用激光技术进行高密度信息存储的载体，且有记录密度高、存储容量大、存储成本低、保存时间长、介质可换、检查方便、携带灵活等优点。

（2）光盘结构：光盘主要由圆盘形玻璃或塑料基片及其上面所涂的适于光存储的记录介质组成。通常还在基片上预先刻有用来表示被记录数据物理地址的信息，如表示记录道的螺旋状沟槽和表示记录扇区的数字化信息等。以目前常见的磁光型可擦光盘为例，其剖面图如图 1-3-24 所示。它采用的是四层膜结构，基片为聚碳酸酯材料，镀膜是用蒸发和溅射的方法完成的。对于其他类型的光盘，其记录媒体的膜层结构和材料会因其工作原理的不同而有所不同。

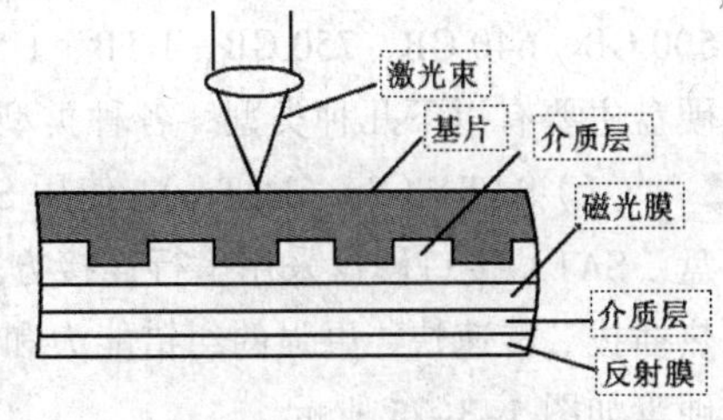

图 1-3-24　光盘剖面图

（3）光盘的分类：CD 有 CD-ROM（只读光盘）、CD-R（可写光盘，只能写入一次，以后不能再改写）和 CD-R/W（可重复擦、写光盘）3 种，目前市场已经不存在。

DVD 有 DVD-VIDEO（又可分为电影格式及个人计算机格式，用于观看电影和其他可视娱乐，总容量可达 17 GB）、DVD-ROM（基本技术与 DVD Video 相同，但它包含与计算机兼容的文件格式，用于存储数据，容量是 4.7 GB）、DVD-R、DVD+R（只能写一次，容量是 4.7 GB）、DVD-RW、DVD+RW（采用顺序读、写存取）、DVD-RAM（可以用做虚拟硬盘，能随机存取）、DVD-AUDIO（比标准 CD 的保真度好一倍）、蓝光光盘等盘片。

（4）DVD 光驱分类：目前市场上，CD 光驱已不存在。下面介绍 DVD 光驱分类特点。

① DVD 光驱：是一种可以读取 DVD 碟片的光驱，除兼容 DVD-ROM、DVD-VIDEO、DVD-R 等格式光盘外，对于 CD 也能很好地支持。

② DVD 刻录光驱：DVD 刻录机有 DVD+R、DVD-R、DVD+RW、DVD-R/W 和 DVD-RAM。它的外观和普通光驱差不多，只是其前置面板上通常都标识着写入、复写和读取 3 种速度。

③ COMBO 光驱："康宝"光驱是人们对 COMBO 光驱的俗称。它是一种集合了 CD-ROM 光驱、CD 刻录机和 DVD-ROM 光驱为一体的多功能光存储产品。用户可通过一台光盘驱动器进行多种应用。例如读一次或多次写入等，提高了数据传送速度，而且使用更加简便。

（5）蓝光光驱：它是用蓝色激光读取盘上的文件。因蓝光波长较短，可以读取密度更大的光盘。普通光驱用的红光波长有 700 nm，而蓝光只有 400 nm，所以蓝色激光实际上可以更精确，能够读写一个只有 200 nm 的点，而相比之下，红色激光只能读写 350 nm 的点，所以同样的一张光盘，点多了，记录的信息也就更多。Blu-Ray Disk 是蓝光盘，是 DVD 下一代的标准之一。采用传统的沟槽进行记录，然而通过更加先进的抖颤寻址实现了对更大容量的存储与数据管理，目前已经达到几百 GB。蓝光光盘的直径和普通光盘（CD）及数码光盘（DVD）的尺寸一样。这种光盘利用 405 nm 蓝色激光在单面单层光盘上可以录制、播放长达 27 GB 的视频数据，比早期的 DVD 的容量大 5 倍以上（DVD 的容量一般为 4.7 GB），可以录制 13 h 普通电视节目或 2 h 高清晰度电视节目。蓝光光盘采用 MPEG-2 压缩技术。蓝光光驱可以兼容读取普通的 DVD 碟片和 CD 碟片，但是普通光驱不能读取蓝光碟片。

另外，还有蓝光刻录光驱和蓝光 COMBO，蓝光刻录光驱不但具有蓝光光驱读取 BD 光盘的能力，还可以刻录 BD 光盘；蓝光 COMBO 集合了 CD-ROM 光驱、CD 刻录机、DVD-ROM 光驱和蓝光刻录光驱为一体的多功能光存储产品。

2．硬盘

硬盘主要由接口、控制电路和磁盘盘片等组成。硬盘按照用途可分为台式硬盘、笔记本硬盘、移动硬盘和固态硬盘，如图 1-3-25 所示；按照大小可以分为 160 GB、250 GB、320 GB、500 GB、640 GB、750 GB、1 TB、1.5 TB、2 TB、3 TB、4 TB 和 6 TB 等，按照接口划分，目前硬盘主要有以下几种类型，各种类型的硬盘特性简介如下：

（1）SATA（Serial ATA）：使用 SATA 接口的硬盘又叫串口硬盘，是目前 PC 应用最多的硬盘。SATA 接口硬盘采用串行连接方式，它的总线使用嵌入式时钟信号，具有结构简单、支持热插拔、转速快、更强的纠错能力和数据传输可靠等优点。台式计算机硬盘、移动硬盘和固态硬盘如图 1-3-25 所示。

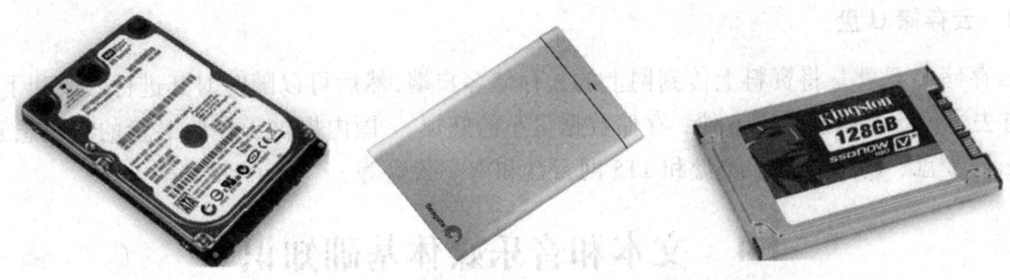

图 1-3-25　台式计算机硬盘、移动硬盘和固态硬盘

（2）SATA2：希捷在 SATA 的基础上加入 NCQ 本地命令阵列技术，并提高了磁盘速率。

（3）SAS（Serial Attached SCSI）：它和 SATA 硬盘相同，都采取序列式技术以获得高传输速率，可达到 3 Gbit/s。此外也缩小了连接线，改善了系统内部空间等。

（4）e-SATA 接口：它是 SATA 接口的改进版，是一种全新的高速热插拔接口，传输速率是 USB 2.0 接口的 2～4 倍。

3. U 盘

U 盘全称为 USB 闪存盘，英文名为 USB Flash Disk，如图 1-3-26 所示，它是一个 USB 接口的无需物理驱动器的微型高容量移动存储产品，可以通过 USB 接口与计算机连接，实现即插即用。U 盘的称呼最早来源于朗科公司生产的一种新型存储设备，使用 USB 接口进行连接。U 盘通过 USB 接口连到计算机的主机后，U 盘的资料可以与计算机交换。

图 1-3-26　U 盘

一般的 U 盘容量有几 GB 到几十 GB，甚至几百 GB 等。U 盘最大的优点就是小巧便于携带、存储容量大、价格便宜、性能可靠；U 盘中无任何机械式装置，抗震性能极强，还具有防潮、防磁、耐高低温等特性，安全可靠性很好；U 盘体积很小，仅大拇指般大小，重量极轻，一般在 15 g 左右，特别适合随身携带。在近代的操作系统如 Linux、Mac OS X、UNIX 与 Windows 2000/XP、Windows 7 等中皆有内置支持。

U 盘由外壳和机芯组成，机芯包括一块 PCB+USB 主控芯片+晶振+贴片电阻、电容+USB 接口+贴片 LED（不是所有的 U 盘都有）+Flash（闪存）芯片，按材料分类，有 ABS 塑料、竹木、金属、皮套、硅胶、PVC 软件等；按风格分类，有卡片、笔型、迷你、卡通、商务、仿真等；按功能分类，U 盘有加密、杀毒、防水、智能等。对一些特殊外形的 PVCU 盘，有时会专门制作特定配套的外包装。

USB 2.0 接口的最高数据传输速率为 480 Mbit/s，USB 3.0 支持全双工，新增了 5 个触点，4 条数据输出和输入线，供电标准为 900 mA，支持光纤传输，采用光纤后速度可达到 25 Gbit/s。USB 3.0 兼容 USB 2.0 版本，可为不同设备提供不同的电源管理方案。USB 3.0 接口与 USB 2.0 接口相比，插口不同，速度更快。

4．云存储U盘

云存储U盘就是将资料上传到网上的云存储客户端，然后可以随时对其进行修改和下载编辑，省去了传统存储携带不方便，存储数据量小的麻烦。国内提供云存储U盘的有联想云盘、百度云同步盘、腾讯微云、酷盘和115网云盘和南京云盘等。

1.4 文本和音乐媒体基础知识

1.4.1 文本媒体基础知识

1．文本特点

文本是多媒体中应用最多的。文字表达可以做到清楚和准确。例如：叙述事情、逻辑推理、数学公式的表述等，只有用文字才可以表达得清楚、明了和准确。它主要有以下特点。

（1）文件很小、存取快速：由于每个字符对应一个或两个字节的二进制数，所以生成的文本文件很小。因为计算机在进行文字处理时很容易，所以文本文件的存取速度很快。

（2）输入方便、处理容易：字符的输入可以有多种方式，操作均很方便。如果用键盘输入汉字，每分钟可以输入一百多个汉字。由于每个字符对应一个或两个字节的二进制数据，所以计算机在进行文字处理时可以直接对字节进行，这样处理起来很容易。

（3）多种样式、表达准确：文本的样式有多种多样，可设置文本的字体、大小、颜色、字形（正常、加粗、斜体、下画线、上标、下标等）、字间距、行间距和段间距等。

（4）形式简单、字符编集：文本是字母、数字、数字序号、数学和标点符号、注音符号、制表符号、特殊符号、图形符号和其他各种符号的集合，通常把这个集合叫字符集，有多种不同类型的字符集，不同的字符集所包含的字符也不一样，每个字符集对应的编码也不同。字符编码有ASCII和EBCDIC编码，汉字编码有GB、Unicode和Big5等编码。

2．文字字体类型

文字的字体类型有点阵字体、矢量字体、描边和组字体。其中，点阵字体在早期计算机中使用很多，它是由点构成的类似点阵图，易于创建和存储，放大后有失真，目前使用的越来越少。矢量字体是用数学中的矢量函数记录的文字颜色和形状，在放大时不会产生失真，广泛用于印刷领域。描边字体的汉字采用描边的方法，采用矢量函数完整地描绘出整个描边汉字。组字体是采用拆卸组合的方法，将中文分成笔画（矢量笔画），再组合成不同的汉字，缺点是在构成汉字时会在笔画的交叉处差生“漏白”现象，严重影响文字的美观，目前组字体基本被淘汰。

在Windows XP环境中，有点阵字体和TrueType字体两种类型的字体。点阵字体是采用点阵组成的字符，它在放大、缩小、旋转或打印时会产生失真，只有在几种特定的尺寸时才会有很小的失真。TrueType字体是矢量字体，它的每一个字符是通过存储在计算机中的指令绘制出来的。这种字符在放大、缩小和旋转时，一般在4～128个点阵之间都不会失真。在Windows的Fonts文件夹下有各种字体文件，如图1-4-1所示。

其中，图标为A的是点阵字体，图标为TT或O的是TrueType字体。双击A图标，可显示相应字体的样式，看出它是点阵字符。双击TT或O图标，可显示相应字体的样式，看出它是矢量字符。矢量字符在图像处理软件中放大，不会产生失真。

目前，各种版本的 Windows 提供的字体相当多，这些字体大部分属于矢量字体，也有一些点阵字体，一些厂商也提供各种类型的字体，使文本的表述更多样化和更生动。

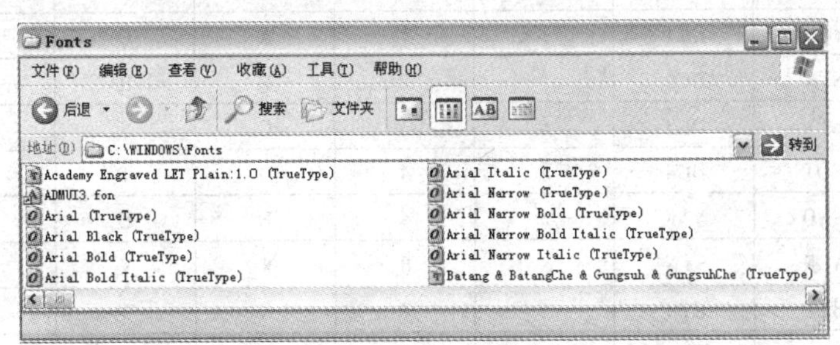

图 1-4-1　在 Windows XP 的 Fonts 文件夹下有各种字体文件

3. 字符编码

计算机中的数据可以分为数值型数据与非数值型数据。其中数值型数据就是常说的“数”（如整数、实数等），它们在计算机中是以二进制形式存放的。非数值型数据与一般的“数”不同，通常不表示数值的大小，而只表示字符，非数值型数据还包括各种控制符号和图形符号等信息，为了便于计算机识别与处理，它们在计算机中是用二进制形式来表示的，通常称为字符的二进制编码。计算机中常用的字符编码有 ASCII 编码（美国标准信息交换码）和 EBCDIC 编码（扩展的 BCD 交换码）。

（1）ASCII 码编码：目前使用最多的字符集是 ASCII 码字符集，它是由美国标准化委员会制定的。该编码被国际标准化组织 ISO 采纳，作为国际通用的信息交换标准代码。ASCII 码有 7 位码和 8 位码两种版本。

国际的 7 位 ASCII 码（基础 ASCII 码）使用 7 位二进制数表示一个字符的编码，其范围是 $(0000000)_2$～$(1111111)_2$，即 0000000B～1111111B，共 2^7=128 个不同的编码，包括计算机处理信息常用的 26 个英文大写字母 A～Z、26 个英文小写字母 a～z，数字符号 0～9、算术与逻辑运算符号、标点符号等。在一个字节（八位二进制）中，ASCII 码用了 7 位，最高一位空闲，常用来作为奇偶校验位。另外，还有扩展的 ASCII 码，它用 8 位二进制数表示一个字符的编码，可表示 2^8=256个不同的字符。用 ASCII 表示的字符称为 ASCII 码字符，ASCII 码编码表如表 1-4-1 所示。

十进制数字字符的 ASCII 码与它们的二进制值是有区别的。例如，十进制数 8 转换为二进制数为$(0001000)_2$，而十进制数字字符“8”的 ASCII 码为$(0111000)_2=(38)_{16}=(56)_{10}$，由此可以看出，数值 8 与字符“8”在计算机中的表示是不一样的。数值 8 能表示数的大小，可以参与数值运算；而字符“8”是一个符号，不能参与数值运算。

（2）Unicode 编码：为了统一各种语言字符的表达方式，国际上又制定了国际统一编码，即 Unicode 编码。它扩展自 ASCII 字符集，使用全 16 位字符集，其中，一个字符的编码占用 2 个字节，一个字符集可以表示的字符比 ASCII 码字符集所表示的字符扩大了一倍。该编码前 128 个字符就是 ASCII 码，后 128 个字符是扩展码，各个字符块同样基于的标准。

表 1-4-1 ASCII 码字符表

$b_7b_6b_5$ / $b_4b_3b_2b_1$	000	001	010	011	100	101	110	111
0000	NUL	DLE	空格	0	@	P	`	p
0001	SOH	DC1	!	1	A	Q	a	q
0010	STX	DC2	"	2	B	R	b	r
0011	ETX	DC3	#	3	C	S	c	s
0100	EOT	DC4	$	4	D	T	d	t
0101	ENQ	NAK	%	5	E	U	e	u
0110	ACK	SYN	&	6	F	V	f	v
0111	BEL	ETB	'	7	G	W	g	w
1000	BS	CAN	(	8	H	X	h	x
1001	HT	EM	)	9	I	Y	i	y
1010	LF	SUB	*	:	J	Z	j	z
1011	VT	ESC	+	;	K	[	k	{
1100	FF	FS	,	<	L	\	l	|
1101	CR	GS	-	=	M	]	m	}

Unicode 编码能够表示世界上所有的书写语言中可能用于计算机通信的字符、象形文字和其他符号。其中有希腊字母、西里尔文、亚美尼亚文、希伯来文等。而汉字、韩语、日语的象形文字占用从 0X3000 到 0X9FFF 的代码。Unicode 影响到了计算机工业的每个部分，但也许会对操作系统和程式设计语言有很大的影响，目前，在网络、Windows 系统和很多大型软件中得到应用。

（3）EBCDIC 码：它是对 BCD 码的扩展，称为扩展 BCD 码。BCD 码又称“二-十进制编码”，用二进制编码形式表示十进制数。BCD 码的编码方法很多，有 8421 码、2421 码和 5211 码等。最常用的是 8421 码，其方法是用 4 位二进制数表示一位十进制数，自左至右每一位对应的位权是 8、4、2、1。4 位二进制数有 0000～1111 共 16 种形态，而十进制数只有 0 到 9 共 10 个数码，BCD 码只取 0000～1001 共 10 种形态。由于 BCD 码中的 8421 码应用最广泛，所以一般说 BCD 码就是指 8421 码。

4．汉字编码

为使计算机可以处理汉字，也需要对汉字进行编码。计算机进行汉字处理的过程实际上是各种汉字编码间的转换过程。这些汉字编码有：汉字信息交换码、汉字输入码、汉字内码、汉字字形码和汉字地址码等。汉字字符集很多，主要有 GB 和 Big5 等。

（1）GB 码：全称为“信息交换用汉字编码字符集”，是我国国家标准总局于 1981 年 5 月 1 日颁发的，它也称为汉字信息交换码或国家标准代码，简称国标码，即汉字的字符集。国标码规定，一个汉字的编码用 2 个字节表示。国标码的字符集共收集了 6 763 个汉字，682 个数字、序号、拉丁字母等图形符号。目前中华人民共和国官方强制使用 GB 18030—2005 标准，但较旧的计算机仍然使用 GB 2312—1980。另外，新加坡也采用 GB 18030—2005 标准。

根据汉字信息交换码，一个汉字的机内码也用 2 个字节存储。因为 ASCII 码是西文的机内码，为了不使汉字机内码与 ASCII 码发生混淆，就把汉字每个字节的最高位置为 1，作为汉字机内码。国标码规定，全部国标汉字及符号组成 94×94 矩阵，在该矩阵中，每一行称为一个“区”，每一列称为一个“位”。这样，就组成了 94 个区（01～94 区），每个区内有 94 个位（01～94）的汉字字符集。区码和位码简单地组合在一起（即两位区码居高位，两位位码居低位）就形成了“区位码”。区位码可以唯一确定某一个汉字或汉字符号，反之，一个汉字或汉字符号都对应唯一的区位码，如汉字“啊”的区位码为“1601”（即在 16 区的第 1 位）。所有汉字及符号的 94 个区划分成如下 4 个组：

1～15 区为图形符号区，其中，1～9 区为标准符号区，10～15 区为自定义符号区。

16～55 区为一级常用汉字区，共有 3 755 个汉字，该区的汉字按拼音排序。

56～87 区为二级非常用汉字区，共有 3 008 个汉字，该区的汉字按部首排序。

88～94 区为用户自定义汉字区。

（2）Big5 编码：也称为大五码，是繁体汉字的一种编码，中国台湾、中国澳门和中国香港等使用繁体字的地区均采用 Big5 编码。它也采用 2 个字节来表示一个汉字的编码，理论上可以有 2^{16}=65 536 个可能的汉字，但实际只收录一万多个汉字和 408 个符号。

5．汉字处理过程

为了使计算机可以处理汉字，也需要对汉字进行编码。从汉字编码的角度看，计算机进行汉字处理的过程实际上是各种汉字编码的转换过程。汉字编码有汉字输入码、汉字内码、汉字地址码和汉字字形码（即汉字输出码）等，如图 1-4-2 所示。

汉字输入码 → 国际码 → 汉字机内码 → 汉字地址码 → 汉字字形码

图 1-4-2　汉字的处理过程和汉字的几种编码

（1）汉字输入码：是为使用户能够使用西文键盘输入汉字而编制的编码，也称外码。目前，汉字主要是经键盘输入计算机的，所以汉字输入码都是由键盘上的字符或数字组合而成的。它有许多种编码方案，包括音码，以汉语拼音和数字组成的汉字编码，例如全拼输入法的编码等，种类非常多，大多数用户采用音码输入法；形码是根据汉字的字形结构对汉字进行的编码，例如，五笔字型输入法的编码；音形码，以拼音为主辅以字形定义的汉字编码，例如自然码输入法的编码；数字码，直接输入固定位数的数字给汉字编码等。同一汉字的不同编码方案中的编码通常是不同的。好的编码要求易学习、重码少、击键次数少、容易实现盲打等。

（2）汉字机内码：也叫汉字内码。汉字内码是从上述区位码的基础上演变而来的。它是在计算机内部进行存储、处理和传输所使用的汉字编码。不论用何种输入码，输入的汉字在机器内部都要转换成统一的汉字机内码，然后才能在机器内传输、处理。

区码和位码的范围都在 01～94 内，如果直接作为机内码必将与基本的 ASCII 码冲突。为了在计算机内部区分是汉字编码还是 ASCII 码，避免与基本 ASCII 码发生冲突，将国际码每个字节的最高位由 0 改为 1（即汉字内码的每个字节都大于 128）。

汉字的国标码和相应的机内码的关系（其中的 H 表示为十六进制数）：汉字内码=汉字国标码+8080H。

其中，$8080_H=(8080)_{16}=(1000\ 0000\ 1000\ 0000)_2$。

（3）汉字字形码：汉字是一种象形文字，每一个汉字都是一个特定的图形，可以用点阵来描述。例如，用 16×16 点阵来表示一个汉字，如图 1–4–3 所示，它由16 行 16 列共 256 个点构成，需用 256 个二进制的位来描述。约定当二进制位值为“1”表示对应点为黑，“0”表示对应点为白。一个 16×16 点阵的汉字，需要 2×16 = 32 个字节用于存放图形信息，构成一个汉字字形码，所有字形码构成汉字字库。

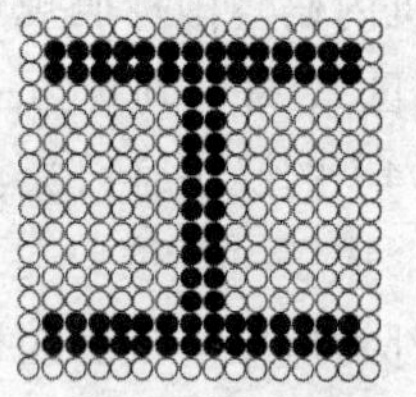

图 1–4–3 点阵汉字

（4）汉字地址码：是指汉字库中存储汉字字形码的逻辑地址。在汉字库中，字形码数据一般是按照一定的顺序连续存放在存储介质内。汉字地址码大多数也是连续有序的，而且与汉字内码间有着简单的对应关系，从而可以简化汉字内码到汉字的转换。

当用某种汉字输入法将一个汉字输入到计算机之后，汉字管理模块立即将它转换为 2 个字节的国标码，同时将国标码每个字节的最高位设置为“1”，作为汉字的标志，将国标码转换成汉字内码。然后，根据汉字内码转换为汉字地址码，再根据汉字地址码在汉字库中找到对应的一个汉字图形码，最后根据汉字图形码输出汉字字形。

6．文本的获取方法

（1）键盘输入方法：这是一种很早就采用的文本输入方法，至今还是主要的输入方法。对于汉字的输入，也主要采用键盘输入方法。使用计算机输入汉字，需要对汉字进行编码，也就是根据汉字的某种规律将汉字用数字或英文字符编码。汉字有音、形和义 3 个要素。根据读音的编码叫音码，根据字形的编码叫形码，兼顾读音和字形的编码叫音形码或形音码。

目前，已经有了许多好的汉字输入法，如“QQ 拼音”“谷歌拼音”“搜狗拼音”“手心”“五笔字型”“紫光拼音”“智能 ABC”和“微软拼音”输入法等。

（2）手写输入方法：是使用手写板（即数码绘图板）进行文本输入，也可以用手、笔或鼠标按照手写方法输入文字。目前，手写输入法的识别率已经相当高。

（3）语音输入方法：是将要输入的文字内容用规范的读音朗读出来，通过话筒等输入设备送到计算机中，计算机的语音识别系统对语音进行识别，将语音转换为相应的文字，完成文字的输入。这种方法已经开始使用，但识别率还不高，对发音的准确性要求也比较高。

（4）扫描仪输入法：是将印刷品中的文字以图像的方式扫描到计算机中，再用光学识别器（OCR）软件将图像中的文字识别出来，并转换为文字格式的文件。

1.4.2 音频媒体基础知识

1．模拟音频和数字音频

（1）模拟音频：声音是由物体的震动产生的。物体的震动引起空气的相应震动，并向四周传播，当传到人耳时又引起耳膜的震动，通过听觉神经传到大脑，即可使人感到声音。这种声音的震动经过话筒的转换，可以形成声音波形的电信号，这就是模拟音频信号。

（2）数字音频：数字音频是由许多 0 和 1 组成的二进制数，可以以声音文件（WAV 或 MIDI 格式）的形式存储在磁盘中。例如，使用音频卡（即声卡）的 A/D 转换器（模拟到数字转换器），将模拟音频信号进行采样和量化处理，即可获得相应的数字音频信号。

2．数字音频的三要素

（1）采样频率：采样就是在将模拟音频转换为数字音频时，在时间轴上每隔一个固定的时间间隔对声音波形曲线的振幅进行一次取值，如图 1-4-4 所示。采样频率就是每秒钟抽取声音波形振幅值的次数，单位为 Hz。显然，采样频率越高，转换后的数字音频的音质和保真度越好，但生成的声音文件的字节数越大。目前，常采用的标准采样频率有 12.025 kHz、22.05 kHz 和 44.1 kHz。

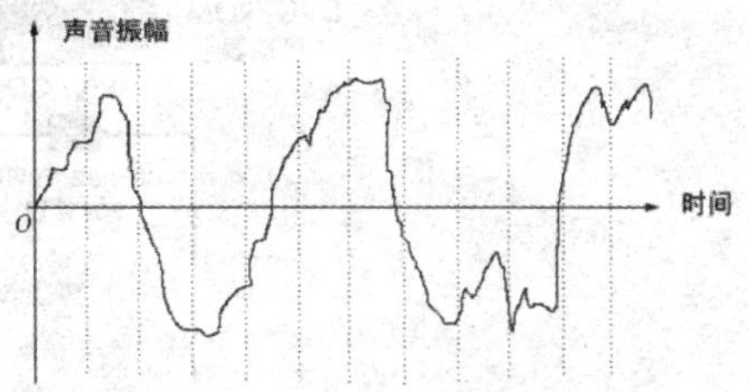

图 1-4-4　音频采样

（2）量化位数：就是在将模拟音频转换为数字音频时，采样获得的数值所使用的二进制位数。例如：量化位数为 16 时，采样的数值可以使用 2^{16}=65 536 个不同的二进制数之一来表示。量化位数越高，转换后的数字音频的音质越好，声音的动态范围越大，但生成的声音文件的字节数越大。所谓声音的动态范围，就是重放后声音的最高值与最低值的差值。目前常采用的量化位数有 8 位、16 位和 32 位等。

（3）声道数：就是指所使用的声音通道的个数。声道数可以是 1 或 2。当声道数为 1 时，表示是单声道，即声音有一路波形；当声道数为 2 时，表示是双声道，即声音有两路波形。双声道比单声道的声音更丰满优美，有立体感，但生成的声音文件的字节数要大。

3 个要素不但影响了数字音频的质量，而且决定了生成的数字音频文件的数据量。计算生成的数字音频文件数据量大小的公式为：

WAV 格式的声音文件的字节数/秒=(采样频率 × 量化位数 × 声道数)/8

其中，采样频率的单位为 Hz，量化位数的单位为位。除以 8 是一个字节为 8 位。例如，用 44.1 kHz 的采样频率对模拟音频信号进行采样，采样点的量化位数为 32，录制了 4 s 的双声道声音，获得的 WAV 格式的声音文件的字节数为(44100 × 32 × 2 × 4)/8=1 411 200 B。

3．音频卡（声卡）的功能和分类

音频卡是计算机录制声音、处理声音和输出声音的专用功能卡，它的主要功能如下：

（1）录制声音：外部声源发出的声音可以通过话筒或线路送到声音卡中。声音卡可以将它们进行采样、A/D 转换、压缩处理，得到压缩的数字音频信号，再通过计算机将数字音频信号以文件的形式存储到磁盘中。

（2）播放声音文件：播放声音文件时，调出声音文件，将它进行解压缩，再经过 D/A 转换器（数字到模拟的转换器）进行转换，获得模拟声音信号。然后，经过放大由音频卡输出，再经过外接的功率放大器放大，推动音箱发出声音。

（3）播放 CD：与 CD-ROM 光盘驱动器相连，可像 CD 机那样播放 CD 的歌曲。

（4）编辑与合成处理：可以对声音文件进行多种特殊效果的处理。例如，增加回音、倒播声音、淡入淡出、交换声道、声音移位（从左到右或从右到左）等。

（5）控制 MIDI 电子乐器：计算机可以通过声音卡控制多台带 MIDI 接口的电子乐器。

（6）语音识别：较高级的声音卡具有初级的语音识别功能。

音频卡的分类主要是根据其采样的量化位数大小，常见的有 8 位、16 位和 32 位声卡。

4. 音频卡与外围设备的连接

音频卡与外围设备的连接如图 1-4-5 所示。

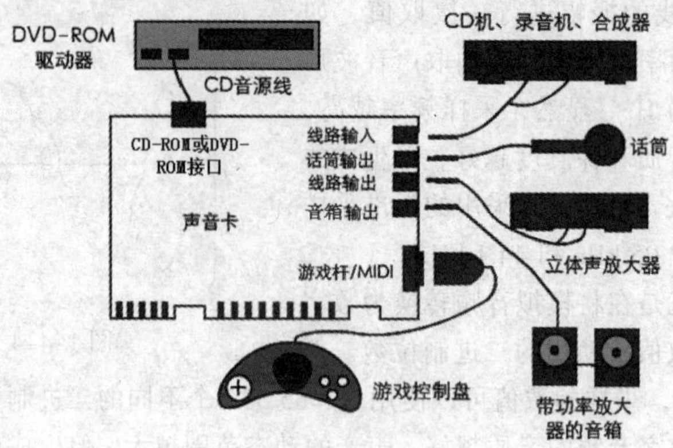

图 1-4-5　音频卡与外围设备的连接

各接口的作用如下：

（1）CD-ROM 或 DVD-ROM 接口用来连接 DVD-ROM 驱动器。

（2）线路输入插孔用来连接具有线路输出的音频设备，如 CD 机和录音机等。

（3）话筒输入插孔用来连接话筒。

（4）线路输出插孔用来连接具有线路输入的音频设备，如 CD 机和录音机等。

（5）音箱输出插孔用来连接耳机或具有功率放大电路的音箱。游戏杆/MIDI 接口用来连接游戏杆或 MIDI 电子音乐设备。可使用 MIDI 套件，同时连接游戏杆和 MIDI 设备。

1.5　图形、图像、动画和视频媒体基础知识

1.5.1　图形与图像媒体的基础知识

1. 彩色的三要素和三基色

（1）彩色的三要素：彩色的三要素是亮度、色调和饱和度，简介如下。

① 亮度：亮度用字母 Y 表示，它是指彩色光作用于人眼时引起人眼视觉的明亮程度。它与彩色光光线的强弱有关，而且与彩色光的波长有关。

② 色调：色调表示彩色的颜色种类，即通常所说的红、橙、黄、绿、青、蓝、紫等。

③ 饱和度：色饱和度表示颜色的深浅程度。对于同一色调的颜色，其饱和度越高，颜色越深，在某一色调的彩色光中掺入的白光越多，彩色的饱和度就越低。

（2）彩色的三基色：将红、绿、蓝三束光投射在白色屏幕上的同一位置，不断改变三束光的强度比，即可看到各种颜色。因而可得出三基色原理：用 3 种不同颜色的光按一定比例混合就可以得到自然界中绝大多数颜色。通常把具有这种特性的 3 个颜色叫三基色。彩色电视中使用的三基色就是红、绿、蓝三色。对三基色进行混色实验可得如下结论：红+绿→黄，蓝+黄→白，绿+蓝→青，红+绿+蓝→白，黄+青+紫→白，如图 1-5-1 所示。通常把黄、青、紫叫三基色的 3 个补色。

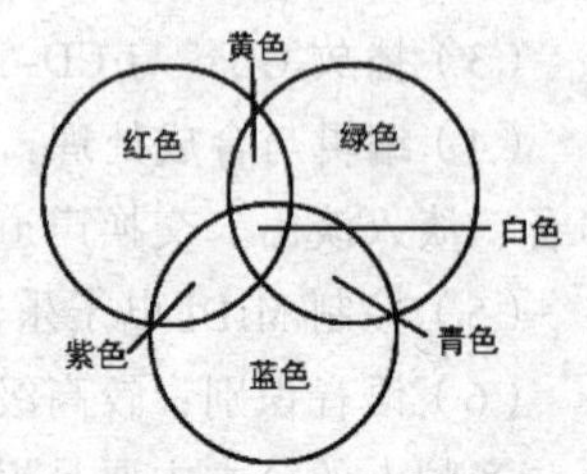

图 1-5-1　三基色混色效果

2. 色域和色阶

（1）色域：一种模式的图像可以有的颜色数目叫做色域。例如，灰色模式的图像，每个像素用一个字节表示，则灰色模式的图像最多可以有 2^8=256 种颜色，它的色域为 0～255。

RGB 模式的图像，每个像素的颜色用红、绿、蓝 3 种基色按不同比例混合得到，如果一种基色用一个字节表示，则 RGB 模式的图像最多可以有 2^{24} 种颜色，它的色域为 0～2^{24}–1。

CMYK 模式的图像，每个像素的颜色由 4 种基色按不同比例混合得到，如果一种基色用一个字节表示，则 CMYK 模式的图像最多可以有 2^{32} 种颜色，它的色域为 0～2^{32}–1。

（2）色阶：就是图像像素每一种颜色的亮度值，它有 2^8=256 个等级，色阶的范围是 0～255。其值越大，亮度越暗；其值越小，亮度越亮。色阶等级越多，图像的层次越丰富。

3. 点阵图和矢量图

（1）点阵图：也叫位图，它由许多颜色不同、深浅不同的小圆点（像素）组成的。像素是组成图像的最小单位，许许多多的像素构成一幅（也叫一帧）完整的图像。图像中的像素越小，数目越多，则图像越清晰。例如，每帧电视画面大约有 40 万个像素。当人眼观察由像素组成的画面时，为什么看不到像素的存在呢？这是因为人眼对细小物体的分辨力有限，当相邻两个像素对人眼所张的视角小于 1'～1.5'时，人眼就无法分清两个像素点了。图 1–5–2 左图是在绘图软件中打开的点阵图像，放大后的效果如图 1–5–2 右图所示。

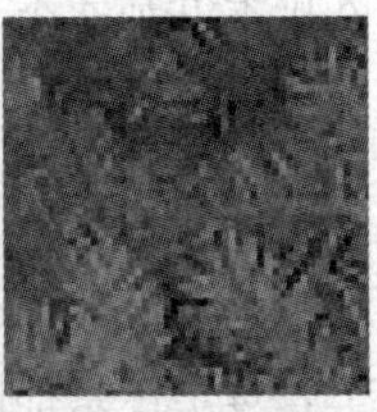

图 1–5–2　点阵图像和放大后的点阵图像

点阵图的图像文件记录的是组成点阵图的各像素点的色度和亮度信息，颜色的种类越多，图像文件越大。通常，点阵图可以表现得更自然和更逼真，更接近于实际观察到的真实场景。但图像文件一般较大，将它放大、缩小和旋转时会产生失真。

（2）矢量图：由点、线、矩形、多边形、圆和弧线等基本的图元组成，这些几何图形均可以由数学公式计算后获得。矢量图的图形文件是绘制图形中各图元的命令。显示矢量图时，需要相应的软件读取这些命令，并将命令转换为组成图形的各个图元。由于矢量图是采用数学描述方式的图形，所以通常由它生成的图形文件相对比较小，而且图形颜色的多少与文件的大小基本无关。另外，在将它放大、缩小和旋转时，不会像点阵图那样产生失真。

4. 图像的主要参数

（1）分辨率：通常，“分辨率”被表示成每一个方向上的像素数量，比如 640×480 像素等。而在某些情况下，它也可以同时表示成“每英寸的像素数”（Pixels Per Inch）以及图像的长度和宽度，例如 90PPI 和 400×300 像素等。PPI 是图像分辨率使用的单位，即在图像中每英寸所表达的像素数目。从输出设备的角度来说，图像的分辨率越高，打印出的图像也就越细致。

DPI（Dot Per Inch）是打印分辨率使用的单位，意思是：每英寸所表达的打印点数。像素的大小不是一个定值，因为要结合图片的尺寸来说，如果图片的尺寸是 10 in×10 in，DPI 是 1/英寸，那么这个图片上一共有 100 个像素。每个像素的尺寸就是 1 in×1 in 英寸。

① 显示分辨率：是指屏幕的最大显示区域内，水平与垂直方向的像素个数。例如，1 024×

768 像素的分辨率表示屏幕可以显示 768 行像素，每行有 1 024 个像素，即 786 432 个像素。屏幕可以显示的像素个数越多，图像越清晰逼真。显示分辨率不但与显示器和显卡的质量有关，还与显示模式的设置有关。

② 图像分辨率：是指组成一帧图像的像素个数。例如，400 × 300 像素的图像分辨率表示该幅图像为 300 行，每行 400 个像素组成。它既反映了该图像的精细程度，又给出了该图像的大小。如果图像分辨率大于显示分辨率，则图像只会显示其中的一部分。在显示分辨率一定的情况下，图像分辨率越高，图像越清晰，但图像的文件越大。

通常，用于显示的图像的分辨率为 72PPI（像素/英寸）或 72PPI 以上，用于打印的图像的分辨率为 100PPI（像素/英寸）或 100PPI 以上。

（2）颜色深度：点阵图像中各像素的颜色信息是用若干二进制数据来描述的，二进制的位数就是点阵图像的颜色深度。颜色深度决定了图像中可以出现的颜色的最大个数。目前，颜色深度有 1、4、8、16、24 和 32 几种。例如，颜色深度为 1 时，表示像素的颜色只有 1 位，可以表示两种颜色（黑色和白色）；颜色深度为 8 时，表示像素的颜色为 8 位，可以表示 2^8=256 种颜色；颜色深度为 24 时，表示像素的颜色为 24 位，可以表示 2^{24}=16 777 216 种颜色，它是用 3 个 8 位来分别表示 R、G、B 颜色，这种图像叫真彩色图像；颜色深度为 32 时，也是用 3 个 8 位来分别表示 R、G、B 颜色，另一个 8 位用来表示图像的透明度等。

颜色深度不但与显示器和显卡的质量有关，还与它的显示设置有关。

5. 颜色模式

（1）灰度（Grayscale）模式：该模式只有灰度色（图像的亮度），没有彩色。在灰度色图像中，每个像素都以 8 位或 16 位表示，取值范围在 0（黑色）～255（白色）之间。

（2）RGB 模式：该模式是用红（R）、绿（G）、蓝（B）三基色来描述颜色。对于真彩色，R、G、B 三基色分别用 8 位二进制数来描述，共有 256 种。R、G、B 的取值范围在 0～255 之间，可以表示的彩色数目为 256 × 256 × 256=16 777 216 种颜色。

（3）HSB 模式：该模式是利用颜色的三要素来表示颜色的，它与人眼观察颜色的方式最接近，是一种定义颜色的直观方式。其中，H 表示色调（也叫色相，Hue），S 表示色饱和度（Saturation），B 表示亮度（Brightness）。

（4）CMYK 模式：该模式是一种基于四色印刷的印刷模式，是相减混色模式。C 表示青色，M 表示品红色，Y 表示黄色，K 表示黑色。是一种最佳的打印模式。虽然 RGB 模式可以表示的颜色较多，但打印机与显示器不同，打印纸不能够创建色彩光源，只可以吸收一部分光线和反射一部分光线，它不能够打印出这么多的颜色。CMYK 模式主要用于彩色打印和彩色印刷。

（5）Lab 模式：该模式是由 3 个通道组成，即亮度，用 L 表示；a 通道，包括的颜色是从深绿色（低亮度值）到灰色（中亮度值），再到亮粉红色（高亮度值）；b 通道，包括的颜色是从亮蓝色（低亮度值）到灰色（中亮度值），再到焦黄色（高亮度值）。L 的取值范围是 0～100，a 和 b 的取值范围是-120～120。这种模式可产生明亮的颜色。Lab 模式可表示的颜色最多，且与光线和设备无关，而且处理的速度与 RGB 模式一样快，是 CMYK 模式处理速度的数倍。

6. 显示器的设置方法

（1）Windows XP 下显示器的设置方法如下：

① 单击 Windows XP 桌面的“开始”按钮，再单击“设置”→“控制面板”命令，弹出“控制面板”窗口，单击“外观和主题”超链接，弹出“外观和主题”窗口。

② 在“外观和主题”窗口中，单击“更改屏幕分辨率”超链接，弹出“显示 属性”对话框的“设置”选项卡，如图 1-5-3 所示。

③ 在“屏幕分辨率”栏中拖动滑块，设置屏幕的分辨率。一般来说，15 in 的显示器设置 800×600 像素；使用 17 in 的显示器设置 1 024×768 像素；使用 19 in 的显示器设置 1 280×1 024 像素。用鼠标拖动调整“屏幕区域”栏的滑块，可以调整显示分辨率。

④ 在“颜色质量”下拉列表内可以选择一种颜色深度，即颜色的质量。例如，选中“最高（32 位）”选项，如图 1-5-3 所示，作为颜色质量。

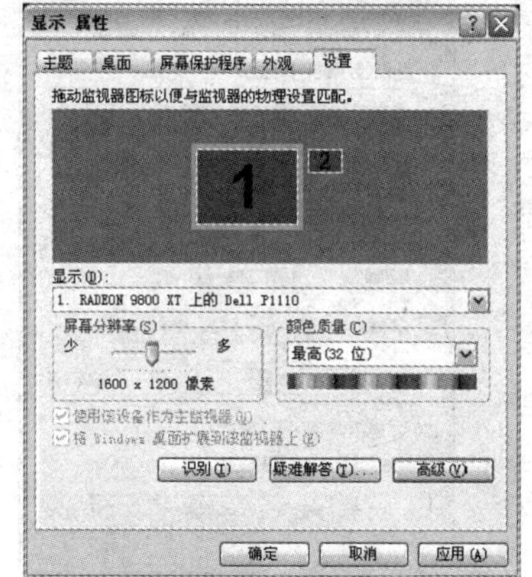

图 1-5-3 “显示 属性”对话框

（2）Windows 7 下显示器的设置方法如下：

① 右击桌面空白处，弹出“桌面”快捷菜单，单击“个性化”命令，弹出“个性化”窗口，单击“显示”选项，弹出“显示”窗口，如图 1-5-4 所示。可以看到，左边栏内列出了有关显示设置的一些选项。单击这些选项，可以切换到相应的窗口，提供相应的显示设置。该窗口内有 3 个单选钮，用来选择屏幕显示文字和图标等的大小，设置后需进行注销才有效。

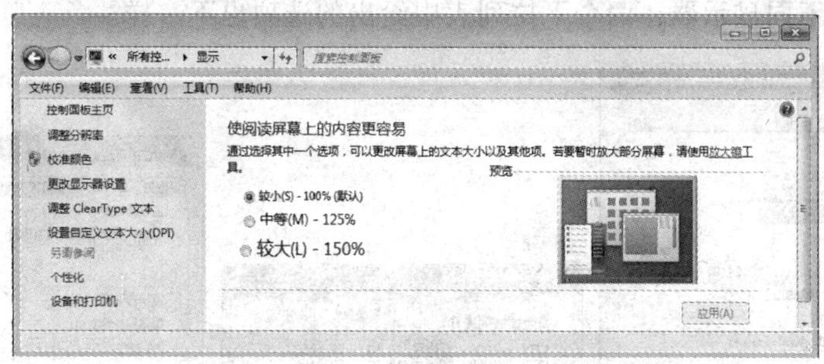

图 1-5-4 “显示”窗口

② 单击“显示”窗口内左边栏中的“调整分辨率”选项或“更改显示器设置”选项，切换到“屏幕分辨率”窗口，如图 1-5-5 所示。单击“检测”按钮，可以检测是否还有其他显示器，并显示检测结果。

③ 单击“分辨率”按钮，弹出下拉面板，如图 1-5-6 所示。拖动其内的滑块，可以调整显示的分辨率。在调整分辨率后，“应用”按钮变为有效，单击“应用”按钮，弹出“显示设置”对话框，如图 1-5-7 所示。单击“保存更改”按钮，即可完成显示分辨率的修改；单击“还原”按钮或者等待大约 15 s，即可自动取消设置，还原为原分辨率。

④ 如果单击“检测”按钮后检测到有其他显示器，则可以在“显示器”下拉列表中选择不同的显示器。可以在“方向”下拉列表内选择显示器显示画面的方向。

⑤ 单击“高级设置”超链接，弹出监视器和显示卡的“属性”对话框的“适配器”选项卡，显示显示器适配器（显卡）的类型等信息，如图 1-5-8 所示。单击该对话框内的“列出所

有模式”按钮，弹出“列出所有模式”对话框，如图 1-5-9 所示。在其内的列表框中选择一种显示器模式。单击“确定”按钮，完成显示器模式设置，退出该对话框。

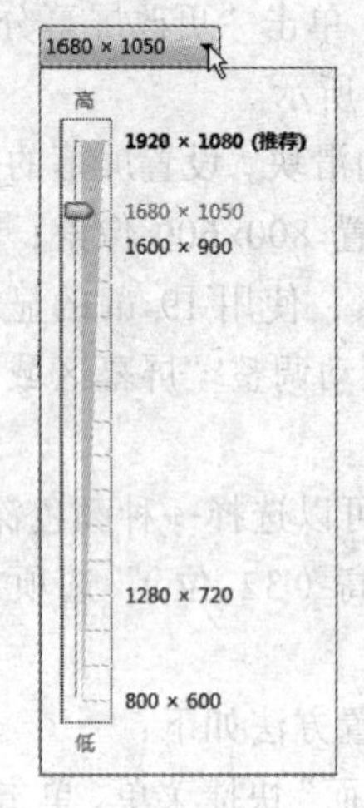

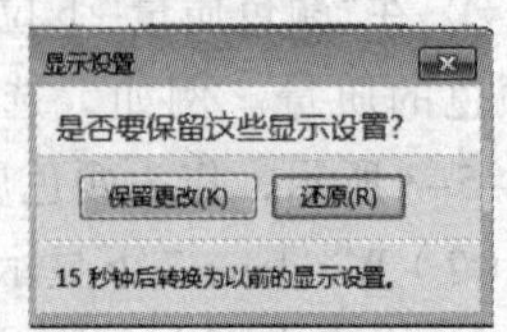

图 1-5-5 “屏幕分辨率”窗口

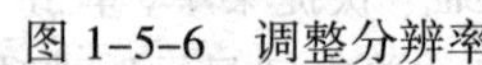
图 1-5-6 调整分辨率

图 1-5-7 “显示设置”对话框

⑥ 切换到“监视器”选项卡，如图 1-5-10 所示。在“屏幕刷新频率”下拉列表中选择合适的刷新频率（有“59 赫兹”和“60 赫兹”两个选项），较高的屏幕刷新频率将减少屏幕上的闪烁；在“颜色”下拉列表中选中一种合适的真彩色位数（有“增强色 32 位”和“真彩色 64 位”两个选项）。不同显示器，两个下拉列表中给出的选项也不一样。

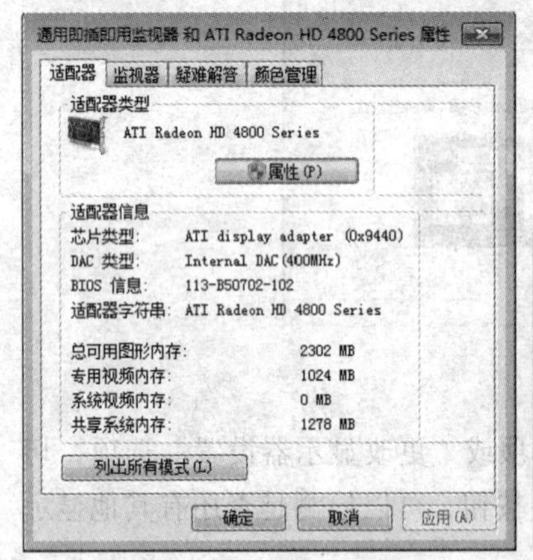

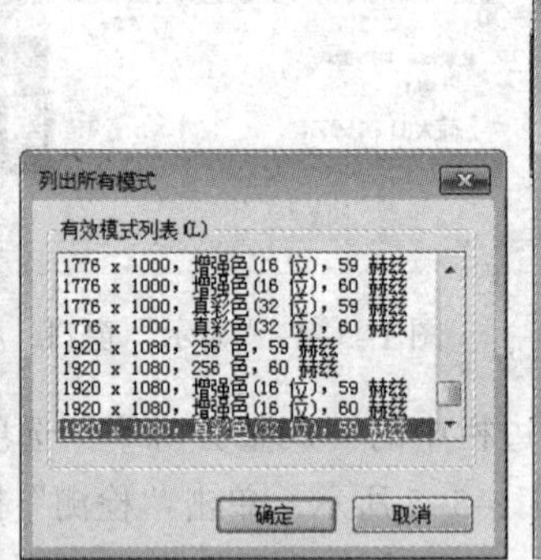

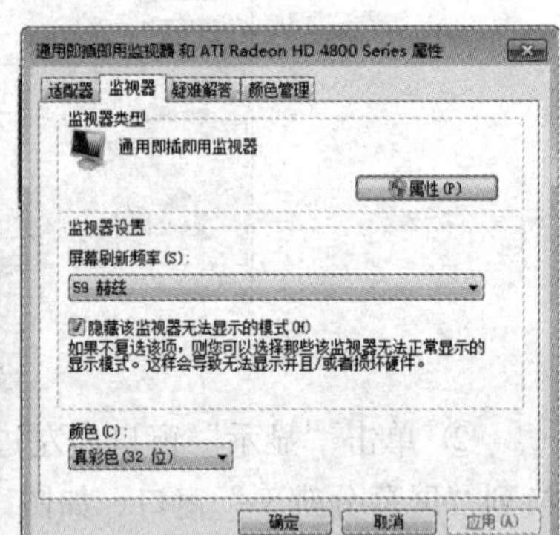

图 1-5-8 “适配器”选项卡 图 1-5-9 “列出所有模式”对话框 图 1-5-10 “监视器”选项卡

⑦ 在“适配器”和“监视器”选项卡内都有一个“属性”按钮，单击该按钮后分别弹出适配器和监视器的“属性”对话框，其内都有“常规”“驱动程序”和“详细信息”选项卡（适配器的“属性”对话框还有“资源”选项卡）。

1.5.2 动画与视频媒体的基础知识

1. 动画与视频的产生

人们认识到，只要将若干幅稍有变化的静止图像顺序地快速播放，而且每两幅图像出现的时间小于人眼视觉惰性时间（每秒钟传送 24 幅图像），人眼就会产生连续动作的感觉（动态图像），即实现动画和视频效果。实践和理论证明，如果图像的传送速度不小于每秒钟传送 48 幅图像，则人眼就有不闪烁的活动图像的感觉；如果传送图像的速度比每秒钟传送 48 幅图像小，则人眼会有明显的闪烁感。动画一般是由人们绘制的画面组成的，视频一般是由摄像机摄制的画面组成的。动画和视频都可以产生 AVI、MOV 和 GIF 等格式的文件。

2．电视制式

电视制式是一种电视的播放标准。不同的电视制式，对电视信号的编码、解码、扫描频率和画面的分辨率均不相同。不同制式的电视机只能接收相应制式的电视信号。在计算机系统中，要求计算机处理的视频信号应与计算机相连接的视频设备的制式相同。

（1）普通彩色电视制式有以下 3 种：

① NTSC 制式：NTSC 制式是 1953 年美国研制的一种彩色电视制式，它规定：每秒钟播放 25 帧画面，每帧图像有 526 行像素，场扫描频率为 60 Hz，隔行扫描，屏幕宽高比为 4：3。

② PAL 制式：PAL 制式是在 NTSC 制式的基础之上，1962 年联邦德国研制的一种与黑白电视兼容的彩色电视制式，它规定：每秒钟播放 25 帧画面，每帧图像有 625 行像素，场扫描频率为 50 Hz，隔行扫描，屏幕宽高比为 4：3。

③ SECAM 制式：ECAM 制式是 1965 年法国研制的一种与黑白电视兼容的彩色电视制式，它规定：每秒钟播放 25 帧画面，每帧图像有 625 行像素，场扫描频率为 50 Hz，隔行扫描，屏幕的宽高比为 4：3。它采用的编码和解码方式与 PAL 制式完全不一样。

（2）高清晰度电视（High Definition Television，HDTV）：是继黑白电视、彩色电视后的新一代电视，它的图像质量等于或超过 35 mm 电影片质量的电视系统。而按照 CCIR（ITU-R）的定义，高清晰度电视应是这样一个系统，即一个具有正常视觉的观众在距该系统显示屏高度的 3 倍距离上所看到的图像质量应具有观看原始景物或表演时所得到的质量。

数字技术在 20 世纪 80 年代后已经成熟，并成为未来通信、传播领域的发展趋势，美国于 20 世纪 90 年代初，后来居上，直接研制出数字式 HDTV，从而使各国的研制方向立刻调整到数字 HDTV 上。中国也在 1998 年 6 月研制成功了第一台数字高清晰度功能样机，并在 1999 年国庆庆典上，中央电视台成功地进行了 HDTV 的现场直播。

目前，世界上对高清晰度电视的规定是：传送的信号全部数字化，水平和垂直分辨率均大于 720 线逐行（720p）或 1 080 线隔行（1080i）以上，屏幕的宽高比为 16：9，音频输出为 5.1 声道（杜比数字格式），同时能兼容接收其他较低格式的信号并进行数字化处理重放。HDTV 是正在发展的电视标准，HDTV 有 3 种显示分辨率格式，分别是 720p（1280×720 逐行）、1080 i（1920×1080 隔行）和 1080p（1920×1080 逐行），其中 p 代表英文单词 Progressive（逐行），而 i 则是 Interlaced（隔行）的意思。我国的 HDTV 标准还没有正式公布。

3．动画的分类

（1）按照计算机处理动画的方式划分，可分为造型动画和帧动画两种。

① 造型动画：它是对每一个活动物件的属性（包括位置、形状、大小和颜色等）分别进行动画设计，用这些活动的物件组成完整的动画画面。造型动画通常属于三维动画，用计算机进行造型的动画处理比较复杂。

② 帧动画：它是由一帧帧图像组成的。帧动画一般属于二维动画，通常有两种：一种是帧帧动画，即人工准备出一帧帧图像，再用计算机将它们按照一定的顺序组合在一起，形成动画；另一种是关键帧动画，即用户用计算机制作两幅关键帧图像，它们的属性（位置、形状、大小和颜色等）不一样，然后由计算机通过插值计算自动生成两幅关键帧图像之间的所有过渡的图像，从而形成动画。

（2）按照物件运动的方式划分，可分为关键帧动画和算法动画两种。其中，算法动画是采用计算机算法，对物件或模拟摄像机的运动进行控制，从而产生动画。

4．全屏幕视频和全运动视频

视频可分为全屏幕视频和全运动视频。全屏幕视频是指现实的视频图像充满整个屏幕，因此它与显示分辨率有关。全运动视频是指以每秒 30 帧的速度刷新画面进行播放，这样可以消除闪烁感和使画面连贯。早期一些计算机是无法实现全屏幕视频和全运动视频的，它只能以每秒 15 帧的速度刷新画面进行播放，可以在屏幕上开一个小窗口，进行全运动视频的播放。对于这些计算机，可以加入解压卡来提高刷新画面的速度。目前此计算机通常都可以实现全屏幕全运动的视频播放。

5．数字视频的获取

视频信号有两种：一种是模拟视频信号，另一种是数字视频信号。NTSC、PAL 和 SECAM 制式的电视信号均是模拟视频信号，用普通摄像机摄制的视频信号也是模拟视频信号。HDTV 制式的电视信号是数字视频信号，用数字摄像机摄制的视频信号也是数字视频信号。

数字视频信号还可以通过对模拟视频信号进行数字化来获得。视频的数字化是指在一定的时间内以一定的速度对模拟视频信号进行采样，再进行模/数转换、色彩空间变换等处理，将模拟视频信号转换为相应的数字视频信号。转换后，存储在计算机中的数据是相当大的，还需要将这些视频数据压缩后再进行保存。常用的压缩编码方法有无损压缩（也叫冗余压缩）和有损压缩（也叫熵压缩）。视频信号压缩通常采用 MPEG 压缩，压缩比可达 100：1 以上。

6．视频卡的分类

（1）视频采集卡：它可以从模拟视频信号中实时或非实时地捕捉静态画面和动态画面，将它们转换为数字图像或数字视频存储到计算机中。例如，视频采集卡有 Creative 公司的 Video Blaster 系列的视频采集卡 RT300 等，Intel 公司的 ISVR Pro 视频采集卡等。

（2）视频输出卡：计算机的显卡输出的视频信号不能直接输出到电视机中播放或录制到录像机的磁带中。视频输出卡可以将计算机中的数字视频信号进行编码，获得 NTSC 或 PAL 制式的电视视频信号，再输出到电视机中播放或录制到录像机的存储设备中。

（3）电视接收卡：它有一个高频调谐器和一个电视接收天线，可以接收电视高频信号，并转换成数字视频信号，将电视节目在计算机的显示器中播放。

（4）解压缩卡：它可将 VCD 或 DVD 中的视频压缩 MPEG 文件进行硬件解压缩，还原成普通的数字视频，并进行播放，大多数的解压卡还具有视频输出卡的功能。目前的计算机均可使用软解压的方法播放 VCD 或 DVD 中的视频压缩 MPEG 文件，无需用解压缩卡。

思考与练习

1．填空题

（1）媒体有________、________、________、________和________五大类。

（2）数字媒体是以________的形式获取、记录、处理和传播过程的________，它包括二进制数字化的________、________、________、________、________和________等信息。

（3）流媒体是指____。

（4）数字媒体技术是以________、________、________、________、________、________、________、________、________、________技术为基础。

（5）数字媒体技术的应用方向有________、________、________、________和________等方面。

（6）数字媒体技术的基本特性有________、________、________、________、________和________。

（7）目前流行的关于压缩编码的国际标准有________、________和________。

（8）计算机的系统总线一般分为________、________和________三类。

（9）文本主要特点是________、________、________和________。

（10）彩色的三要素是________、________和________。彩色的三基色是________、________和________。色域是________________________。

2．问答题

（1）什么是多媒体？数字媒体的主要分类有哪几种？

（2）简述数字媒体技术的应用和发展。

（3）数据压缩技术包括哪些内容？数字媒体技术包括哪些技术？

（4）简述目前已有输出和输入设备的种类和它们的特点。

（5）分析当前存储设备的特点，预测它们的发展方向。

（6）说明手机和数字媒体的关系，简要介绍手机展示各种数字媒体的方式和特点。

（7）点阵图和矢量图有什么不同的特点？

（8）简述数字音频三要素的特点。

第2章 截屏、录屏和录音

本章主要介绍截屏、录屏和录音的方法，音频文件的简单编辑。截屏也称屏幕截图或抓图，就是将计算机屏幕中显示的部分图像截取出来，并将图像保存成图像文件，或者复制到剪贴板内，再粘贴到需要的地方。录屏就是将屏幕显示动态画面录制下来，再保存成视频文件。可以截屏、录屏和录音的软件很多，本章介绍的软件都是目前比较流行的中文或汉化软件，其中大部分软件是免费软件。本章主要介绍"红蜻蜓抓图精灵"、SnagIt、"录屏大师""克克 Mp3 录音""蓝光影音 Mp3 录音机"等软件的使用方法。

2.1 截屏

为了制作有图像的 Word 和 PPT 等文档，制作多媒体课件等，常常需要将显示器中显示的图像抓取出来并复制到剪贴板内，再粘贴到 Word 和 PPT 等文档中；另外，也需要存储成图像文件，以备制作多媒体课件或制作 Word 和 PPT 等文档时使用。

常用的截取屏幕图像软件有"红蜻蜓抓图精灵"、FastStone Capture（FSCapture）、屏幕截图工具（Greenshot）和 SnagIt 软件等。前三款软件都是免费软件，FSCapture 和 SnagIt 软件还有录屏功能，SnagIt 软件是功能强大的抓图和录屏软件，它们都有截图编辑器。在我国，使用较多的是"红蜻蜓抓图精灵"和 SnagIt 软件，本节介绍这两款软件的截图方法。

2.1.1 "红蜻蜓抓图精灵"软件截屏

1. "红蜻蜓抓图精灵"软件特点

"红蜻蜓抓图精灵"软件是一款完全免费的专业级屏幕截图软件，在我国的使用率较高，目前它的最新版本是"红蜻蜓抓图精灵 2014 v2.25 build 1402"，可以在"PC6 下载"网站内下载，下载的网址为"http://www.pc6.com/softview/SoftView_44852.html"。"红蜻蜓抓图精灵 2014 版"软件主要具有以下特点：

（1）截图捕捉图像方式灵活，可以捕捉整个屏幕、活动窗口、选定区域、固定区域、选定控件、选定菜单等。

（2）多显示器环境下切换"输入"为"整个屏幕"时，会弹出屏幕选择菜单，可以设置捕捉任意一个主/副显示器的整个屏幕，还支持自动侦测捕捉主窗口所在的显示器屏幕。

（3）截图图像的输出方式具有多样性，能输出到剪贴板、文件、画图和打印机等。

（4）在"红蜻蜓抓图精灵"网站"皮肤中心"提供了更多的精美皮肤，用来改变"红蜻蜓

抓图精灵”软件的背景。优化了网页捕捉功能，增强了打印页面设置等功能，

（5）可以使用于 Windows XP/ Windows 7/8 等 Windows 操作系统，在“捕捉预览”窗口内，单击“工具”→“设置墙纸”命令，弹出“设置墙纸”菜单，新增了“适应”和“填充”两个命令，提供两种墙纸放置类型。

2. “红蜻蜓抓图精灵”软件工作界面

（1）下载“红蜻蜓抓图精灵 2014 v2.25 build 1402”的压缩文件后，解压该文件 RdfSnap.zip，得到“RdfSnap.exe”可执行文件。这是一个绿色软件，不用安装可直接执行该文件。为了方便，右击该文档，弹出快捷菜单，单击“发送到”→“桌面快捷方式”命令，在桌面创建“红蜻蜓抓图精灵 2014”软件的快捷方式。

（2）双击“红蜻蜓抓图精灵”图标，启动“红蜻蜓抓图精灵 2014”软件的工作区（“实用工具”栏），如图 2-1-1 左图所示。下边的工具按钮用来切换上边栏内的内容，例如，单击“常规”按钮，即可切换到“常规”栏，如图 2-1-1 右图所示。单击“菜单”→“选项”命令，单击其内的命令，也可以切换右边栏中的内容。切换不同的选项，可以进行相应的软件参数设置。

（3）在图 2-1-1 左图所示的“实用工具”栏内提供了很多实用工具，单击其内的“屏幕取色”“画图”“记事本”和“计算器”按钮，可以弹出相应的 Windows 工具；在文本框内输入文字，单击其右边的“搜”按钮，可以弹出相应的窗口，完成相应的操作。

图 2-1-1 右图所示“常规”栏用来设置“红蜻蜓抓图精灵 2014”软件的默认参数。

图 2-1-1 “红蜻蜓抓图精灵”软件工作界面

（4）工作区内左边一列按钮中上边的 8 个按钮用来确定屏幕捕捉的对象，单击其中的一个按钮，即可设置相应的屏幕捕捉的对象。单击“选定网页”按钮，可以弹出“2345.com 网址导航”网站主页。单击“捕捉”按钮，即可开始捕捉指定的屏幕对象。

单击“菜单”→“输入”命令，单击其内的命令，也可以完成相应的设置。单击该菜单内的“包含光标”命令，该选项右边会显示一个对勾，表示截图时会将鼠标指针图像也截取出来。

（5）单击“菜单”→“输出”命令，如图 2-1-2 所示。单击其内上边一栏内的命令，可以设置截图输出的地方；单击“预览窗口”命令，则表示会将截图输出到“红蜻蜓用户体验中心”窗口内。

（6）单击“菜单”→“文件”→“打开图像”命令，弹出“打开图像”对话框，默认的文件夹是保存上一次截图所在的文件夹。单击“文件”→“打开捕捉图像目录”命令，弹出“资

源管理器”窗口，默认的目录是保存上一次截图所在的目录。单击“文件”菜单内的“最小化到托盘”命令，可以将“红蜻蜓抓图精灵”软件移到 Windows 7 桌面下边状态栏内的通知区域中。

（7）单击“文件”→“捕捉图像”命令或按【Ctrl+Shift+C】组合键，或者单击“红蜻蜓抓图精灵”软件工作界面内左下角的“捕捉”按钮，都可以开始捕捉图像。

（8）单击“帮助”→“帮助信息”命令，弹出“红蜻蜓抓图精灵 2014 帮助”面板，如图 2-1-3 所示，利用该面板可以获得相应的帮助信息。

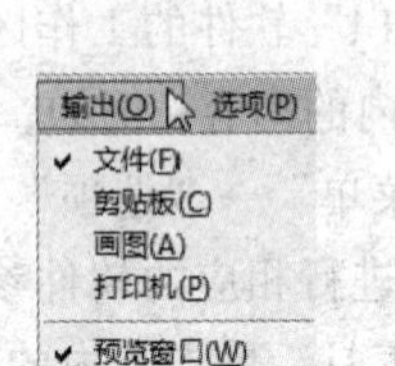

图 2-1-2 “输出”菜单

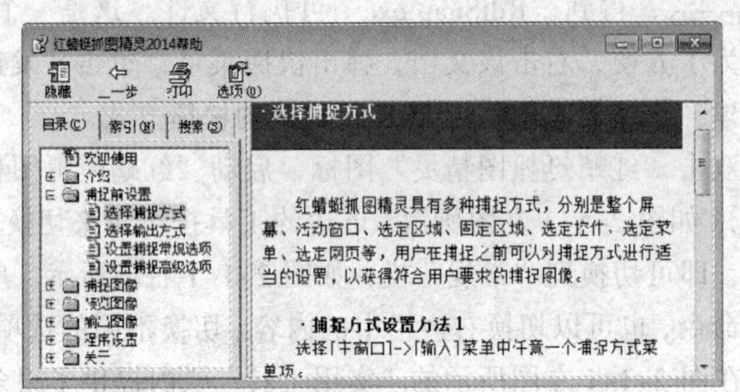

图 2-1-3 “红蜻蜓抓图精灵 2014 帮助”面板

3. 使用“红蜻蜓抓图精灵”软件截图

下面以设置“选定区域”输入方式和“文件”输出方式情况下进行屏幕截图为例，介绍具体的操作方法。设置其他输入方式和输出方式情况下进行屏幕截图的方法和此处介绍的方法基本一样，可以参看相应的帮助信息。

（1）单击“输出”→“文件”选项，选中“文件”选项，如图 2-1-2 所示；单击“输入”→“选定区域”选项，选中该选项，也可单击软件工作界面内左边的“选定区域”按钮。

（2）单击“红蜻蜓抓图精灵”软件工作界面内左下角的“捕捉”按钮或按【Ctrl+Shift+C】组合键，可以看到鼠标指针呈十字线状，将鼠标指针的交点移到要截取图像的左上角，例如，图 2-1-3 所示“红蜻蜓抓图精灵 2014 帮助”面板的左上角，单击“确定”按钮。

（3）再将鼠标指针到要截取图像的右下角单击，例如，在“红蜻蜓抓图精灵 2014 帮助”面板右下角单击，弹出“捕捉预览”窗口，同时显示出截取的图像，如图 2-1-4 所示。

（4）单击上边工具栏内的“编辑”按钮，弹出“编辑”菜单，如图 2-1-5 所示。单击“使用 Windows 画图编辑”命令，弹出 Windows 的“画图”窗口，并在该窗口内显示出截取的图像，利用“画图”软件加工该图像，再保存图像。

（5）单击“编辑”→“设定外接图片编辑器”命令，弹出“设定外接图片编辑器”对话框，如图 2-1-6 所示。单击“浏览”按钮，利用该对话框可以设置截取图像保存的目录，设置外接图像处理软件可执行程序的路径和文件名称，如图 2-1-6 所示。

单击“确定”按钮，关闭该对话框，在“编辑”菜单第 1 栏内的下边添加设置的外接图片编辑软件的名称，以后单击该名称即可弹出设置的外接图片编辑软件。

（6）也可以使用“红蜻蜓抓图精灵 2014”窗口内左边的“颜色”和“工具”栏中的工具来绘制、修改截取的图像，使用左下角“属性：选区工具”栏内的工具可以在图像中创建不同大小和形状的选区，此时可以激活上边工具栏内的一些工具按钮，用来处理选区中的图像。

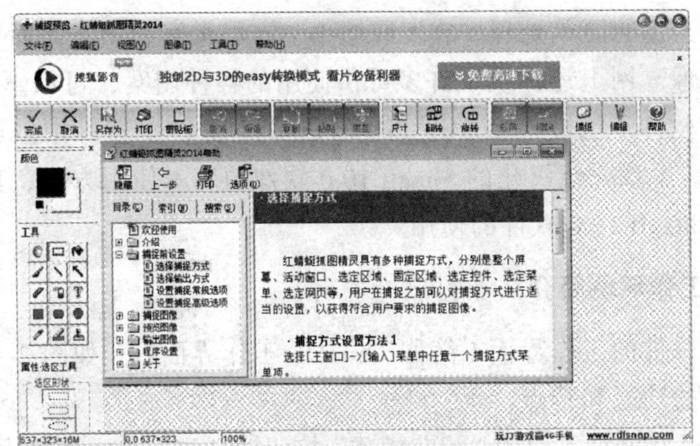

图 2-1-4　“捕捉预览”窗口

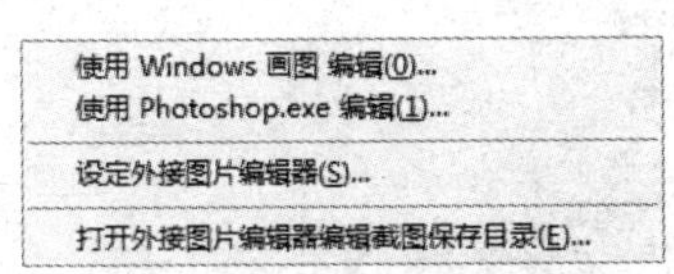

图 2-1-5　“编辑”菜单

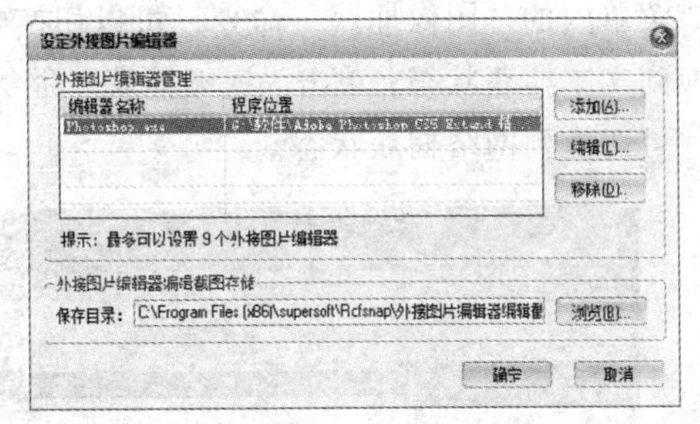

图 2-1-6　“设定外接图片编辑器”对话框

（7）单击“红蜻蜓用户体验中心”窗口内左上角的“完成”按钮，弹出“保存图像”对话框，默认前面设置的目录，利用该对话框可以将截取图像保存成图像文件。

2.1.2　汉化 SnagIt 软件截屏

1. SnagIt 软件特点

SnagIt 软件是一个杰出的屏幕图像捕获（截取屏幕图像）和录屏软件，可以满足用户屏幕图像捕获的几乎所有要求，轻松进行截屏和录屏。Snagit 具有以下几个特点：

（1）捕捉范围灵活：截图和录屏都可以设定一个区域，可以是整个屏幕、一个静止或活动的窗口、一个菜单等对象、用户自定义的一个区域（捕捉范围）或者一个滚动页面。

（2）捕捉的种类多：SnagIt 软件具有“图像捕获”“文字捕获”“视频捕获”和“网络捕获”4 种类型的捕获模式，在不同模式下，可以捕获不同的对象。它不仅可以捕捉静止的图像，而且还可以获得动态的图像和声音，还可以在选中的范围内只获取文本。另外，SnagIt 软件还可以录屏，将屏幕中显示的操作过程录制成视频。

（3）输出的类型多：截取的图像可以选择自动将其送至 SnagIt 打印机或 Windows 剪贴板中，可以直接用 E-mail 发送。也可以以文件的形式输出，可以将截取的图像保存为各种格式的图像文件，将录屏保存为 AVI 格式的视频文件。另外可以编辑成册。

（4）可以自动扫描指定网址内所有图片并把它下载下来，支持几乎所有常见的图片格式，还可以将整个网页保存为 Flash 或 PDF 格式方便阅览。

（5）图像处理：该软件还附带了一个图像编辑器和一个管理工具。截取的图像可以在图像编辑器内进行修剪、颜色的简单处理、放大或缩小、添加文字和图案等简单的编辑，加工制作成漂亮和有特性的图像。网上还提供了许多可供使用的各种图案，可以下载使用。

（6）新版 SnagIt 软件还能嵌入 Word、PowerPoint 和 IE 浏览器等中。目前 SnagIt 软件的最高版本为 SnagIt 11.0。本章介绍汉化的 SnagIt 10.0 软件的基本使用方法，其内容基本适用于汉化 SnagIt 9.0 和汉化 SnagIt 11.0 软件的使用。

2. SnagIt 软件工作环境简介

打开 SnagIt 10.0 软件的工作界面（简称“SnagIt 工作界面”），如图 2-1-7 所示。下面简单介绍 SnagIt 工作界面的功能和特点。

（1）单击该工作界面内右下角的“捕获模式”按钮，弹出“捕获模式”菜单，如图 2-1-8 所示。单击“捕获”→“模式”命令，也可以弹出类似如图 2-1-8 所示的“捕获模式”菜单。单击该菜单内的“图像捕获”命令，可以切换到图像捕获模式状态；单击“文本捕获”命令，可切换到文本捕获状态；单击“视频捕获”命令，可以切换到视频捕获状态；单击“Web 捕获”命令，可切换到网络捕获状态。

图 2-1-7 汉化 SnagIt 10.0 工作界面

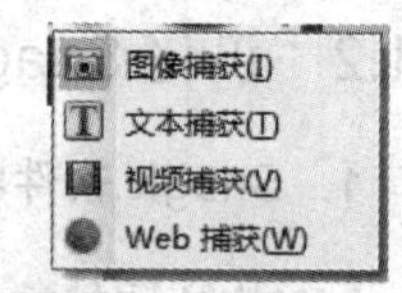

图 2-1-8 “捕获模式”菜单

（2）在 SnagIt 工作界面内右边的“方案”栏的列表框中有一栏或更多的栏，用来保存默认的几种捕捉方案和新设置的捕捉方案。拖动列表框右边的滑块，可以显示不同栏内的各种捕捉方案按钮。在“方案”栏内，将鼠标指针移到按钮之上，会显示一个文字显示框，其内显示该按钮对应的捕捉方案的名称、捕捉模式、输入和输出设置，以及是否包含鼠标指针等。单击按钮，可以采用相应的捕捉方案设置。

（3）在“方案”栏的工具栏中单击“方案列表视图”按钮，会使“方案”栏内以列表方式显示各捕捉方案，如图 2-1-9 所示。单击其内的按钮，可以收缩该栏内的捕捉方案选项；单击其内的按钮，可以展开该栏内的捕捉方案选项。

在“方案”栏的工具栏中，单击“方案缩略图视图”按钮，会使“方案”栏内以缩略图方式显示各种捕捉方案。

（4）“相关任务”栏内提供了快速轻松访问的 5 个按钮，单击“图像转换”按钮，弹出 SnagIt

自带的图像编辑器；单击“打开单击快捕”按钮，可以调出 SnagIt 自带的“OneClick”（一个单击）面板，单击该面板内的一个选项，可以采用这种方案的设置。“OneClick”面板会自动从画面的左边或上边移出画面；单击“设置 SnagIt 的打印机”按钮，弹出相应的对话框，用来安装 SnagIt 的打印机；单击“管理方案”按钮，弹出“附件管理器”对话框，利用该对话框可以添加外部附件。

（5）“快速启动”栏内提供了“SnagIt 编辑器”和“管理图像”按钮，单击“SnagIt 编辑器”按钮，弹出 SnagIt 的图像编辑器，如图 2-1-10 所示。将鼠标指针移到“搜索面板”按钮，可以展开或收起“搜索”面板。在“搜索”面板内有 3 个标签，单击标签，可以切换到相应的选项卡，以不同方式列出以前截图获得的图像。单击“日期”标签，切换到“日期”选项卡，如图 2-1-10 所示。单击按钮，可以展开其内的月、星期或日期；单击按钮，可以收起展开的月、星期或日期。单击其内的月、星期或日期选项，即可在左边显示该日期内所有截图获得的图像缩略图。

图 2-1-9　捕捉方案选项

图 2-1-10　SnagIt 的图像编辑器

另外，单击“快速启动”栏内的“管理图像”按钮，也可以弹出 SnagIt 的图像编辑器，只是“搜索”面板内自动切换到“文件夹”选项卡。

（6）单击工具栏内的“更改视图”按钮，收缩 SnagIt 工作界面，如图 2-1-11 所示。收缩 SnagIt 工作界面将主要工具放在工具栏内，将所有的命令，放在菜单栏的 7 个主菜单中，使收缩的 SnagIt 工作界面具有所有 SnagIt 的功能。收缩的 SnagIt 工作界面占用的空间相对小很多。再单击收缩的 SnagIt 工作界面内的“更改视图”按钮，可以展开 SnagIt 工作界面，回到原状态。

图 2-1-11　收缩的 SnagIt 工作界面

在收缩的 SnagIt 工作界面内，将鼠标指针移到工具栏内的工具按钮之上，会在下边的状态栏内显示相应的提示信息；将鼠标指针移到主菜单内的命令之上，也会在下边的状态栏内显示相应的提示信息。

（7）单击“程序”→“程序参数设置”命令，弹出“程序参数设置”对话框的“热键”选项卡，如图 2-1-12 所示。利用“热键”选项卡可以进行 3 种热键的设置，主要是设置“全局捕获”热键，默认的热键是【Print Screen】键。在“按键”下拉列表内可以选择一个按键名称，设置热键；也可以再选中一个或多个复选框，组成一个复合组合键作为热键。

在 SnagIt 工作界面内右边的“方案”栏的列表框中，单击“基本捕捉方案（来自版本 9）”栏内的“区域”按钮，此时 SnagIt 工作界面内下边会显示“按 Shift+P 捕获”文字，表示按【Shift+P】组合键即可开始捕捉。在选择其他方案后，默认情况下，此时 SnagIt 工作界面内下边会显示“按 Print Screen 捕获”文字，表示按【Print Screen】键即可开始捕捉。如果在图 2-1-12 所示“程序参数设置”对话框的“热键”选项卡内，设置“全局捕获”热键为【Ctrl+P】组合键，则默认的“按 Print Screen 捕获”文字会改为“按 Ctrl+P 捕获”，表示按【Ctrl+P】组合键可以开始按照选中的方案设置进行捕捉。此时，按【Shift+P】组合键，可以按照“区域”方案设置进行捕捉。

（8）切换到“程序选项”选项卡，如图 2-1-13 所示。利用“程序选项”选项卡可以进行 SnagIt 软件的很多重要设置，例如不选中“在捕捉前隐藏 SnagIt”复选框（默认是选中该复选框），则可以在进行截图或录屏前会自动将 SnagIt 工作界面隐藏。

单击“确定”按钮，关闭“程序参数设置”对话框，完成设置。

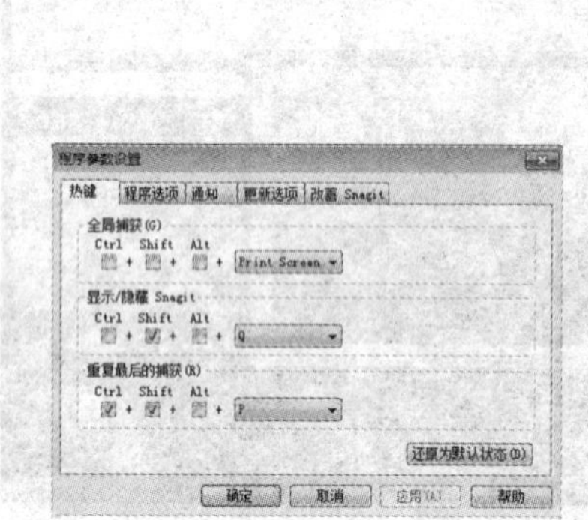

图 2-1-12 “程序参数设置”对话框“热键”

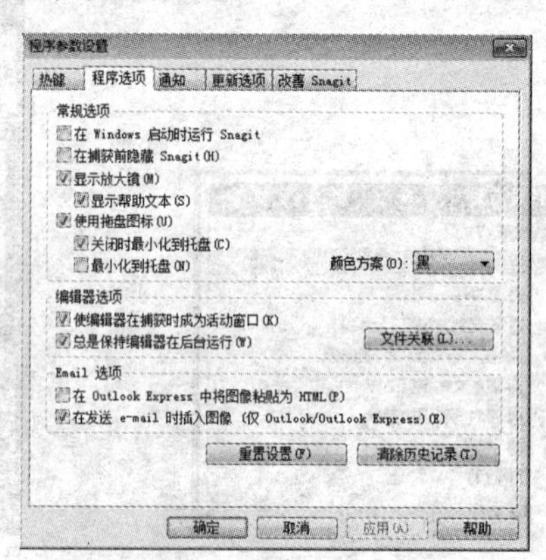

图 2-1-13 “程序选项”选项卡

3. 截取窗口图像

SnagIt 软件的截图类型和方法很多，下面介绍截取“超级 MP3 录音机”软件工作界面窗口的图像。

（1）调出“超级 MP3 录音机”软件工作界面窗口。

（2）调出 SnagIt 工作界面，单击“视图”→“工具栏”命令，使 SnagIt 工作界面内显示出工具栏。单击工具栏内的“更改视图”按钮，收缩 SnagIt 工作界面，如图 2-1-11 所示。

（3）在工具栏内，单击“图像捕获”按钮，设置采用截图模式。默认按下“在编辑器中预览”按钮，表示截图后的图像会在 SnagIt 软件自带的图像编辑器内显示。

（4）单击“输入”命令，弹出“输入”菜单，如图 2-1-14 左图所示，单击其内的“窗口”和“包含光标”命令。单击“输出”命令，弹出“输出”菜单，如图 2-1-14 右图所示，单击其内的“剪贴板”命令，默认选中“在编辑器中预览”命令。

（5）单击“工具”→“程序参数设置”命令，弹出“程序参数设置”对话框的“热键”选项卡，在“全局捕获”栏内只选中 Shift 复选框，在下拉列表中选中 P 字母，如图 2-1-15 所示。表示按【Shift+P】组合键即可开始截图。然后，单击“确定”按钮。

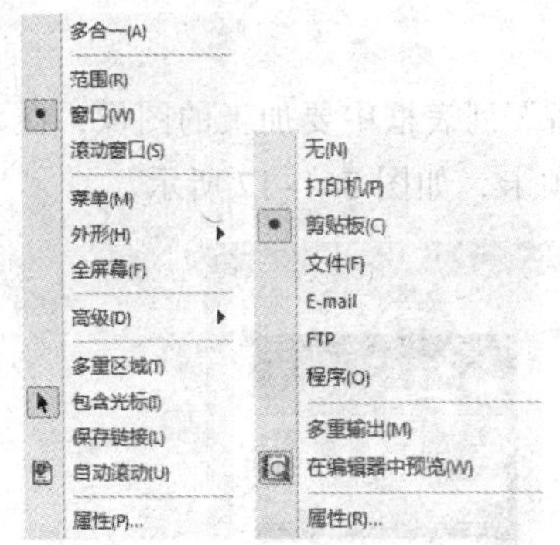

图 2-1-14 “输入”和“输出”菜单

图 2-1-15 “全局捕获”设置

（6）按【Shift+P】组合键或单击 SnagIt 工作界面内的“立即捕捉”按钮，将鼠标指针移到“超级 MP3 录音机”软件窗口面上边缘处，当棕色矩形框将整个“超级 MP3 录音机”工作界面围住时（见图 2-1-16）单击，即可弹出 SnagIt 软件自带的图像编辑，同时显示截取的图像。

（7）也可以按【Shift+P】组合键，鼠标指针呈十字线状，从“超级 MP3 录音机”软件窗口左上角拖动到“超级 MP3 录音机”窗口右下角，选中整个“超级 MP3 录音机”软件窗口，即可弹出 SnagIt 软件自带的图像编辑器，同时显示截取的“超级 MP3 录音机”软件窗口图像，如图 2-1-17 所示。

图 2-1-16 “超级 MP3 录音机”软件窗口　图 2-1-17 SnagIt 软件自带的图像编辑器内显示截取的图像

（8）利用 SnagIt 软件自带的图像编辑器对截取的“超级 MP3 录音机”软件窗口图像进行加工处理，添加文字和线条（参考下边 4 的介绍）。切换到“绘图”选项卡，单击“剪贴板”组内的“全部复制”按钮，将图像复制到剪贴板内。切换到其他软件，例如 Word 软件，按【Ctrl+V】组合键，即可将剪贴板内的图像粘贴到光标处。另外，单击 SnagIt 工作界面左上角的按钮，弹出它的菜单，单击该菜单内的“另存为”命令，在弹出的对话框中选中要保存的文件夹，在“保存类型”文件夹中选中“JPG-JPEG 图像（*.jpg）”选项，在“文件名”文本框中输入文件名，如图 2-1-18 所示。然后，单击“保存”按钮。

4. 使用 SnagIt 图像编辑器给图像添加文字标注

SnagIt 软件自带的图像编辑器如图 2-1-17 所示，可以用来给截取的图像或打开的外部图像进行简单的加工处理。

（1）在 SnagIt 软件图像编辑器内，单击下边“预备”列表框中要加工的图像，在“图像编辑”列表框内显示出选中的图像。切换到“绘图”选项卡，如图 2-1-17 所示。

图 2-1-18 “另存为”对话框

（2）单击“绘图工具”组内的“选择”按钮，将鼠标指针移到图像右边缘中间方形控制柄处，当鼠标指针呈双箭头状时水平向右拖动；将鼠标指针移到图像左边缘中间方形控制柄处，当鼠标指针呈双箭头状时水平向左拖动。拖动的结果使截取的图像两边增加，增宽部分为棋盘格，表示透明，用来输入文字。

（3）单击“绘图工具”组内的“填充”按钮，单击“样式”组内最左边的“白色”图样，设置填充颜色为白色。单击棋盘格图像，使透明的部分填充白色。

（4）单击“绘图工具”组内的“文字”按钮A，在右边的空白处拖动，创建一个矩形的文本框，同时弹出文字设置的字体框，如图 2-1-19 所示。利用该字体框设置输入文字的字体、字大小、是否加粗、排列、颜色、是否要阴影和选择一种样式等。单击“样式”列表框右下角的“其他”按钮，展开“样式”列表框，如图 2-1-20 所示，单击某个图案，即可设置文字采用该样式设置好的字体、颜色、大小、是否有阴影等文字属性。按照图 2-1-19 所示设置文字属性，再输入文字。

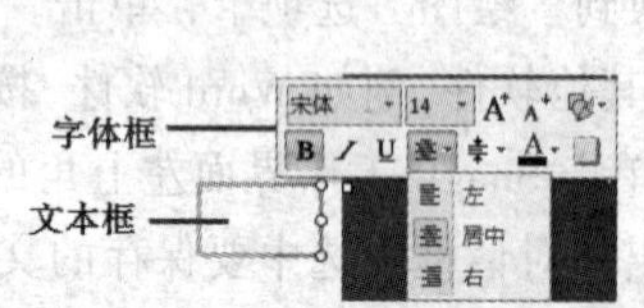

图 2-1-19 文本框和字体框

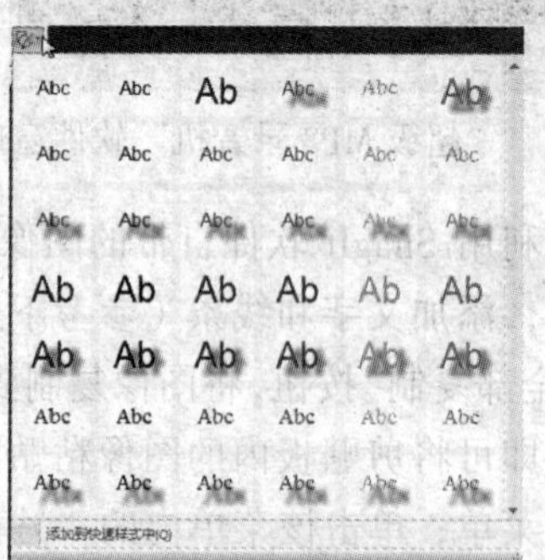

图 2-1-20 “样式”面板

（5）另外，也可以单击“绘图工具”组内的“选择”按钮，单击选中文本框和其内的文字“标题栏”，单击“剪贴板”组内的“复制”按钮，将选中的对象复制到剪贴板内，然后再单击“剪贴板”组内的“粘贴”按钮，将剪贴板内的文本框和“标题栏”文字粘贴多个到“图像编辑”列表框内左上角，再将粘贴的文字移到不同的位置。

选中一个粘贴的“标题栏”文字，将选中的文字改为相应的其他文字。按照这种方法，将其他文字进行相应的修改。

（6）单击“绘图工具”组内的“直线”按钮，再按住【Shift】键，在相应的位置水平拖动，绘制一条水平直线。按照相同的方法绘制其他水平直线。也可以采用上边介绍过的复制粘贴的方法绘制其他水平直线。

2.2　录　　屏

录屏就是录制屏幕显示的操作过程。为了制作多媒体程序，常常需要将使用软件的操作过程录制下来，生成一个 AVI 格式的视频文件、SWF 格式的动画文件，以备在制作多媒体程序时使用。另外，也可以生成一个 EXE 格式的可执行视频文件，直接执行该文件来演示操作过程。还可以将一个视频文件的播放过程录制下来，以备以后再次观看。常用的录屏软件有“录屏大师”、SnagIt、“屏幕录像专家”和 Camtasia Studi 等软件。

2.2.1 “录屏大师”软件录屏

1．“录屏大师”软件特点

录屏大师是一款完全免费的国产简体中文绿色录屏软件，它不需要安装和注册就可以使用。目前它的最新版本是录屏大师 V3.1。录屏大师 V3.1 的主要特点简介如下。

（1）它的操作非常简单，容易使用，可以按照向导提示进行操作，操作步骤很少。

（2）录屏大师 V3.1 软件很小，压缩文件包不到 800 KB。

（3）可以记录计算机桌面上的一切操作，再以保存成 exe 视频文件。

（4）它没有任何限制，输出的视频画面质量较高，播放流畅。

（5）它有高彩、低彩和灰度 3 种视频质量模式选择，相对这 3 种视频质量所生成的视频文件大小也是不一样的，彩模式生成的视频文件最大，灰度模式下文件最小。

（6）录屏大师 V3.1 软件可以在 Windows XP\2000\7 等系统下工作。

2．录屏方法

（1）下载“录屏大师 V3.1”的压缩文件后，解压该文件，得到名称为“录屏大师”的文件夹，该文件夹内有“录屏大师.exe”可执行文件。

（2）录屏大师软件采用自解压安装模式，在 Windows XP 或 Windows 7 操作系统下都可以正常安装。如果计算机的操作系统是 Windows 8，则无法直接安装。可以右击“录屏大师.exe”可执行文件的图标，弹出它的快捷菜单，如图 2-2-1 所示。单击“以管理员权限运行”命令，即可以管理员权限运行“录屏大师”软件的安装包，完成软件的安装。

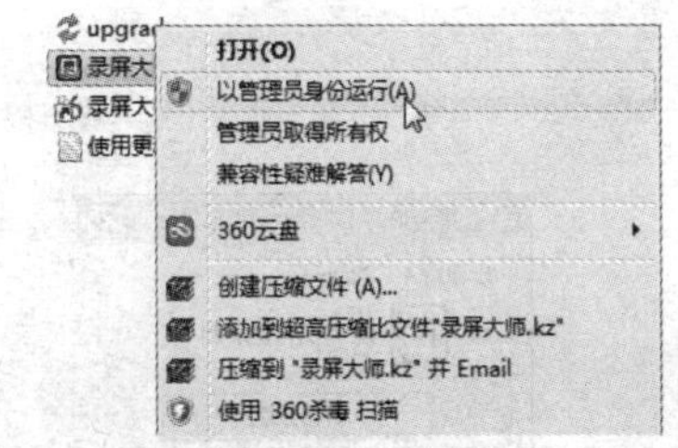

图 2-2-1　在 Windows 8 系统下运行软件的设置

（3）为了方便，右击该可执行文件图标，弹出快捷菜单，单击“发送到”→“桌面快捷方式”命令，在桌面创建一个快捷方式，它的名称为“录屏大师”。

（4）双击“录屏大师”软件的快捷方式图标，弹出“录屏大师 v3.1 宽屏版”对话框，简称“录屏大师”对话框，如图 2-2-2 所示。其内中间的显示区域中是计算机桌面的画面。如果改变了桌面内容（使要录屏的软件或视频等画面在桌面中间显示），则可以单击“刷新画面”按钮，使“录屏大师”对话框显示区域内的画面随之改变。

（5）用鼠标拖出一个矩形，选定要录屏的范围。单击“下一步”按钮，“录屏大师”对话框切换为如图 2-2-3 所示，利用该对话框可以设置录屏获得的视频画面的质量，视频的帧速率，确定是否同步录制声音。

图 2-2-2 “录屏大师”对话框步骤 1

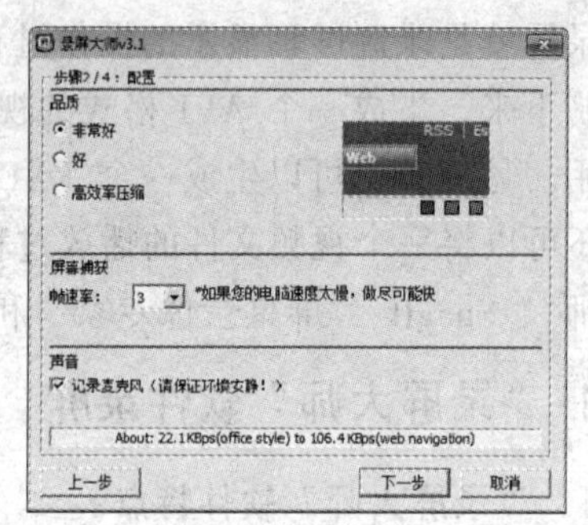

图 2-2-3 “录屏大师”对话框步骤 2

（6）单击“下一步”按钮，切换“录屏大师”对话框，如图 2-2-4 所示。提示按【F10】键可以停止录屏。单击“开始录制”按钮，即可开始录屏。

（7）进行要录屏的界面内的软件操作或播放视频。录制完毕后，按【F10】键，停止录屏，弹出“录屏大师”对话框，如图 2-2-5 所示。其内显示录制视频的总时间、大小帧数和播放速度。在“视频标题”文本框内输入视频标题文字，例如“超级 MP3 录音机”；在“视频描述”文本框内输入视频描述的有关文字。

（8）单击该对话框内的“浏览”按钮，弹出“另存为”对话框，选择保存录制的视频文件的文件夹，例如选择“桌面”；在“文件名”文本框内输入录制的视频文件的文件名称，例如“MP3 录音”，默认的扩展名为“.exe”。单击“保存”按钮，将录制的视频以给定的名称保存在指定的文件夹内，同时关闭“另存为”对话框。

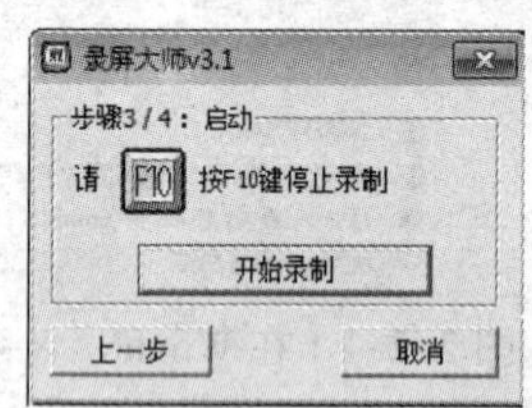

图 2-2-4 “录屏大师”对话框步骤 3

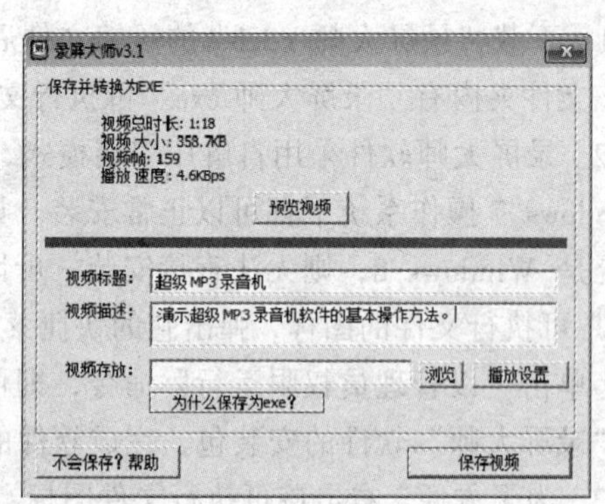

图 2-2-5 “录屏大师”对话框

（9）单击“播放设置”按钮，弹出“播放设置”对话框，如图 2-2-6 所示，在该对话框内设置是否按照 1∶1 播放视频，单击“确定”按钮，完成设置，关闭该对话框。

（10）单击“预览视频”按钮，弹出“录屏大师播放器”面板，如图 2-2-7 所示，其中的标题栏标题文字为“录屏大师播放器”。单击“关闭”按钮，关闭该面板。

（11）双击保存的扩展名为.EXE 的视频可执行文件，也会弹出“录屏大师播放器”面板，其中的标题文字为“超级 MP3 录音机”，如图 2-2-7 所示。

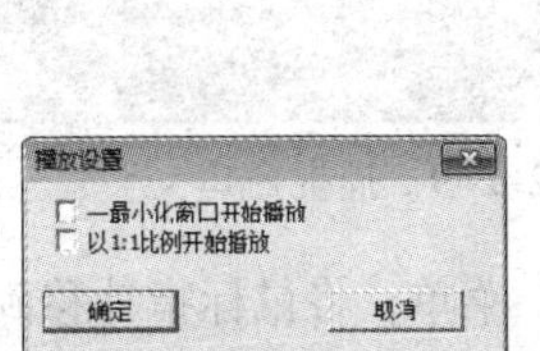

图 2-2-6　“播放设置”对话框

图 2-2-7　“录屏大师播放器”面板

（12）“录屏大师播放器”面板内左下边的一组按钮从左到右依次是“播放”、“暂停”、“快速播放”、“慢速播放”、“任意大小”和“原大小”。按钮右边显示已经播放视频的时间和视频总时间 00:00/01:18，右边的滑块指示出播放的进度，单击滑槽某点，可以将滑块移到单击点处，调整视频播放的位置。

2.2.2　ZD Soft Screen Recorder 软件录屏

1．软件特点

ZD Soft Screen Recorder 软件是一款功能强大、高性能的录屏软件，它能录制计算机屏幕全屏或指定区域内的活动画面，可以实时同步录制音频（使用 LAME 编码）；可以将录屏结果以 AVI 或 WMV 视频格式保存，还允许创建集成播放机的 EXE 格式录像文件，以及保存为软件专有的 SRV 格式文件。

ZD Soft Screen Recorder 软件面明朗、操作简便、迅速上手、可调整视频分辨率和帧速率、实时视频压缩、支持无限时录制长度、一键捕捉截图、一键暂停/恢复录制、计时器自动启动/停止录音，而且占用资源小，一般的计算机都可以轻松录制出流畅的屏幕录像。

ZD Soft Screen Recorder 软件可以录制游戏的操作过程，能够捕获 OpenGL 中的 DirectDraw，Direct3D 8/9/10/11 的渲染屏幕内容，捕捉多个音频源（如扬声器和麦克风）在同一时间的声音，能捕获多显示器屏幕，能显示 PC 上的游戏画面 FPS 数。其中 AVI 可以调用 XviD/DivX/FFDShow/MSMpeg4v1/MSMpeg4v2/MSMpeg4v3/x264 等系统已安装的任意编解码器，而 WMV 格式需要自行安装 WMV9 的 VCM 包。

2．录屏方法

（1）双击汉化版 ZD Soft Screen Recorder 软件的快捷方式图标后，启动 ZD Soft Screen Recorder 软件，弹出 ZD Soft Screen Recorder 软件的工具圆盘，如图 2-2-8 所示。同时，在屏

幕上显示一个矩形捕捉窗口，如图 2-2-9 所示。拖动窗口的四边框，可以调整窗口的大小，拖动窗口内上边的工具栏，可以移动捕捉窗口的位置。该捕捉窗口内的区域就是录屏的范围。单击工具圆盘内的“显示/隐藏窗口”按钮，可以在显示和隐藏捕捉窗口间切换。

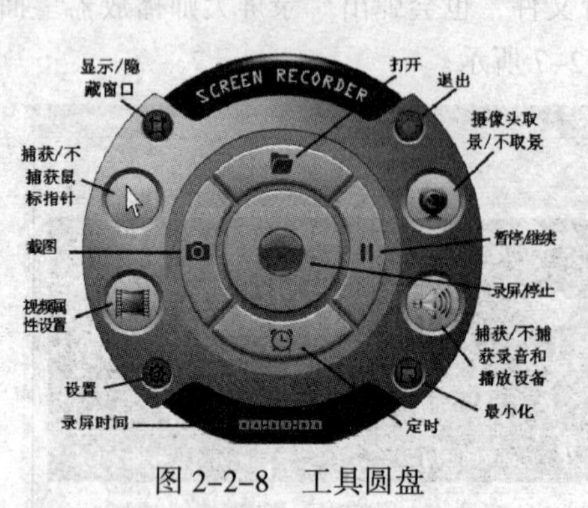

图 2-2-8　工具圆盘

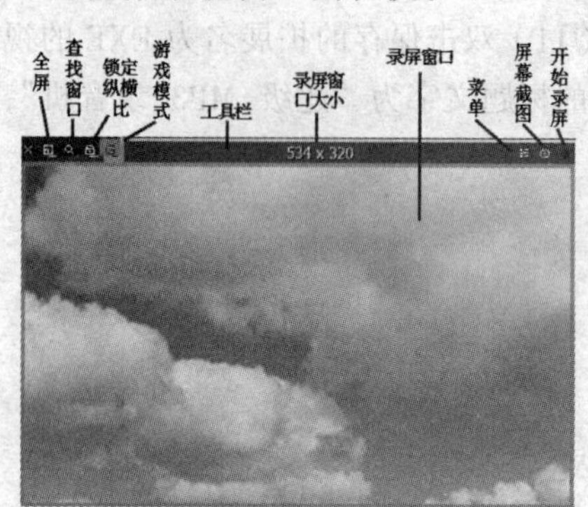

图 2-2-9　捕捉窗口

（2）单击工具圆盘内的“视频属性设置”按钮，弹出“视频”菜单，将鼠标指针移到“分辨率”命令之上，显示它的子菜单，如图 2-2-10（a）所示；将鼠标指针移到“帧速率”命令之上，显示它的子菜单，如图 2-2-10（b）所示；将鼠标指针移到“质量”命令之上，显示它的子菜单，如图 2-2-10（c）所示；将鼠标指针移到“格式”命令之上，显示它的子菜单，如图 2-2-10（d）所示。单击这些子菜单内的选项，可以选中该选项，也就设置了相关的视频属性。单击“帧速率”子菜单内的“…”，弹出“输入值”对话框，在其内的文本框中输入一个数值，单击“确定”按钮，即可设置相应的帧速率。

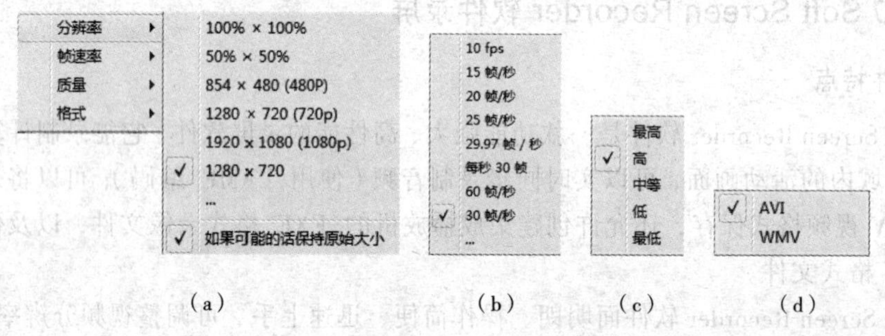

（a）　（b）　（c）　（d）

图 2-2-10　“视频”菜单和它的子菜单

（3）单击工具圆盘内的“设置”按钮，弹出“设置”菜单，如图 2-2-11 左图所示，用来设置各种录屏和截图的属性。例如，单击“设置”→“文件”命令，弹出“文件”菜单，如图 2-2-11 右图所示。单击“文件”→“浏览”命令，弹出保存该软件录屏后生成的视频文件所在的文件夹窗口。单击“文件”→“更改”命令，弹出“另存为”对话框，利用该对话框可以更改保存录屏后生成的视频文件所在的文件夹，以及录屏生成的文件的名称。

（4）单击“设置”→“热键”命令，弹出“热键”菜单，如图 2-2-12 所示。可以看到一些默认的快捷键。如果要更换某一项热键，可以单击“热键”菜单内相应的命令，弹出“热键”对话框，利用该对话框可以更改热键。例如，单击“热键”→“启动/停止”命令，弹出“热键”对话框，如图 2-2-13 所示，利用该对话框可以设置“启动/停止”的热键。

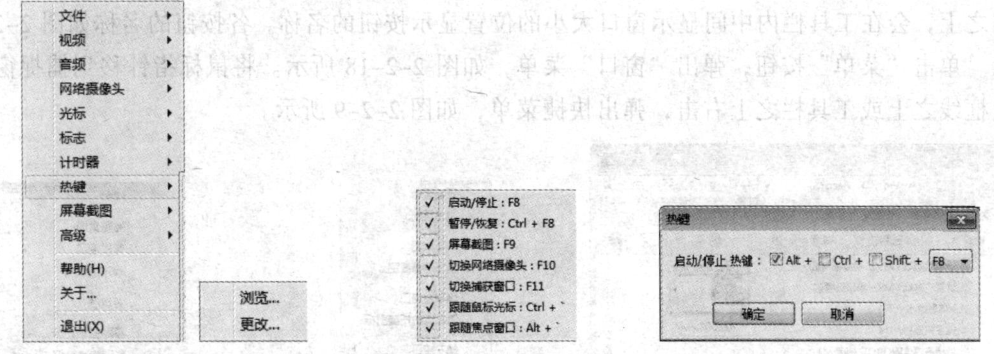

图 2-2-11　“设置”和“文件”菜单　图 2-2-12　“热键”菜单　图 2-2-13　“热键”对话框

（5）单击“设置”→“视频”命令，弹出“视频”菜单，如图 2-2-10 所示。单击“设置”→“音频”命令，弹出“音频”菜单，如图 2-2-14 左图所示，用来设置捕捉的音频设备，例如选中“捕捉默认录音设备”选项，可以捕捉默认的话筒获得的声音。单击“设置”→“光标”选项，弹出“光标”菜单，如图 2-2-14 右图所示，例如选中“左键单击效果”和“原始光标大小”选项，可以捕捉原大小的鼠标指针，而且可以捕捉鼠标单击效果。

（6）单击“设置”→“标志”命令，弹出“标志”菜单，如图 2-2-15 所示，用来设置捕捉画面内辅助显示的内容。单击“设置”→“屏幕截图”命令，弹出“屏幕截图”菜单，如图 2-2-16 所示。

单击“屏幕截图”→“浏览”命令，弹出保存该软件截图后生成的图像文件所在的文件夹窗口。单击该菜单内的“更改”命令，弹出“另存为”对话框，利用该对话框可以更改保存截图文件所在的文件夹，以及截图生成的图像文件的文件名称。单击“屏幕截图”→“格式”命令，弹出“格式”菜单，用来设置图像格式。

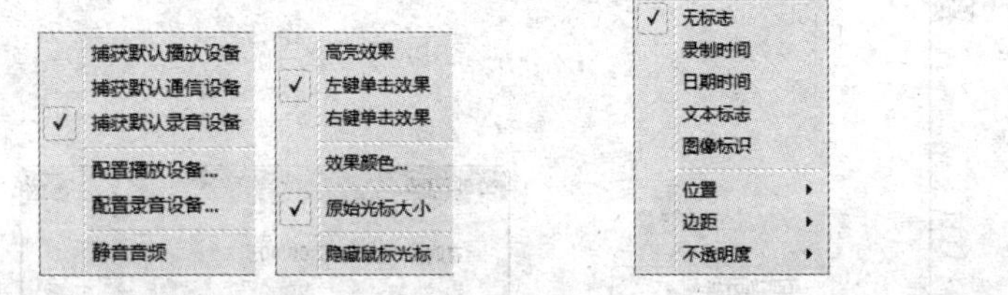

图 2-2-14　“音频”和“光标”菜单　图 2-2-15　“标志”菜单　图 2-2-16　“屏幕截图”菜单

（7）调整窗口刚好包含将要录屏或截图的区域后，单击工具圆盘内中间的红色“录屏/停止”按钮，即可开始录屏。录制完后，单击该按钮（按钮变为■），即可终止录屏。

（8）单击“打开”按钮，弹出保存录屏视频文件的文件夹窗口，如图 2-2-17 所示。双击其内的录屏视频文件（Rec001.avi）图标，即可打开默认的视频播放器，并播放录屏视频文件（Rec001.avi）。

（9）在上述录屏过程中，如果单击“截图”按钮■，可以将此时窗口内的画面截出一幅图像，并以图像文件形式保存在默认或指定的文件夹内。单击“退出”按钮，可以关闭工具圆盘和捕捉窗口，退出 ZD Soft Screen Recorder 软件。

（10）捕捉窗口内上边的工具栏内有 8 个按钮，中间显示捕捉窗口大小，将鼠标指针移到按钮之上，会在工具栏内中间显示窗口大小的位置显示按钮的名称，各按钮的名称如图 2-2-9 所示。单击“菜单”按钮，弹出“窗口”菜单，如图 2-2-18 所示。将鼠标指针移到捕捉窗口四边框线之上或工具栏之上右击，弹出快捷菜单，如图 2-2-9 所示。

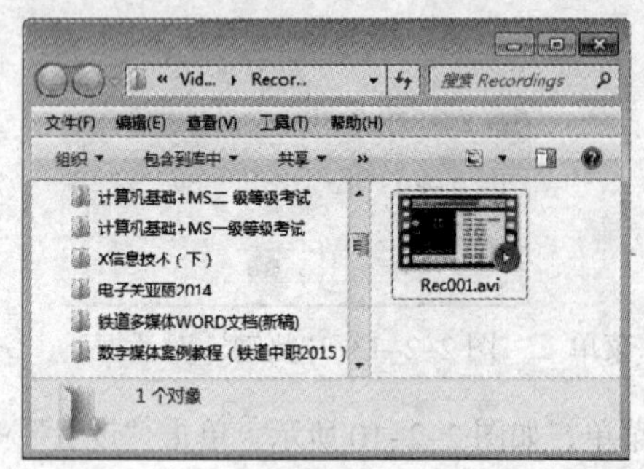
图 2-2-17 保存录屏视频文件的文件夹窗口

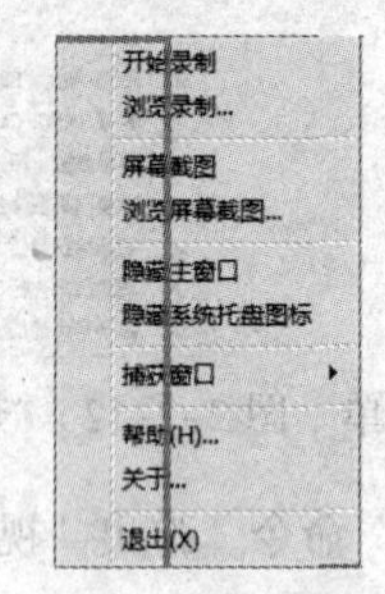

图 2-2-18 “窗口”菜单

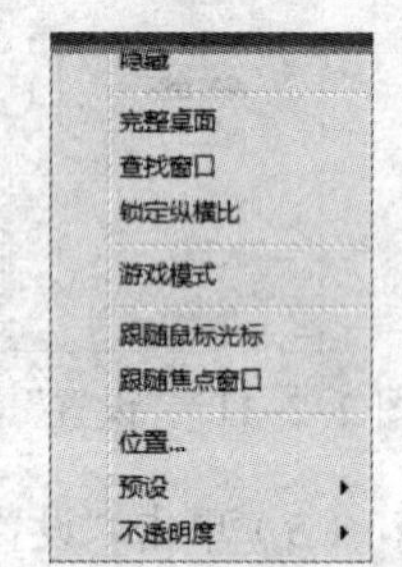

图 2-2-19 快捷菜单

（11）这两个菜单内的命令基本都和捕捉窗口有关。例如，单击“位置”按钮，弹出“位置”对话框，如图 2-2-20 所示。在该对话框内的 4 个文本框中可以精确输入捕捉窗口的坐标位置、宽度与高度，单击“确定”按钮，即可调整捕捉窗口的大小和位置。

（12）单击工具圆盘内的“定时”按钮，弹出“定时”菜单，如图 2-2-21 所示。单击“在时间开始”命令，弹出“在时间开始”对话框，选中其内的复选框，在文本框内设置开始录屏或截图的时间，如图 2-2-22 所示，单击“确定”按钮。单击“在时间停止”命令，弹出“在时间停止”对话框，选中其内的复选框，在文本框内设置开始录屏或截图的时间，单击“确定”按钮。如果单击“长时间停止”命令，弹出“长时间停止”对话框，用来可以设置较长的停止时间。

以后到了设置的开始时间即可进行录屏或截图，到了停止时间，即可停止录屏。

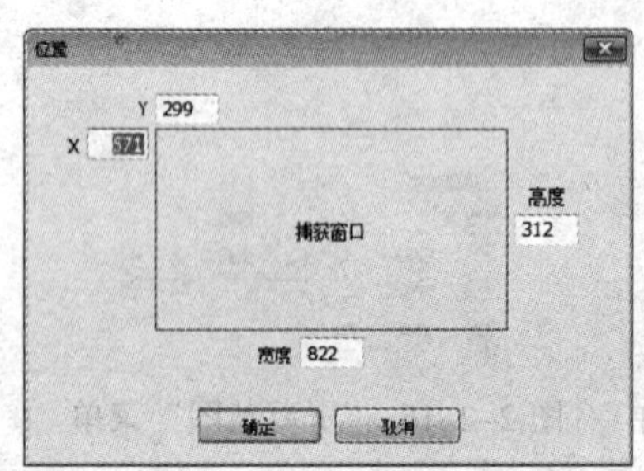

图 2-2-20 “位置”对话框

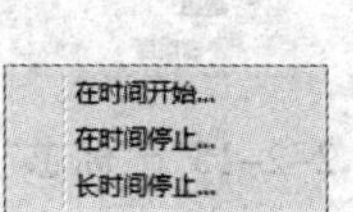

图 2-2-21 “定时”菜单

图 2-2-22 “在时间开始”对话框

2.2.3 汉化 SnagIt 软件录屏

1. “视频捕获”和“图像捕获”模式的区别

SnagIt 软件录屏设置和截屏设置的方法基本一样，不同点简介如下：

（1）在选择了“视频捕获”模式后，“方案设置”栏如图 2-2-23 所示。可以看到，其内“选项”栏中第 2 行第 1、2 个按钮变为无效，第 3 个“录制音频”按钮变为有效，单击该按钮后，可以在录屏的同时也进行录音。

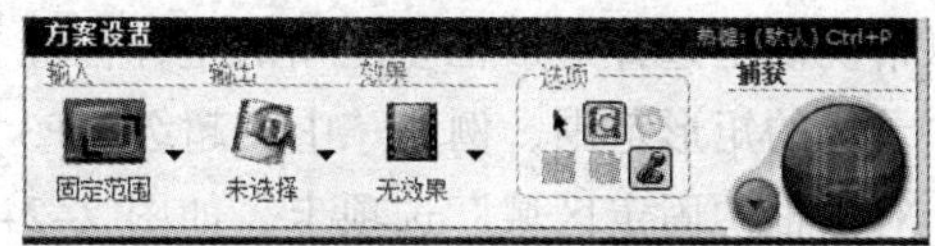

图 2-2-23　“视频捕获”模式下的“方案设置”栏

（2）在选择了“视频捕获”模式后，“方案设置”栏内“效果”按钮的图标改变了，“效果”下拉列表中只剩下一个“标题”命令。单击“效果”命令，弹出“效果”菜单，其内只剩下一个“标题”命令。

（3）在选择了“图像捕获”模式后，单击“输入”命令，弹出“输入”菜单，如图 2-2-24 左图所示；单击“输出”命令，弹出“输出”菜单，如图 2-2-24 右图所示。在选择了“视频捕获”模式后的，单击“输入”命令，弹出“输入”菜单，如图 2-2-25 左图所示；单击“输出”命令，弹出“输出”菜单，如图 2-2-25 右图所；可以看到“输入”和“输出”菜单都有一些变化。

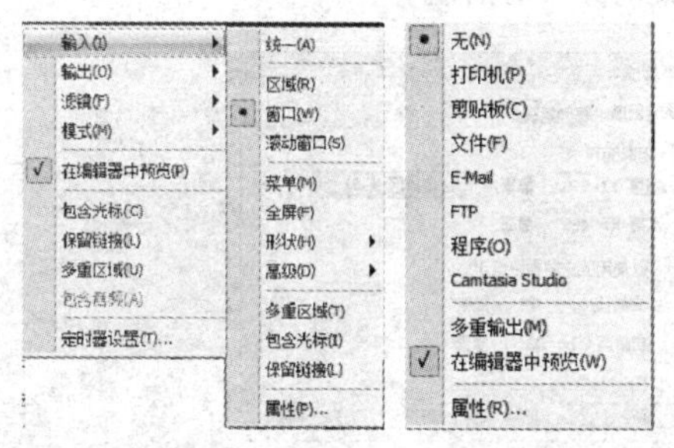

图 2-2-24　“输入”和“输出”快捷菜单

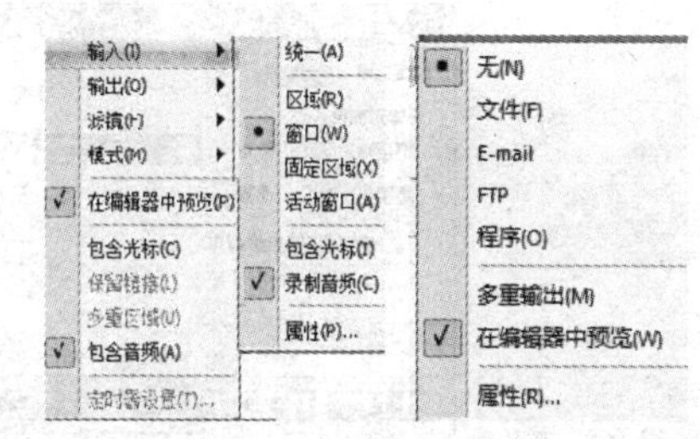

图 2-2-25　“输入”和“输出”快捷菜单

（4）在“方案设置”栏，单击“输入”按钮，弹出“输入”菜单，基本如图 2-2-24 左图或图 2-2-25 左图所示；单击“输出”按钮，调出的“输出”菜单，基本如图 2-2-24 右图或图 2-2-25 右图所示。

2．设置和保存新捕捉方案

SnagIt 软件工作界面“方案设置”栏中提供了多种设置方案，可以删除和修改已有的方案，可以新建其他方案，可以将新建的方案保存，可以导入外部保存的方案。新建一个捕捉方案并将它保存的方法简介如下：

（1）新建一个方案：单击“方案设置”栏内工具栏中的“使用向导创建方案”按钮，弹出“添加新方案向导”对话框，单击左边的图标，设置相应的捕捉模式，此处单击“视频捕捉”按钮，设置“视频捕捉”模式，如图 2-2-26 左图所示。

（2）单击“下一步”按钮，弹出下一个“添加新方案向导”对话框，如图 2-2-26 右图所示。利用该对话框可以设置“输入”属性，默认选中“范围”输入选项。

（3）单击“输入”按钮，弹出它的菜单，内容和图 2-2-24 或图 2-2-25 左图所示的“输入”菜单一样，用来设置输入属性，此处选中“窗口”选项。

（4）单击该对话框内的“属性”按钮，弹出“输入属性”对话框“固定区域”选项卡，如图 2-2-27 左图所示。利用该对话框可以精确确定，选择矩形框的宽度和高度，选中“使用固定的起始点”复选框，可以精确确定选择矩形框左上角的坐标位置。单击“选择区域”按钮，鼠标指针变为十字状，选中录屏的矩形范围，例如“中文超级 MP3 录音机”软件的工作界面，然后自动回到“输入属性”对话框“固定区域”选项卡，如图 2-2-27 右图所示，可以看到其内文本框中的数值都发生了变化，给出了新设置的录屏范围的宽度、高度，以及矩形左上角（即起始点）的坐标值。

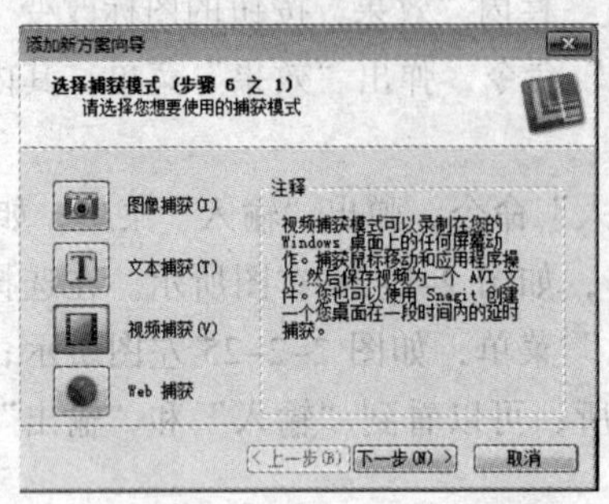

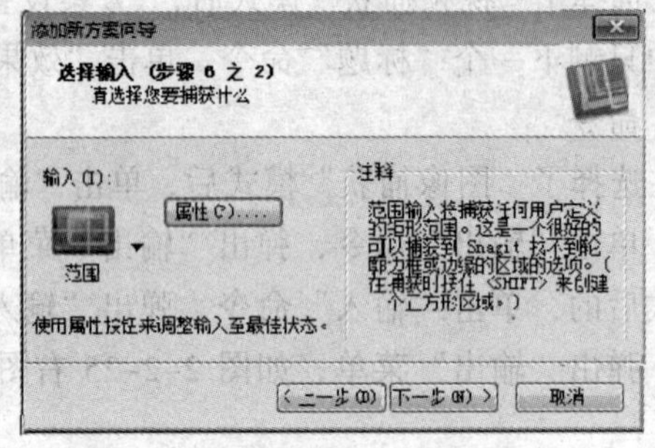

图 2-2-26 “添加新方案向导”对话框

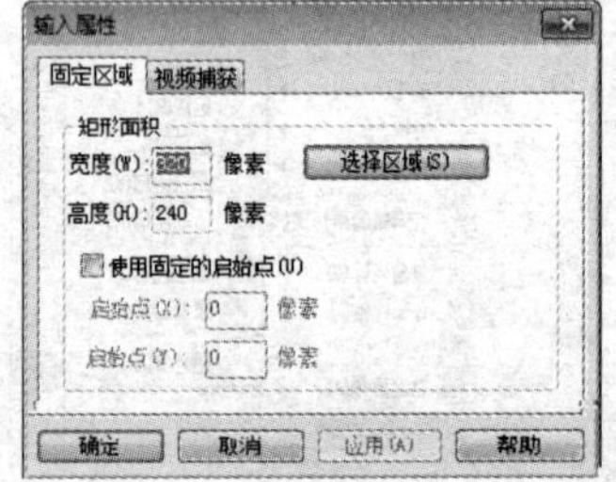

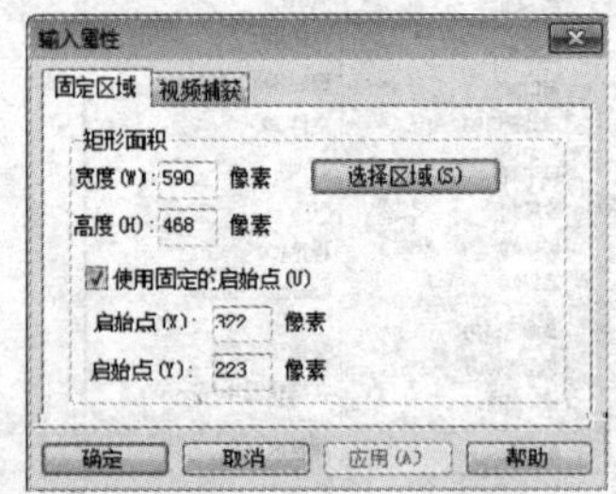

图 2-2-27 “固定区域”选项卡

（5）在“输入属性”对话框内切换到“视频捕捉”选项卡，如图 2-2-28 所示，利用“视频捕捉”选项卡可以设置录制视频的一些属性，以及临时捕获文件目录。单击按钮，弹出“浏览文件夹”对话框，利用该对话框可以选择录屏中存放临时文件的文件夹。

（6）单击该对话框内的“确定”按钮，关闭“输入属性”对话框，弹出下一个“添加新方案向导”对话框，如图 2-2-29 所示。单击“输出”按钮，弹出它的菜单，内容和图 2-2-24 或图 2-2-25 右图所示的“输出”菜单一样，用来设置输出属性，例如选中“在编辑器中预览”命令。

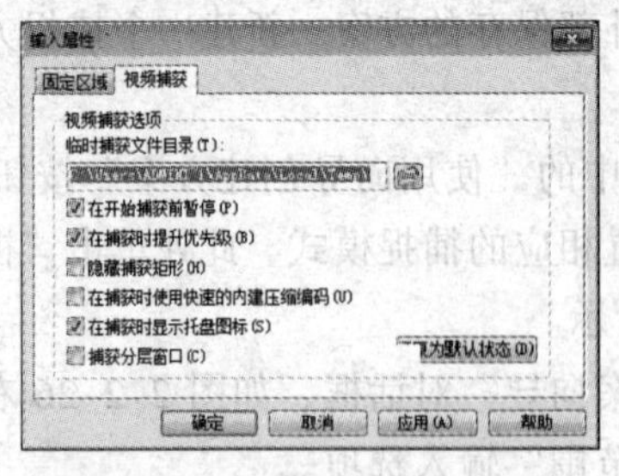

图 2-2-28 “视频捕捉”选项卡

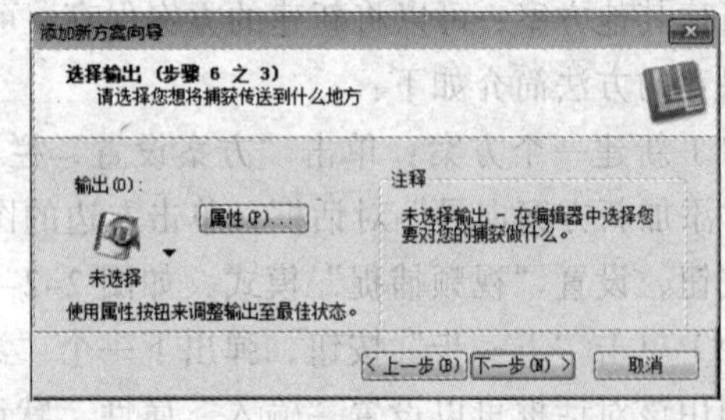

图 2-2-29 “添加新方案向导”对话框

（7）单击该对话框内的“属性”按钮，弹出“输出属性”对话框的“视频文件”选项卡，如图 2-2-30 所示。利用“视频文件”选项卡可以设置视频的文件名和使用的文件夹，以及音频的属性设置等。单击按钮，弹出“浏览文件夹”对话框，如图 2-2-31 所示，利用该对话框可以选择录屏中存放文件的文件夹。单击“确定”按钮，完成设置，关闭该对话框，回到图 2-2-30 所示，其中按钮左边下拉列表中的路径已经改变了。

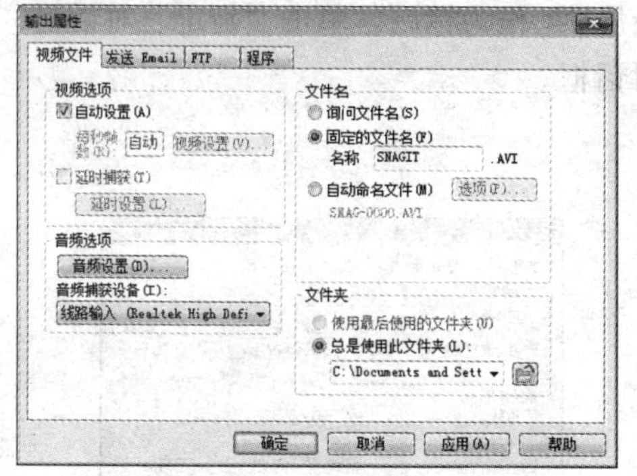

图 2-2-30　“输出属性”对话框“视频文件”选项卡

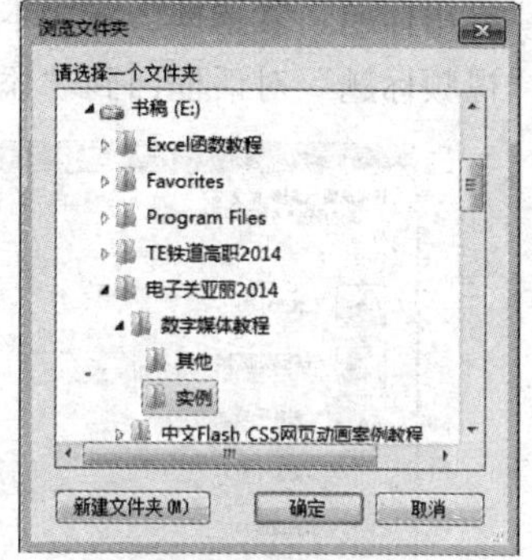

图 2-2-31　“浏览文件夹”对话框

（8）切换到“程序”选项卡，如图 2-2-32 所示，在“请选择要输出的程序”列表框中选择一个视频播放软件，如果没有需要的视频播放软件，利用该列表框右边的按钮，可以添加、编辑和删除该列表框内的视频播放软件。

（9）单击“选择”按钮，弹出“自动命名文件”对话框，如图 2-2-33 所示（还没有设置）。在“文件名构成”列表框中选中“前缀”选项，在“前缀文本”文本框内输入前缀字符，例如“SHPI”，再单击“插入”按钮，即可使文件名一前缀开始；再在“文件名构成”列表框中选中“自动编号”选项，在“数字编号”数字框内输入 2，表示自动编号数字为 2 位；在“起始编号”数字框内输入 1，表示自动编号从 1 开始；最后单击“插入”按钮。此时的“自动命名文件”对话框如图 2-2-33 所示。

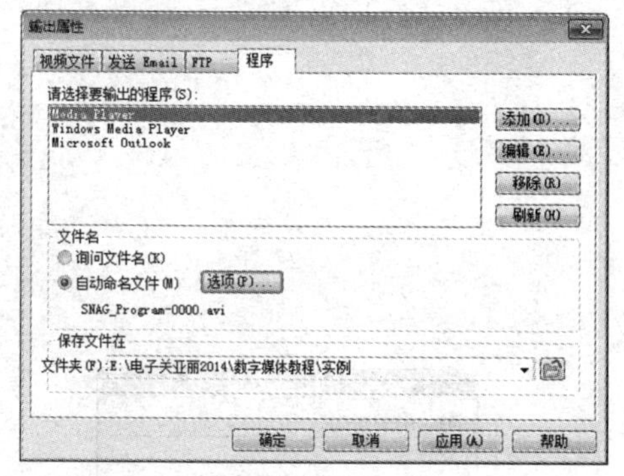

图 2-2-32　“程序”选项卡

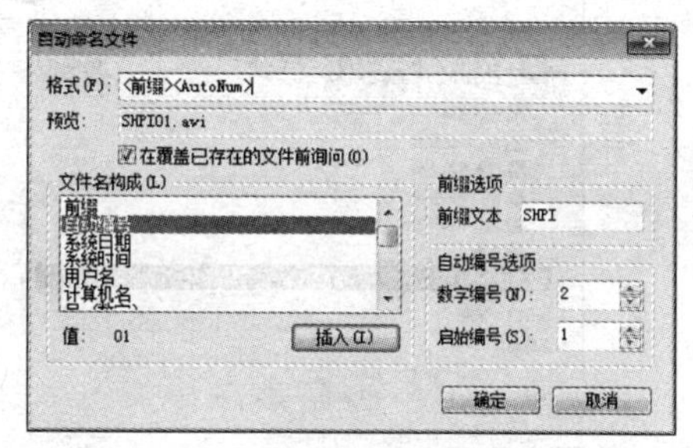

图 2-2-33　“自动命名文件”对话框

（10）单击该对话框内的“确定”按钮，关闭“自动命名文件”对话框，回到“输出属性”对话框的“程序”选项卡，再单击“确定”按钮，关闭“输出属性”对话框，回到图 2-2-29 所示的“添加新方案向导”对话框。

（11）单击该对话框内的“下一步”按钮，进入下一个“添加新方案向导”对话框，如图 2-2-34 所示。单击其内的 3 个按钮，表示录屏中包含鼠标指针，录屏后开启预览窗口，录屏的同时录制音频。

（12）单击该对话框内的“下一步”按钮，进入下一个“添加新方案向导”对话框，其内只有一个“滤镜”按钮，单击该按钮，调出它的下拉列表，其内只有“标题”命令。单击该命令，弹出“视频标题”对话框，如图 2-2-35 所示。利用该对话框可以设置视频标题，此处选中“启用标题”复选框，在文本框中输入“选区录屏 1”作为标题。单击“确定”对话框，关闭“视频标题”对话框回到“添加新方案向导”对话框。

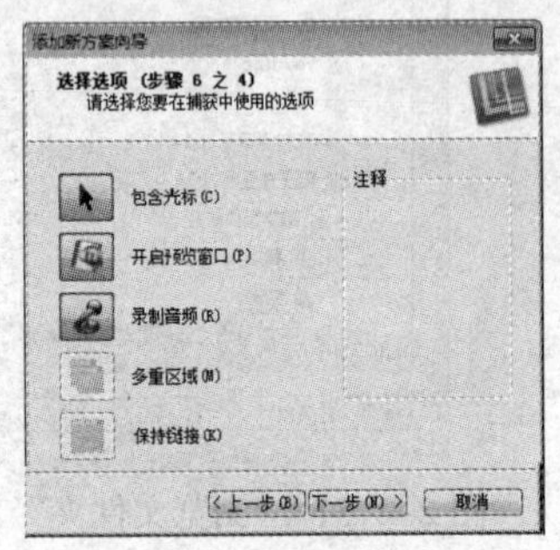

图 2-2-34 “添加新方案向导”对话框

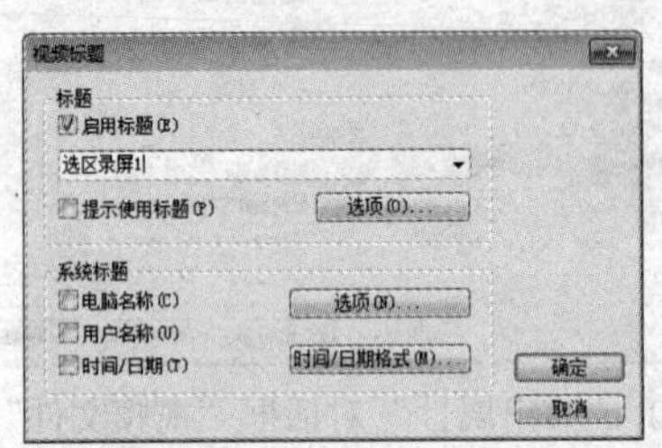

图 2-2-35 “视频图标”对话框

（13）单击该对话框内的“下一步”按钮，进入下一个“添加新方案向导”对话框，如图 2-2-36 所示（还没有设置）。单击“添加”按钮，弹出“添加新组”对话框，在该对话框内的文本框中输入新组的名称，例如“录屏”，如图 2-2-37 所示。单击“确定”按钮，关闭该对话框，回到“添加新方案向导”对话框，在其内列表框中增加了“录屏”组。

（14）在“名称”文本框中输入方案的名称，例如“区域 2”。再设置热键为【Ctrl+Shift+P】组合键，如图 2-2-36 所示。单击“完成”按钮，关闭“添加新方案向导”对话框。此时，可以看到在 SnagIt 软件工作界面“方案设置”栏中增加了一个“录屏”组，其内有一个名称为“区域 2”的方案按钮。

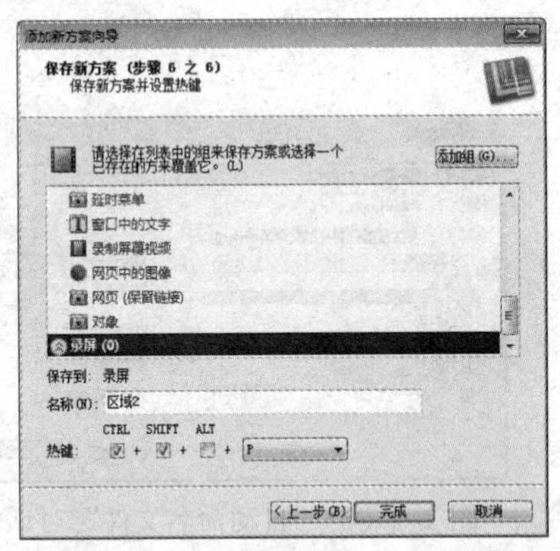

图 2-2-36 “添加新方案向导”对话框

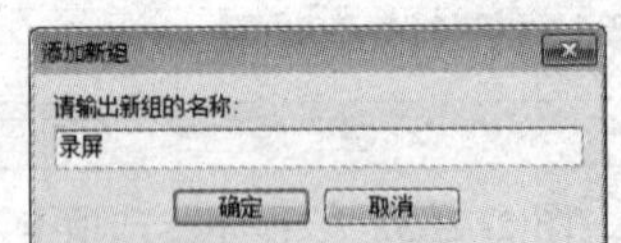

图 2-2-37 “添加新组”对话框

（15）单击“保存当前的方案设置”按钮，可以将当前的方案设置保存。

3. 方案管理

下面介绍的方案管理主要包括方案的删除、修改、导入和导出等。

（1）在 SnagIt 工作界面内左边“相关任务”栏内，单击“管理方案”按钮，弹出“管理方案”对话框，如图 2-2-38 所示。

（2）拖动该对话框内左边“方案”列表框的滑块，可以浏览“方案”列表框中的方案选项，其中就有刚刚创建的“录屏”组和其内的“区域 2”设置方案，如图 2-2-38 所示。单击其内的不同选项，就可以选中该捕捉设置方案，此处选中“区域 2”方案，对话框内右边会显示出这种方案设置的一些属性，如图 2-2-38 所示。

（3）在“方案”列表框内单击要编辑的方案选项，单击工具栏内的“上移”按钮，可以使选中的方案选项上移一行，不受组的限制；单击工具栏内的“下移”按钮，可以使选中的方案选项下移一行，不受组的限制；单击工具栏内的“移动到组”按钮，弹出“移动方案到组”对话框，在该对话框内列表框中选中要移到的组名称，如图 2-2-39 所示，单击“确定”按钮，即可将选中的方案选项移到指定的组内最上边。

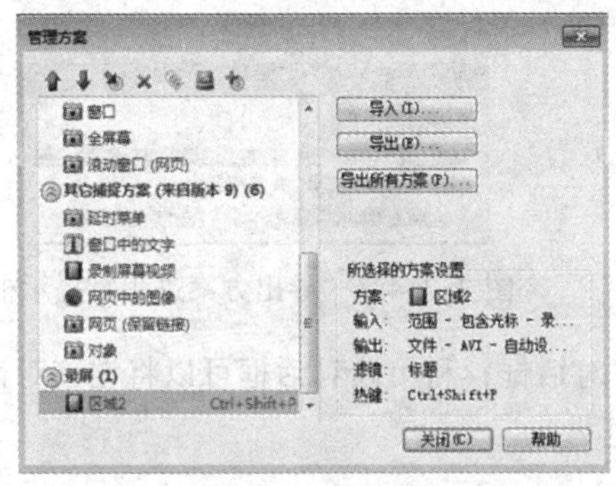

图 2-2-38 “管理方案”对话框

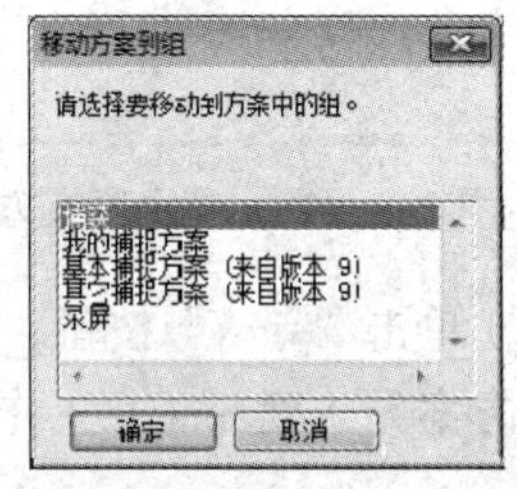

图 2-2-39 “移动方案到组”对话框

（4）单击“删除”按钮，可以将选中的方案选项或组（选中组名称情况下）删除；单击“重命名”按钮，弹出“重命名方案”对话框，如图 2-2-40 所示，在该对话框内的文本框中可以输入新名称，再单击“确定”按钮，即可将选中的方案选项更名。

（5）单击“设置热键”按钮，弹出“更改方案热键”对话框，如图 2-2-41 所示。在该对话框内设置好热键，单击“确定”按钮，即可更改热键。

（6）单击“添加组”按钮，弹出“添加新组”对话框，它和图 2-2-37 所示的对话框基本一样，只是文本框内应输入组名称。输入完后，单击“确定”按钮，即可创建新组。

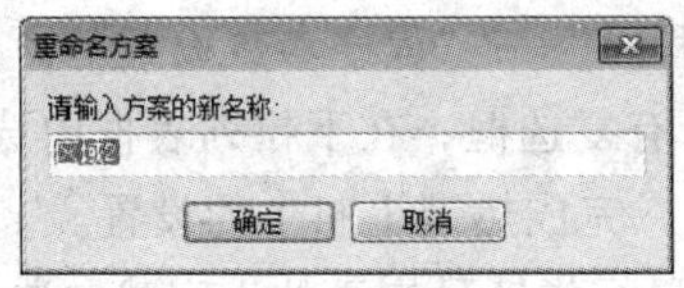

图 2-2-40 “重命名方案”对话框

图 2-2-41 “更改方案热键”对话框

（7）单击“管理方案”对话框内的“导出所有方案”按钮，弹出“导出所有方案为”对话框，如图 2-2-42 所示。可以设置一个文件夹保存方案文件（扩展名为“.snagprof”），此处设置名称为“方案”的文件夹，以后不管导入或导出方案，弹出的对话框默认的文件夹都是“方案”文件夹。在“文件名”文本框内默认“所有方案.snagprof”，单击“导出”按钮，即可将“方案”栏内的所有方案保存在“所有方案.snagprof”文件中，保存过程中会显示“导出方案进程”提示框，如图 2-2-43 所示。

（8）在“管理方案”对话框“方案”栏内选中一个组名称，单击“导出”按钮，弹出“导出组为”对话框，利用该对话框可以将选中的组和组内所有方案以指定的名称保存。选中一个方案名称，单击“导出”按钮，弹出“导出方案为”对话框，它和图 2-2-42 所示基本一样，利用该对话框可以将选中的方案以指定的名称保存。

图 2-2-42 “导出所有方案为”对话框

图 2-2-43 “导出方案进程”提示框

（9）单击“导入”按钮，会调出“导入方案”对话框，利用该对话框可以将在该对话框内选中的方案导入到 SnagIt 工作界面“方案”列表框内。

4．录屏方法

（1）打开要录屏的软件（例如，“中文超级 MP3 录音机”软件 ），用鼠标拖动它的边缘，调整它的窗口大小，使操作中弹出的对话框均可在该窗口内显示出来。窗口大小不易过大，窗口太大时，生成的文件也会过大。

（2）弹出中文 SnagIt 10.0 软件，单击“捕捉”→“模式”→“视频捕捉”命令，弹出“切换捕捉”提示框，单击“确定”按钮，即可设置为“视频捕捉”模式。

（3）在 SnagIt 工作界面内左边“相关任务”栏内，单击“录屏”组内的“区域 2”方案，该方案设置的模式为“视频捕捉”，输入属性设置为“区域”、包含鼠标指针和录制声音，输入属性设置为文件、输出格式为 AVI 和自动配置。热键为【Ctrl+Shift+P】组合键。

（4）如果要境加其他热键，例如【F1】，可以单击“程序”→“程序参数设置”命令，弹出“程序参数设置”对话框的“热键”选项卡，不选中所有复选框，在下拉列表框中选中 F1 选项。单击“确定”按钮，关闭“程序参数设置”对话框，完成热键【F1】的设置。

（5）单击“捕获”按钮或按【Ctrl+Shift+P】组合键，鼠标指针呈交叉的十字状，选中“中文超级 MP3 录音机”软件工作界面区域，此时弹出“Snagit 标题”对话框，如图 2-2-44 所示。在该对话框内的文本框中输入“选区录屏 1”，再单击“确定”按钮，关闭该对话框，同时调出“Snagit 视频捕捉”对话框，如图 2-2-45 所示。

（6）在“Snagit 视频捕捉”对话框“捕捉统计信息”栏内显示“捕捉帧”“文件大小”“视频长度”等信息数据，此时还都为 0；在“捕捉属性”栏内显示“框架大小（像素）”的值、帧频、录制音频是否启动等信息；在下边提示按【Shift+P】组合键，可以停止视频的捕捉。

（7）单击“Snagit 视频捕捉”对话框内的“开始”按钮，即可开始录制选定范围内的动态画面，包括鼠标指针的移动等。录制完后，按【Shift+P】组合键，停止视频的捕捉。同时调出

"Snagit 视频捕捉"对话框，如图 2-2-46 所示；打开"Snagit 视频播放器"窗口，并在其内打开录制的视频，如图 2-2-47 所示。

（8）在该窗口内菜单栏下边有一个工具栏。左边 7 个按钮构成视频播放器，右边是"保存框架"按钮，单击该按钮会弹出"另存为"对话框，利用该对话框可以将当前画面保存为图像。单击视频播放器内的按钮，可以控制视频的播放。

图 2-2-44　"Snagit 标题"对话框

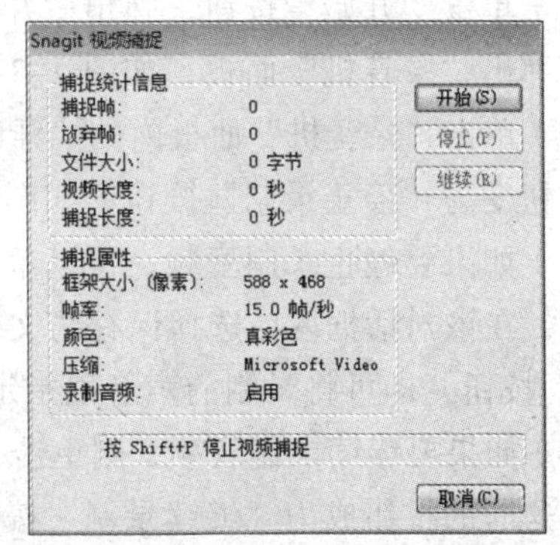

图 2-2-45　"Snagit 视频捕捉"对话框

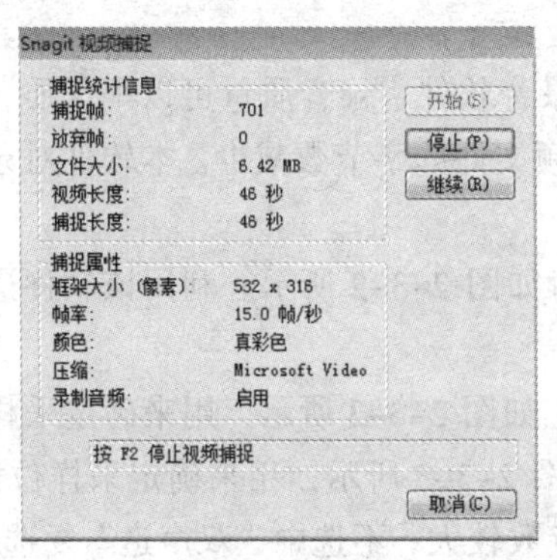

图 2-2-46　"Snagit 视频捕捉"对话框

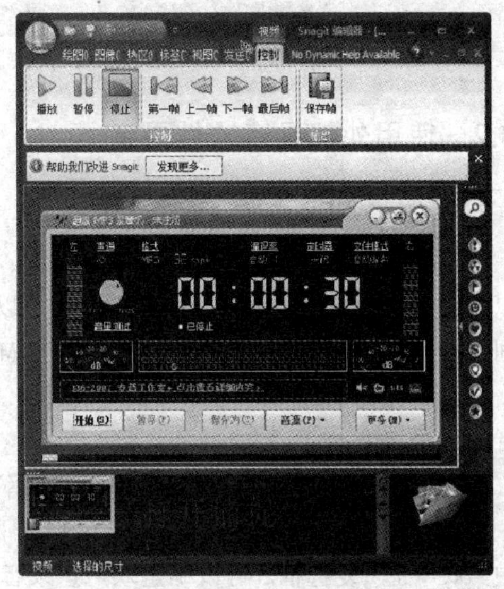

图 2-2-47　"Snagit 视频播放器"窗口

（9）单击"Snagit 视频播放器"窗口内左上角的按钮，弹出它的菜单，单击该菜单内的"另存为"命令，弹出"另存为"对话框，利用该对话框可以将录制的视频保存为 AVI 文件。

2.3　使用录音软件录音

2.3.1　使用 Windows 录音软件录音

1. 录音的注意事项

（1）录音时，录音环境一定要安静，避免录进噪声。

（2）嘴离麦克风的间距要适当，太近，会录下喷气声；太远会使录制的声音过小。

（3）麦克风与音响之间应保持一定距离，以免产生失真或啸叫声。

（4）录制的声音格式是 WAV 格式，可以使用其他软件进行声音文件格式的转换。

2．使用 Windows 7 录音软件录音

（1）单击“开始”按钮，弹出“开始”菜单，单击“所有程序”→“附件”→“录音机”命令，弹出“录音机”面板，如图 2-3-1 左图所示。

（2）单击“录音机”面板内的“开始录制”按钮●，即刻开始录制声音，这时的“开始录制”按钮变为“停止录制”按钮，如图 2-3-1 右图所示。

（3）如果要停止录制音频，可以单击“停止录制”按钮■，停止录制，并弹出“另存为”对话框。在该对话框内，选择保存的文件夹，输入音频文件的名称（扩展名为“.wmv”），单击“保存”按钮，即可将录制的声音以指定的名称保存。

（4）如果要继续录制音频，则单击“取消”按钮，关闭“另存为”对话框，回到“录音机”面板，这时的按钮成为“继续录制”按钮。单击“继续录制”按钮，可继续录音。

图 2-3-1 “录音机”面板

2.3.2 使用外部录音软件录音

1．“克克 MP3 录音”软件录音

“克克 MP3 录音”软件是一款操作简单、完全免费的录音软件，录音质量可以很优质，还可以自己选择录音质量，录音质量下降后可以使生成的音频文件的字节数减少。本软件对录音时间没有限制。录音后可以保存为 WAV 和 MP3 格式。

启动“克克 MP3 录音软件 V1.5”软件，该软件的窗口如图 2-3-2 所示。利用该软件进行录音的方法如下：

（1）单击“频率”下拉按钮，弹出“频率”下拉列表，如图 2-3-3 所示，用来确定采样频率。单击“位数”下拉按钮，弹出“位数”下拉列表，如图 2-3-3 所示，用来确定采样位数。选中“双声道”复选框，可以确定双声道录音，生成的字节数较大；不选中“双声道”复选框，可以确定单声道录音，生成的字节数较小。

（2）单击“录音”按钮，对着话筒说话或播放音乐，进行录音，此时的“克克 MP3 录音”软件窗口内显示录音进行的时间，除“录音”按钮无效外，其他按钮变为有效。录音完后单击“停止”按钮，“停止”按钮变为无效，“录音”按钮变为有效。

（3）单击“播放”按钮，播放刚刚录制的声音，同时“播放”按钮变为无效，窗口内显示播放录音进行的时间，如图 2-3-4 所示。

（4）单击“保存为 WAV”按钮，弹出“保存为 WAV 格式”对话框，如图 2-3-5 所示。利用该对话框可以将录音的声音在指定文件夹内以输入的名称（扩展名为.WAV）保存。

（5）单击“保存为 MP3”按钮，弹出“保存为 MP3 格式”对话框，利用该对话框可以将录音的声音在指定文件夹内以输入的名称（扩展名为.MP3）保存。

图 2-3-2 “克克 MP3 录音”软件窗口

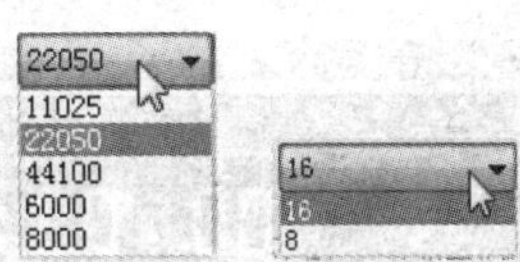

图 2-3-3 “频率”和“位数”下拉列表

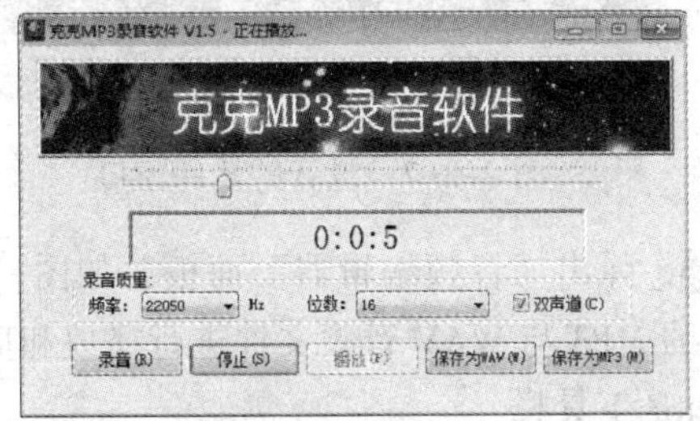

图 2-3-4 “克克 MP3 录音”软件窗口

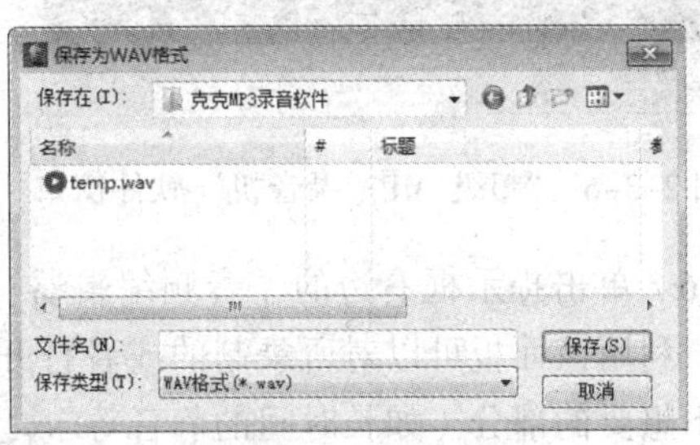

图 2-3-5 “保存为 WAV 格式”对话框

2. “超级 MP3 录音机”软件录音

“超级 MP3 录音机”软件画面漂亮、操作简单、录音功能很强，它能够无限时录制声音，保存为 MP3 或 WAV 格式的文件。在录制 MP3 文件时完全采用实时编码，不使用任何临时文件，免去了后期格式转换的烦琐步骤。利用该软件可以通过话筒录制声音、网络广播、计算机中播放的影片对白和音乐等。该软件是一款中文国产软件，可以免费正常使用十几天，价格也很低。使用“超级 MP3 录音机”软件的录音方法如下：

（1）“超级 MP3 录音机”软件启动后，“超级 MP3 录音机”软件的窗口如图 2-3-6 所示。可以看到其内下边一排有 5 个控制按钮，按钮之上的左边是提示框，右边有 4 个小图标按钮，上边有一行带下画线的文字，单击这些文字会调出相应的菜单。其内左边有一个圆形音量调节旋钮，他的下边有“音量测试”文字。其他内容读者会做出正确判断。

（2）单击“音量测试”文字，该文字会变为“测试结束”文字，此时拖动圆形音量调节旋钮内的红色小点，可以调整录音音量大小，通过两边的音柱变换幅度可以看出音量大小；也可以通过两边的“音量大小”指针表中的指针摆动的幅度看出音量大小。单击“测试结束”文字，该文字会变为“音量测试”文字，音量调整结束。

（3）单击“开始”按钮，会开始录音，画面如图 2-3-7 所示。可以看到两边的音柱、“音量大小”指针表中的指针和音量大小数字都随着音量的大小变化而变化。在录音过程中自动生成的音频文件，提示框内会显示该音频文件保存的路径和文件名称。同时，“开始”按钮变为“停止”按钮；单击“停止”按钮，停止录音，“停止”按钮变为“开始”按钮。

（4）将鼠标指针移到上边带下画线的文字之上，将鼠标指针移到提示框右边小图标按钮之上，都会显示相应的提示文字。单击提示框右边的“播放”按钮，即可调出默认的播放器，同时播放录制的音频文件。关闭默认的播放器，即可停止播放。

（5）此时“保存”按钮有效，单击该按钮，可以弹出一个对话框，利用该对话框可以将录音以一个名称保存在选择的文件夹内。音频文件的格式可以是 MP3 或 WAV。

如果没有注册，“保存”按钮可能无效，可以单击“打开录音文件所在的目录”按钮，弹出录音文件所在的文件夹，将该录音的 MP3 格式文件更名后移到需要的文件夹内即可。

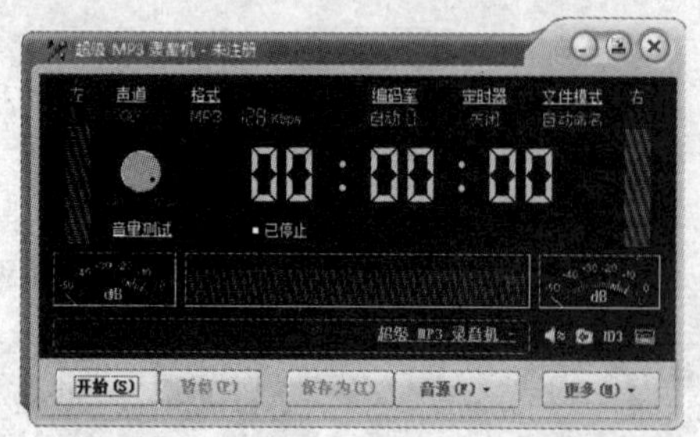

图 2-3-6 “超级 MP3 录音机”软件窗口

图 2-3-7 录音的软件窗口

（6）单击提示框右边的“音频编辑器”按钮，弹出“音频编辑器”面板，如图 2-3-8 所示。利用该面板可以对所录制的或者打开的外部的 MP3 与 WAV 音频文件进行播放和剪裁，去除不想要的部分（如长时间的静音等）。上边一行是工具栏。

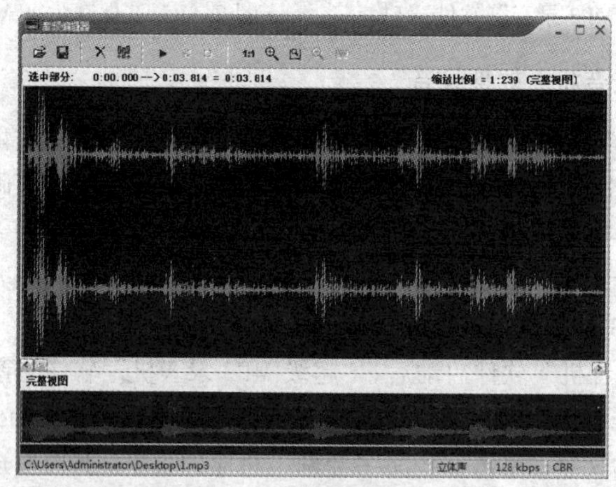

图 2-3-8 “音频编辑器”对话框

在音频波形区域内左边单击，可以设置选中区域的起始位置，再在音频波形区域内右边要截取的终止位置右击，可以设置选中区域的结束位置，如图 2-3-9 所示。其中，两条垂直线之间的波形是选中的音频波形。单击“删除选中部分”按钮，可以将选中部分的音频数据删除，单击“只保留选中部分”按钮，可以将选中部分以外的音频数据删除。

单击工具栏上的各个缩放按钮，可以缩放显示的音频波形。也可以单击窗口底部的“完整视图”栏内选中的区域，在上边的“选中部分”内查看选中区域内的音频波形。

完成音频剪裁工作后，单击“播放选中部分”按钮，可以播放剪裁后的音频；单击“暂停播放”按钮，可以暂停音频的播放；单击“停止播放”按钮，可以停止音频的播放。单击“另存为”按钮，弹出“另存为”对话框，可以将剪裁结果保存到指定的 MP3 或 WAV 文件中。单击“打开”按钮，调出“打开”对话框，利用该对话框可以打开外部的 MP3 或 WAV 文件。

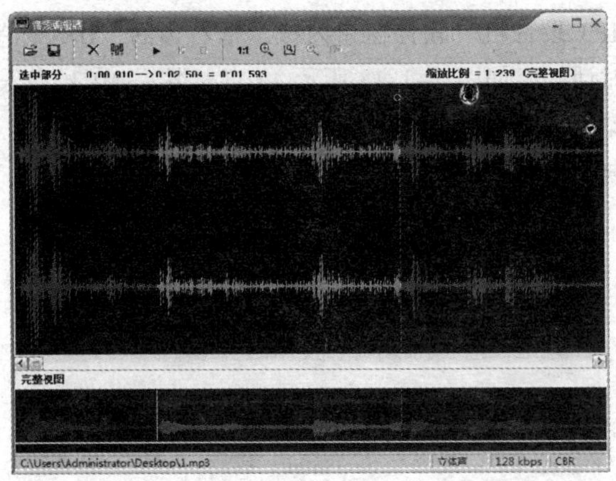

图 2-3-9　“音频编辑器”对话框

（7）在录音前，可以单击“声道”文字，调出“声道”菜单，如图 2-3-10（a）所示，利用其内的菜单命令可以设置单声道录音或双声道录音；单击“格式”文字，弹出“格式”菜单，如图 2-3-10（b）所示，利用其内的菜单命令可以设置录音输出的音频文件格式；单击“编码率”文字，弹出“编码率”菜单，如图 2-3-10（c）所示，利用其内的菜单命令可以设置录音输出的音频文件的音质等级；单击“文件模式”文字，弹出“文件模式”菜单，如图 2-3-10（d）所示，利用其内的菜单命令可以设置录音输出的音频文件的有关参数。

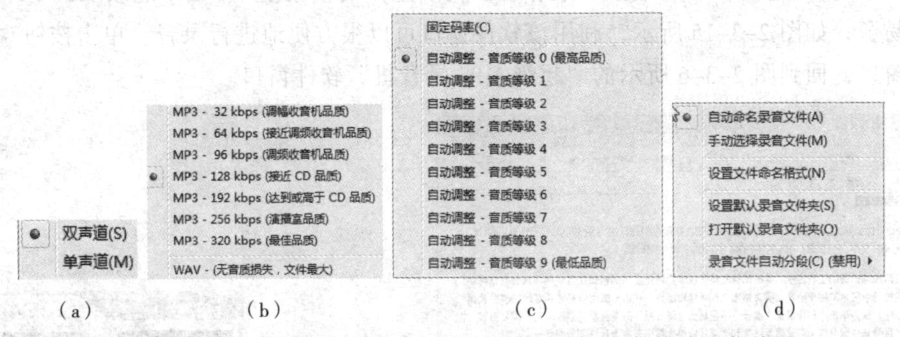

图 2-3-10　“声道”“格式”“编码率”和“文件模式”菜单

（8）单击“定时器”文字，弹出“定时器”菜单，如图 2-3-11 所示，单击其内的“设置定时器”命令，弹出“设置定时器”对话框，如图 2-3-12 所示。利用该对话框可以设置定时开始录音时间，定时停止录音时间。然后单击“确定”按钮。

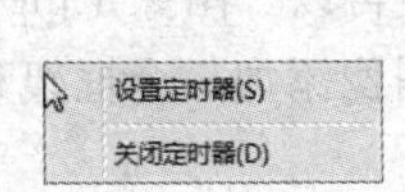

图 2-3-11　“定时器”菜单

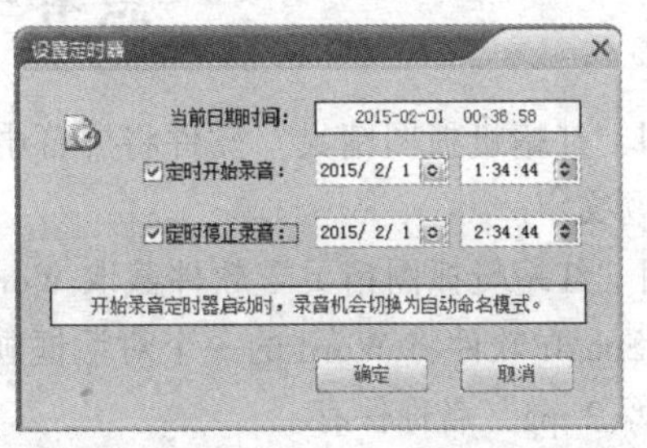

图 2-3-12　“设置定时器”对话框

（9）单击“超级 MP3 录音机”软件窗口内提示框右边的“ID3 标签编辑器”按钮ID3，弹出“ID3 标签编辑器”对话框，如图 2-3-13 所示。ID3 标签是 MP3 音乐文件的信息标签，包括歌曲标题、演唱者、专辑、流派等，目前大多数主流的音乐播放软件和 MP3 硬件播放器都能读取 MP3 文件的 ID3 标签信息，从而可以正确显示歌曲名称、所属专辑名称及演唱者等信息。

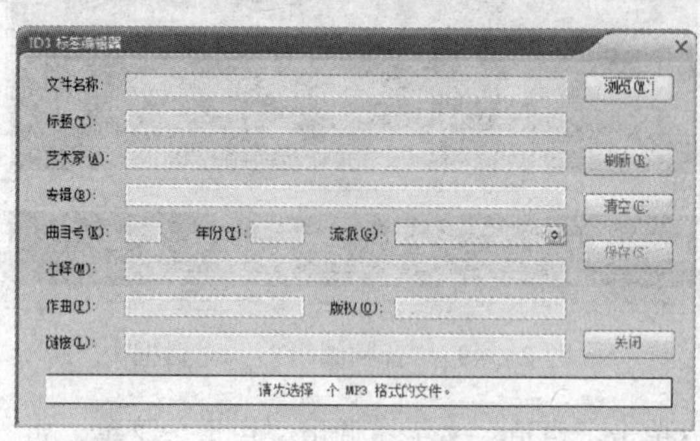

图 2-3-13 “ID3 标签编辑器”对话框

（10）单击“超级 MP3 录音机”软件窗口内右下脚的“更多”按钮，弹出它的菜单，单击该菜单内的“帮助主题”命令，弹出“超级 MP3 录音机帮助”网页，如图 2-3-14 所示。在该网页内可以获得一些软件使用方法的提示。

（11）单击“超级 MP3 录音机”软件窗口内右上角的按钮，弹出“超级 MP3 录音机”软件的简易窗，如图 2-3-15 所示，利用该软件窗口可以很方便地进行录音。单击按钮，可以关闭该窗口，回到图 2-3-6 所示的“超级 MP3 录音机”软件窗口。

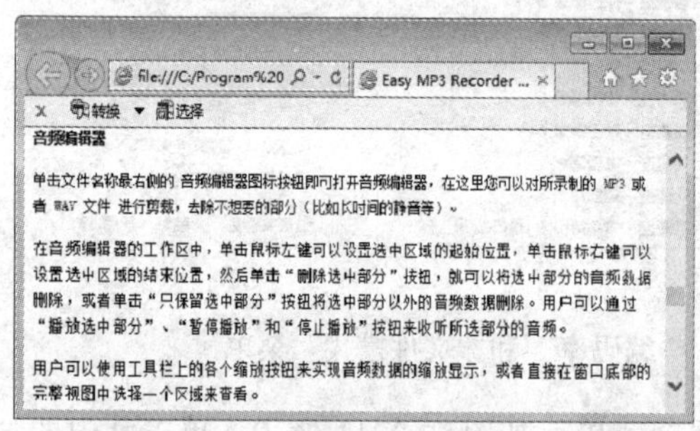

图 2-3-14 “超级 MP3 录音机帮助”网页

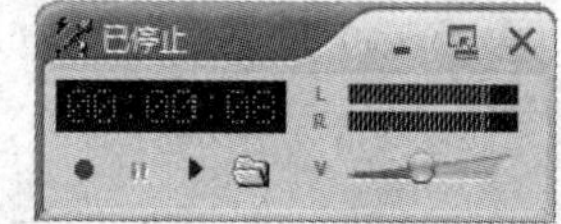

图 2-3-15 “超级 MP3 录音机”软件简易窗口

思考与练习

1. 使用“红蜻蜓抓图精灵”软件将屏幕中的部分画面截取出来，并给该图像添加一个框架和输入标题文字。

2. 使用“红蜻蜓抓图精灵”软件截取 Word 的工作区画面，再以“图像 1.jpg”保存。

3. 使用 SnagIt 软件将 Word 的一个对话框画面截取，并给该图像添加一个框架和输入文字，然后以“图像 2.jpg”名称保存。

4. 使用“录屏大师”软件将一个网上播放的一个视频录制下来，再以名称“影片 1.avi”保存。

5. 使用 ZD Soft Screen Recorder 软件将“Word”软件的操作过程录制下来，再以名称“录屏 1.avi”保存。同时将操作过程中的一幅画面分别以名称“图像 3.jpg”保存。

6. 使用 ZD Soft Screen Recorder 软件将 Windows 中的计算器软件的操作过程录制下来，再以名称“计算器操作 1.avi”保存。同时将录音操作过程中的 2 幅图像分别以名称“图像 4.jpg”和“图像 5.jpg”保存。

7. 使用中文 SnagIt10.0 录屏软件将 Windows 中的计算器软件的操作过程录制下来，再以名称“计算器操作 2.avi”保存。

8. 使用 Windows 录音机软件录制一段唐诗。

9. 使用“克克 Mp3 录音”软件录制一段声音。

10. 使用“超级 MP3 录音机”软件录制一段音乐，并进行简单的编辑。

11. 使用 SnagIt 软件将“克克 MP3 录音”软件的录音操作过程录制下来，再以名称“克克 MP3 录音 2.avi”保存。

第 3 章　音频格式转换及简单编辑

本章主要介绍音频格式转换和简单的编辑软件的使用方法，这类软件种类很多，本章介绍的软件都是目前比较流行的中文或汉化软件，其中大部分软件都是免费软件。介绍的软件有 FairStars Audio Converter 音频格式转换器、音频转换专家或音频编辑专家、光盘刻录大师等软件。

3.1　音频和视频格式及编辑软件简介

音频和视频文件的格式种类很多，常常需要进行音频格式、视频格式的相互转换。进行格式转换的软件很多，下面简要介绍其中几款中文软件的功能。

3.1.1　数字音频、动画和视频文件格式

1. 数字音频文件主要格式

数字音频文件的格式种类很多，有 WAV（波形）、MIDI、MP3、VOC、VOX、PCM、AIFF、MOD 和 CD 唱片等数字音频文件。在多媒体应用中主要使用下述数字音频文件。

（1）WAV 格式：它是 Windows 中使用的标准数字音频文件，其扩展名为.wav。该数字音频文件保存的是模拟音频经声卡采样和数字化后的数字音频数据。WAV 波形数字音频文件较大，实际使用中，常常需要将它进行压缩使用。

（2）MP3 格式：MP3 是 MPEG Layer3 的简称，是经过高压缩比（可达 12∶1）压缩后的数字音频文件。目前 Internet 上的音乐格式以 MP3 最为常见。虽然它是一种有损压缩，但是它的最大优势是以极小的声音失真换来了较高的压缩比。MP3 数字音频的音质与高保真的 CD 音乐的音质相差很小，是目前非常流行的一种数字音频文件。因为 MP3 数字音频文件是高压缩比的数字音频文件，在播放时需要经过解压缩运算，所以为了达到好的播放效果，对计算机的配置要求比较高，目前购置的计算机都可以满足要求。目前，美国网络技术公司已开发出了新的 MP4 数字音频格式，它的压缩比可达 15∶1。

（3）WMA（Windows Media Audio）格式：它来自于微软，音质强于 MP3 格式，比 MP3 压缩率更高，可达到 1∶18 左右，可以加入防拷贝保护，可以限制播放时间和播放次数甚至播放的机器等。WMA 还支持音频流技术，适合在网络上在线播放，不用像 MP3 那样需要安装额外的播放器，在录制时可以对音质进行调节。新版本的 Windows Media Player 7.0 增加了直接把 CD 转换为 WMA 声音格式的功能。它越来越受到欢迎，几乎所有的音频格式都感受到了 WMA 格式的压力。

（4）MPEG 格式：MPEG 是动态图像专家组的英文缩写。MPEG 音频文件指的是 MPEG 标准中的声音部分即 MPEG 音频层。MPEG 含有 MPEG-1、MPEG-2、MPEG-Layer3、MPEG-4 格式。MPEG-4 标准是由国际运动图像专家组公布的一种面向多媒体应用的视频压缩标准。

（5）MIDI 格式：MIDI 是 Musical Instrument Digital Interface（乐器数字化接口）的缩写。它是由世界主要乐器制造厂商建立起来的一个数字音乐国际标准，用来规定计算机音乐程序、电子合成器和其他电子设备之间的交换信息和控制信号的方法。它可以使不同厂家生产的电子音乐合成器互相发送和接受彼此的音乐数据。MIDI 格式的数字音频文件记录的不是数字化后的声音波形数据,而是一系列描述乐曲的符号指令,这些符号指令表示了音乐中的各种音符(包含按键、持续时间、通道号、音量和力度等信息)、定时和 16 个通道的乐器定义。因此，相同音乐的情况下，MIDI 格式文件比 WAV 格式文件要小得多。播放 MIDI 音乐时，根据 MIDI 文件中的指令进行播放。在计算机中，可以使用 MIDI 音乐播放器进行播放，如使用 Windows 中的媒体播放器就可以播放 MIDI 音乐。

（6）CD 格式：CD 格式的音质较高，在大多数音频播放软件的“文件类型”下拉列表中都可以看到*.cda 格式，即 CD 音轨格式。标准 CD 格式的采样频率为 44.1 KB 的，速率为 88 KB/s，量化位数为 16 位，近似无损的。CD 可以用计算机中的各种播放软件播放。

（7）AU 格式：AUDIO 文件是 SUN 公司推出的一种数字音频格式。AU 文件原先是 UNIX 操作系统下的数字声音文件。由于早期 Internet 上的 Web 服务器主要是基于 UNIX 的，所以，AU 格式的文件在如今的 Internet 中也是常用的声音文件格式。

（8）AIFF 格式：它是 APPLE 公司开发的一种音频文件格式，是 Apple 计算机的标准音频格式，属于 QuickTime 技术的一部分，支持许多压缩技术。由于 Apple 计算机多用于多媒体制作出版行业，因此几乎所有的音频编辑软件和播放软件都或多或少地支持 AIFF 格式。

2．动画文件格式

（1）GIF 格式：GIF 是 CompuServe 公司在 1987 年开发的图像文件格式，它是将多幅图像保存为一个图像文件，从而形成动画。GIF 文件的数据是一种无损压缩格式，其压缩率一般在 50%左右，它不属于任何应用程序，目前几乎所有相关软件都支持它。

（2）SWF 格式：它是 Macromedia（已被 ADOBE 公司收购）公司的动画设计软件 Flash 的专用格式，是一种支持矢量图形的动画文件格式，它被广泛应用于网页设计、动画制作等领域，通常也被称为 Flash 文件。它具有缩放不失真、文件体积小等特点。它采用了流媒体技术，可以一边下载一边播放，目前被广泛应用于网页设计、动画制作等领域。SWF 格式文件可以用 Adobe Flash Player 打开，浏览器必须安装 Adobe Flash Player 插件。

（3）FLC/FLI（FLIC 文件）格式：它是 Autodesk 公司在其出品的 2D、3D 动画制作软件中采用的动画文件格式，FLIC 是 FLC 和 FLI 的统称。在 Autodesk 公司出品的 Autodesk Animator 和 3DSudio 等动画制作软件，以及其他软件中均可以打开这种格式文件。

（4）MAX 格式：它是 3D MAX 软件的文件格式，是一种三维动画文件格式。三维动画是在二维动画的基础上增加前后（纵深）的运动效果。

3．视频文件格式简介

（1）AVI 格式：它是 Microsoft 开发的，可以把视频和音频编码混合在一起储存。AVI 格式上限制比较多，只能有一个视频轨道和一个音频轨道（现在有非标准插件可加入最多两个音频轨道），还可以有一些附加轨道，如文字等。AVI 格式不提供任何控制功能。

（2）WMV 格式：它也是 Microsoft 开发的，是一组数位视频编解码格式的通称。

（3）MPEG 格式：MPEG 格式是一个国际标准组织（ISO）认可的媒体封装形式，受到大部分机器的支持。其储存方式多样，可以适应不同的应用环境。MPEG 的控制功能丰富，可以有多个视频（即角度）、音轨、字幕（位图字幕）等。MPEG 的一个简化版本 3GP/3g2 还广泛应用于准 3G 手机上。

（4）DivX 格式：它是一项由 DivX Networks 公司发明的，类似于 MP3 的数字多媒体压缩技术。DivX 可以把 VHS 格式录像带格式的文件压缩至原来的 1%。它还允许在其他设备（如数字电视、蓝光播放器、PocketPC、数码相框、手机）上观看，对计算机硬件的要求不高，只要 8 MB 显存的显卡，就可以流畅地播放了。采用 DivX 的文件很小，图像质量更好。

（5）DV（数字视频）格式：它通常用于只用数字格式捕获和储存视频的设备（例如便携式摄像机）。DV 格式有 DV 类型 I 和 DV 类型 II 两种 AVI 文件。

（6）MKV（Matroska）格式：它是一种新的多媒体封装格式，可以把多种不同编码的视频及 16 条或以上不同格式的音频和语言不同的字幕封装到一个 Matroska Media 文档内。它是一种开放源代码的多媒体封装格式，提供非常好的交互功能，比 MPEG 方便、强大。

（7）RM / RMVB 格式：Real Video 或者称 Real Media（RM）档是由 RealNetworks 开发的，它通常只能容纳 Real Video 和 Real Audio 编码的媒体。它有一定的交互功能，允许编写脚本以控制播放。RM 是可变比特率的 RMVB 格式，体积小，受到网络下载者的欢迎。

（8）MOV（QuickTime）格式：它是由苹果公司开发的，它可储存的内容相当丰富，除了视频、音频以外还可支援图片、文字（文本字幕）等。该格式基本上成为电影制作行业的通用格式。1998 年 2 月 11 日，国际标准组织（ISO）认可该格式作为 MPEG-4 标准的基础。

由于不同的播放器支持不同的视频文件格式，或者计算机中缺少相应格式的解码器，或者一些外部播放装置（如手机、MP4 等）只能播放固定的格式，因此就会出现视频无法播放的现象。在这种情况下就要使用格式转换器软件来弥补这一缺陷。

3.1.2 音频和视频格式转换和文件编辑软件简介

1. 音频和视频格式转换软件简介

下面介绍的数字音频和视频（包括动画）文件格式转换软件都是国产中文或汉化版本，部分软件还具有简单的音频和视频编辑功能。它们的应用平台有 Windows XP、Windows 2003 和 Windows 7 等。

（1）“音频编辑大师”软件：该软件是一款功能强大的国产中文音频编辑工具，使用它，可以对 WAV、MP3、MP2、MPEG、OGG、AVI、g721、g723、g726、vox、ram、pcm、wma、cda 等格式的音频文件进行各式处理。例如，剪贴、复制、粘贴、合并和混音等处理，对音频波形进行“反转”“扩音”“淡入”“淡出”“混响”“颤音”等特效处理；支持“槽带滤波器”“带通滤波器”“高通滤波器”“低通滤波器”“高频滤波器”“低通滤波器”“FFT 滤波器”滤波处理，获得与成名歌手一样的圆润滑展。

（2）“超级转换秀”软件：该软件是国内首个集成音频转换、视频转换、CD 抓轨、音视频混合转换、音视频切割/驳接转换、叠加视频水印、叠加滚动字幕/个性文字/图片、叠加视频相框等于一体的优秀影音转换工具。它可以将 CD 音乐直接转换为 WAV/MP3/WMA/OGG 等数字音乐，并支持按用户喜好选择各种转换参数，支持批量转换处理，支持多光驱；它支持 WAV、MP3、WMA、AAC、M4A、OGG、APE、AC3、RMA 等格式的音频，支持抓取 AVI、VCD、SVCD、DVD、WMV、ASF、RM、RMVB、FLV、MOV、QT、MP4、MPEG4、3GP、3G2、MKV 等视频文件的音频并转换为 WAV/MP3/WMA/AAC/M4A/OGG/APE 等音频格式；支持将各主流视频 AVI、RM、RMVB/FLV、F4V、MOV、MP4、MPEG4 等转换为其他视频格式。视频转换还支持不同视频文件和音频文件的混合合成转换、切割转换、合并转换等。允许为各导出格式选择屏幕缩放方法，并支持批量转换处理，允许在最终视频的具体位置叠加半透明文字、图片（水印）或叠加滚动字幕、视频相框等视频效果。

（3）AVS Audio Editor 是一个功能强大的高级全功能数码音频编辑工具，可以使用它录制音频，然后利用内置强大的音频编辑功能进行混音操作，还可以为录制的音乐增加多种不同的音频特效，制作好的音乐还可以利用内置的压缩功能制作成高品质的 MP3 文件、AVS Audio Editor 支持所有的音频文件格式，还可以通过 PLug-In 无限扩充功能，AVS Audio Editor 还允许直接通过频率分析界面对录制的音乐进行分析和编辑操作。AVS Audio Editor 最新汉化版本是 AVS Audio Editor 7.1。

（4）Cool Edit Pro：是一款非常出色的数字音乐编辑器和 MP3 制作软件，应用较广的汉化版本是 Cool Edit Pro 2.1。一些人它形容为音频“绘画”软件，可以用声音来“绘制”歌曲的一部分、声音、音调、弦乐、颤音、噪音、低音、静音和电话信号等。它还提供了放大、降低噪声、压缩、扩展、回声、失真、延迟等多种特效，可以同时处理多个文件，在几个文件中进行剪切、粘贴、合并、重叠声音操作。

（5）Adobe Audition：该软件是专业音频编辑工具，它提供了音频混合、编辑、控制和效果处理功能。它支持 128 条音轨、多种音频特效和多种音频格式，可以很方便地对音频文件进行修改和合并，可以轻松创建音乐。该软件支持跨平台和支持简体中文。目前的最新版本是 Adobe Audition CS6。

（6）Total Recorder Editor（声音编辑）软件：可以录制所有通过声卡和软件发出的声音然后编辑发布，轻松实现“录制、编辑、刻录”一体化服务。目前最新版本是 Total Recorder Editor V8.5 Build 865，有汉化特别版。

（7）“狸窝全能视频转换器”软件：它是一款功能强大、界面友好的全能型音视频转换及编辑工具。有了它，几乎可以在所有流行的视频格式之间任意相互转换。例如，可以转换的视频格式有 RM、RMVB、3GP、MP4、AVI、FLV、F4L、MKV、VOB、DAT、VCD、SVCD、ASF、MOV、QT、MPEG、WMV、DivX、XviD 等，可以转换的音频格式有 AAC、CDA、MP3、WMA 等。可以编辑转换为手机、MP4、iPod、PSP、Zune 机等移动设备支持的音视频格式。

狸窝全能视频转换器不单提供多种音视频格式之间的转换功能，它同时又是一款简单易用却功能强大的音视频编辑器。利用全能视频转换器的视频编辑功能，DIY 自己拍摄或收集的视频，让它独一无二、特色十足。在视频转换设置中，可以对输入的视频文件进行可视化编辑。例如，截取视频片段、剪切视频黑边、添加水印、视频合并、调节亮度、对比度等，是一款功能强大、界面友好的全能型音视频转换及编辑的中文免费软件。有了它，几乎可以在所有流行的视频格式之间任意相互转换。

狸窝全能视频转换器软件不单提供多种音视频格式之间的转换功能，还可以在视频转换设置中，可以对输入的视频文件进行可视化编辑。例如，裁剪视频、给视频加 logo、截取部分视频转换，不同视频合并成一个文件输出、调节视频亮度、对比度等。可以设置输出视频质量、尺寸、分辨率等，转换速度快，操作极其简便。该软件的操作平台可以是 Windows 98/ME/NT/2000/XP/2003/Vista/7。

2. 动画制作和编辑软件简介

（1）GIF 格式动态图片制作工具：是一款可以将 GIF、JPG、PNG、BMP 格式的多幅图片合成，制作成 GIF 格式动态图片。可以给屏幕录像并直接制作成 GIF 格式动态图片。

（2）Ulead GIF Animator：是一款友立公司出版的动画 GIF 制作软件，内建的 Plugin 有许多现成的特效可以立即套用，可以将 AVI 文件转成动画 GIF 文件，而且还能将动画 GIF 图片最佳化，能为网页上的动画 GIF 图档减肥，以便让用户更快速的浏览网页。

（3）Flash：它是美国 Macromedia 公司的产品，它不但可以制作.swf 格式的动画，还可以制作.swf 格式的图形。这种格式的文件很小，适合制作网页。它是二维动画制作工具。

（4）Ulead COOL 3D：是美国 Ulead 公司的产品，可以较容易地制作三维文字和图形动画。因界面简洁、操作容易，已越来越受到广大用户的喜爱。

（5）3D Studio MAX：是美国 Autodesk 公司的产品，是三维绘图和动画制作工具中的佼佼者，被广泛应用于广告、装潢装饰、动画制作、建筑设计、多媒体设计、工业设计等立体设计领域，是目前国内外市场上使用最广泛、功能完善的三维图形设计工具之一。

（6）MAYA：是 Alias|Wavefront 公司开发的多平台并具有非线性动画编辑功能的影视动画制作工具，是一个专业级的三维图像和动画制作工具。

3. 视频编辑软件简介

（1）AVS Video Editor：是一款超强的视频编辑、媒体剪辑软件，可以将影片、图片、声音等素材合成为视频文件，并添加多达 300 个绚丽转场、过度、字幕、场景效果。AVS Video Editor 集视频录制、编辑、特效、覆叠、字幕、音频与输出于一体，是一款简约而不简单的非线性编辑软件，几步简单的拖放操作就可以制作专业效果的视频文件，另外它的视频输出功能也异常强大，支持完全的自定义输出设置。

（2）Premiere：是美国 Adobe System 公司推出的一种专业级的数字视频编辑软件，可以配合硬件进行视频的捕捉、编辑和输出，在普通的微机上，配以比较廉价的压缩卡或输出卡可以制作出专业级的视频作品和 MPEG 压缩影视作品。从 DV 到未经压缩的 HD，几乎可以获取和编辑任何格式，并输出录像带、DVD 和 Web 格式。较流行的中文版本有 Adobe Premiere Pro CS4 等。

（3）会声会影：是 Ulead 公司推出的一款功能强大、操作简单的数字视频编辑软件，具有图像抓取和编辑功能，可以抓取、转换 MV、DV、V8、TV 和实时记录抓取影视文件，并提供有超过 100 多种的编制功能与效果，可以导出多种常见的视频格式，甚至可以直接制作成 DVD 和 VCD。会声会影支持各类编码，包括音频和视频编码。

（4）Ulead MediaStudio Pro：是 Ulead 公司推出的一套数字视频和音频处理软件。

3.2　音频格式转换

音频文件的格式种类很多，常常需要进行音频格式的相互转换。进行音频格式转换的软件很多，下边介绍其中的 2 款中文软件。不管采用什么软件进行音频格式的转换，都采用添加要进行格式转换的音频文件，选择转换的音频格式和输出转换了格式的音频文件的保存路径，以及单击“开始”等按钮进行音频格式转换 3 个步骤。

3.2.1　“光盘刻录大师 8.1”软件音频格式转换

1. “光盘刻录大师 8.1”软件简介

“光盘刻录大师”软件是锐动天地网站推出的国产免费产品。“光盘刻录大师”软件是一款操作简单，功能强大的刻录软件，不仅具有刻录光盘的功能，还具有音视频格式转换、音视频文件编辑、CD/DVD 音视频提取等多种媒体功能。锐动天地的产品还有“音频转换专家”“视频格式转换”“音频编辑专家”和“视频编辑专家”等软件。实际上，安装“光盘刻录大师”软件后，就具有了前两个格式转换软件和“音频编辑专家”软件的大部分功能，以及“视频编辑专家”软件的部分功能。

“光盘刻录大师”软件和其他 8 款软件都可以在“锐动天地”网站下载，该网站提供的软件均与数字媒体有关，全部是国产中文免费软件，它们的功能较强，操作简单，界面漂亮。该网站还提供了相关的论坛、新闻和简要教程。“锐动天地”网站的网址是“http://www.17rd.com”。“光盘刻录大师”软件的最新版本是光盘刻录大师 8.1，支持 Windows NT/2003/XP/Vista 和 Windows 7/8 等系统操作系统。它的主要功能简介如下：

（1）刻录工具：具有刻录数据光盘、刻录音乐光盘、D9 转 D5、刻录 DVD 文件夹、光盘备份与复制、制作光盘映像、刻录光盘映像、光盘擦除、光盘信息、刻录 DV、制作影碟光盘、制作音乐光盘等功能。

（2）音频工具：它是音频格式转换、音频合并、音频截取、音量调整等功能的超级音频工具合集。它的各项功能简介如下。

① 音乐格式转换：在不同的音频格式之间互相转换。

② 音乐分割：把一个音乐文件分割成几段。

③ 音乐截取：把音乐文件截取出精华的一段，用其他文件名保存。

④ 音乐合并：把多个不同或相同的音乐文件合并成一个音乐文件。

⑤ 音乐光盘刻录：将计算机中保存的各种格式音乐文件刻录到光盘中。

⑥ iPhone 铃声制作：可以用来制作 iPhone 手机的铃声音乐文件。

⑦ CD 音乐提取：从 CD 中提取音乐，并将它转换为一种音乐格式文件。

⑧ MP3 音量调整：将多个 MP3 格式文件的音量调整成一致。

（3）视频工具：具有制作影视光盘、编辑与转换、视频分割、视频文件截取、视频合并、视频截图、DVD 视频提取、DVD 音频提取等功能。

2. 音频格式转换

（1）安装“光盘刻录大师 8.1”软件后，双击桌面上的“光盘刻录大师 8.1”软件图标，启动“光盘刻录大师 8.1”软件，该软件窗口的“刻录工具”选项卡如图 3-2-1 所示。

图 3-2-1 “刻录工具”选项卡

可以看到，该窗口内有 9 个与光盘制作有关的工具按钮，单击这些按钮，可以分别调出相应的工具窗口。单击下边一栏内的“音频工具”按钮，可以切换到“光盘刻录大师 8.1”软件的“音频工具”选项卡，如图 3-2-2 所示。

图 3-2-2 “音频工具”选项卡

（2）单击“音频工具”选项卡内的“音乐格式转换”按钮，即可启动“音乐格式转换”工具，切换到“音乐转换”窗口，如图 3-2-3 所示（还没有添加音乐文件）。

图 3-2-3 “音乐转换”窗口

（3）单击“添加”按钮，弹出“打开”对话框，如图 3-2-4 左图所示（还没有选中音乐文件），单击“音频文件类型”下拉按钮，调出下拉列表，如图 3-2-4 右图所示。

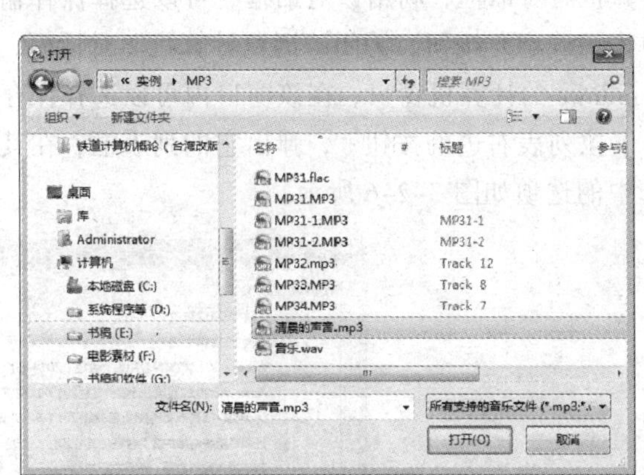

图 3-2-4　“打开”对话框和“音频文件类型”列表

单击其内一个文件类型选项，也可以选中一个或多个要转换格式的音频文件（此处选中一个音频文件），如图 3-2-4 左图所示。单击“打开”按钮，即可将选中的文件添加到“音乐转换”窗口内左边的列表框中。

（4）单击“删除”按钮，可以删除列表框中选中的音频文件；单击“清空”按钮，可以将列表框中所有音频文件删除；单击“文件信息”按钮，弹出“文件信息”对话框，其内显示选中的音频文件的有关信息。

（5）音频文件列表框右边是音乐播放器，单击“播放”按钮后，可以在黑色窗口内显示选中音频文件的播放波形，同时播放该音乐。单击按钮，可以调出音量调整滑槽和滑块，拖动滑块可以调整播放声音的大小。拖动进度条中的滑块，可以调整音乐播放位置，如图 3-2-5 所示。在音乐播放器内还显示音频文件的名称和播放的时间。

（6）单击“下一步”按钮，弹出下一个“音乐转换”窗口，自动切换到“进行转换设置”选项卡，如图 3-2-6 所示（还没有设置输出目录和输出格式）。在“输出格式”下拉列表中可以选择要转换的音频格式，即输出的音频文件的格式。在“输出质量”下拉列表中可以选择输出的音频文件的质量，该列表框中有“保持音质”“CD 音质”“好音质”和“自定义音质”等选项。

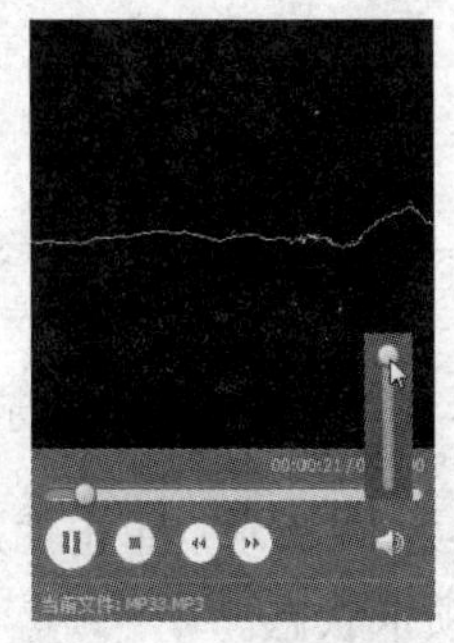

图 3-2-5　音乐播放器

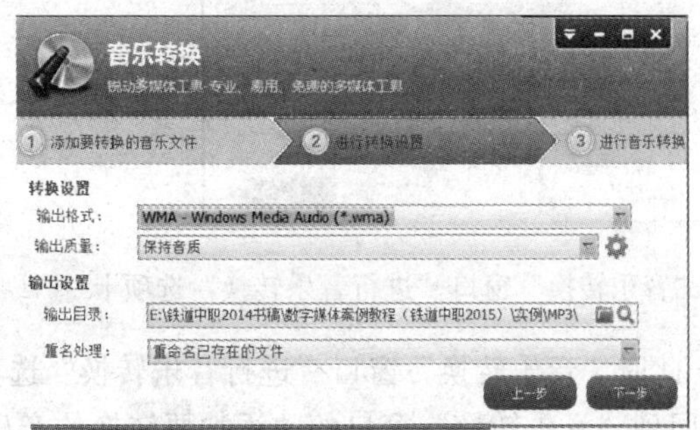

图 3-2-6　“进行转换设置”选项卡

（7）单击按钮，弹出“高级设置”对话框，如图 3-2-7 所示。利用该对话框可以设置输出的音频文件的属性。单击“确定”按钮，关闭该对话框，回到“音乐转换”窗口，在“输出质量”下拉列表中会自动选择“自定义音质”选项。

（8）单击按钮，弹出“浏览计算机”对话框，利用该对话框，可以选择保存输出的音频文件的文件夹，如图 3-2-8 所示。单击“确定”按钮，关闭“浏览计算机”对话框，回到“音乐转换”窗口。单击按钮，弹出 Windows 的计算机窗口，在该窗口内可以选择保存输出的音频文件的文件夹。单击“输出格式”下拉列表右边的按钮，弹出它的列表框，在其内可以选择一种转换的音频文件格式，此处选中的选项如图 3-2-6 所示。

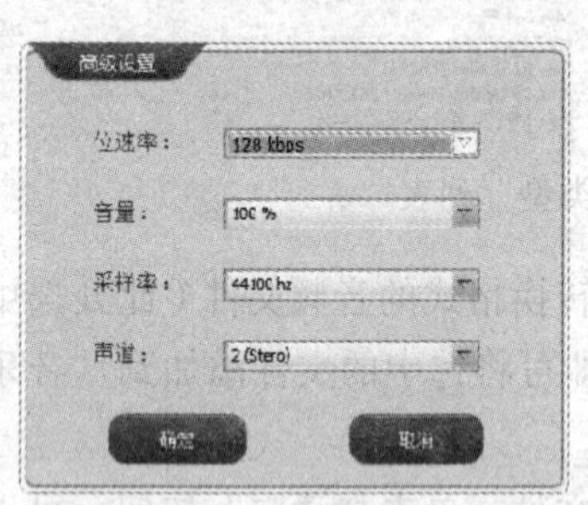

图 3-2-7 “高级设置”对话框

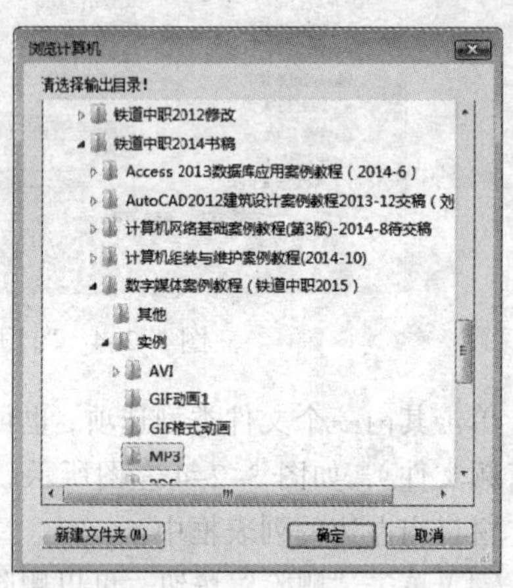

图 3-2-8 “浏览计算机”对话框

（9）单击“音乐转换”窗口内的“下一步”按钮，开始进行音频文件的格式转换，此时“音乐转换”窗口切换到“进行音乐转换”选项卡，如图 3-2-9 所示，其内显示当前转换文件的进度和总进度。如果只添加了一个要转换格式的音频文件，则当前进度和总进度的百分数是一样的。

（10）转换完后，会显示图 3-2-10 所示的“转换结果”提示框，单击其内的“确定”按钮，关闭提示框，回到“音乐转换”窗口，完成音频文件的转换。

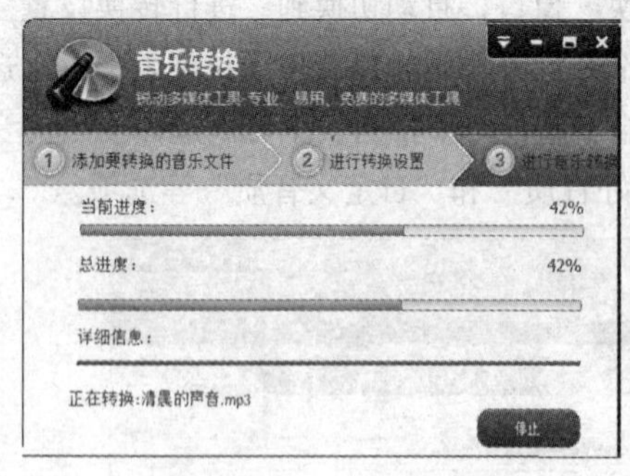

图 3-2-9 “音乐转换”窗口“进行音乐转换”选项卡

图 3-2-10 “转换结果”提示框

（11）此时“音乐转换”窗口“进行音乐转换”选项卡如图 3-2-11 所示。单击“返回”按钮，可以回到“音乐转换”窗口的“添加要转换的音乐文件”选项卡状态。

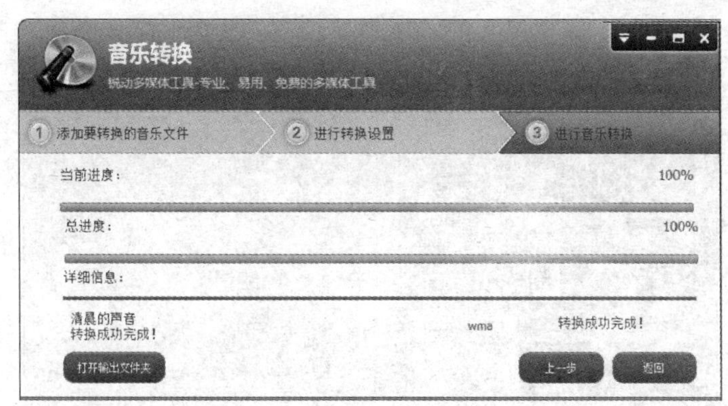

图 3-2-11　“音乐转换”窗口“进行音乐转换”选项卡

3.2.2　“格式工厂”软件使用

1. “格式工厂”软件简介

格式工厂（Format Factory）是一套由国人陈俊豪开发的免费的万能多媒体格式转换器，它的最新版本是“格式工厂 3.6.0”版本。“格式工厂 3.6.0”软件的主要功能简介如下：

（1）可以将几乎所有格式类型的音频文件转换为 MP3、WMA、MM、AMR、OGG、M4A 或 WAV 格式（包括开放格式）的音频文件。

（2）可以将几乎所有格式类型的视频文件转为 MP4、3GP、MPG、AVI、WMV、FLV、SWF 或 RMVB（rmvb 需要安装 Realplayer 或相关的译码器）等常用格式（包括开放格式）的视频文件。

（3）将各种类型格式的图像文件转换为 JPG、BMP、PNG、TIF、ICO、GIF、TGA 等格式（包括开放格式）图像文件。

（4）具有刻录影碟光盘、刻录音乐光盘、光盘备份与复制、制作光盘映像、刻录光盘映像等功能。支持从 DVD 复制视频文件、DVD 视频抓取功能、轻松备份 DVD 到本地硬盘，支持从 CD 复制音乐文件。

（5）在视频格式文件转换过程中，可以修复某些损坏的视频文件，媒体文件压缩，提供视频的裁剪，支持 iPhone、iPod、PSP 等媒体指定格式。

（6）在图像格式文件转换过程中，支持缩放、旋转、数码水印等功能。

（7）多媒体文件减肥，支持 60 个国家语言。

（8）支持音频、视频合并和混流。

本节介绍“格式工厂”软件进行音频文件格式转换的方法，下一节将介绍“格式工厂”软件进行视频文件格式转换的方法。

2. 使用“格式工厂”软件进行音频格式转换

（1）安装“格式工厂 3.6.0”软件后，双击桌面的“格式工厂 3.6.0”软件图标，启动“格式工厂 3.6.0”软件。“格式工厂 3.6.0”软件界面如图 3-2-12 所示。可以看到，左边有“视频”“音频”“图片”“光驱设备\DVD\CD\ISO”和“高级”5 个标签，单击标签，左边栏会切换到相应的选项卡，默认选中“视频”选项卡，如图 3-2-12 所示。切换到不同的选项卡，可以在列表框中列出相应的工具，用于完成相应的工作。

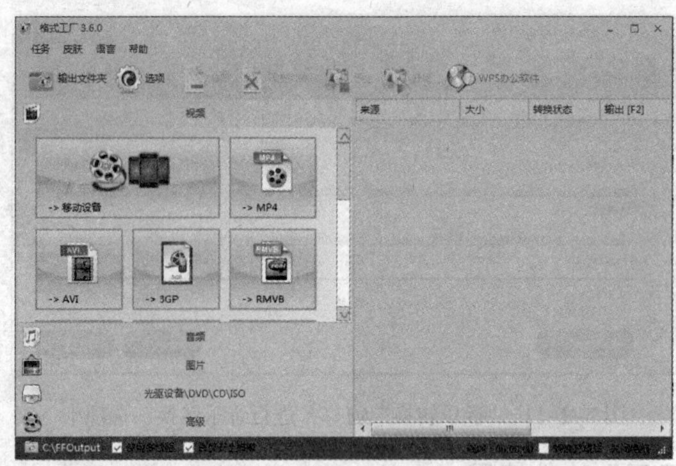

图 3-2-12 “格式工厂 3.6.0”软件界面“视频”选项卡

（2）单击左边列表框内的“音频”标签，将“格式工厂 3.6.0”软件界面由“视频”选项卡切换到“音频”选项卡，如图 3-2-13 所示。

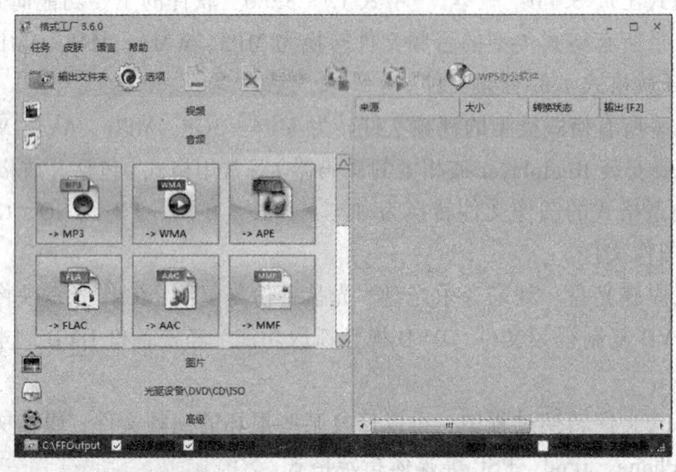

图 3-2-13 “格式工厂 3.6.0”软件界面“音乐”选项卡

（3）如果要将导入的音频文件格式转换某一种音频格式的音频文件，可以单击左边列表框内的相应按钮。例如，将导入的音频文件格式转换为“MP3”格式，可以单击左边列表框内的“MP3”按钮，弹出“MP3”窗口，如图 3-2-14 所示（还没有添加要转换的音频文件）。

（4）单击右下方的“添加文件夹”按钮，弹出“添加目录里的文件”对话框，如图 3-2-15 所示。单击该对话框内的“浏览”按钮，弹出“浏览文件夹”对话框，在该对话框内选中要添加的音频文件所在的“MP3”文件夹，如图 3-2-16 所示。

（5）单击“浏览文件夹”对话框内的“确定”按钮，关闭该对话框，将选中的“MP3”文件夹添加到“添加目录里的文件”窗口内的文本框中，如图 3-2-15 所示。

单击“添加目录里的文件”窗口内的“确定”按钮，关闭该对话框，将选中的“MP3”文件夹内的音频文件添加到“MP3”窗口内的列表框中，如图 3-2-14 所示。

（6）单击“添加文件”按钮，弹出“打开”窗口，利用该窗口可以继续在“MP3”窗口内的列表框中添加要转换格式的音乐文件。

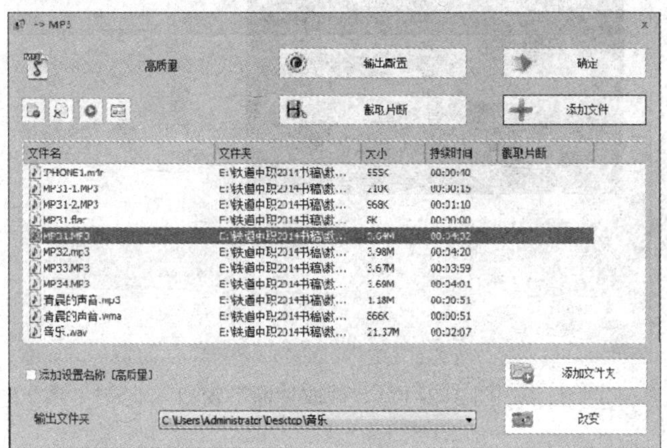

图 3-2-14　“MP3”窗口

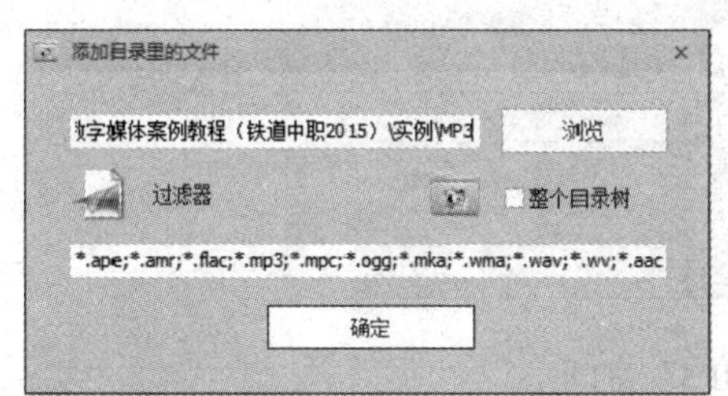

图 3-2-15　“添加目录里的文件”对话框

图 3-2-16　“浏览文件夹”对话框

单击“MP3”窗口内列表框上边的“移除”按钮，可以将选中的音频文件从列表框中删除；单击“清空列表”按钮，可以将列表框中所有的音频文件删除；单击“多媒体文件信息”按钮，弹出一个“多媒体文件信息”对话框，将列表框中选中的音频文件信息显示出来。采用上述方法，在“MP3”窗口内的列表框中只保留扩展名不为“.mp3”的 4 个音频文件。

（7）单击列表框中的“音乐.wav”音频文件，单击“截取片断”按钮，弹出“截取片断”窗口，如图 3-2-17 所示（还没有设置）。单击按钮组中的“播放”按钮，播放“音乐.wav”音乐文件，同时该按钮会变为“暂停”按钮。当播放到要保留的一段音乐的起始位置处，单击“开始时间”按钮，即可在其下边的文本框内显示当前起始的时间；当播放到要保留的一段音乐的终止位置处，单击“结束时间”按钮，即可在其下边的文本框内显示当前终止的时间，如图 3-2-17 所示。

按钮组中右边两个按钮分别用来停止播放和调整播放的音量。在“源音频频道”栏内选中不同的单选按钮，可以选择对不同的声道进行处理。单击“开始时间”按钮下边的“播放”按钮，可以使播放指针回到起始的时间位置并开始播放；单击“结束时间”按钮下边的“播放”按钮，可以使播放指针回到结束的时间位置并开始播放。

（8）单击“截取片断”窗口内的“确定”按钮，关闭该窗口，回到“MP3”窗口，在选中的音乐文件的右边会显示截取的时间范围，如图 3-2-18 所示。

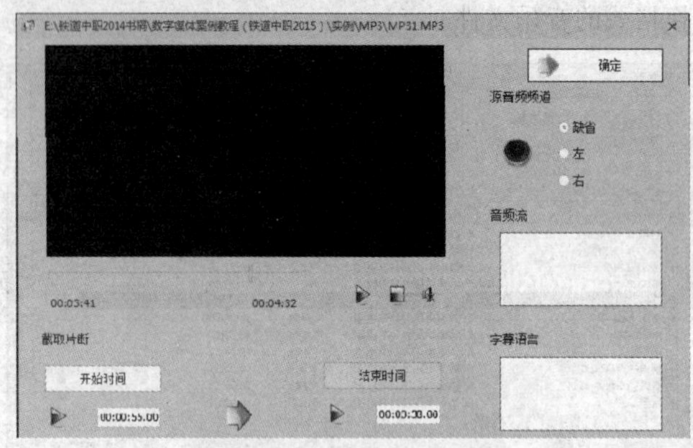

图 3-2-17 “截取片断”窗口

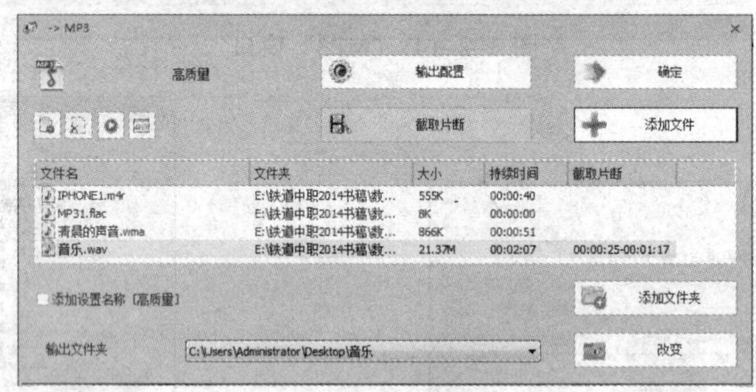

图 3-2-18 “MP3”窗口

（9）单击“MP3”窗口内的“输出配置”按钮，弹出“音频设置”对话框，如图 3-2-19 所示。单击该对话框内的“另存为”按钮，弹出“自定义”对话框，如图 3-2-20 所示。在“图标”下拉列表中可以选择生成的音频文件的图标，在“配置名称”文本框内可以输入音频配置保存的名称。

（10）单击“自定义”对话框内的“确定”按钮，弹出“Format Factory”对话框，如图 3-2-21 所示，单击其内的“确定”按钮，将音频设置以“自定义”对话框中“配置名称”文本框内输入的名称保存，供以后使用，关闭“Format Factory”对话框。

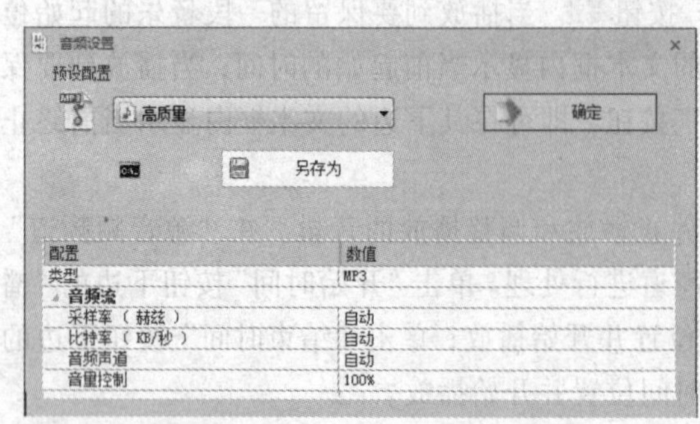

图 3-2-19 “音频设置”对话框

图 3-2-20 “自定义”对话框

（11）单击“MP3”窗口内的“改变”按钮，弹出“浏览文件夹”对话框，用来设置格式转换后的音频文件的保存位置，例如，桌面上的“音乐”文件夹内，如图 3-2-22 所示。单击该对话框内的“确定”按钮，完成设置，在“MP3”窗口内的“输出文件夹”下拉列表中显示该文件夹的目录，关闭该对话框。在该下拉列表中还可以选择其他的保存目录。

图 3-2-21 “Format Factory”对话框

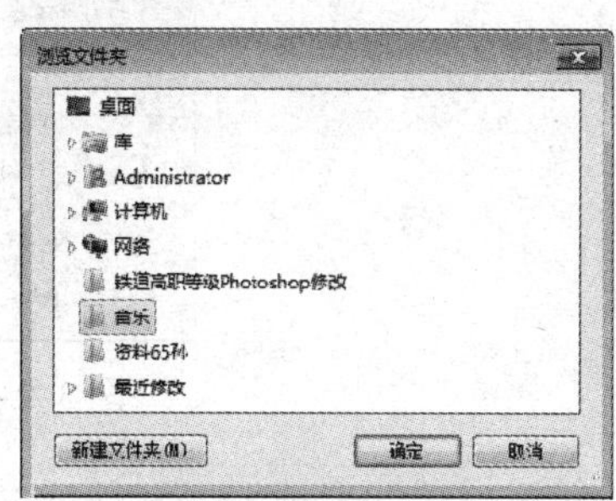

图 3-2-22 “浏览文件夹”对话框

（12）单击“MP3”窗口内的“确定”按钮，关闭该窗口，回到“格式工厂 3.6.0”软件界面“音乐”选项卡，可以看到其内添加了要进行格式转换的音频文件的目录和文件名，如图 3-2-23 所示。单击“开始”按钮，即可开始进行音频文件的格式转换，同时显示文件的格式转换进度。

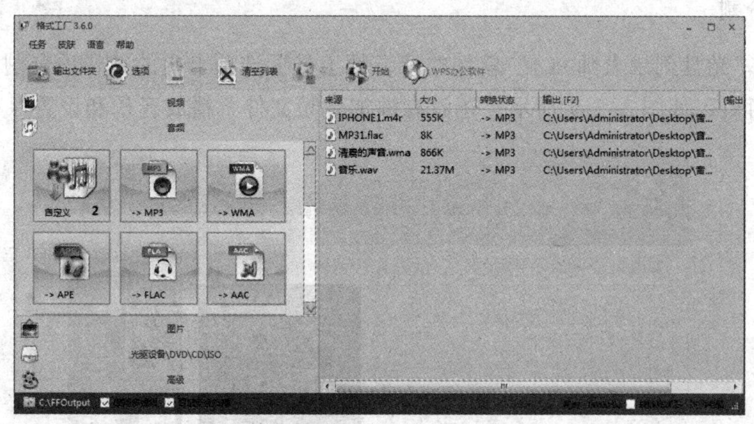

图 3-2-23 “格式工厂 3.6.0”软件界面“音乐”选项卡

另外还可以采用下面介绍的方法进行音频文件的格式转换：

（1）打开计算机或资源管理器窗口，找到要进行格式转换的音频文件所在的文件夹。选中要进行格式转换的音频文件，将它们拖动到“格式工厂 3.6.0”软件界面“音乐”选项卡内右边的列表框中，此时会弹出“Format Factory”对话框，如图 3-2-24 所示。

（2）在列表框内单击选中要转换的音频文件格式；单击“改变”按钮，调出“浏览文件夹”对话框，用来设置转换格式后的音频文件保存的目录。

（3）单击“Format Factory”对话框内的“确定”按钮，关闭该对话框，回到“格式工厂 3.6.0”软件界面“音乐”选项卡，并添加拖动的音频文件。然后，单击“开始”按钮，即可开始进行音频文件的格式转换。

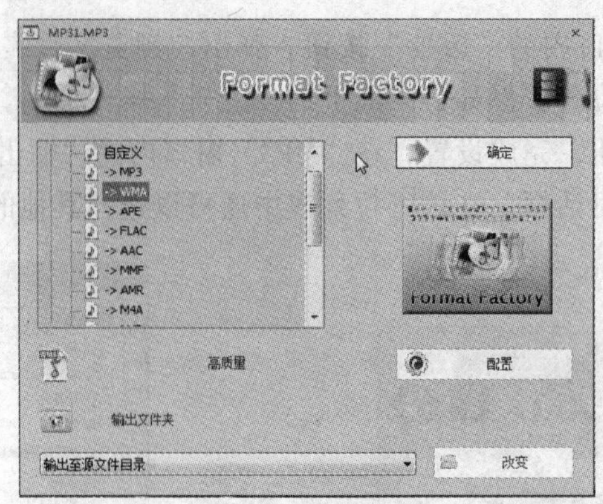

图 3-2-24 “Format Factory”对话框

3.3 音频简单编辑——“光盘刻录大师 8.1”软件使用

启动“光盘刻录大师 8.1”软件，单击下边一栏内的“音频工具”按钮，切换到“光盘刻录大师 8.1”软件的“音频工具”选项卡。

3.3.1 音频的分割、截取和合并

1. 音频分割

（1）单击“光盘刻录大师 8.1”软件的“音频工具”选项卡内的“音乐分割”按钮，弹出“音乐分割”窗口，如图 3-3-1 所示（还没有添加音频文件、播放音乐和设置保存路径）。

图 3-3-1 “音频分割”窗口

（2）单击“添加文件”按钮，弹出“请添加音乐文件”对话框，利用该对话框选择“实例/MP3”文件夹内的“音乐.wav”音频文件（要分割的音频文件），如图 3-3-2 所示。单击“打开”按钮，关闭该对话框，在“音频分割”窗口内“添加文件”按钮右边的文本框中添加选中的“音乐.wav”音频文件的路径和名称，同时显示该文件的参数，同时右边音频播放器变为有效。

单击右边音频播放器内的按钮▶，在音频播放器内播放添加的音频文件，如图 3-3-1 所示。

单击音频播放器内的按钮，出现音量调节滑槽和滑块，用来调整音量大小。单击“暂停”按钮，可以暂停音频文件的播放，单击“停止”按钮，可以使播放的音频停止播放。单击其他两个按钮，可以向后或向前快进一段时间。

（3）单击“保存路径”文本框右边的按钮，弹出“浏览计算机”对话框，利用该对话框选择保存分割后的音频文件的路径，如图 3-3-3 所示。单击“确定”按钮，关闭该对话框，在“音频分割”窗口内“保存路径”文本框内添加选中的路径，如图 3-3-1 所示。

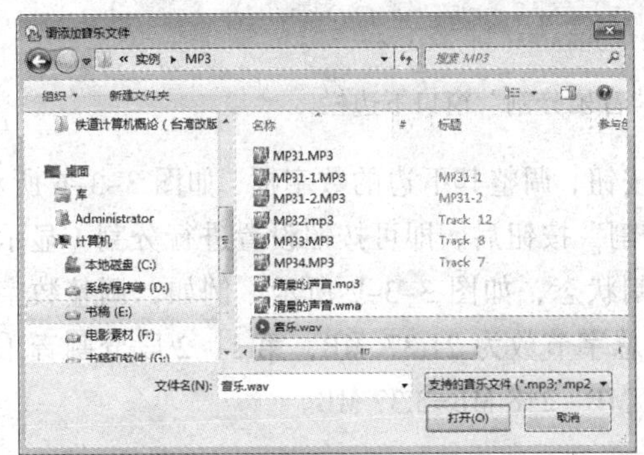

图 3-3-2　“请添加音乐文件”对话框

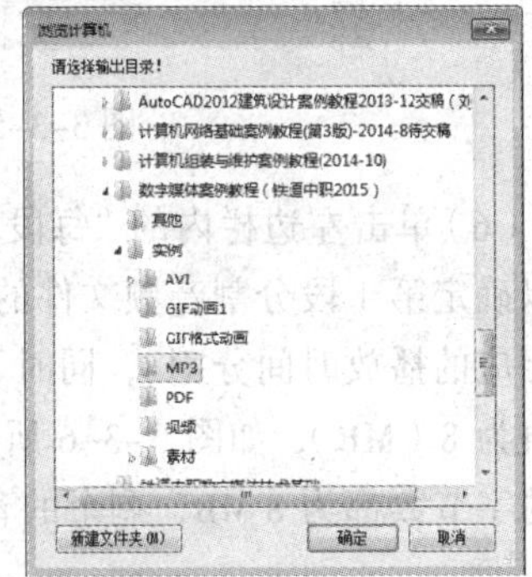

图 3-3-3　“浏览计算机”对话框

（4）单击图 3-3-1 所示“音频分割”软件窗口内的“下一步”按钮，弹出“音乐分割”窗口的“设置分割时间”选项卡，如图 3-3-4 所示。其内左边栏用来显示音频文件的长度和文件大小，设置分割音频文件的方案；中间显示框内用来显示音频文件 2 个声道的波形，右边栏内显示广告；下边栏内左边两个按钮用来控制音频文件的播放和停止播放，右边水平线下边的滑块用来显示音频文件的分割状态，上边的滑块用来调整当前的时间，下边的数值框用来显示和调整当前时间，右上方显示音频文件的播放总时间。

图 3-3-4　“音乐分割”窗口“设置分割时间”选项卡

（5）单击选中左边栏内的“平均分割”单选按钮，调整其下边的数字框，可以确定将音频文件平均分为几等份，同时下边栏会显示自动的等分状态。例如，等分为 2 份后的效果如图 3-3-4 所示。如果在数字框内选择 4，则下边栏内显示状态如图 3-3-5 所示。拖动“音乐分割”窗口下边栏内的上边的滑块，可以改变当前的时间点，该栏内数字框中的数值会随之改变，给出滑块指示的当前时间。此时，横线下边的滑块不可以拖动移动。

图 3-3-5　等分 4 份后的“音乐分割”窗口下边栏

（6）单击左边栏内的“每段文件大小”单选按钮，调整其下边的数字框，如图 3-3-6 所示，可以确定第 1 段分割音频文件的大小。单击“分割”按钮后，即可按照设置进行分割（显示的是相应的播放时间分割），同时下边栏会显示分割状态，如图 3-3-7 所示。例如，调整数字框的值为 8（MB），如图 3-3-6 所示。该音频文件总字节数为 21.37 MB，第 1、2 段分割音乐文件的字节数都为 8 MB，剩余的音频文件为 21.37 MB −2*8 MB=3.37 MB。

图 3-3-6　每段文件大小栏　　图 3-3-7　设置每段文件大小后的“音乐分割”窗口下边栏

（7）单击左边栏内的“每段时间长度”单选按钮，调整其下边的数字框，可以确定第 1 段分割音频文件的时间长度。单击“分割”按钮后，即可按照设置进行分割，同时下边栏会显示分割状态，如图 3-3-8 所示。例如，调整数字框的值为 50，如图 3-3-9 所示。该音频文件总长度为 127 s，第 1、2 段分割音频文件的长度都为 50 s，剩余的音频文件为 127 s −2*50 s=27 s。

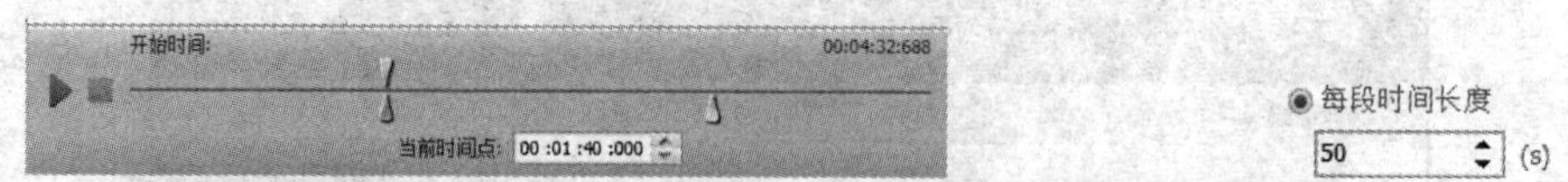

图 3-3-8　设置每段时间长度后的“音乐分割”窗口下边栏　　图 3-3-9　每段时间长度栏

（8）单击左边栏内的“手动分割”单选按钮，如图 3-3-10 所示。在下边栏内拖动水平线上边的滑块，参看“当前时间点”数字框内的数值，将滑块移到分割的第 1 段音乐的结束点位置。单击“设置当前时间点为分割点”按钮，即可在滑块指示的位置，水平线下边创建一个滑块，指示新创建的分割点位置。

再按照上述方法，将水平线上边的滑块拖动到第 2 段音乐的结束点位置，单击“设置当前时间点为分割点”按钮，即可在滑块指示的位置，水平线下边创建一个滑块，指示新创建的分割点位置，如图 3-3-11 所示。

单击“删除当前时间分割点”按钮，即可将蓝色滑块删除，将它指示的当前时间分割点删除。单击“跳转到上一个时间分割点”按钮，即可将滑块移到左边的时间分割点处，使该时间分割点处的滑块变为蓝色，成为当前时间分割点。单击“跳转到下一个时间分割点”

按钮，即可将滑块移到右边的时间分割点处，使该时间分割点处的滑块变为蓝色，成为当前时间分割点，如图 3–3–11 所示。

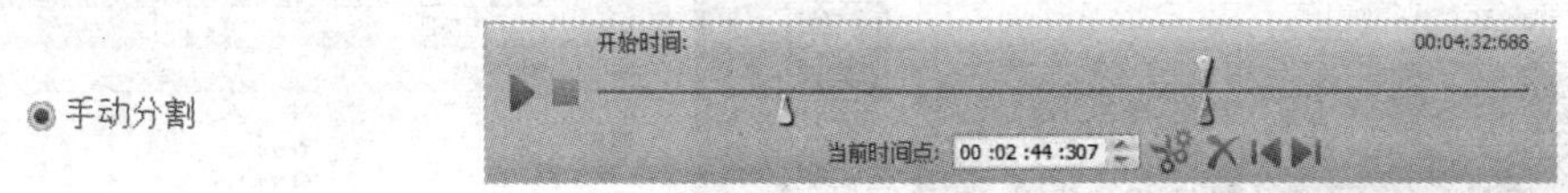

图 3–3–10　手动分割栏　　　图 3–3–11　设置每段时间长度后的“音乐分割”窗口下边栏

（9）将添加的音频文件分割后（例如，按照图 3–3–8 所示分割后），单击“下一步”按钮，弹出“音乐分割”窗口的“分割音乐文件”选项卡，显示分割音频文件的进度。分割完后，会弹出一个“分割结果”提示框，如图 3–3–12 所示。单击其内的“确定”按钮，关闭该提示框，“音乐分割”窗口的“分割音乐文件”选项卡显示如图 3–3–13 所示，其内显示分割文件的时间范围。

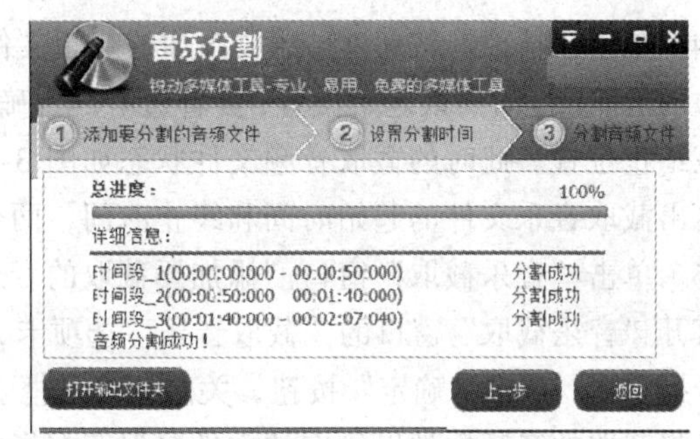

图 3–3–12　“分割结果”提示框　　　图 3–3–13　“分割音频文件”选项

（10）单击“打开输出文件夹”按钮，弹出“计算机”窗口，其内显示出分割后的音频文件，例如，按照图 3–3–8 所示分割后的 3 个文件为“音乐_1.wav”“音乐_2.wav”和“音乐_3.wav”。单击“返回”按钮，返回“添加要分割的音频文件”选项卡。

2．音乐截取

（1）关闭“音乐分割”窗口。单击“光盘刻录大师 8.1”软件的“音频工具”选项卡内的“音乐截取”按钮，弹出“音乐截取”窗口的“添加要截取的音乐文件”选项卡，如图 3–3–1 所示（还没有添加音频文件、音乐波形和设置保存路径）。

（2）单击“添加文件”按钮，弹出“请添加音乐文件”对话框，利用该对话框选择“实例/MP3”文件夹内的“音乐.wav”音频文件（要截取的音频文件），单击“打开”按钮，关闭该对话框，在“音频分割”窗口内“添加文件”按钮右边的文本框中添加选中的“音乐.wav”音频文件的路径和名称，同时显示音乐左右声道的波形，如图 3–3–14 所示。

（3）单击“保存路径”（应该是保存截取后的音频文件的路径和文件名称）文本框右边的按钮，弹出“请设置保存路径”对话框，利用该对话框选择保存分割后的音频文件的路径，在“文件名称”文本框内输入截取后的音频文件的名称“音乐截取”，如图 3–3–15 所示。单击“保存”按钮，关闭该对话框，确定截取的音频文件的保存路径和文件名称。此时的“音乐截取”窗口“添加要截取的音乐文件”选项卡如图 3–3–14 所示。

图 3-3-14　“添加要截取的音乐文件”选项卡

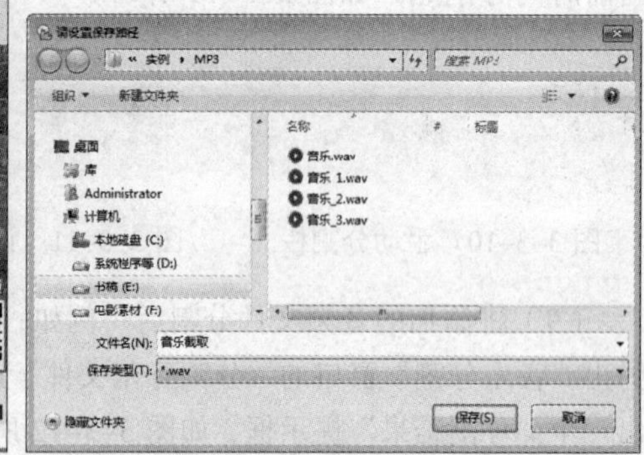

图 3-3-15　“请设置保存路径”对话框

（4）单击“播放”按钮，播放添加的音频文件，边听声音边确定截取音乐的起始位置，将左边的滑块拖动到该起始位置；接着边听声音确定截取音乐的终止位置，将右边的滑块拖动到该终止位置。此时的截取音频文件状态如图 3-3-16 所示。可以看到下边栏两个数字框中分别给出截取音乐文件的起始时间和终止时间，两个数字框中间显示截取音乐的时间长度。

（5）单击“音乐截取”窗口“添加要截取的音乐文件”选项卡内右下角的“截取”按钮，即可打开“音乐截取”窗口的“截取音乐”选项卡，显示截取进度，截取完成后，弹出“截取结果”提示框，单击“确定”按钮，关闭该提示框。“截取音乐”选项卡如图 3-3-17 所示。此时已经将截取的音频文件以给定的文件名保存在指定的路径下。

（6）单击“音乐截取”窗口“截取音乐”选项卡内的“打开输出文件夹”按钮，在弹出的窗口中显示音频截取文件。单击“返回”按钮，返回图 3-3-16 所示。

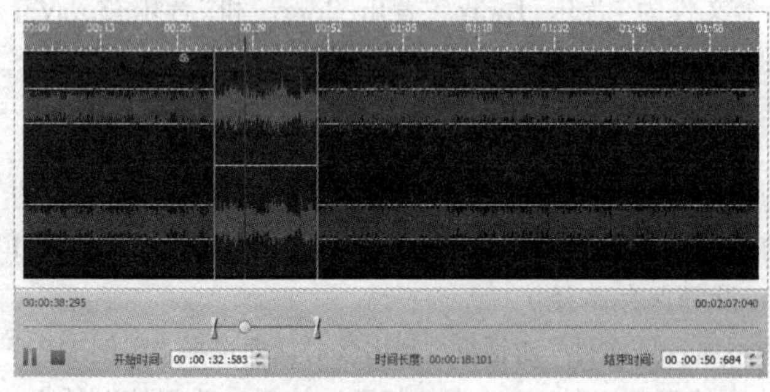

图 3-3-16　音频截取状态

图 3-3-17　“截取音乐”选项卡

3. 音乐合并

（1）单击“音频编辑专家 8.1”软件窗口内的“音乐合并”按钮，弹出“音乐合并”窗口的“添加要合并的音乐文件”选项卡，如图 3-3-18 所示（还没有添加音频文件和设置截取音乐的输出路径和文件名称）。

（2）单击“添加”按钮，弹出“请添加音乐文件”对话框，利用该对话框导入“MP31.MP3”“MP32.MP3”和“MP33.MP3”音频文件。再单击“保存路径”（应该是保存截取后的音频文件的路径和文件名称）文本框右边的按钮，弹出“请设置保存路径”对话框（见图 3-3-19），利用该对话框选择保存分割后的音频文件的路径，输入分割后音频文件的名称。单击“保存”按钮，关闭该对话框，同时确定截取后的音频文件保存的路径和文件名称。此时“音乐合并”窗口的“添加要合并的音乐文件”选项卡。

（3）单击按钮，弹出“高级设置”对话框，如图 3-3-20 所示，若在“输出格式”下拉列表中选择的音频格式选项不同，“高级设置”对话框中的内容也随之不同，设置完成后单击“确定”按钮，关闭“高级设置”对话框，回到“音乐合并”窗口的“添加要合并的音乐文件”选项卡。

图 3-3-18　“添加要合并的音乐文件”选项卡

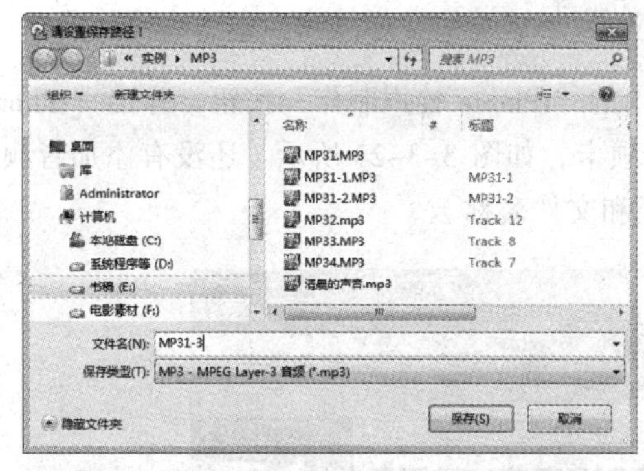

图 3-3-19　“请设置保存路径”对话框

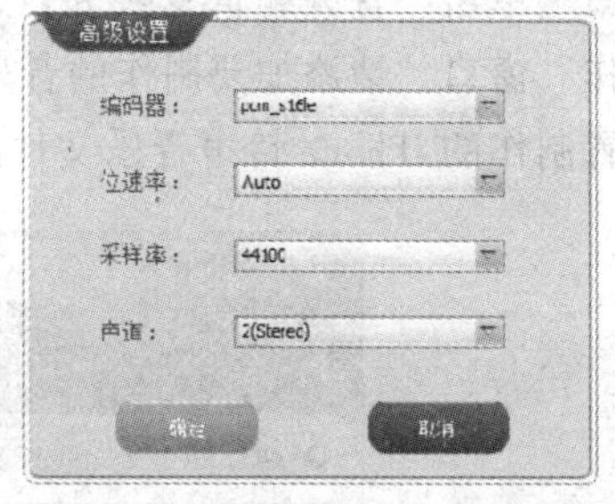

图 3-3-20　“高级设置”对话框

（4）选中“自动统一音量”复选框，在“目标音量”的两个文本框内输入音量的数值，在“输出格式”下拉列表中选择一种音频格式选项，例如选中“WMA”选项，如图 3-3-21 所示。单击“默认”按钮，可以还原系统的默认设置。

图 3-3-21　“音乐合并”窗口“合并音乐”选项卡设置

（5）单击“开始合并”按钮，进行音频文件合并，同时弹出“音乐合并”窗口的“合并音乐”选项卡，显示合并进度，合并完成后，弹出“合并结果”提示框，单击“确定”按钮，关闭该提示框。“音乐合并”窗口的“合并音乐”选项卡如图 3-3-22 所示。此时已经将合并的音频文件以给定的文件名称保存在指定的路径下。

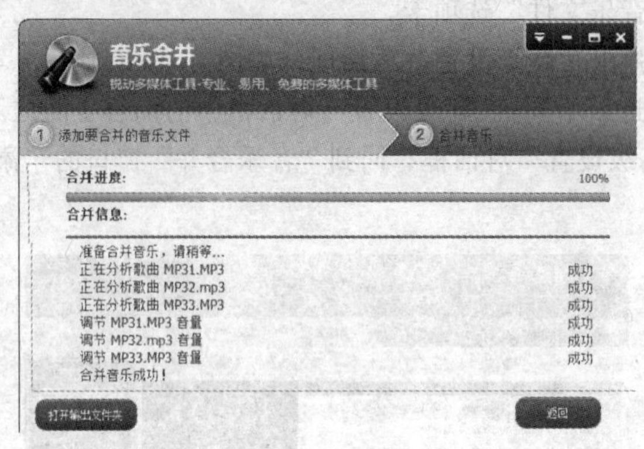

图 3-3-22 “音乐合并”窗口的“合并音乐”选项卡

（6）单击“音乐合并”窗口“合并音乐”选项卡内的“打开输出文件夹”按钮，在弹出的窗口中显示音频合并文件。单击“返回”按钮，返回图 3-3-18 所示音频合并状态的“音乐合并”窗口“添加要合并的音乐文件”选项卡。

3.3.2 iPhone 铃声制作和 MP3 音量调节

1. iPhone 铃声制作

（1）单击“音频编辑专家 8.1”软件窗口内的“iPhone 铃声制作”按钮，弹出“iPhone 铃声制作”窗口“请添加要制作的音乐文件”选项卡，如图 3-3-23 所示（还没有添加音频文件和设置制作的 iPhone 铃声音乐文件的输出路径和文件名称）。

图 3-3-23 “请添加要制作的音乐文件”选项卡

（2）单击“添加”按钮，弹出“请添加要制作的音乐文件”对话框，利用该对话框导入

"MP31.MP3"音频文件。再单击"保存路径"（应该是保存截取后的音频文件的路径和文件名称）文本框右边的按钮，弹出"请填写保存文件名"对话框，利用该对话框选择保存 iPhone 铃声音乐文件的路径和输入文件名称，例如"铃声"，如图 3-3-24 所示。单击"保存"按钮，关闭该对话框，同时确定保存该音乐文件的路径和输入文件名称。此时的"iPhone 铃声制作"窗口"请添加要制作的音乐文件"选项卡如图 3-3-23 所示。

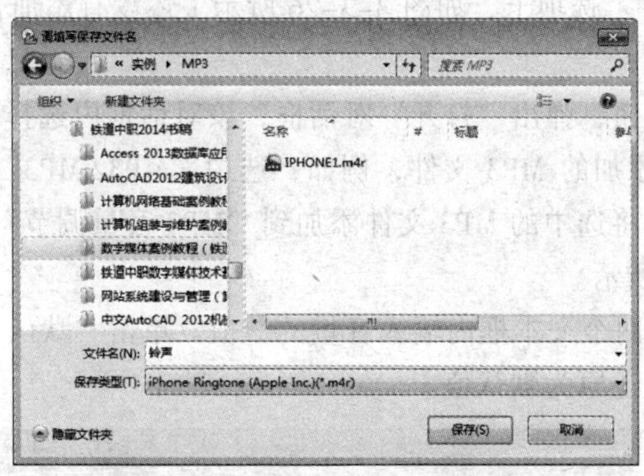

图 3-3-24　"请设置保存路径"对话框

（3）单击"播放"按钮，播放添加的音频文件，边听声音边确定截取音乐的起始位置，将左边的滑块拖动到该起始位置；接着边听声音确定截取音乐的终止位置，将右边的滑块拖动到该终止位置。可以看到下边栏内两个数字框中分别给出截取音乐文件的起始时间和终止时间，两个数字框中间显示截取音乐的时间长度。

（4）如果选中窗口内下边的"iPhone 没有越狱（铃声最长 40 s）"单选按钮，则在拖动滑块时会发现，两个滑块之间的间隔不会大于一开始系统给出的间隔（40 s 时间长度），即截取的音频文件的时间长度不会大于一开始系统给出的时间长度。

如果选中窗口内下边的"iPhone 已经越狱（铃声长度没有限制）"单选按钮，则在拖动滑块时，两个滑块之间的间隔可以调整，即截取的音频文件的时间长度可以大于一开始系统给出的时间长度。

（5）单击"开始制作"按钮，弹出"iPhone 铃声制作"窗口"制作 iPhone 铃声"选项卡，显示制作进度，完成后会弹出"截取结果"提示框，单击"确定"按钮，关闭该提示框。"iPhone 铃声制作"窗口"制作 iPhone 铃声"选项卡如图 3-3-25 所示，此时已经将截取的音频文件以给定的文件名称保存在指定的路径下。

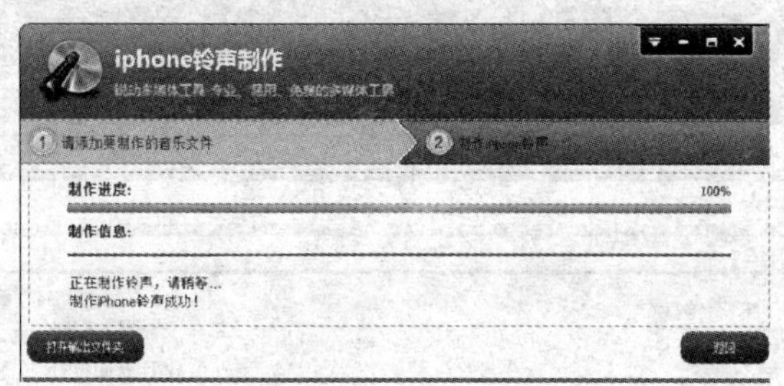

图 3-3-25　"iPhone 铃声制作"窗口的"制作 iPhone 铃声"选项卡

（6）单击"iPhone 铃声制作"窗口"制作 iPhone 铃声"选项卡内的"打开输出文件夹"按

钮，在弹出的窗口中显示 iphone 铃声“铃声.m4r”文件。单击“返回”按钮，返回“iPhone 铃声制作”窗口“请添加要制作的音乐文件”选项卡。

2. MP3 音量调节

（1）单击“音频编辑专家 8.1”软件窗口内的“MP3 音量调节”按钮，弹出“MP3 音量调节”窗口“添加 MP3 文件”选项卡，如图 3-3-26 所示（还没有添加音频文件和设置声音乐文件的目标音量大小）。

（2）单击“添加”按钮，弹出“打开”对话框，该对话框内选择保存 MP3 文件的文件夹，按住【Ctrl】键，选中要添加的 MP3 文件，例如，选中“MP32.MP3”和“MP33.MP3”音频文件。单击“打开”按钮，将选中的 MP3 文件添加到“MP3 音量调节”窗口“添加 MP3 文件”选项卡内，如图 3-3-26 所示。

（3）在“目标音量”两个文本框内输入音量的数值。单击“默认”按钮，可以使“目标音量”两个文本框内的数值还原为默认值。

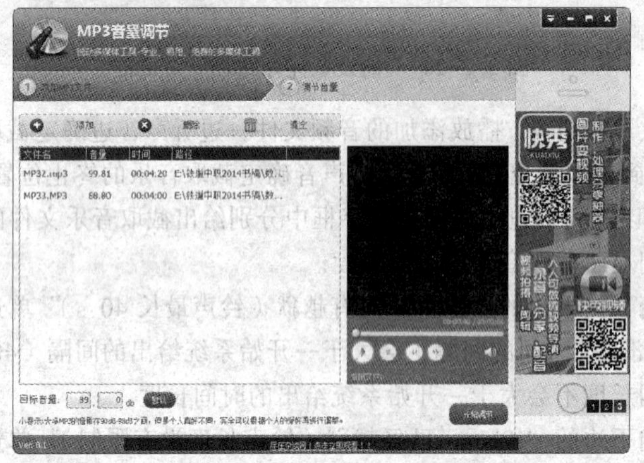

图 3-3-26 “MP3 音量调节”窗口的“添加 MP3 文件”选项卡

（4）单击“开始调节”按钮，弹出“MP3 音量调节”窗口的“调节音量”选项卡，显示制作进度，完成后弹出“调节结果”对话框，单击“确定”按钮，关闭该提示框，完成 MP3 音量调节。“MP3 音量调节”窗口的“调节音量”选项卡如图 3-3-27 所示。

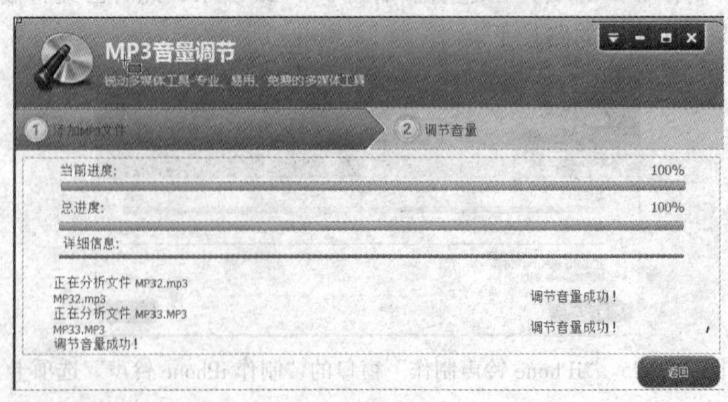

图 3-3-27 “调节音量”选项卡

（5）单击“返回”按钮，返回图 3-3-26 所示“MP3 音量调节”窗口的“添加 MP3 文件”选项卡。

思考与练习

1. 使用“光盘刻录大师 8.1”软件将“MP3-1.mp3”～“MP3-3.mp3”MP3 格式的音频文件分别改为“MP3-1.wma”～“MP3-3. wma”WMA 格式的音频文件。

2. 使用“格式工厂”软件将“MP3-1.mp3”～“MP3-5.mp3”MP3 格式的音频文件分别改为“MP3-1.wav”～“MP3-5. wav”WAV 格式的音频文件。

3. 使用“光盘刻录大师 8.1”软件将一个音频文件分割为 3 个文件，再将分割的 3 个文件合并为一个文件，再将另一个音频文件中的一部分截取并生成一个音乐文件。

第 4 章　视频格式转换及简单编辑

本章主要介绍一些视频的格式转换和简单的编辑软件的使用方法，这类软件种类很多，本章介绍的软件都是目前比较流行的中文或汉化软件，其中大部分软件都是免费软件。介绍的软件有光盘刻录大师、Bigasoft Total Video Converter（全能视频格式转换器）、格式工厂、视频编辑专家专家、狸窝超级全能视频转换器等软件。

4.1　视频格式转换

4.1.1 “光盘刻录大师 8.1”软件视频功能和格式转换

1. “光盘刻录大师 8.1”软件视频功能简介

“光盘刻录大师 8.1”软件中的“视频工具”涵盖了“锐动天地”网站提供的“视频转换专家”和“视频编辑专家”软件的大部分功能，具有基本相同的工作界面，是视频爱好者必备的工具。

（1）编辑与转换：可以转换 MPEG 1/2/4、 AVI、ASF、SWF、DivX、Xvid、RM（RealVideo）、RMVB（Real 媒体视频）、FLV（Flash 视频格式）、SWF、MOV、3GP、WMV、PMP、VOB、MP2、MP3、MP4（iPhone MPEG-4）、MOV（苹果 QuickTime 格式）、AU、AAC（高级音频编码）、AC3（杜比数字）、M4A（MPEG-4 音频）、WAV、WMA、OGG、FLAC 等各种音频和视频格式，而且还支持音量调节、时间截取、视频裁剪、添加水印和字幕等功能。

（2）视频分割：把一个视频文件分割成任意大小和数量的视频文件。

（3）视频文件截取：从视频文件中提取出感兴趣的部分，制作成视频文件。

（4）视频合并：把多个不同或相同的音视频格式文件合并成一个音视频文件。

（5）配音配乐：给视频添加背景音乐以及配音。

（6）字幕制作：给视频添加字幕。

（7）视频截图：从视频中截取精彩画面。

2. “光盘刻录大师 8.1”软件视频格式转换

（1）双击桌面的“光盘刻录大师 8.1”软件图标，启动“光盘刻录大师 8.1”软件，单击下边一栏内的“视频工具”按钮，切换到“光盘刻录大师 8.1”软件的“视频工具”选项卡，如图 4-1-1 所示。可以看到，该窗口内有 8 个工具按钮，单击这些按钮，可以分别调出相应的工具窗口。

（2）单击“光盘刻录大师 8.1”软件“视频工具”选项卡内的“编辑与转换”按钮，启动“视频转换”窗口“选择需要转换成的格式”选项卡，如图 4–1–2 所示。

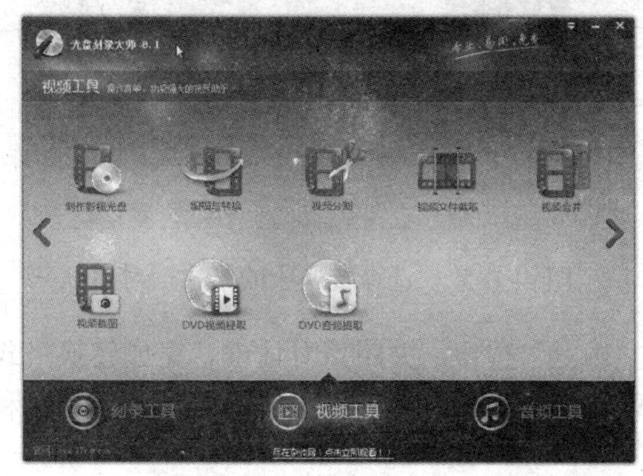

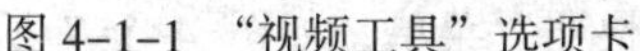
图 4–1–1　“视频工具”选项卡

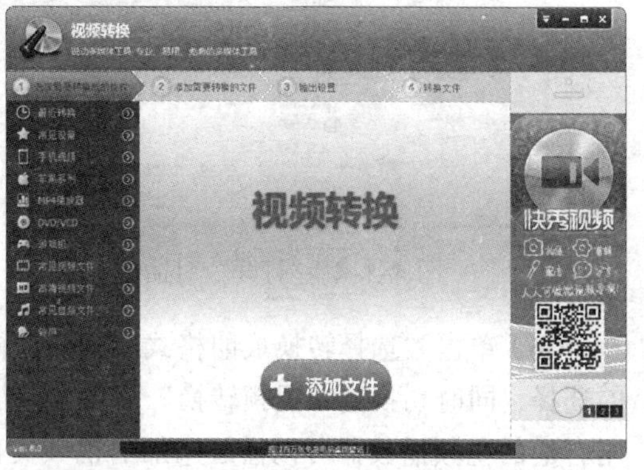

图 4–1–2　“选择需要转换成的格式”选项卡

在“视频转换”窗口的“选择需要转换成的格式”选项卡的左边列表中，列出各种格式转换的类型名称。

（3）单击左边列表中的一个类型名称，展开该类型的格式转换名称，单击其内的一个格式名称，即可选择需要转换成的格式。例如，单击“常用视频文件”格式类型选项，展开它的格式选项，单击其内的“MP4”格式类型名称选项，如图 4–1–3 所示。

也可以在后边的“选择转换成的格式”对话框内进行选择。

图 4–1–3　“选择需要转换成的格式”选项卡

（4）单击“添加文件”按钮，弹出“打开”对话框，如图 4–1–4 所示。利用该对话框可以选中一个或多个要转换格式的视频文件，例如，选中“实例\AVI”文件夹内的“雪.avi”视频文件，单击“打开”按钮，将选中的文件添加到“视频转换”窗口内，同时弹出“选择转换成的格式”对话框，如图 4–1–5 所示。

（5）“选择转换成的格式”对话框左边列出了各种视频和音频格式的类别选项，单击一种类别选项，其右边会显示相应的视频和音频格式选项图标。例如，单击左边栏内的“常见视频文件”选项，选中右边的“MP4”选项，如图 4–1–5 所示。

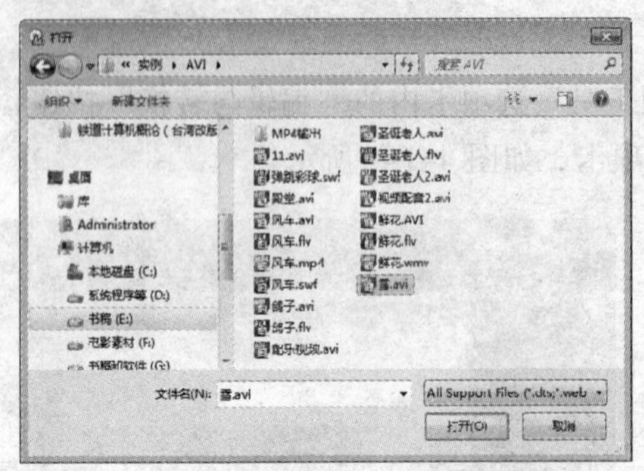

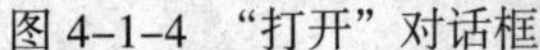
图 4-1-4 “打开”对话框

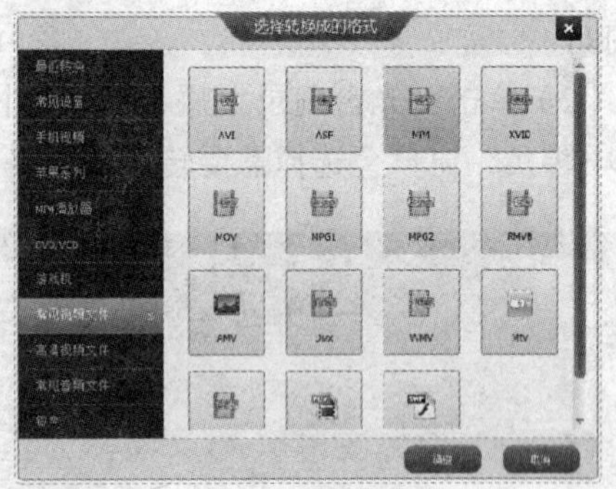
图 4-1-5 “选择转换成的格式”对话框

（6）单击“选择转换成的格式”对话框内的“确定”按钮，关闭该对话框，完成转换格式的选择，同时切换到“视频转换”窗口“添加需要转换的文件”选项卡，如图 4-1-6 所示。利用右边的视频播放器可以播放添加的视频文件。

（7）单击视频播放器内的“快照”按钮，弹出“快照”菜单，如图 4-1-7 所示，利用该菜单可以选择快照图像的格式，此处选择 JPG 格式。

（8）单击视频播放器内的“播放”按钮，播放视频文件的视频，单击“快照”按钮或单击“快照”→“快照”命令，捕捉视频这一瞬间的图像，以名称“雪_000000.jpg”保存在软件的目录“C:\Program Files (x86)\锐动天地\光盘刻录大师 8.1\”下的“Snapshoot”文件夹内。该文件夹即是默认的“快照目录”。

图 4-1-6 “添加需要转换的文件”选项卡

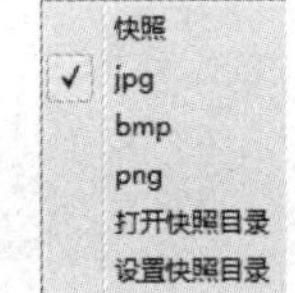

图 4-1-7 菜单

（9）单击“快照”→“设置快照目录”命令，弹出“浏览文件夹”对话框，如图 4-1-8 所示。在该对话框内选中“素材”文件夹，单击“新建文件夹”按钮，即可在当前文件夹内创建一个新文件夹，将该文件夹的名称改为“图像”，如图 4-1-8 所示。单击“确定”按钮，完成“快照目录”的重新设置。以后，在视频播放中，单击“快照”命令或“快照”按钮，即可将视频的当前画面作为快照图像保存在“浏览文件夹”对话框中选中的文件夹内。

（10）单击“删除”按钮，可以删除“视频转换”窗口内选中的视频文件；单击“清空”按钮，可以删除所有添加的视频文件。单击“编辑”按钮，弹出“视频编辑”对话框的“裁剪”选项卡，如图 4-1-9 所示，利用该对话框可以调整视频画面的大小和位置。

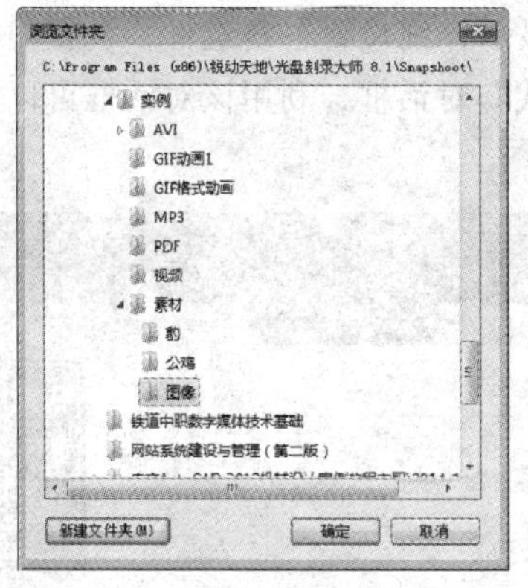

图 4-1-8 “浏览文件夹”对话框

图 4-1-9 “视频编辑”对话框

在“裁剪区域尺寸”栏内的两个数字框中，可以调整视频画面的大小；在“裁剪区域位置”栏内的两个数字框中，可以调整视频画面的位置。在右边的显示框内可以拖动绿色矩形框的四角和四边中点的控制柄，调整视频画面的大小；拖动矩形框内中间的控制柄，可以调整视频画面的位置。调整完后，单击“应用”按钮，最后单击“确定”按钮。

（11）另外，在“视频编辑”对话框内还可以切换到“效果”“水印”“字幕”和“旋转”选项卡，如图 4-1-10 所示。在“效果”选项卡内可以调整视频的亮度、对比度和饱和度；在“水印”选项卡内可以给视频添加文字或图像水印，上边文本框内的文字是输入的文字，在“水平位置”和“垂直位置”栏内可以调整水印文字或图像的位置；在“字幕”选项卡内可以调入字幕文件（扩展名为 SRT 或 ASS）并添加到视频中，将它们合成一体；在“旋转”选项卡内可以调整视频画面的旋转角度。

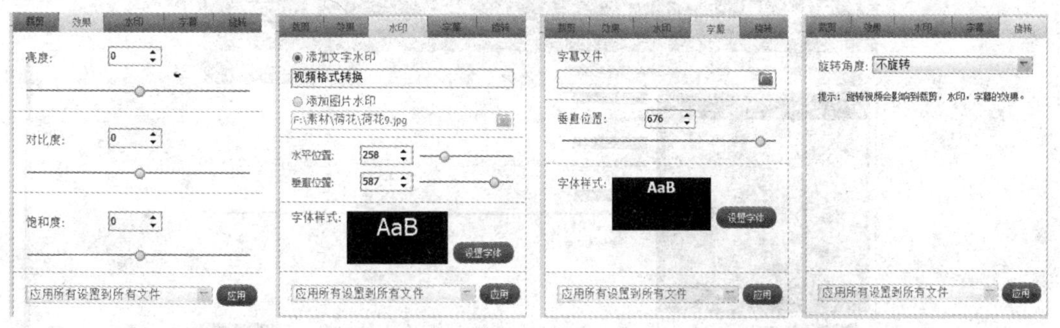

图 4-1-10 “效果”“水印”“字幕”和“旋转”选项卡

（12）单击“视频转换”窗口内的“截取”按钮，弹出“视频截取”对话框，如图 4-1-11 所示。利用该对话框可以调整视频播放的起始和终止时间。

单击“播放”按钮▶，播放添加的视频文件，将左边的滑块拖动到该起始位置；将右边的滑块拖动到该终止位置。可以看到下边栏内两个数字框中分别给出截取视频文件的起始时间和终止时间，两个数字框中间显示截取视频的时间长度。

（13）调整完后，单击“应用”按钮，最后单击“确定”按钮，关闭该对话框，回到“视频转换”窗口的“添加需要转换的文件”选项卡。单击“下一步”按钮，切换到“视频转换”

窗口的“输出设置”选项卡，如图 4-1-12 所示。选中“显示详细设置”复选框，设置输出目录。单击“更改目标格式”按钮，弹出“选择转换成的格式”对话框，利用该对话框可以重新设置转换的视频格式。

图 4-1-11 “视频截取”对话框

图 4-1-12 “输出设置”选项卡

（14）单击“下一步”按钮，切换到“视频转换”窗口的“转换文件”选项卡，如图 4-1-13 所示。转换完后会弹出“转换结果”提示框。单击“确定”按钮，关闭该提示框。单击“视频转换”窗口“转换文件”选项卡内的“打开输出文件夹”按钮，可以打开输出文件夹，看到格式转换后的视频文件。单击“返回”按钮（转换完后，“停止”按钮会变为“返回”按钮），会返回“视频转换”窗口的起始状态。

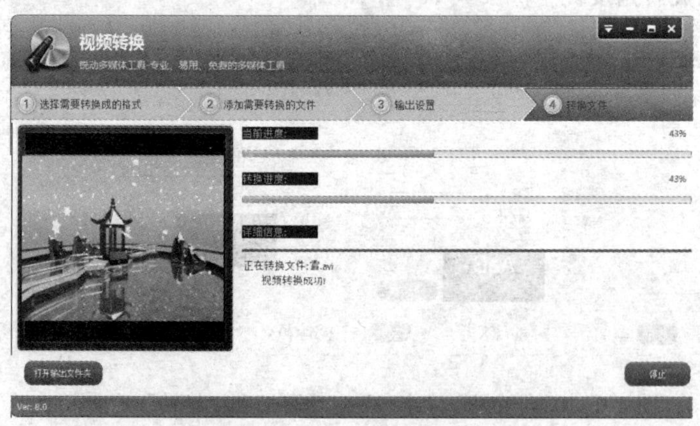

图 4-1-13 “转换文件”选项卡

4.1.2 两款视频格式转换软件的使用

1. Bigasoft Total Video Converter 软件简介

Bigasoft Total Video Converter（全能视频格式转换器）是一款国外开发的视频转换工具。它的操作简单，使用方便，可快速转换视频文件的格式，几乎可以在当下的主流视频格式之间任意转换；可转换主流移动设备上使用的视频。Bigasoft Total Video Converter 的功能很强大，简介如下：

（1）可以转换的视频格式有 AVI、Xvid、DivX、H.264、MP4、3GP、MKV、WMV、RM、FLV、MOV、MOD、TOD、M2TS 等。该软件可以被用作 AVI 统一转换器、MP4 统一转换器等。

（2）支持从众多设备中直接读取和转换视频，例如，PDA、PSP、iPod、iPhone、手机、PS3 游戏机、BlackBerry、Xbox、Xbox 360、Archos、Creative Zen、iRiver、television、Apple TV（苹果电视）、Zune 播放器、掌上电脑等。

（3）可以转换的音频格式有 MP3、WMA、WAV、FLAC、APE、M4A、RA、AC3、MP2、AMR 等。

（4）支持从视频中提取音频，支持从视频中截取图片，支持视频剪辑功能。

（5）支持在转换前进行预览。内置多种特殊效果滤镜，可以对添加的视频制作特效，包括带有油画、黑白、雕刻、底片、老电影等特效。

（6）支持给视频添加水印，支持文本和图片两种水印。

（7）转换速度非常快，支持批量处理。

（8）支持多国语言，支持简体中文和繁体中文，兼容 Windows 7 操作系统。

2. 使用 Bigasoft Total Video Converter 软件进行视频格式转换

（1）安装 Bigasoft Total Video Converter 软件后，双击桌面上的 Bigasoft Total Video Converter 软件图标，启动 Bigasoft Total Video Converter 软件，该软件窗口如图 4-1-14 所示。

图 4-1-14　Bigasoft Total Video Converter 软件窗口

（2）单击“文件”→“搜索预设方案”命令，弹出“搜索预设方案”菜单，如图 4-1-15 左图所示，将鼠标指针移到其内的一个菜单命令（即一种格式类型）之上，会弹出相应的子菜单（其内是该格式类型内的各种格式名称选项），例如，将鼠标指针移到“普通视频”菜单命令之上会显示“普通视频”子菜单（即“普通视频”类型的各格式名称），如图 4-1-15 右图所示。单击该子菜单内的“MKV Matroska 视频（*.mkv）”选项，设置视频文件转换完的格式为 MKV 格式。

（3）单击按钮栏内的“添加文件”按钮，弹出“添加文件”菜单，单击该菜单内的“添加文件”命令，弹出“载入文件”窗口，在该窗口内左边的导航栏中选中“实例\视频”文件夹，按住【Ctrl】键，单击“载入文件”窗口内右边“窗口内容区域”列表框中的“雪.avi”和“祖国山河.avi”视频文件，如图 4-1-16 所示。单击“打开”按钮，将选中的视频文件添加到 Bigasoft Total Video Converter 软件窗口内右边，如图 4-1-17 所示。

图 4-1-15 “搜索预设方案”菜单

图 4-1-16 “载入文件”窗口

（4）单击“预设方案”下拉按钮，弹出如图 4-1-15 所示的“搜索预设方案”菜单，利用该菜单可以重新选择视频转换的格式。

（5）单击“输出目录”栏内右边的“浏览”按钮，弹出“浏览文件夹”对话框，利用该对话框选中格式转换后的视频文件保存文件夹，如图 4-1-18 所示。单击“确定”按钮，关闭该对话框，在“输出目录”文本框中填入选中的文件夹路径，如图 4-1-17 所示。

图 4-1-17 Bigasoft Total Video Converter 软件窗口

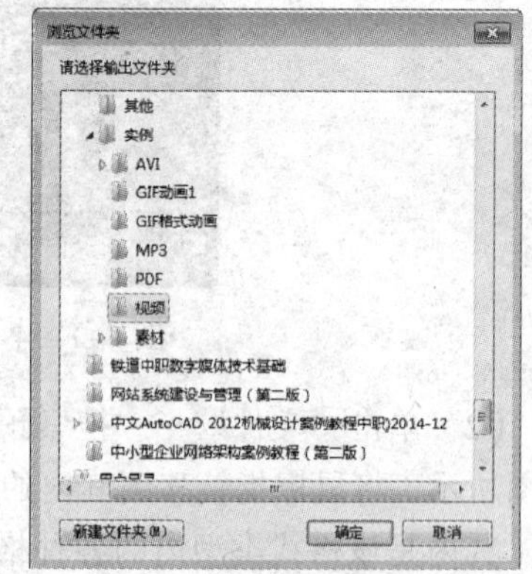

图 4-1-18 “浏览文件夹”对话框

（6）单击“预设方案”栏右边的“另存为”按钮，弹出“另存为”对话框，在“另存为”文本框内可以输入新的预设方案名称，此处输入“MKV 格式视频 1”，如图 4-1-19 所示。单击“确定”按钮，关闭该对话框，此时“预设方案”下拉列表内添加了“MKV 格式视频 1”选项，并选中该选项。

（7）单击“预设方案”栏右边的“另存为”按钮，弹出“另存为”对话框，在“另存为”文本框内可以输入新的预设方案名称，此处输入“MKV 格式视频 1”，如图 4-1-19 所示。单击“确定”按钮，关闭该对话框，此时“预设方案”下拉列表框内添加了“MKV 格式视频 1(*.mkv)”选项，并选中该选项，如图 4-1-20 所示。

图 4-1-19　“另存为”对话框

图 4-1-20　“预置方案”栏

（8）在 Bigasoft Total Video Converter 软件窗口内左边有一个视频播放器，如图 4-1-17 所示。单击右边栏内添加的视频文件，单击视频播放器内的“播放”按钮，即可播放选好的视频文件，如图 4-1-21 所示。将鼠标指针移到其内的按钮之上会显示按钮的名称。其中，单击“静音”按钮，可以在播放视频伴音和静音之间切换；单击“快照”按钮，可以将视频当前的画面保存在指定的快照目录文件夹中；单击“快照”按钮，弹出“快照”菜单（见图 4-1-22），利用该菜单内的命令可以设置保存快照图像的文件夹目录，可以打开该文件夹，可以进行快照操作。拖动播放头，可以调整播放的位置。

（9）选中在 Bigasoft Total Video Converter 软件窗口内右边栏中的视频文件，在其右边的图标右上方有 3 个很小的按钮（见图 4-1-23），将鼠标指针移到按钮之上，会显示按钮的名称，这 3 个按钮的作用从左到右分别是“上移”（上移一行）、“下移”（下移一行）和“关闭”（清除选中的视频文件）。

图 4-1-21　“另存为”对话框

图 4-1-22　“快照”菜单

图 4-1-23　控制按钮

（10）在“Bigasoft Total Video Converter”软件窗口内右边栏中，单击要进行格式转换的视频文件左上角的复选框，再单击“转换勾选项目”按钮，即可对选中的视频文件进行格式转换。转换完后，单击“打开文件夹”按钮，即可看到转换的文件。

3．使用“格式工厂”软件进行视频格式转换

（1）启动“格式工厂 3.6.0”软件，单击左边列表框内的“视频频”标签，切换到“格式工厂 3.6.0”软件“视频”选项卡，如图 4-1-24 所示。

（2）如果要将导入的视频文件格式转换某一种格式的视频文件，可以单击左边列表框内的相应按钮。例如，将导入的视频文件格式转换为“RMVB”格式，可以单击左边列表框内的

“RMVB”按钮，弹出“RMVB”窗口，如图 4-1-25 所示（还没有添加要转换的视频文件）。对照图 3-2-18 所示的“MP3”窗口，参考相关介绍，可以了解“RMVB”窗口。

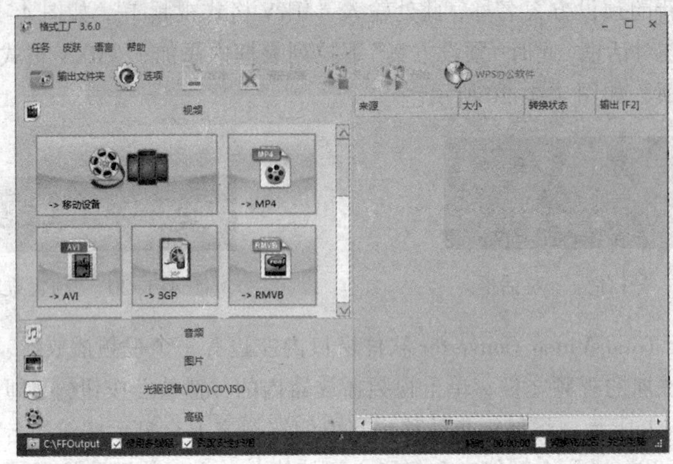

图 4-1-24 “格式工厂 3.6.0”软件界面“视频”选项卡

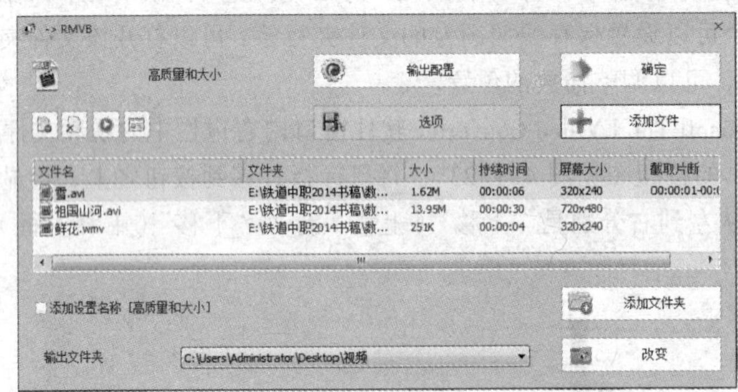

图 4-1-25 “RMVB”窗口

（3）单击“添加文件夹”按钮，弹出“添加目录里的文件”对话框，用来选择要添加的视频文件所在的文件夹。单击“添加文件”按钮，弹出“打开”窗口，利用该窗口可以继续在“RMVB”窗口内的列表框中添加要转换格式的视频文件。单击“改变”按钮，弹出“浏览文件夹”对话框，用来设置格式转换后的音频文件的保存位置。

（4）单击列表框中的一个视频文件，单击“选项”按钮，弹出“截取片断”窗口，如图 4-1-26 所示（还没有设置）。利用该对话框可以设置“开始时间”和“结束时间”。选中“画面裁剪”复选框，可以在画面上剪裁画面大小。单击“确定”按钮，关闭该对话框，回到“RMVB”窗口，在选中的视频文件的右边会显示截取的时间范围。

（5）单击“RMVB”窗口内的“确定”按钮，关闭该窗口，回到“格式工厂 3.6.0”软件界面“视频”选项卡，可以看到其内添加了要进行格式转换的视频文件的目录和文件名。单击“开始”按钮，即可开始进行视频文件的格式转换。

（6）另外还可以打开计算机或资源管理器窗口，找到要进行格式转换的视频文件所在的文件夹。选中要进行格式转换的视频文件，将它们拖动到“格式工厂 3.6.0”软件界面“视频”

选项卡内右边的列表框中，此时会弹出 Format Factory 对话框，如图 4-1-27 所示。利用该对话框也可以进行视频文件的格式转换。

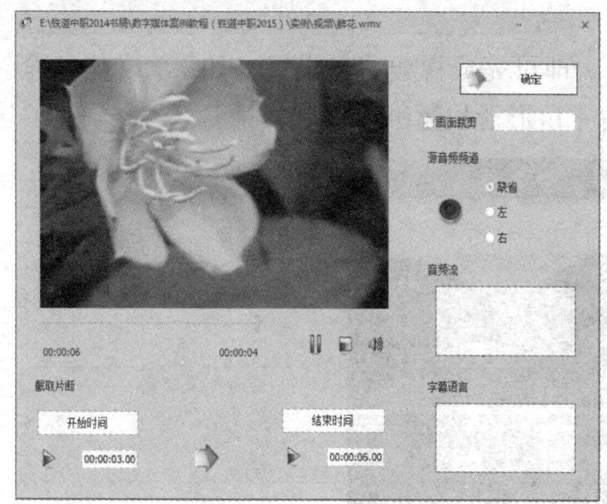

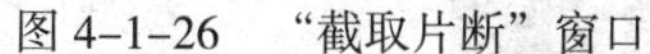

图 4-1-26　“截取片断”窗口

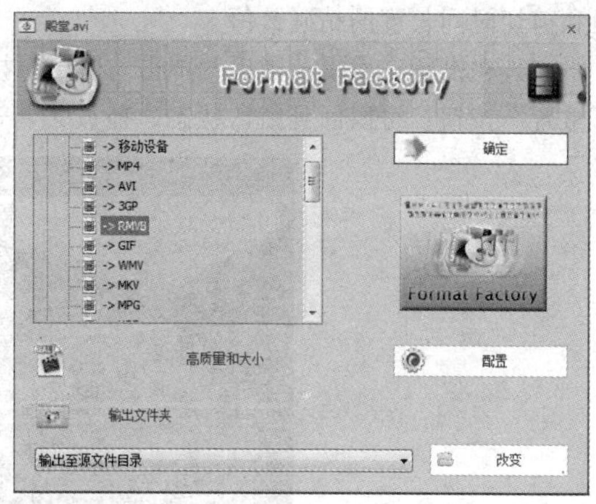

图 4-1-27　“Format Factory”对话框

（7）单击按钮栏内的“选项”按钮，调出“选项”对话框，单击左边栏内的一个按钮，即可切换到相应的选项卡，可以用来进行相应的设置。例如，单击左边栏内的“选项”按钮，即可将右边切换到“选项”选项卡，如图 4-1-28 所示。

在“选项”选项卡内可以进行有关输出等属性的设置，例如，单击“改变”按钮，弹出“浏览文件夹”对话框，用来进行输出视频文件保存的文件夹的设置。

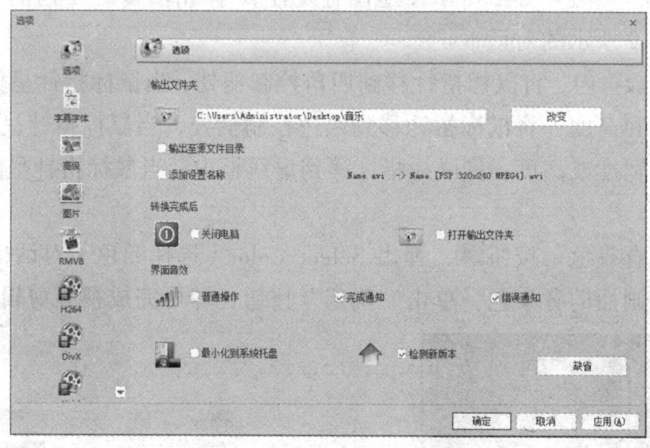

图 4-1-28　“选项”对话框

4.2　视频简单编辑

4.2.1　Bigasoft Total Video Converter 软件编辑视频

1. 视频剪辑

（1）单击 Bigasoft Total Video Converter 软件窗口内按钮栏中的“视频剪辑”按钮，弹出“视频编辑”窗口，如图 4-2-1 所示（还没有设置）。

（2）向中间拖动播放条两边的三角形滑块和，调整剪辑的范围（两个三角形滑块和之间的范围）。在下边的3个文本框中从左到右依次用来显示和精确调整开始时间、结束时间和剪切时间长度的精确数值。

（3）在设置完剪辑范围后，单击“确定”按钮，即可完成视频剪辑设置。如果，单击“全部重置”按钮，可以回到默认状态，播放条两边的三角形滑块和回到两边。

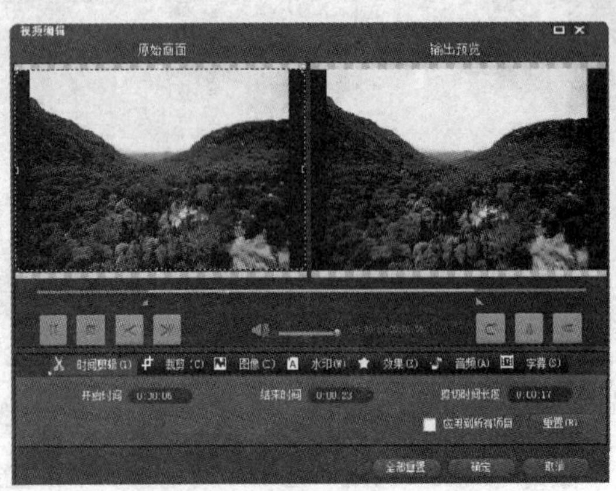

图 4-2-1 “视频编辑”对话框

2. 视频裁剪

（1）单击 Bigasoft Total Video Converter 软件窗口内按钮栏中的“裁剪”按钮，弹出“视频编辑”的裁剪对话框，如图 4-2-2 所示（还没有设置）。单击图 4-2-1 内的“裁剪”按钮，也可以切换到图 4-2-2 所示的对话框。

（2）在左边的显示框内，将鼠标指针移到四角控制柄处，当鼠标指针呈状时拖动，可以调整裁剪区域的宽度和高度；将鼠标指针移到四边控制柄处，当鼠标指针呈或状时拖动，可以调整裁剪区域的宽度或高度；将鼠标指针移到虚线框内，当鼠标指针呈状时拖动，可以调整裁剪区域的位置。

（3）单击“补充背景色”按钮，弹出 Select Color（选择颜色）对话框，如图 4-2-3 所示，用来设置裁剪图画面的背景色。单击“确定”按钮，即可完成视频剪辑设置。

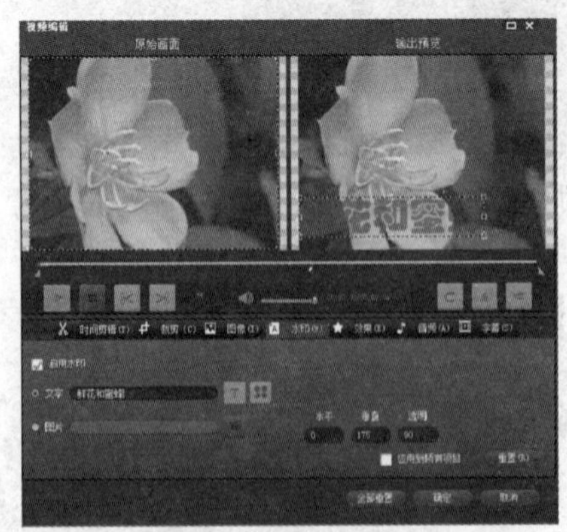

图 4-2-2 “视频编辑”的裁剪对话框

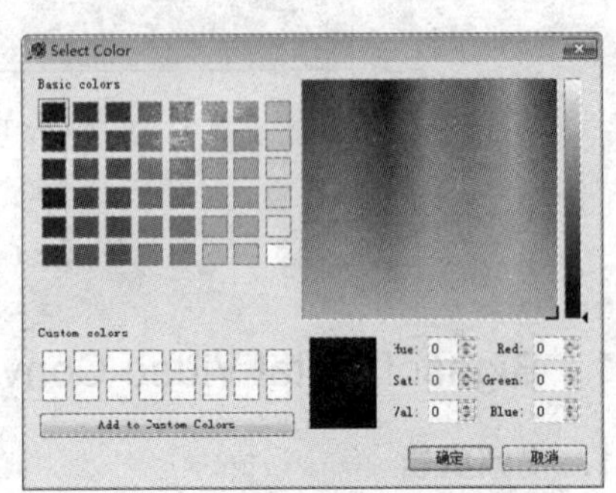

图 4-2-3 Select Color 对话框

3．视频图像处理

（1）单击“视频编辑”对话框内的“图像”按钮，弹出“视频编辑”的图像对话框，对话框内容和图 4-2-2 所示基本相同，只是其内下边的参数设置栏有所更改，如图 4-2-4 所示。

（2）在参数设置栏内，拖动 3 个滑块，可以分别调整视频画面的亮度、对比度和饱和度，在调整中可以同时在上边的显示框内看到视频画面的效果。

图 4-2-4　“视频编辑”的图像对话框

4．视频添加水印

（1）单击“视频编辑”对话框内的“水印”按钮，弹出“视频编辑”的水印对话框，对话框内的内容与图 4-2-2 所示基本相同，只是其内下边的参数设置栏有所更改，如图 4-2-5 所示（还没有进行设置）。

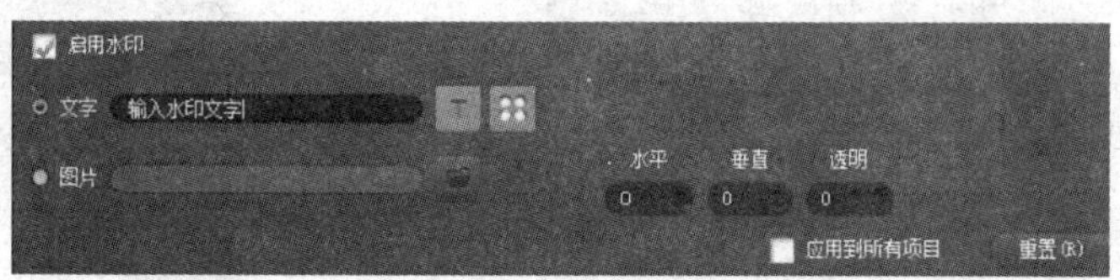

图 4-2-5　“视频编辑”的水印对话框

（2）选中“启用水印”复选框，单击“文字”单选按钮，在其右边的文本框内输入作为水印的文字，例如“鲜花和蜜蜂”。单击“补充背景色”按钮，弹出 Select Color（选择颜色）对话框，如图 4-2-3 所示，用来设置文字的颜色，例如设置为红色。再打开“字体”对话框设置字体，如图 4-2-6 所示。

（3）在“输出预览”显示框内拖动水印文字，可以调整它的位置，同时参数设置栏内“水平”和“垂直”文本框中的数值也随之变化，可以在这两个文本框内输入数值。

（4）将鼠标指针移到“透明”文本框内右上角，当出现一个黄色箭头按钮时，单击该按钮，使透明数据增加，如图 4-2-7（a）所示，使水印文字的透明度增加，如图 4-2-7（b）所示。

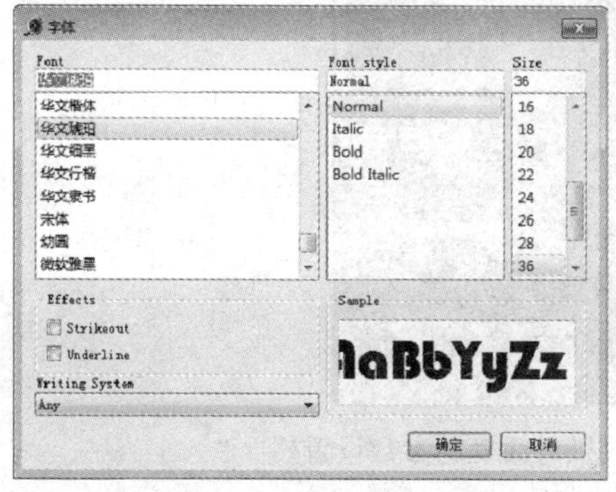

图 4-2-6　“字体”对话框

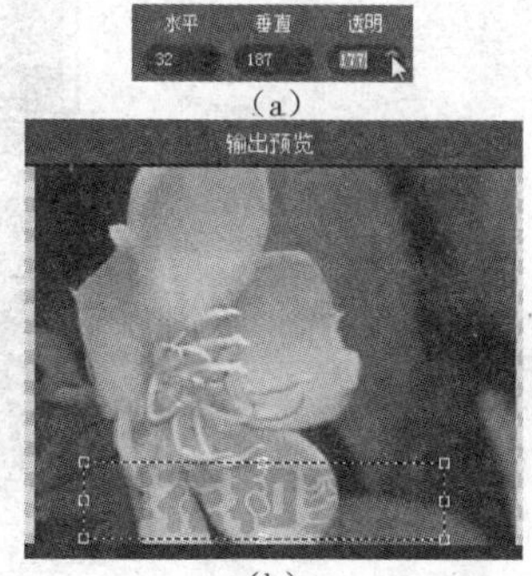

图 4-2-7　水印文字透明度的调整

（5）单击 “图片”单选按钮，如图 4-2-8 所示（还没有设置）。单击“打开图片”按钮，弹出“打开”对话框，利用该对话框选择一幅图片，例如“风景 2.jpg”，如图 4-2-9 所示。单击“打开”按钮，确定选中的图像为水印图像。

图 4-2-8 选中“图片”单选按钮

（6）在“输出预览”显示框内的“透明”文本框内调整它的数值，增加水印图片透明度，如图 4-2-10 所示。

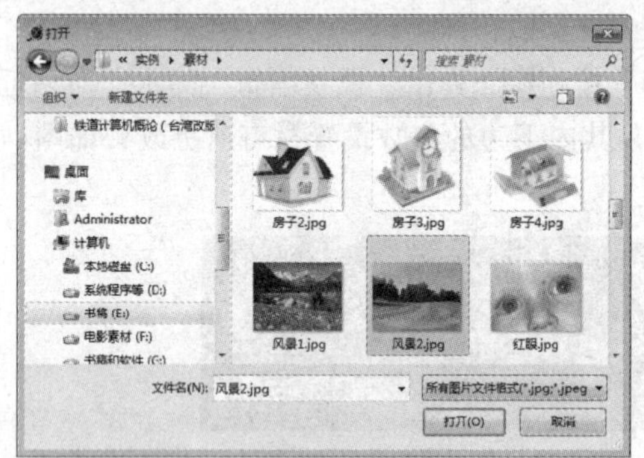

图 4-2-9 “打开”对话框

图 4-2-10 图像透明度调整效果

5. 视频效果处理

（1）单击 Bigasoft Total Video Converter 软件窗口内按钮栏中的“效果”按钮，弹出“视频编辑”的效果对话框，如图 4-2-11 所示（还没有设置）。单击“视频编辑”对话框内的“效果”按钮，也可以弹出“视频编辑”的效果对话框。

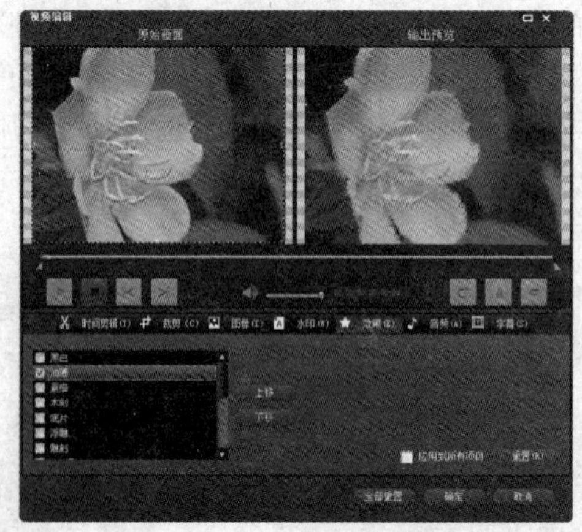

图 4-2-11 “视频编辑”的效果对话框的参数设置栏

（2）在列表框内可以选中一个或多个效果的复选框，例如，选中“油画”复选框，此时“输出预览”显示框内的图像具有油画效果，如图 4-2-11 所示。

（3）在选中列表框内多个效果后，单击一个选中的效果，单击“上移”或“下移”按钮，可以移动选中效果的上下位置，同时调整“输出预览”显示框内的图像。

6. 视频配音

（1）单击“视频编辑”对话框内的“音频”按钮，弹出“视频编辑”的音频对话框，对话框内容和图 4-2-2 所示的基本相同，只是其内下边的参数设置栏有所更改，如图 4-2-12 所示（还没有进行设置）。

（2）单击“添加音轨”按钮，弹出“选择音频文件”对话框，选中要添加的音乐文件，单击“打开”按钮，关闭该对话框，在“添加音轨”按钮下边的列表框内添加选中的音频文件，如图 4-2-12 所示。

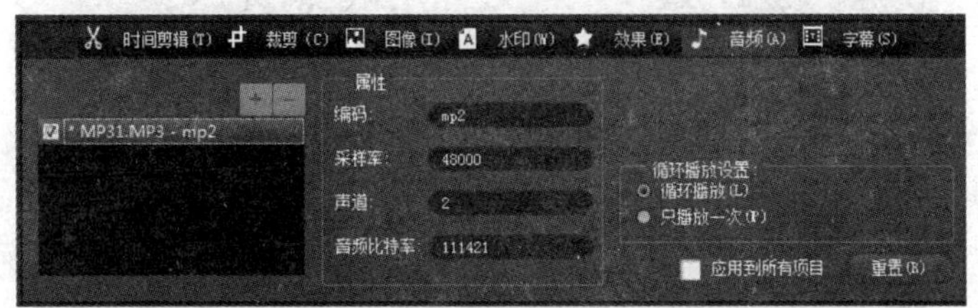

图 4-2-12 “视频编辑”的音频对话框

（3）在“属性”栏内显示添加的音频文件的属性参数值。在“循环播放设置”栏内有两个单选按钮，用来选择循环播放或只播放一次。

以后，在播放视频中，会同时播放添加的音频。

7. 视频合并

（1）在 Bigasoft Total Video Converter 软件窗口内，单击按钮栏内的“添加文件”按钮，弹出“添加文件”菜单，单击“添加文件”命令，弹出“载入文件”窗口，利用该对话框添加“鲜花.wav”和“雪.avi”两个视频文件到 Bigasoft Total Video Converter 软件窗口右边，如图 4-2-13 所示（只有上边两个视频文件转换为 MKV 时的视频文件名称）。

（2）单击 Bigasoft Total Video Converter 软件窗口内按钮栏中的“合并”按钮，右边会添加合并后的文件，如图 4-2-13 所示。

（3）单击“转换勾选项目”按钮，即可进行选中的视频文件的格式转换，同时进行视频文件的合并。单击“打开文件夹”按钮，即可看到转换与合并后的视频文件。

8. 视频添加字幕

（1）在 Bigasoft Total Video Converter 软件窗口内，单击按钮栏内的“添加文件”按钮，弹出“添加文件”菜单，单击该菜单内的“添加文件”命令，弹出“载入文件”窗口，利用该对话框添加“祖国山河.avi”视频文件到 Bigasoft Total Video Converter 软件窗口内右边。

（2）单击 Bigasoft Total Video Converter 软件窗口内的“效果”按钮，弹出“视频编辑”的效果对话框，单击该窗口内的“字幕”按钮，弹出“视频编辑”的字幕对话框，对话框内容和图 4-2-2 所示的基本相同，只是其内下边的参数设置栏有所更改，如图 4-2-14 所示（还没有进行设置）。

图 4-2-13 “Bigasoft Total Video Converter”软件窗口

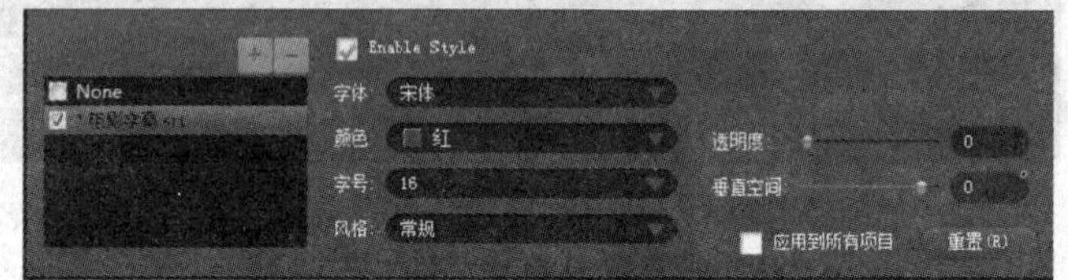

图 4-2-14 “视频编辑”的字幕对话框

（3）单击“添加字幕”按钮，弹出“选中字幕文件”对话框，选中要添加的字幕文件（扩展名为“.srt”、“.ssa”和“.ass”等），例如，“电影字幕.srt”字幕文件。单击“打开”按钮，关闭该对话框，在“添加字幕”按钮下边的列表框内添加选中的字幕文件，如图 4-2-14 所示。

（4）在“属性”栏内显示添加的字幕文件的属性参数值，选中 Enable Style（能够风格），其下边的下拉列表框变为有效，可用来设置字幕的风格。

（5）拖动“透明度”栏内的滑块，可以调整字幕文字的透明度。拖动“垂直空间”栏内的滑块，可以调整字幕文字的垂直位置。

（6）使用 Windows 的写字板软件可以打开、修改和制作字幕文件，例如，打开的“电影字幕.srt”字幕文件，如图 4-2-15 所示。

以后在播放视频中，会同时播放添加的字幕。

4.2.2 “视频编辑专家 8.0”软件编辑视频

“视频编辑专家 8.0”软件的“视频编辑工具”选项卡的功能包括视频编辑与转换、分割、截取、合并、配音配乐、字幕制作和截图，如图 4-2-16 所示。其中视频分割、截取和合并编辑和本章 3.3 节中介绍的音频分割、截取和合并编辑基本一样，读者可以参考第 3 章 3.3 节中介绍的内容进行操作。

1. 配乐配曲

（1）单击“视频编辑专家 8.0”软件内的“视频配音”按钮，弹出“视频配音”窗口“添加视频文件”选项卡，单击“添加”按钮，添加“殿堂.avi”视频文件，如图 4-2-17 所示。

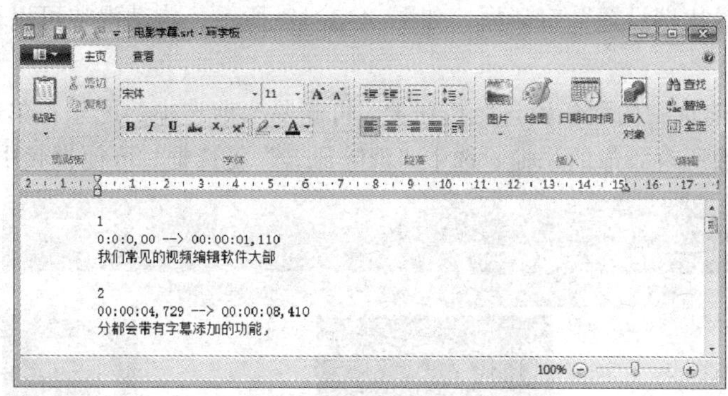

图 4-2-15　“电影字幕.srt”字幕文件

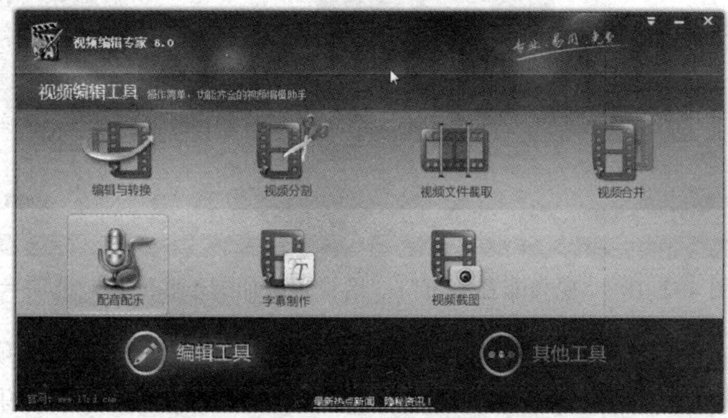

图 4-2-16　“视频编辑工具”选项卡

图 4-2-17　添加视频文件

（2）单击“下一步”按钮，切换到“视频配音”窗口的“给视频添加配乐和配置”选项卡。单击“新增配乐”按钮，弹出“打开”对话框，利用该对话框添加一个外部音乐文件，回到“视频配音”窗口，会看到“新增配乐”按钮之上新增一条棕色带，表示添加了音乐，如图 4-2-18 所示。

（3）单击“新增配乐”按钮，还可以在增添音乐的左边增添新音乐。单击“设置音量比例”按钮，弹出“音量比例设置”对话框，如图 4–2–19 所示，拖动滑块可以调整配乐和原声的音量比例。

单击“删除当前选中的配乐段落”按钮，可删除当前选中的配乐；单击“清空所有的段落”按钮，可删除所有添加的乐曲；选中“消除原音”复选框，可使视频中的原有声音消除。

图 4–2–18 “视频配音”窗口“给视频添加配乐和配音”选项卡

（4）单击“下一步”按钮，切换到“视频配音”窗口的“输出设置”选项卡。单击按钮，弹出“另存为”对话框，利用该对话框可以选择输出的目录和输出添加了音乐的视频文件名称。

在“目标格式”下拉列表中选中“使用其他的视频格式”选项后，“更改目标格式”按钮和“显示详细设置”复选框会变为有效，单击“更改目标格式”按钮，弹出“选择需要合并成的格式”对话框，如图 4–2–20 所示。利用该对话框可以设置配乐或配音后的视频文件的格式。

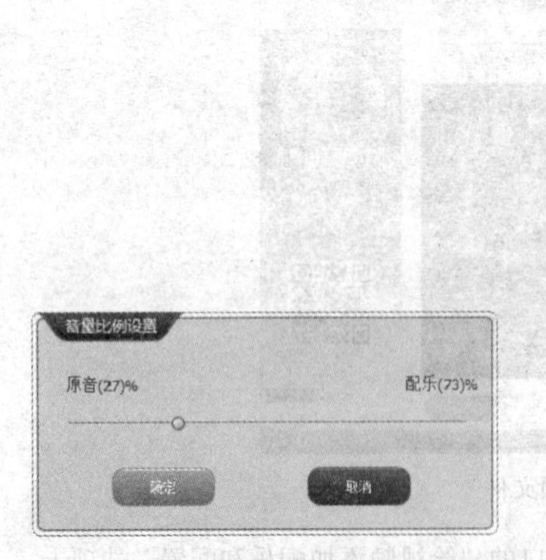

图 4–2–19 “音量比例设置”对话框

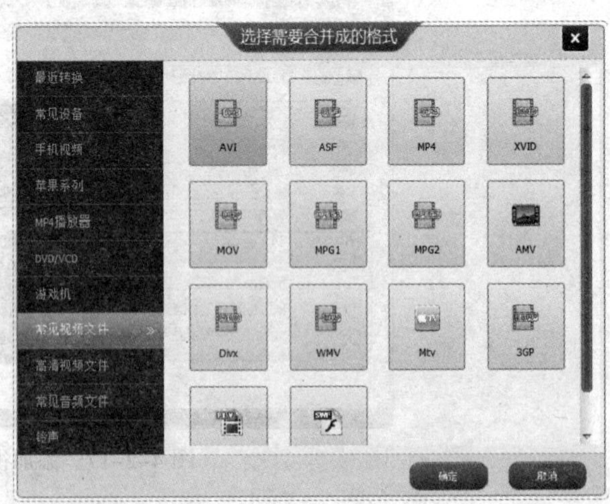

图 4–2–20 “选择需要合并成的格式”对话框

（5）选中“显示详细设置”复选框，其下边会显示用于设置视频和音频属性的下拉列表，并给出视频和音频的属性信息。此时的“视频配音”窗口“输出设置”选项卡如图 4–2–21 所示。

图 4-2-21　“输出设置”选项卡

（6）单击“下一步”按钮，可以切换到“视频配音”窗口的“进行配乐和配音”选项卡，显示截取进度，截取完成后，弹出“配乐和配音结果”提示框，单击“确定”按钮，关闭该提示框。“视频配音”窗口“进行配乐和配音”选项卡如图 4-2-22 所示。此时已经将配乐或配音后的视频文件以给定的文件名称保存在指定的路径下。

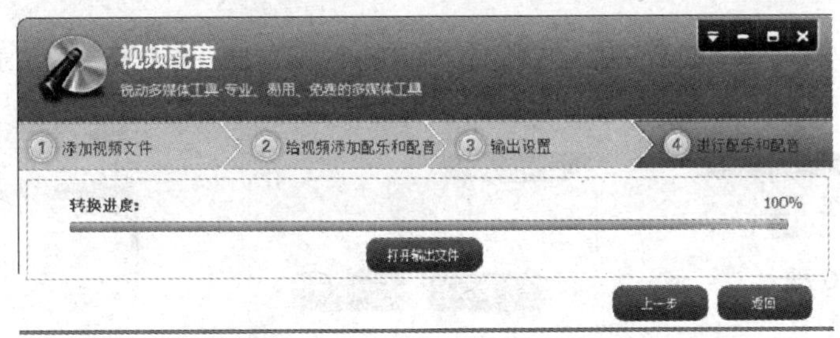

图 4-2-22　“进行配乐和配音”选项卡

（7）在图 4-2-18 所示“视频配音”窗口“给视频添加配乐和配音”选项卡内，单击“配音”标签，切换到“配音”选项卡，如图 4-2-23 所示（还没有进行录音）。

（8）单击“高级设置”按钮，弹出“录音设置”面板，如图 4-2-24 所示，利用该面板可以测试话筒录音的效果。单击该对话框内的“测试”按钮，即刻开始对着话筒录制声音，“录音设置”面板内会显示相应的波形，如图 4-2-25 所示。

单击“立即回放”按钮，可以播放录音效果，此时的“录音设置”面板如图 4-2-26 所示，根据播放的录音效果，决定录音的大小等。单击“停止回放”按钮，可以停止录音的播放。单击该面板上的“关闭”按钮，可以关闭“录音设置”面板。

（9）单击“快捷键设置”超链接，弹出“录音快捷键”对话框，如图 4-2-27 所示，单击“录音快捷键”下拉按钮，弹出它的列表，如图 4-2-28 所示，可以选择一种快捷键。

（10）单击“新配音”按钮或按快捷键（如【F3】），即刻开始播放视频，同时可以通过话筒给视频配音。同时，红色播放指针从左向右移动，红色播放指针左边变为蓝色，表示配音的进度，而且“新配音”按钮变为“停止录制”按钮，单击该按钮，可以终止配音。

图 4-2-23 “进行配乐和配音”选项卡

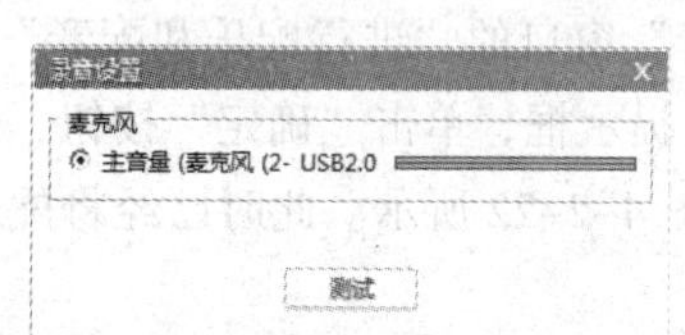

图 4-2-24 “录音设置”面板

图 4-2-25 正在录音的“录音设置”面板

图 4-2-26 回放录音

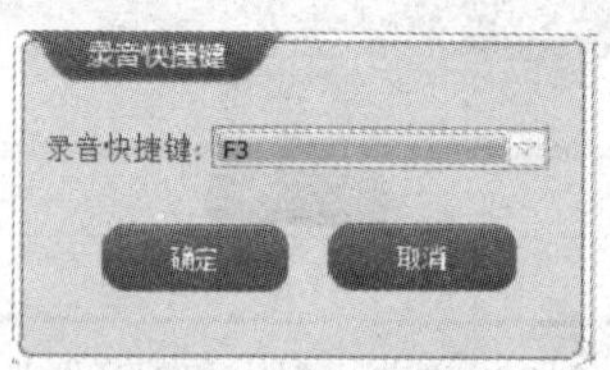

图 4-2-27 “录音快捷键”对话框

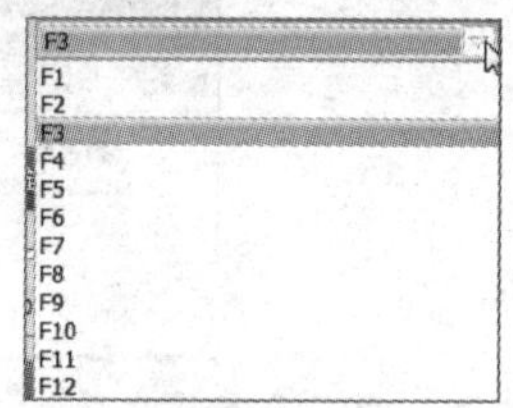

图 4-2-28 下拉列表框

2．字幕制作

（1）单击“视频编辑专家 8.0”软件内的“字幕制作”按钮，弹出“字幕制作”窗口，单击“添加视频”按钮，添加“圣诞老人.avi”视频文件，选中“自定义位置”和“字体设置应用到所有行”复选框，如图 4-2-29 所示。

（2）单击视频播放器内的“播放”按钮▶，播放视频，同时记下需要添加新的字幕文字的时间。单击“停止”按钮■，停止播放视频，播放滑块移到最左边。

（3）单击“新增行”按钮，在“字幕”列表框内第 1 行显示序号 1，开始时间为“00：00：00，000”，结束时间为“00：00：00，000”。再在下边的“结束时间”数字框内修改时间为“00：00：05，000”，同时“字幕”列表框内第 1 行显示的结束时间也随之变化。

（4）在“字幕内容”文本框内输入文字，例如输入“圣诞老人背着礼物来了。”，再单击“新增行”按钮，在“字幕”列表框内第 1 行右边显示“圣诞老人背着礼物来了。”文字，在“字幕”列表框内第 1 行显示序号 2，开始时间为“00：00：00，000”，结束时间为“00：00：00，000”。

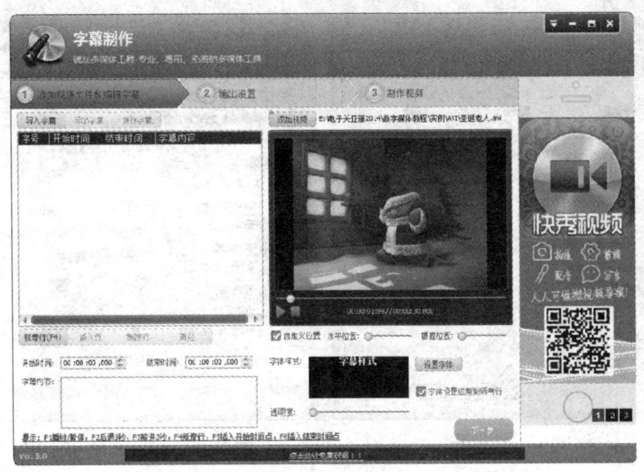

图 4-2-29　“字幕制作”窗口

（5）按照上述方法，继续输入 5 行字幕文字并设置它们出现的时间，此时的“字幕制作”窗口中的“字幕”列表框等主要内容如图 4-2-30 所示。然后，单击“停止”按钮■，在视频播放器视图内显示两条绿色直线，以及字幕文字，如图 4-2-31 所示。拖动绿色直线可以调整字幕文字的位置；拖动“水平位置”和“垂直位置”栏内的滑块，也可以调整字幕文字的位置。在“透明度”栏拖动滑块，可以改变字幕文字的透明度。

图 4-2-30　“字幕”列表框

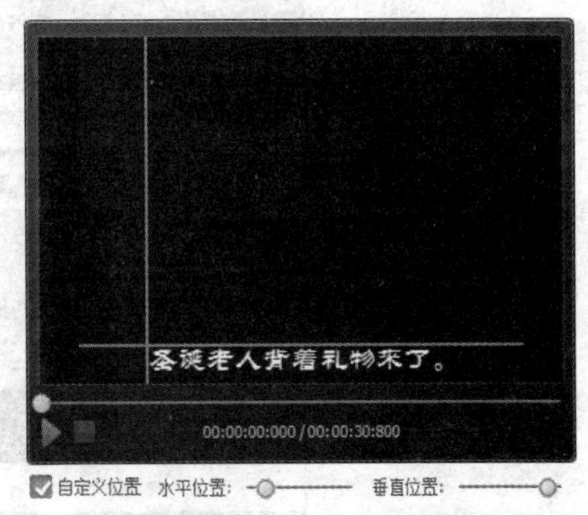

图 4-2-31　视频播放器视图

（6）单击“导出字幕”按钮，弹出“另存为”对话框，选择要保存字幕文件的文件夹，在“文件名”文本框内输入字幕名称，例如输入“圣诞老人 2.srt”，如图 4-2-32 所示。再单击“保存”按钮，即可将字幕以名称“圣诞老人 2.srt”保存。

如果修改了字幕，可以单击“保存字幕”按钮，可以将修改的字幕保存，替换原来的字幕文件。如果是第 1 次单击“保存字幕”按钮，也可弹出“另存为”对话框。

单击“导入字幕”按钮，弹出“请添加字幕文件”对话框，选择保存字幕文件的文件夹，选中要导入的字幕文件，如图 4–2–33 所示。单击“打开”按钮，即可将字幕文件中的内容导入到“字幕”列表框中。

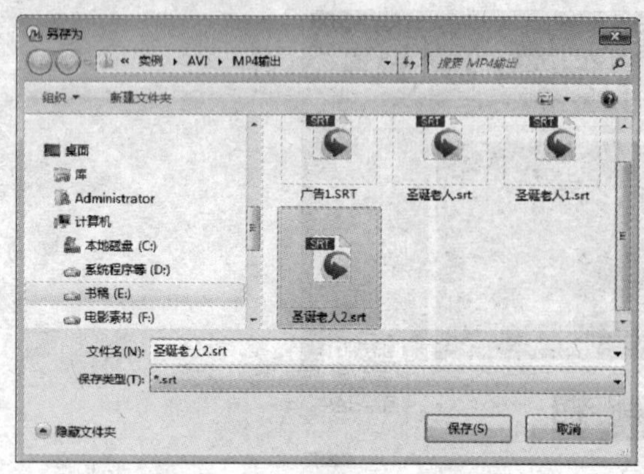

图 4–2–32 “另存为”对话框

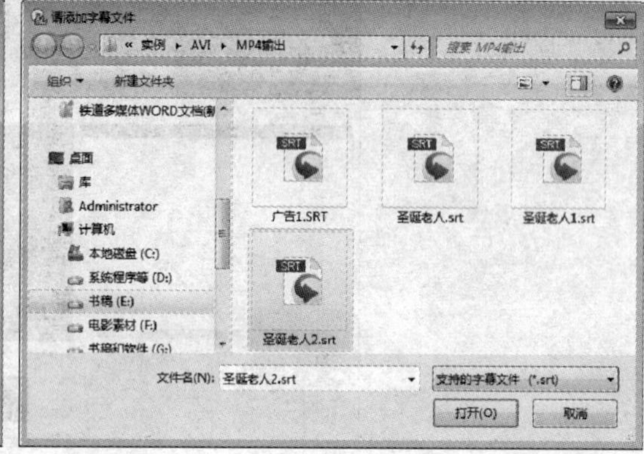

图 4–2–33 “请添加字幕文件”对话框

3．视频截图

（1）单击“视频编辑专家 8.0”软件内的“视频截图”按钮，弹出“视频截图”窗口，单击“加载”按钮，弹出“打开”对话框，选择保存视频文件的文件夹，选中添加“鸽子.AVI”视频文件，单击“打开”按钮，打开选中的视频文件，关闭该对话框。

（2）单击“输出目录”栏内的按钮，弹出“浏览计算机”对话框，利用该对话框可以选择输出截图图像的目录，单击“确定”按钮，关闭该对话框。此时的“视频截图”窗口如图 4–2–34 所示。

图 4–2–34 “视频截图”窗口

（3）在“视频截图”窗口内，中间是视频播放器，其内“当前时间点”数字框中给出“当前时间点”滑块指示的时间。

（4）在左边“截图模式”下拉列表中有“剧情连拍”和“自定义时间点”选项。如果在“截图模式”下拉列表中选中“剧情连拍”选项，则“时间间隔”下拉列表有效，用来确定视频播放后间隔多少时间进行视频画面图像的截图。

（5）如果在“截图模式”下拉列表中选中“自定义时间点”选项，则“时间间隔”下拉列表变为无效，在视频播放器内水平线下边会显示 4 个按钮。

（6）拖动水平线上边的滑块，参看“当前时间点”数字框内的数值，将滑块移到要截图的位置。单击“设置截图时间点”按钮，即可在滑块指示的位置，水平线下边创建一个滑块，指示新创建的设置截图时间点的位置。

在按照上述方法，将水平线上边的滑块拖动到第 2 个要截图的位置，单击“设置截图时间点”按钮，即可在滑块指示的水平线下边位置创建一个滑块，指示新创建的设置截图时间点的位置。接着再创建其他截图时间点，如图 4-2-35 所示。

图 4-2-35　在视频播放器内的水平线处设置图像截图点

（7）单击“删除截图时间点”按钮，即可将蓝色滑块删除，将指示的当前截图时间点删除。单击“上一个截图时间点”按钮，即可将滑块移到左边的截图时间点处，使该滑块变为蓝色，成为当前截图时间点。单击“下一个截图时间点”按钮，即可将滑块移到右边的截图时间点处，使该滑块变为蓝色，成为当前截图时间点。

思考与练习

1. 使用“光盘刻录大师 8.1”软件将 3 个 MP4 格式的视频文件转换为名字相同的 RMVB 格式的视频文件。

2. 使用 Bigasoft Total Video Converter 软件将 3 个 MP4 格式的视频文件转换为名字相同的 RMVB 格式的视频文件。再转换为可以在手机中播放的视频文件。

3. 使用“格式工厂”软件将 2 个 AVI 格式的视频文件转换为名字相同的 RMVB 格式的视频文件，以及名字相同的 MP4 格式的视频文件

4. 使用 Bigasoft Total Video Converter 软件给一个视频文件的画面添加文字水印。

5. 使用“视频编辑专家 8.0”软件给一个视频文件配乐和添加字幕。

第 5 章 图片的简单加工编辑

本章主要介绍一些图像浏览和简单编辑软件的使用方法，这类软件种类很多，例如美图秀秀、光影魔术手、可牛影像、ArcSoft Portrait+等，都是中文或汉化软件。本章介绍美图秀秀和光影魔术手两款国产软件，它们的操作都比较简单，而且是免费软件，适合的操作系统有Windows XP/2003/7/8 等。

5.1 “美图秀秀”软件

“美图秀秀”软件是一款国产免费图像浏览和处理软件，该软件的界面直观、操作简单，每个人都可以轻松上手。“美图秀秀”软件具有美化图片、人像美容、图像特效、智能边框、添加饰品、添加特效文字、抠图、拼图、批量处理、魔术场景、摇头娃娃等功能，每天更新的精选素材，可以帮助用户在短时间内做出影楼级照片。另外，“美图秀秀”软件还能制作非主流闪图、非主流图片、QQ 表情、QQ 头像、QQ 空间图片等。它已经通过 360 安全认证，中国优秀软件审核，在各大软件网站公布的图片类软件中高居榜首。

5.1.1 工作界面和基本操作

1. 工作界面

运行“美图秀秀”软件后显示的“美图秀秀”软件工作界面如图 5-1-1 所示。它主要由标题栏、标签栏、工具栏、中间的“常用功能”四个大按钮、快捷按钮栏、右边的“推荐功能”栏和“猜你喜欢”栏等组成。

图 5-1-1 “美图秀秀”软件工作界面

（1）标题栏：其内左边是“美图秀秀 4.0.1”标题，右边是窗口控制按钮，它们之间有“登录”“提意见”和“菜单”3 个按钮，按钮的作用将在后面陆续介绍。

窗口控制按钮从左到右分别为“最小化”按钮、“最大化”按钮和“关闭”按钮。单击“最小化”按钮，窗口会缩小成 Windows 任务栏上的一个按钮；单击“最大化”按钮，窗口会放大到整个屏幕，此时按钮变成“还原”按钮；单击该按钮，窗口会变回原来的大小，此时按钮也会变成“最大化”按钮；单击“关闭”按钮，窗口会被关闭。

单击标题栏内的“登录”按钮，弹出“登录”面板，如图 5-1-2 所示。如果没有注册美图账号，可单击“注册账号”超链接，弹出“注册美图账号”面板，利用它可以注册美图账号。在“登录”面板内输入账号和密码后，单击“登录”按钮，可登录美图秀秀网站。

如果要登录 QQ、新浪微波，可以单击“QQ”和“新浪微波”按钮。例如，单击“QQ”按钮，弹出“QQ 授权”面板，如图 5-1-3 所示，利用该面板可以登录 QQ。

图 5-1-2 “登录”面板

图 5-1-3 “QQ 授权”面板

（2）标签栏和工具栏：标签栏内有“首页”、“美化”等 9 个标签，单击这些标签，会切换到不同的选项卡。工具栏内有“打开”“新建”和“保存与分享”3 个按钮。单击其内的按钮，可进行相应的功能操作，完成相应的图片处理。

（3）“推荐功能”栏和“猜你喜欢”栏：“推荐功能”栏内推荐了经典应用，单击其内的按钮，会切换到相应的选项卡。单击“猜你喜欢”栏内的按钮，可切换到相应的网页。

（4）“欢迎首页”按钮组：单击其内的“美化图片”按钮也可以切换到“美化”选项卡，单击“人像美容”按钮也可以切换到“美容”选项卡，单击“拼图”按钮也可以切换到“拼图”选项卡；单击“批量处理”按钮，如果安装了“美图秀秀批处理”软件，会弹出“美图秀秀批处理”软件的工作界面。

（5）快捷工具栏：单击其内的“欢迎首页”按钮，可以切换到“首页”选项卡的“欢迎首页”按钮组，如图 5-1-1 所示，它和单击“首页”标签的作用一样；单击其内的“新手帮助”按钮，弹出“新手帮助”按钮组，如图 5-1-4 所示；单击其内的“关注我们”按钮，弹出“关注我们”按钮组，如图 5-1-5 所示。

单击“新手帮助”按钮组内的一个按钮，调出“美图秀秀官方网站”网页内的“软件教程”网页的相应内容，提供有关的帮助信息。单击“关注我们”按钮组内的一个按钮，可以调出相应的网页。

（6）分享图片栏：其内有 3 个按钮，将鼠标指针移到按钮之上，会显示该按钮的作用。单击按钮后，可以将当前加工后的图片上传到相应的网站。如果还没有注册，可以先进行注册。

图 5-1-4 “新手帮助”按钮组

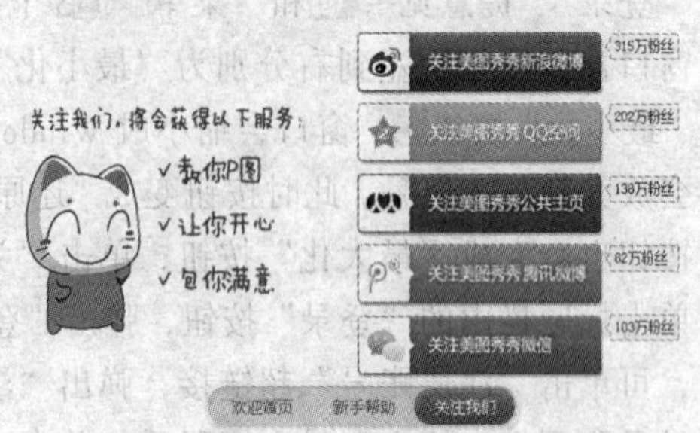

图 5-1-5 “关注我们”面板

例如，单击按钮，弹出“上传到 QQ 空间”面板，如图 5-1-6 所示（已经注册 QQ 成功），在“选择相册”下拉列表中选择一个 QQ 空间内的相册名称，如果需要新建一个相册，则可以单击“新建相册”按钮，弹出“发送到 QQ 空间”对话框，如图 5-1-7 所示，利用该对话框可以创建一个新相册；在“图片名称”文本框内输入保存在 QQ 空间内的图片名称，在“图片描述”文本框内输入该图片的文字描述。最后，单击“上传”按钮，可以将当前加工后的图片上传到 QQ 空间内指定的相册内。

图 5-1-6 “上传到 QQ 空间”面板

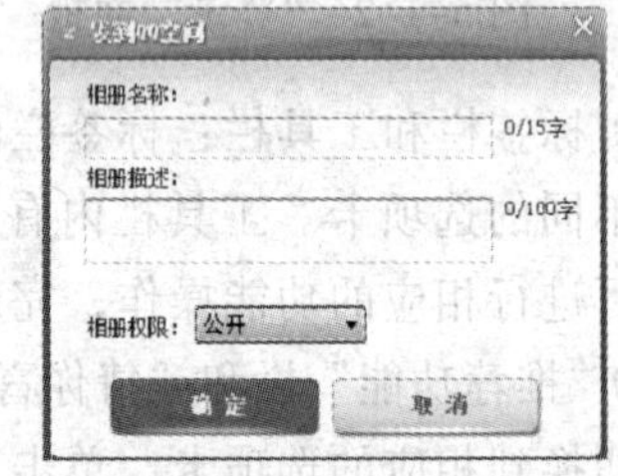

图 5-1-7 “发送到 QQ 空间”对话框

2. 基本操作

（1）打开一张图片：单击工具栏内的“打开”按钮，弹出“打开一张图片”对话框，如图 5-1-8 所示。选中一幅图片文件，单击“打开”按钮，可打开选中的图片。

（2）新建画布：单击工具栏内的“新建”按钮，弹出“新建图片”对话框，如图 5-1-9 所示。

在“宽度”和“高度”文本框内分别输入新建画布的宽度和高度，单位是像素。选中“背景色”栏内的“白色”选项，可设置画布颜色为白色；选中“透明”选项，可设置画布颜色为透明；选中“自定颜色”选项，弹出 Windows 的“颜色”对话框，如图 5-1-10 所示。利用该对话框可以选中一种颜色，单击“确定”按钮，可以设置画布颜色为一种选中的颜色。在选中一种画布颜色后，单击“应用”按钮，即可新建一个画布，同时切换到“美化”选项卡。

（3）保存与分享：打开一张图片后，进行加工处理，然后单击工具栏内的“保存与分享”按钮，弹出“保存与分享”对话框，如图 5-1-11 所示。

图 5-1-8　“打开一张图片”对话框

图 5-1-9　“新建画布”对话框

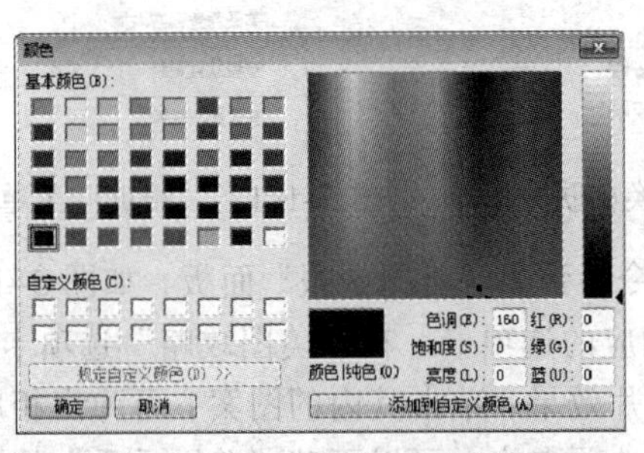
图 5-1-10　“颜色”对话框

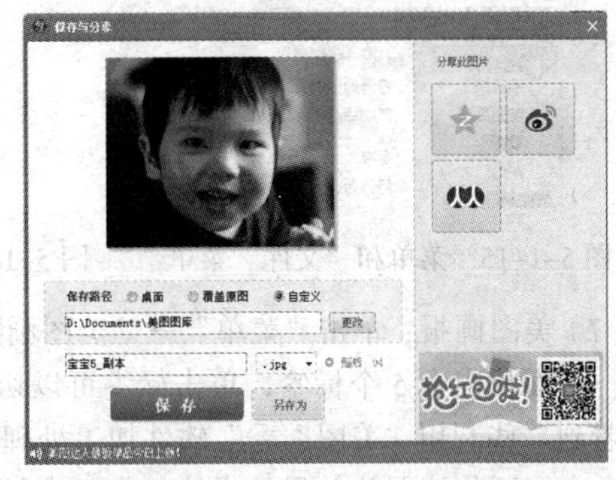
图 5-1-11　“保存与分享”对话框

在“保存路径”栏内选择保存的位置，单击“更改”按钮，弹出“浏览计算机”对话框，如图 5-1-12 所示。利用该对话框可以选择要保存加工处理后图片的文件夹。在文本框内输入图片名称，在其右边的下拉列表内选择一种图片格式。单击“画质”按钮，弹出“图片大小”面板，如图 5-1-13 所示，拖动滑块，可以调整图片文件的大小，图片文件越大，画质越差。

完成上述设置后，单击“保存”按钮，可以将当前图片保存到指定的文件夹内。单击“另存为”按钮，弹出“图片另存为”对话框，利用该对话框可以选择保存图片的文件夹，输入图片名称，单击“保存”按钮，可将当前图片以给定的名称保存在选择的文件夹内，如图 5-1-4 所示。

图 5-1-12　“浏览计算机”对话框

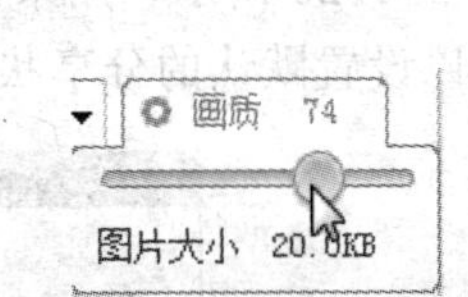

图 5-1-13　画质调整

图 5-1-14　“图片另存为”对话框

在图 5-1-11 所示“保存与分享”对话框内右边的“分享此图片”栏内单击其中的一个按钮，也可以单击分享图片栏内 3 个按钮中的一个按钮，将当前加工后的图片上传到相应的网站。

（4）菜单：单击“菜单”按钮，弹出“菜单”菜单，如图 5-1-15 左图所示。单击其内的“文件”命令，弹出它的“文件”菜单，如图 5-1-15 右图所示。单击“文件”菜单内的命令，可以打开一张图片、打开最近打开的图片、关闭图片、保存和另存为图片文件。

（5）更换皮肤：单击“菜单”→“换皮肤”命令，弹出“换皮肤”菜单，如图 5-1-16 所示。单击该菜单内的“粉色皮肤”命令，会使工作界面的框架颜色为粉色；单击该菜单内的“默认皮肤”命令，会使工作界面的框架颜色为默认颜色（蓝色）。

（6）帮助：单击“菜单”菜单中的“帮助”命令，弹出“帮助”菜单，如图 5-1-17 所示。单击其内的命令，可以弹出相应的网站，检查软件是否需要更新版本等。

图 5-1-15　菜单和“文件”菜单　　图 5-1-16　“换皮肤”菜单　　图 5-1-17　“帮助”菜单

（7）美图画报：单击“菜单”→“美图画报”命令，弹出“美图画报”面板，如图 5-1-18 所示。该面板内有 5 个标签，单击标签可以切换到相应的选项卡。在“美图攻略”选项卡内，可以看到一些利用“美图秀秀”软件加工处理后的图片效果，单击其内的图案，可弹出相应的网站，介绍制作该图片效果的方法。在“素材快报”选项卡内，可以下载“美图秀秀”软件提供的最新素材。

图 5-1-18　“美图画报”面板

（8）设置：单击“菜单”→“设置”命令，弹出“设置”对话框的“保存设置”选项卡，如图 5-1-19 所示，用来设置默认的画质，保存图片的默认路径。单击左边栏内的“打开设置”选项，切换到“打开设置”选项卡，如图 5-1-20 所示，用来设置打开图片和启动美图画报时的状态。切换到“分享设置”选项卡，可以设置默认的分享状态。

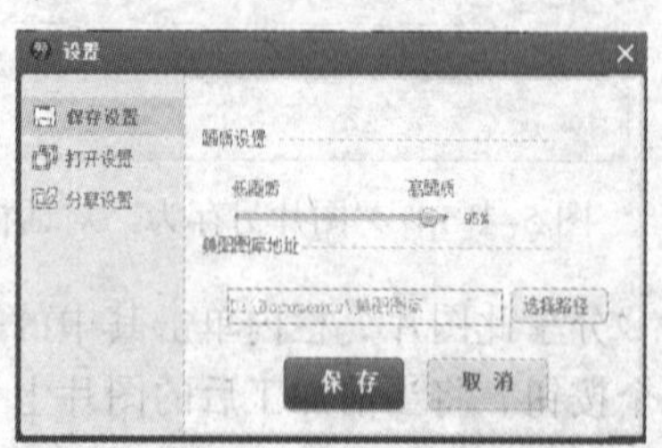

图 5-1-19　“设置”对话框

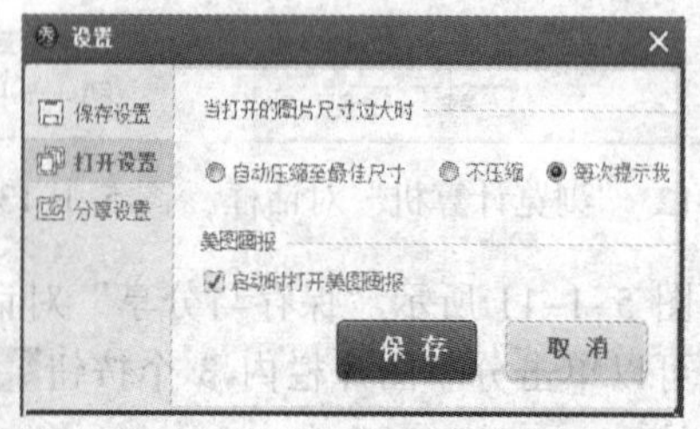

图 5-1-20　“打开设置”对话框

3. 图片大小、角度调整和剪裁

单击“首页”、“美化”等标签（不包括“更多功能”标签），切换到相应的选项卡，这些选项卡内的上边都有一个常用工具栏，如图 5-1-21 所示。在选项卡内的右下方都有一个预览工具栏，如图 5-1-22 所示。

1:1原大　撤销　重做　原图　旋转　裁剪　尺寸

图 5-1-21　常用工具栏

240 × 159　EXIF　对比　预览

图 5-1-22　预览工具栏

这两个工具栏内工具的作用介绍如下：

（1）图片显示大小调整：将鼠标指针移到按钮之上，会显示该工具的名称——“缩小”，单击该按钮，可以缩小下边显示的图片（打开的被加工处理的图片）；将鼠标指针移到按钮之上，会显示该工具的名称——“放大”，单击该按钮，可以放大下边显示的图片；单击“1∶1原大”按钮，可以使下边显示的图片恢复原大小。拖动滑块，可以调整图片的显示大小。调整图片的显示大小，并没有实际改变图片的大小。

（2）图片大小调整：单击“尺寸”按钮，弹出“尺寸”对话框，如图 5-1-23 所示。利用该对话框可以调整图像的大小。

（3）图片剪裁：单击“裁剪”按钮，图像上添加一个矩形框，如图 5-1-24 所示。拖动矩形框四角的控制柄，可以调整矩形的大小和位置，即调整裁剪的画面。

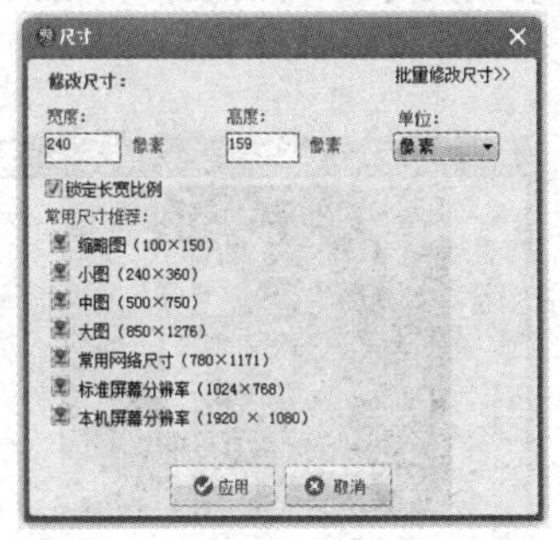

图 5-1-23　“尺寸”对话框

图 5-1-24　图片剪裁

单击“裁剪”按钮，即可将矩形框内的图像裁剪出来。单击“完成裁剪”按钮，即可完成图像的裁剪。单击“取消裁剪”按钮，即可取消图像的裁剪。单击“保存”按钮，弹出“保存与分享”对话框，利用该对话框可以将裁剪后的图像保存。

（4）图片旋转：单击“旋转”按钮，弹出“旋转”对话框的“旋转”选项卡，如图 5-1-25 所示。

图 5-1-25　“旋转”选项卡

单击“向左旋转”按钮，可以将当前图片逆时针旋转 90 度；单击“向右旋转”按钮，可以将当前图片顺时针旋转 90 度；单击“左右翻转”按钮，可以使图片水平翻转；单击“上下翻转”按钮，可以使图片垂直翻转。拖动“任意旋转”栏内的滑块，可以将当前图片旋转任意角度。如果单击按下“全图显示”按钮，可以在旋转图片中自动调整画布，保证图片的完整显示。如果单击按下“自动裁剪”按钮，可以在旋转图片中自动裁剪画布大小，保证图片呈矩形。单击“完成旋转”按钮，可以完成图片的旋转。

（5）撤销和重做：单击“撤销”按钮，可以撤销刚刚进行的操作。单击“重做”按钮，可以重复进行刚刚撤销的操作。

（6）原图：单击“原图”按钮，可以使图片还原为加工处理前的图片状态。

（7）查看参数：单击下边的按钮 EXIF▲，弹出一个面板，其内显示当前图片的参数。该按钮左边显示图片的尺寸，单位为像素。

（8）图片对比：单击下边的“对比”按钮 ◧，可以显示图片加工前后的对比，如图 5-1-26 所示。“对比方式”按钮组内的两个按钮用来切换对比方式。单击“保存对比图”按钮，弹出“保存与分享”对话框，利用该对话框可以将图 5-1-26 内所示图片加工前后的两幅图片以一幅图片形式保存。

（9）图片预览：单击下边的“浏览”按钮，弹出“图片预览”对话框，其内显示加工后的图片，如图 5-1-27 所示。单击“保存”按钮，弹出“保存与分享”对话框，利用该对话框可以将加工后的图片进行保存。

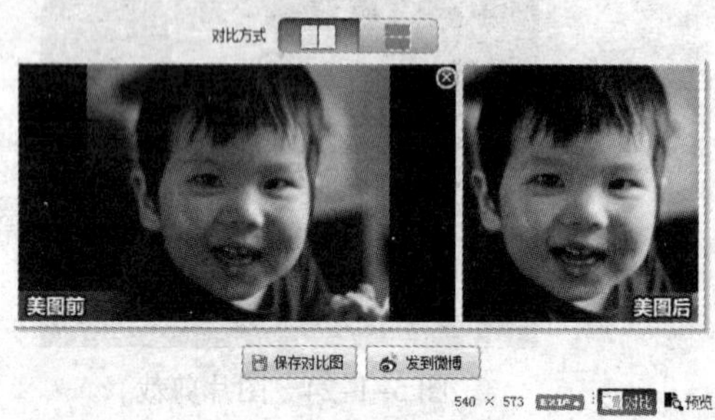

图 5-1-26 显示图片加工前后的对比

图 5-1-27 “图片预览”对话框

5.1.2 图片处理

1. 美化图片

打开一张图片，单击“美图秀秀”软件工作界面内的“美化”标签，切换到“美化”选项卡，如图 5-1-28 所示。左上边用来调整当前图片的亮度和色相等参数的 3 个选项卡，左上边是“各种画笔”栏，中间显示打开的图片，右边是“特效”栏。

利用“美化”选项卡美化图片的方法简介如下。

（1）获取帮助：在各选项卡左下边都有一个“××教程”按钮，单击该按钮，弹出“美图秀秀官方网站”网站的“软件教程”网页的相应内容。例如，在“美化图片”选项卡内有“美化教程”按钮，单击该按钮可弹出“软件教程”网页的相关内容。

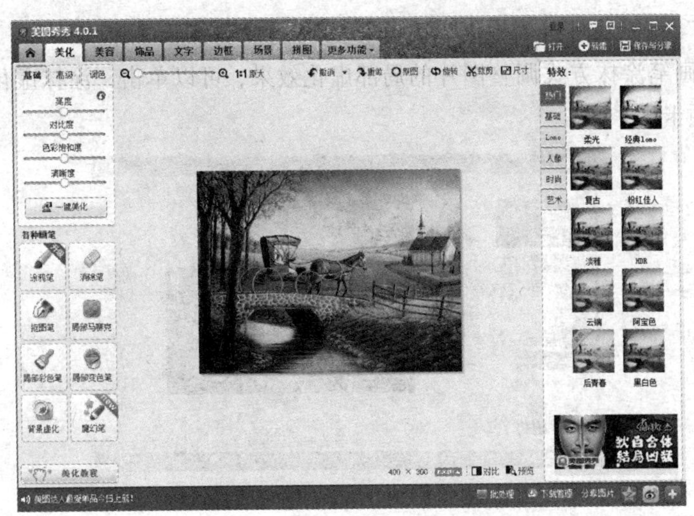

图 5-1-28　“美化”选项卡

（2）图片色彩调整：单击左上角的“基础”标签，切换到“基础”选项卡；单击左上角的“高级”标签，切换到“高级”选项卡；单击左上角的“调色”标签，切换到“调色”选项卡。这 3 个选项卡如图 5-1-29 所示。利用这 3 个选项卡可以调整当前图片的亮度、对比度、色彩饱和度、清晰度、智能补光和色相等参数。单击“一键美化”按钮，可以将当前图片进行自动美化调整。

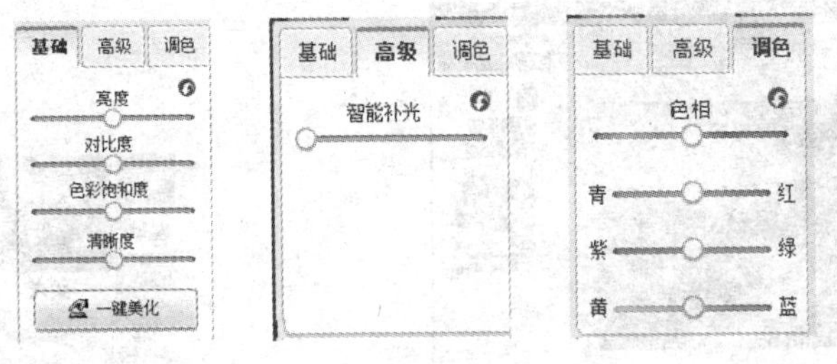

图 5-1-29　“基础”、“高级”和“调色”选项卡

（3）画笔的应用：在“各种画笔”栏内提供了几种画笔和“背景虚化”按钮。单击一种画笔按钮，弹出相应的画笔面板，利用该面板可进行相应的图片处理。

例如，打开一张图片，单击“消除笔”按钮，弹出“消除笔”面板，如图 5-1-30 所示。在该面板左上角给出操作方法的提示文字和动画。单击“消除笔教程”按钮，可以调出“软件教程”网页的“消除笔”工具使用方法的内容。拖动“画笔大小”栏内的滑块，调整画笔笔触大小。

然后，在当前图片内左上角的树枝图像处多次拖动，即可擦除树枝图像，利用它周围的蓝天白云图像替代。加工处理完图像后，单击“应用”按钮，关闭“清除笔”面板，回到图 5-1-28 所示的“美化”选项卡。

（4）背景虚化：单击“各种画笔”栏内的“背景虚化”按钮，弹出“背景虚化”面板，切换到“圆形虚化”选项卡，如图 5-1-31 所示。在“虚拟设置”栏内拖动滑块，调整焦点大小和渐变范围，同时观看中间的图片。调整好后，单击“应用”按钮，完成图片的圆形虚化调整，关闭“背景虚化”面板，回到“美化”选项卡。

如果要采用画笔涂抹方式调整图片的局部虚化效果，可以单击“涂抹虚化”标签，切换到“涂抹虚化”选项卡。

图 5-1-30 “消除笔”面板

（5）特效处理：在图 5-1-28 所示的“美化”选项卡右边的“特效”栏中，提供了很多特效按钮，它们按照类别分组在不同的选项卡中。单击标签，可以切换到不同的选项卡，单击选项卡内的一个按钮，即可弹出它的调整面板，拖动滑块，调整特效的程度，同时可以看到当前图片的调整效果。调整后单击该面板内的“确定”按钮。

例如，切换到“热门”选项卡，单击“柔光”按钮，弹出“柔光”面板，如图 5-1-32 所示。拖动滑块，调整“柔光”特效程度，单击“确定”按钮。

图 5-1-31 “圆形虚化”选项卡

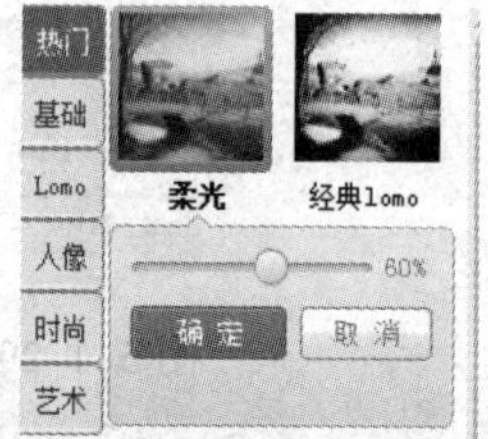

图 5-1-32 “柔光”面板

2. 人像美容

打开一张图片，单击“美图秀秀”软件工作界面内的“美容”标签，切换到“美容”选项卡，如图 5-1-33 左图所示。左边列表框内从上到下分为“智能美容”按钮、“美形”栏、“美肤”栏、“眼部”栏、“其他”栏和“美容教程”按钮。其中，“其他”栏和“美容教程”按钮如图 5-1-33 右图所示。“美容”选项卡中间是打开的一张人物图片。单击左边列表框内的按钮，会弹出相应的面板，用来给当前图片中的人物图像进行加工处理。

利用“美容”选项卡美化图片中的人物的方法简介如下。

（1）智能美容：单击“智能美容”按钮，弹出“智能美容”面板，其中左边栏内提供了一些工具按钮，如图 5-1-34 所示。单击这些按钮，即可给当前图片进行相应的智能美化处理。

单击一个按钮后，会弹出类似如图 5-1-32 所示的面板，拖动其内的滑块，可以调整图片的美化效果，同时可以看到当前图片的调整结果。调整完后，单击“确定”按钮，完成图片的智能美容调整，关闭“智能美容”面板，回到“美容”选项卡。

图 5-1-33　“美容”选项卡和“其他”栏　　图 5-1-34　工具按钮

（2）美形：单击“美形”栏内的“瘦脸瘦身”按钮，弹出“瘦脸瘦身”面板的“局部瘦身”选项卡，如图 5-1-35 所示。在左边工具栏内拖动滑块，调整瘦身笔大小和力度大小，然后在人物脸部向内拖动，可以达到瘦脸的效果，如图 5-1-35 所示。

单击左边栏内的“整体瘦身”标签，可以切换到“整体瘦身”选项卡，该选项卡内的工具栏如图 5-1-36 所示。利用该工具栏，采用相同的方法，可进行瘦身调整。

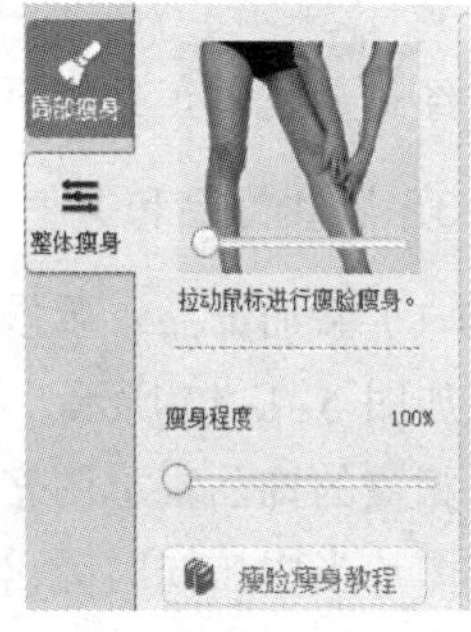

图 5-1-35　“瘦脸瘦身”面板“局部瘦身”选项卡　　图 5-1-36　“整体瘦身”选项卡

（3）美肤：“美肤”栏内有“皮肤美白”“祛痘祛斑”“磨皮”和“腮红笔”4 个按钮，单击其中一个按钮后，即可弹出相应的工具。例如，单击“皮肤美白”按钮，弹出“皮肤美白”工具栏的“整体美白”选项卡，如图 5-1-37 左图所示。拖动滑块，调整美白力度和肤色，同时观看图片中的颜色变化，直到满意为止。

单击“局部美白”标签，切换到“局部美白”选项卡，如图 5-1-37 右图所示。在“皮肤颜色”栏内选中一种颜色，再拖动滑块，调整美白笔大小。然后，在人的皮肤处拖动，调整皮肤的颜色。如果不小心将非皮肤处的颜色调白了，可以单击“橡皮擦”按钮，再在非皮肤处拖动，将它的颜色恢复为原来的颜色。

使用“美肤”栏内其他工具的使用方法基本和上述方法基本一样。

（4）眼部："眼部"栏内有"眼部放大""眼部饰品""睫毛膏""眼睛变色"和"消除黑眼圈"5个按钮，单击其中一个按钮后，即可弹出相应的工具。例如，单击"眼部放大"按钮，弹出"眼部放大"工具栏，如图5-1-38所示。拖动滑块，调整画笔大小和调整力度。然后，单击眼睛，可以多次单击，逐渐将眼睛调大。

单击"眼睛变色"按钮，弹出"眼睛变色"工具栏，如图5-1-39所示。拖动滑块，调整变色笔大小和透明度；单击"颜色"栏内的色块或颜色，单击眼睛，改变眼睛颜色。以后还可以单击"颜色"栏内的色块或颜色来改变眼睛的颜色。单击"橡皮擦"按钮，再在非眼睛处拖动或单击，可将眼睛的颜色恢复为原来的颜色。

（5）其他："其他"栏如图5-1-33右图所示。其内有"唇彩""消除红眼""染发"和"美容饰品"等4个工具。单击"染发"按钮，调出"染发"工具栏，它和图5-1-39所示的基本一样。使用时，首先调整变色笔大小和透明度，设置颜色，再在头发处拖动。

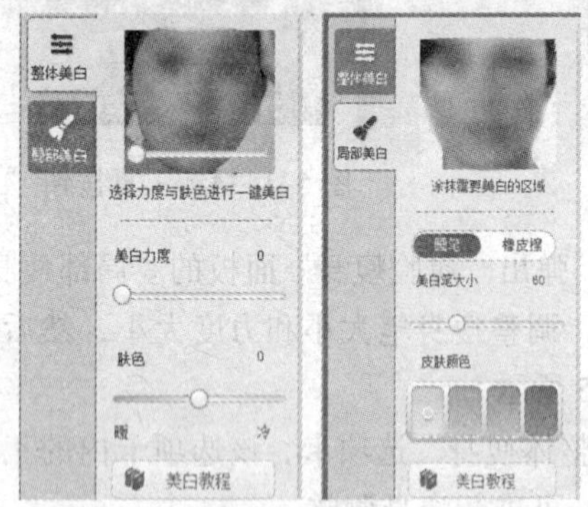

图5-1-37 "皮肤美白"工具栏

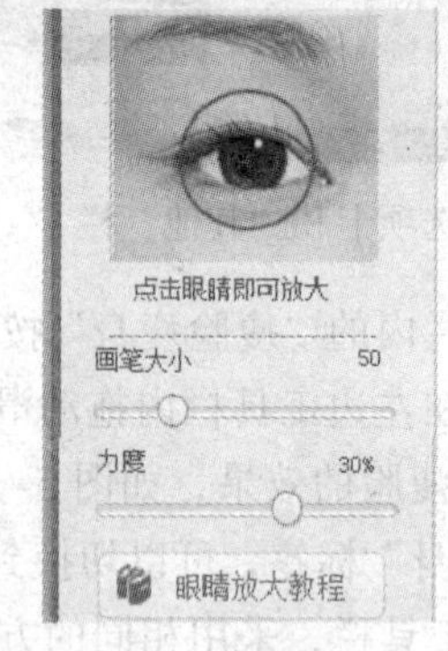

图5-1-38 "眼睛放大"栏

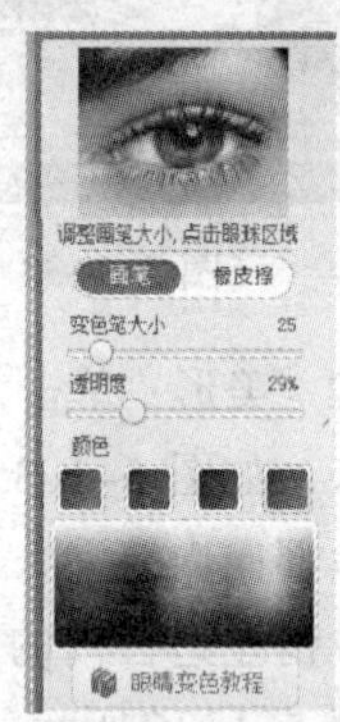

图5-1-39 "眼睛变色"栏

经过上述加工处理后的图片可参看图5-1-40。

3. 添加饰品和边框

（1）添加饰品：单击"美图秀秀"软件工作界面内的"饰品"标签，切换到"饰品"选项卡，如图5-1-40所示。选中左边列表框内的饰品类型选项，右边"在线素材"选项卡内即可显示相应的饰品素材图案，如图5-1-40所示。单击一种饰品素材图案，即可将该素材添加到当前图片当中，同时弹出它的"素材编辑框"面板，如图5-1-41所示。

拖动饰品可以调整它的位置，拖动素材矩形框四周的圆形控制柄，可以调整素材的大小拖动素材矩形框上边的圆形控制柄，可以调整素材的旋转角度。在素材的"素材编辑框"面板内拖动滑块，可以分别调整饰品素材的透明度、旋转角度和大小；单击按钮◀▶，可以使选中的素材水平翻转；单击按钮，可使选中的素材垂直翻转；单击按钮，可以复制一份选中的饰品素材；单击"删除本素材"按钮，可以将选中的饰品素材删除。

（2）添加边框：单击"边框"标签，切换到"边框"选项卡，如图5-1-42所示。

选中左边列表框内的边框类型选项，右边"在线素材"选项卡内即可显示相应的边框素材图案，如图5-1-42所示。单击一种边框素材图案，即可将该素材添加到当前图片当中。例如，选中左边列表框内的"轻松边框"选项，单击右边"在线素材"选项卡内第3行、第1列的图案，如图5-1-42所示。此时会切换到"边框"对话框，同时当前图片会添加上所选的边框，如图 5-1-43 所示。

图 5-1-40　“饰品”选项卡

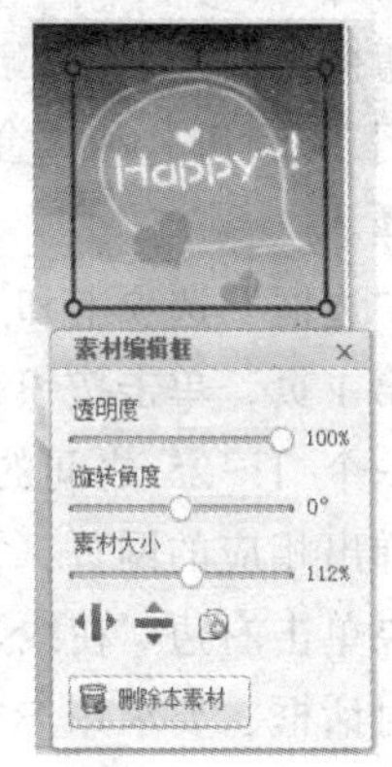

图 5-1-41　饰品和“素材编辑框”面板

图 5-1-42　“边框”选项卡

图 5-1-43　“边框”对话框

单击“确定”按钮，关闭“边框”对话框，回到“边框”选项卡。单击“复制图片”按钮，可以将加工后的图片复制到剪贴板内，然后在 QQ 聊天窗口内按【Ctrl+V】组合键，将剪贴板内的图片粘贴到 QQ 聊天窗口内。

如果选中左边列表框内的“动画边框”选项，则会自动切换到“场景”选项卡，并选中其内左边栏中的“动画场景”选项。

在右边栏内，单击“在线素材”标签，可切换到“在线素材”选项卡；单击“已下载”标签，可切换到“已下载”选项卡，其内有下载的一些场景图案。在“在线素材”选项卡内，单击“热门”“新鲜”和“会员独享”标签，可以切换到相应的选项卡，其内有不同的框架图案可供选择。

在“边框”选项卡和“边框”面板内右边栏下边的 1/21 ◀ ▶ 到□页 GO，表示框架图案有 21 页，目前是第 1 页，单击按钮▶，可以切换到下一页；单击按钮◀，可以切换到上一页；在文本框内输入一个 1～25 之间的数字，再单击按钮 GO，可切换到数字指示的页。单击“素材包”按钮，会弹出相应的网页，它提供了很多可以免费下载的素材。

如果单击右边“在线素材”选项卡内标有“会员”的边框图案，则会弹出一个“下载会员素材”对话框，要求用户登录美图秀秀，可以用 QQ 号等登录，可以注册美图秀秀会员账号，登录后才可以使用选中的边框素材。

4. 添加特效文字

单击“文字”标签，切换到“文字”选项卡，如图 5-1-44 所示。

“文字”选项卡内左边从上到下依次是“输入文字”按钮、“漫画文字”选项、“动画闪字”选项、“文字模板”列表框、“导入模板”按钮和“文字模板教程”按钮。

（1）添加特效文字：选中“漫画文字”选项、“动画闪字”选项或“文字模板”列表框内的选项，“文字”选项卡内右边“在线素材”选项卡内即可显示相应的文字素材图案，如图 5-1-44 所示。

单击“在线素材”选项卡内的一种文字素材图案，即可将该文字素材添加到当前图片当中。例如，选中左边列表框内的“文字模板”列表框中的“节日”选项，单击右边“在线素材”选项卡内的“母亲节快乐”文字图案，即可在当前图片上添加选中的“母亲节快乐”文字，如图 5-1-45 所示。同时还会弹出文字素材的“素材编辑框”面板，调整方法和前面所述完全相同。

图 5-1-44 “文字”选项卡

（2）导入文字模板：单击“文字”选项卡内左边栏中的“文字模板教程”按钮，弹出“导入文字模板”对话框，如图 5-1-46 所示。单击其内的一个单选按钮，单击“导入”按钮，弹出“打开”对话框，利用该对话框可以导入外部的文字图像。

图 5-1-45 添加特效文字

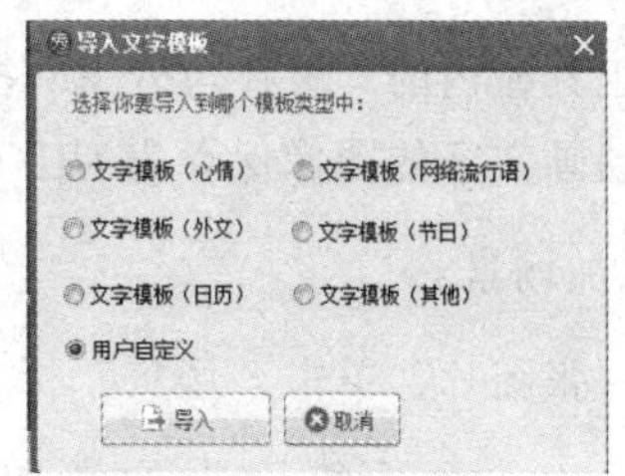

图 5-1-46 “导入文字模板”对话框

（3）输入文字：单击“文字”选项卡内左边栏内的“输入文字”按钮，弹出“文字编辑框”面板，如图 5-1-47 所示。单击其内的“高级设置”按钮，可收缩或展开下面的选项。

在上边的文本框内输入文字，例如输入“我的孩子，我想你!”，在“字体”下拉列表中选择一种字体，单击“字体”栏内的“本地”和“网络”按钮，可以切换字体的类型；在“样式”下拉列表内可以选择字体的样式；拖动滑块，可以调整文字的字号、旋转角度和透明度；在其下边栏内可以选择一种颜色，单击“更多”按钮，弹出“颜色”面板，如图 5-1-48 所示，单击其内的一种颜色，可以设置该种颜色为文字颜色。单击“删除本文字”按钮，可以删除选中的文字。

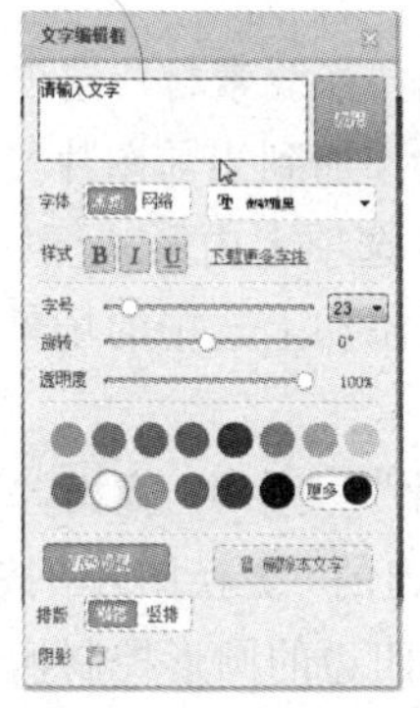

图 5-1-47 “文字编辑框”面板

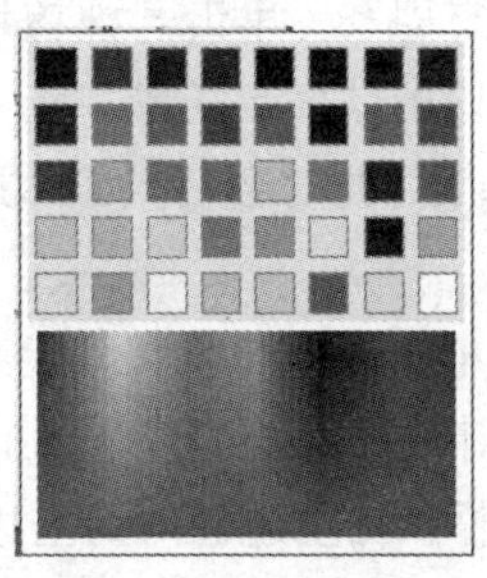

图 5-1-48 “颜色”面板

（4）动画闪字：单击“文字”选项卡内左边栏内的“动画闪字”按钮，弹出“动画闪字编辑框”面板，如图 5-1-49 所示。在其内文本框中输入文字，例如“你好!”。然后，设置文字的字体、文字颜色和闪动颜色，再设置文字旋转和文字大小。设置完后，单击画面，关闭“动画闪字编辑框”面板。此时的图片如图 5-1-50 所示。

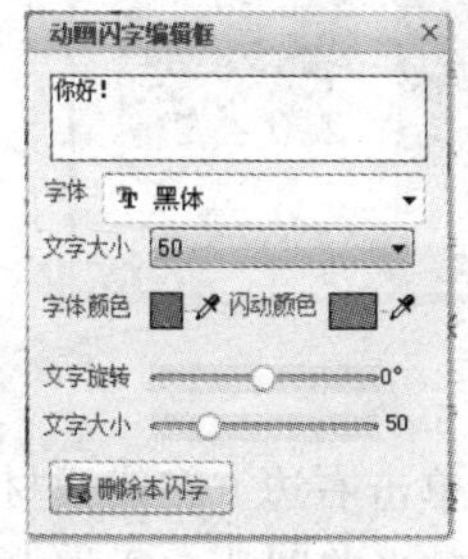

图 5-1-49 “动画闪字编辑框”面板

图 5-1-50 图片加工后的效果

单击工具栏内的“保存与分享”按钮，弹出“保存与分享”对话框，利用该对话框可以将添加了动画文字的图像保存为GIF格式的动画。

5．添加场景

打开一张图片，单击“场景”标签，切换到“场景”选项卡，如图5-1-51所示。

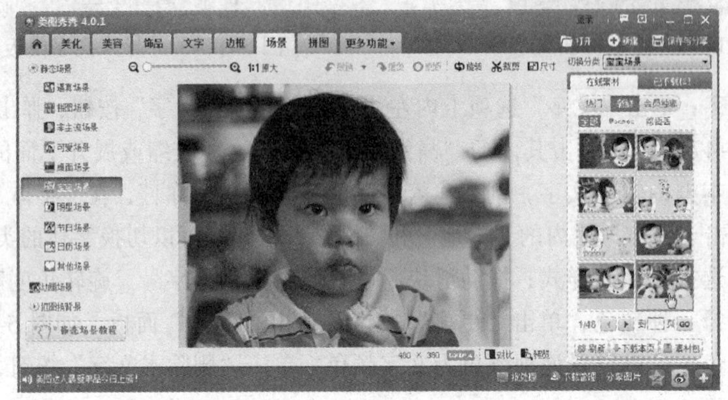

图5-1-51 “场景”选项卡

（1）静态场景：选中左边列表框内的场景类型选项，右边“在线素材”选项卡内即可显示相应的场景素材图案。单击一种场景素材图案，即可将该素材添加到当前图片当中。例如，选中左边列表框内的“宝宝场景”选项，单击右边“在线素材”选项卡内第4行、第2列图案，如图5-1-51所示。此时会切换到“场景”面板，同时当前图片会添加上选中的场景，如图5-1-52所示。

双击图片中嵌入的图像（其上有白色“双击此处替换照片”文字），弹出“打开图片”对话框，利用该对话框可以选择替换的照片。也可以单击左边栏内的“更换图片”按钮来打开“打开图片”对话框。在左边栏内的上边，可以拖动矩形框四角和四边的圆形控制柄来调整嵌入图像的显示部分。

图5-1-52 “场景”面板

（2）动画场景：选中左边列表框内的“动画场景”选项，单击右边“在线素材”选项卡内第1行、第1列的图案，此时会切换到“动画场景”面板，同时当前图片会添加上选中的动画场景，如图 5-1-53 所示。

拖动中间图片下方的滑块，可以调整动画的变化速度。单击图片上方的“编辑动画场景”按钮，切换到“编辑动画场景”状态，此时一个蓝色的矩形框选中了嵌入的图片，单击蓝色矩形框内部，会弹出“照片 1”面板，如图 5-1-54 所示。

在“照片 1”面板内显示框中，可以拖动矩形框和圆形控制柄，调整嵌入图片的显示部位和显示的大小。单击下边一行的 4 个按钮，分别可以水平翻转、垂直翻转、逆时针旋转和顺时针旋转图片。单击左边栏内的图片图案，也可以调出“照片 1”面板。双击左边栏内的图片图案，可弹出“打开图片”对话框，利用该对话框可以更换当前的图片。选中左边栏内的不同图片，可以快速更换图片中嵌入的图像内容。

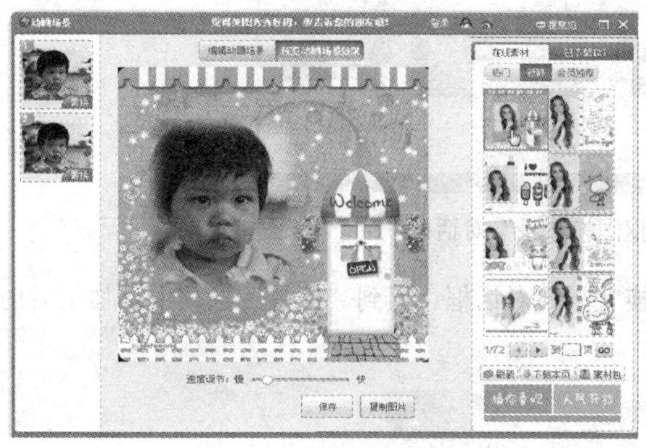

图 5-1-53　“动画场景”面板

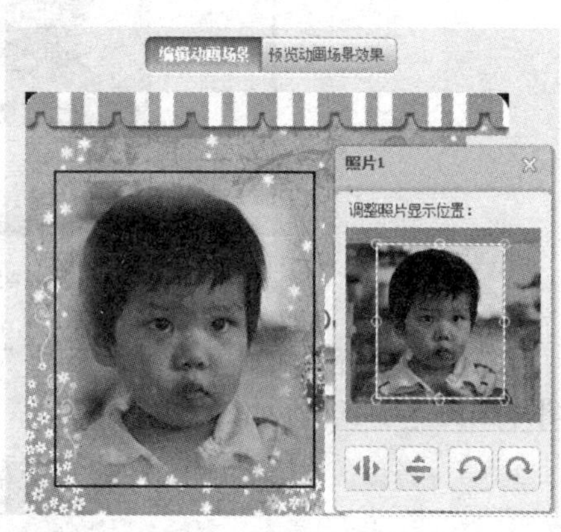

图 5-1-54　矩形框和“照片 1”面板

（3）抠图换背景：选中左边栏中的“抠图换背景”选项，会在图片中间显示“开始抠图”按钮，如图 5-1-55 所示。

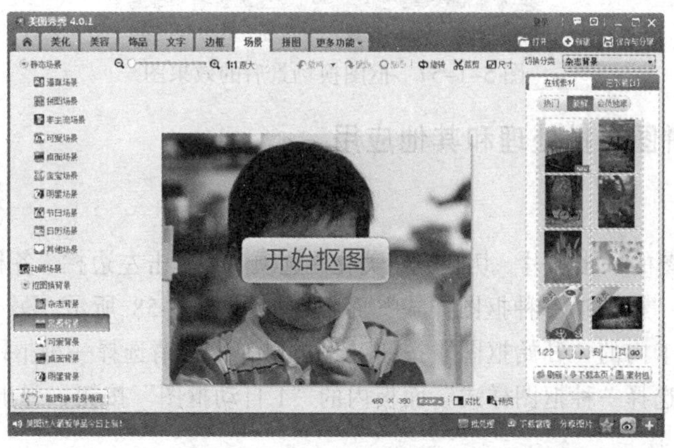

图 5-1-55　抠图状态

在“抠图换背景”选项下展开它的多种背景类型选项，选中左边栏中一个背景类型选项，例如“风景背景”选项，可以切换右边栏内的背景图案，单击右边栏内的第 3 行、第 2 列场景的图案，然后，单击“开始抠图”按钮，进入“抠图”状态，关于抠图的具体操作方法将在 5.1.3 节中介绍。

抠完图后，原来的图片已经被抠图后的图片替代，背景是前面选中的背景图片。选中抠出的无背景图片，弹出它的“前景 1”面板，调整该图片的大小和位置，也可以旋转它的角度，如图 5-1-56 所示。利用“前景 1”面板还可以调整图片的描边颜色，确定是否添加阴影，调整图片的透明度和羽化程度。

图 5-1-56 “抠图换背景”对话框

然后，单击“确定”按钮，关闭“抠图换背景”对话框，回到“场景”选项卡。加工后的图片如图 5-1-57 所示。

图 5-1-57 抠图换场景后的效果图

5.1.3 抠图、拼图、批处理和其他应用

1. 抠图

（1）打开有抠图的一张图片，切换到“美化”选项卡，单击左边栏“各种画笔”栏中的“抠图笔”按钮，弹出“请选择一种抠图样式”面板，如图 5-1-58 所示。另外，单击图 5-1-55 所示“场景”选项卡内的“开始抠图”按钮，也可以弹出“请选择一种抠图样式”面板。

（2）单击“请选择一种抠图样式”面板内的“1.自动抠图”按钮，弹出“抠图”面板，如图 5-1-59 所示。

（3）在要保留的图像内（这里是人物图像）拖动绘制一些绿色线条，创建一个由蚂蚁线组成的选区，围住人物图像，但是也包括了人物外部的部分背景图像，如图 5-1-60 所示。

（4）单击“删除笔”按钮，在选中的多余图像上绘制一些红线，改变选区，使选中的多余图像变少，如图 5-1-61 所示。如果还有选中的多余图像，还可以使用删除笔绘制红色线条；如果还有未选中的要保留图像，还可以使用抠图笔绘制绿色线条。

图 5-1-58　“请选择一种抠图样式”面板

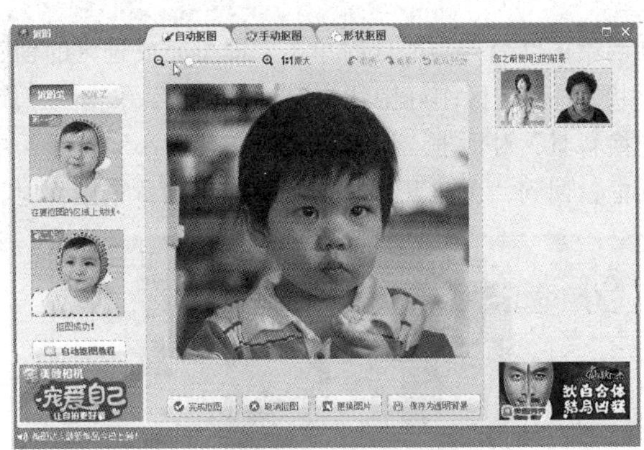

图 5-1-59　“抠图”面板

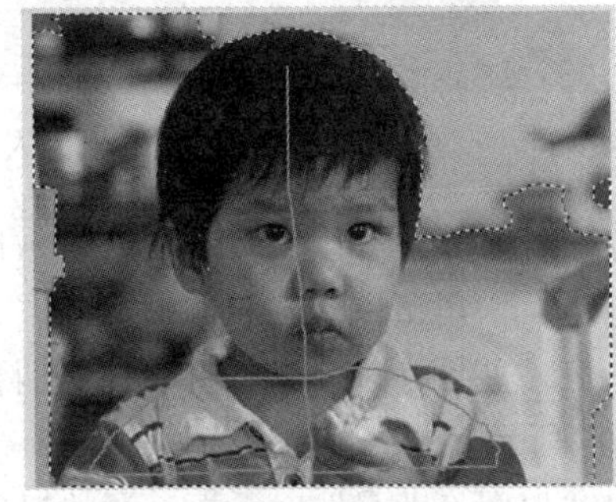

图 5-1-60　使用抠图笔绘制线条创建选区

图 5-1-61　使用删除笔绘制红线改变选区

直到选区刚好围住要保留的图像，单击“完成抠图”按钮，关闭“抠图”面板，弹出“抠图换背景”对话框，以后可以按照前面介绍过的方法添加背景图像。添加完背景图像后，单击“确定”按钮，回到“美化”选项卡，如图 5-1-62 所示。

图 5-1-62　“美化”选项卡

（5）单击“请选择一种抠图样式”面板内的“2.手动抠图”按钮，弹出“抠图”面板的“手动抠图”选项卡，如图 5-1-63 所示（还没有创建围住人物的选区）。

沿着要保留的图像（人物图像）四周拖动，创建选区的斑马线和一个个圆形控制柄。当移到起始的红色控制柄处时单击，即可完成选区的创建。然后，拖动各圆形控制柄，调整选区的形状，直到选区刚好围住要保留的图像，单击“完成抠图”按钮，关闭“抠图”面板，弹出“抠图换背景”对话框。调整抠出的图片大小和位置，单击“确定”按钮，关闭“抠图换背景”对话框，回到“美化”选项卡。没有添加背景图像时，抠出的人物图像如图 5–1–64 所示。

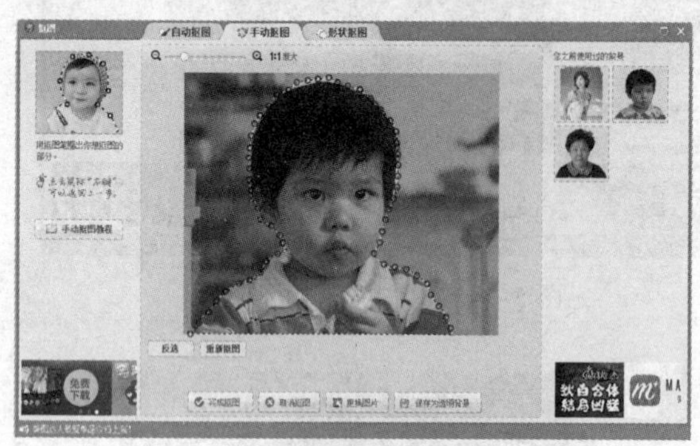

图 5–1–63 “抠图”面板的“手动抠图”选项卡

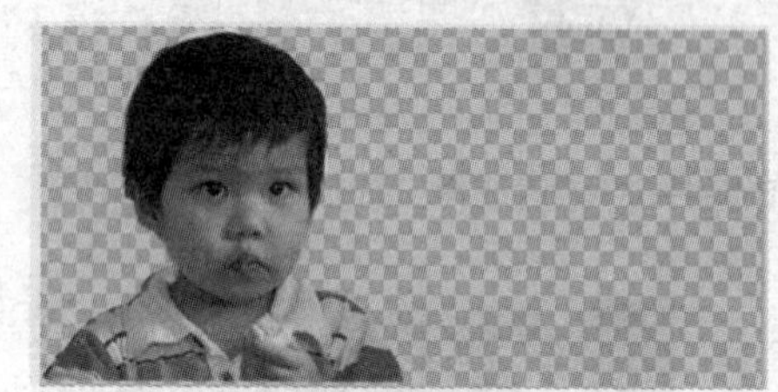

图 5–1–64 没有添加背景图像时抠出的人物图像

（6）单击“请选择一种抠图样式”面板内的“3.手动抠图”按钮，调出“抠图”面板的“形状抠图”选项卡，如图 5–1–65 所示（还没有创建圆形选区）。单击左边栏内的形状图案，再在图片内拖动，创建该形状的选区，选区的斑马线之上会有一些圆形控制柄，拖动控制柄，还可以调整选区的形状。例如，创建的圆形选区如图 5–1–65 所示。

单击“完成抠图”按钮，关闭“抠图”面板，弹出“抠图换背景”对话框。调整抠出的图片大小和位置，单击“确定”按钮，关闭“抠图换背景”对话框，回到“美化”选项卡。单击“保存为透明背景”按钮，弹出“保存与分享”对话框，如图 5–1–66 所示。利用该对话框可以将背景透明的抠图图片保存到指定文件夹内。

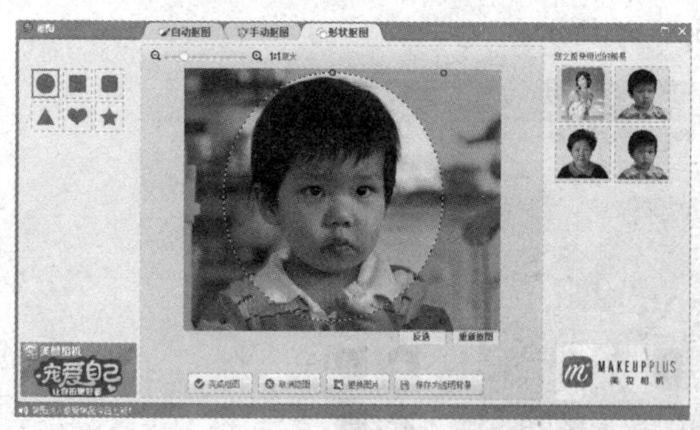

图 5–1–65 “抠图”面板的“形状抠图”选项卡

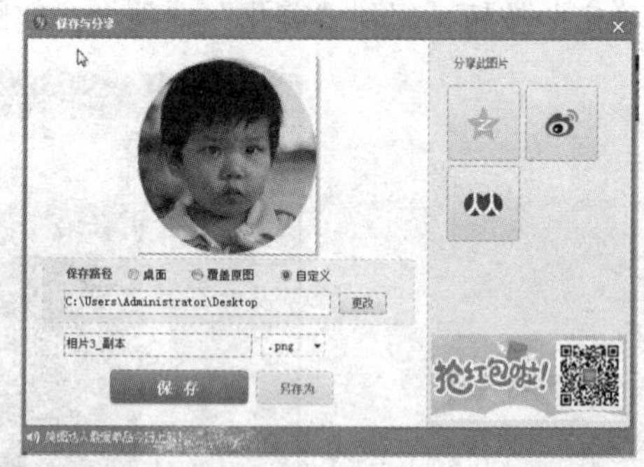

图 5–1–66 “保存与分享”对话框

2．拼图

（1）切换到“拼图”选项卡，如图 5–1–67 所示。打开图片后也可以切换到“拼图”选项卡，只是界面中间会有一幅打开的图片。

（2）单击“添加图片”按钮，弹出“打开多张图片”对话框，如图 5–1–68 所示。按住【Ctrl】键，单击要打开的图像，或者按住【Shift】键，单击连续的一组图片的起始图片和终止图片，选中这一组图片，如图 5–1–68 所示。

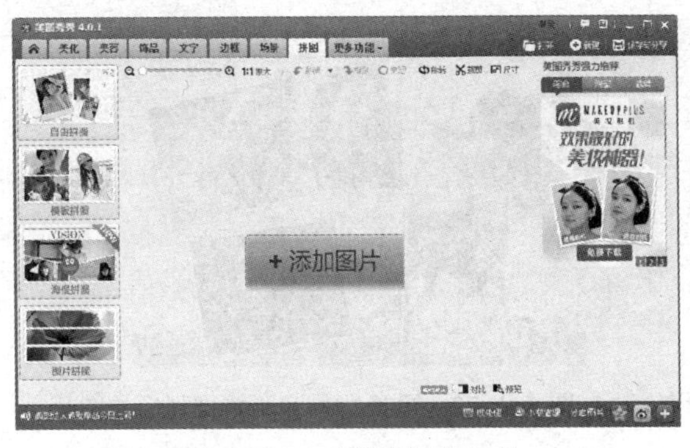

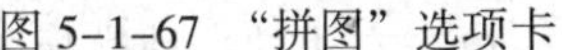

图 5-1-67　“拼图”选项卡

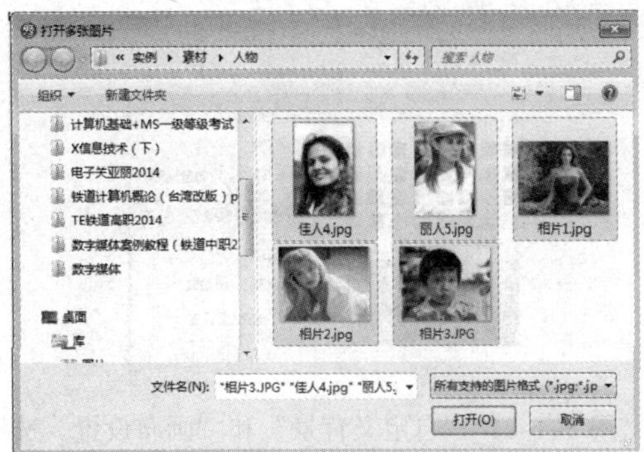

图 5-1-68　“打开多张图片”对话框

（3）单击“打开”按钮，关闭该对话框，弹出“拼图”对话框的“自由拼图”选项卡，如图 5-1-69 所示，可以看到几幅打开的图片已经重叠排列在一块，可以拖动调整这些图片的位置。如果要更换图片的背景，可以单击右边选项卡内的背景图片图案。

（4）单击背景图像之上的图片，图片四周会产生一个矩形框，同时弹出“图片设置”面板，如图 5-1-70 所示。拖动矩形框四角的控制柄，可以调整图片的大小；拖动图片中间偏上的圆形控制柄，可以旋转图片。

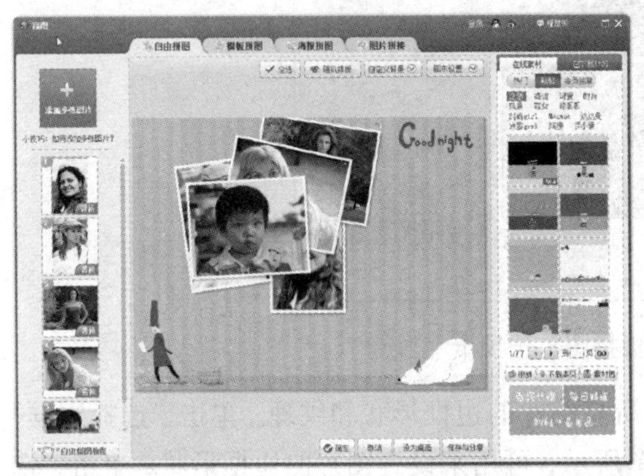

图 5-1-69　“自由拼图”选项卡

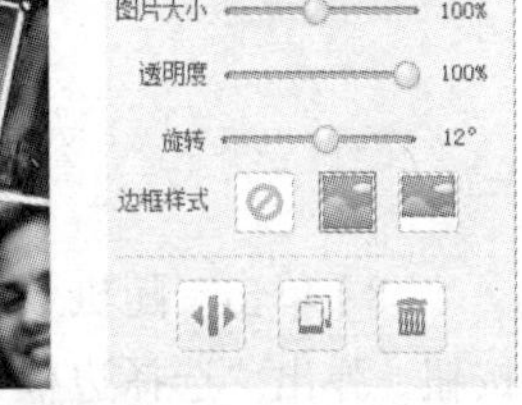

图 5-1-70　“图片设置”面板

（5）在“图片设置”面板内，可以调整图片的大小、透明度和旋转角度。单击按钮，可以水平翻转选中的图片；单击按钮，可弹出“打开一张图片”对话框，利用该对话框可以选择一张图片来替换选中的图片；单击按钮，可以删除选中的图片。单击“边框样式”栏内的 3 个图标，可以给图片设置无边框和一种边框。

（6）单击“全选”按钮，可以同时选中背景图像之上的所有图片；单击“随机排版”按钮，可以随机排列背景图像之上的所有图片；单击“自定义背景”按钮，弹出“自定义背景”面板，如图 5-1-71 左图所示，可用来设置背景图像或颜色；单击“画布设置”按钮，弹出“画布设置”面板，如图 5-1-71 右图所示，可用来设置画布的大小，确定是否有阴影和边框。

单击右边栏内的一种背景图像图案，调整背景图像之上各图片的位置和大小，最终效果如图 5-1-72 所示。

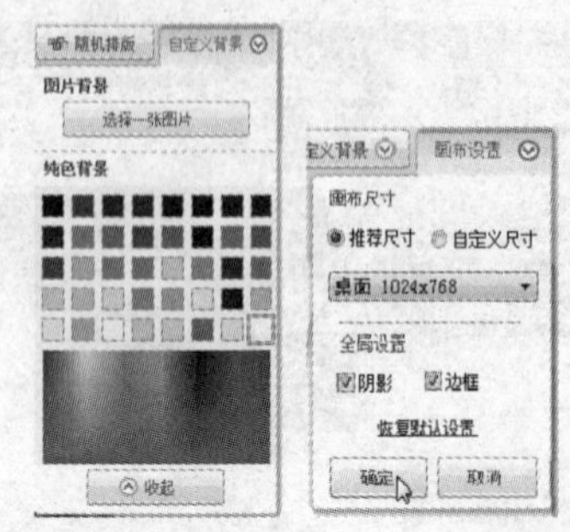

图 5-1-71 “自定义背景”和“画布设置”选项卡

图 5-1-72 更换背景和调整排列后的图片

（7）在“拼图”对话框内切换到“模板拼图”选项卡，单击右边的一种模板图案（第 3 行第 1 列），即可创建 2 行、2 列正方形模板的拼图，将左边列表框内的图像拖动到中间图片的正方形内，可以用被拖动的图片替代原来正方形内的图片，最终效果如图 5-1-73 所示。

图 5-1-73 “模板拼图”选项卡

（8）单击“随机效果”按钮，可以随机改变所有图片的边框形状和纹理；单击“选择边框”按钮，弹出“选择边框”面板，如图 5-1-74 左图所示，可用来设置图片的边框形状；单击“选择底纹”按钮，弹出“选择底纹”面板，如图 5-1-74 中图所示，用来可以设置边框的底纹；单击“画布设置”按钮，弹出“画布设置”面板，如图 5-1-74 右图所示，可用来设置画布的大小、是否要阴影，以及图片的四角呈圆角或直角。

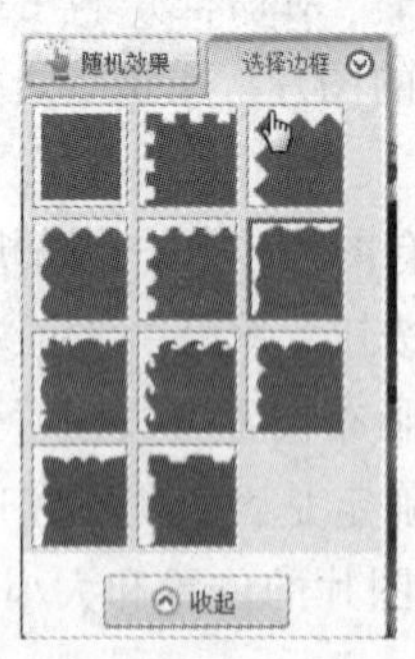

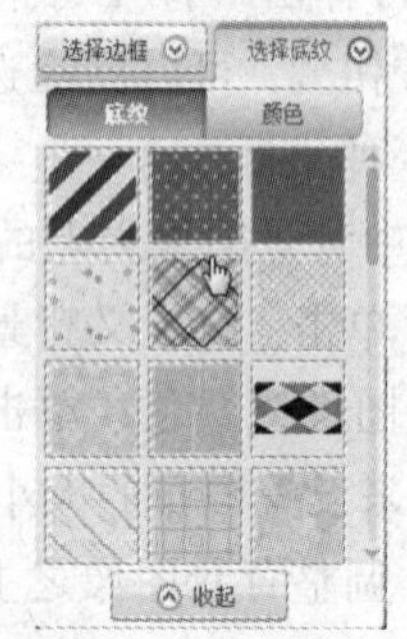

图 5-1-74 “选择边框”、“选择底纹”和“画布设置”面板

“拼图”对话框取下面 4 个按钮的作用和前面介绍的相同按钮的作用基本相同。

3. 批处理

（1）单击“美图秀秀批处理 1.2”工作界面内下边的“批处理”按钮，弹出“美图秀秀批处理 1.2”面板，单击左边栏内的“添加多张图片”按钮，弹出“打开图片”对话框，如图 5-1-75 所示，利用该对话框可以导入多幅图片到“美图秀秀批处理 1.2”面板内。还可以单击“添加文件夹”文字，弹出“浏览计算机”对话框，如图 5-1-76 所示，利用该对话框选中一个文件夹并把其内的所有图片导入到“美图秀秀批处理 1.2”面板。

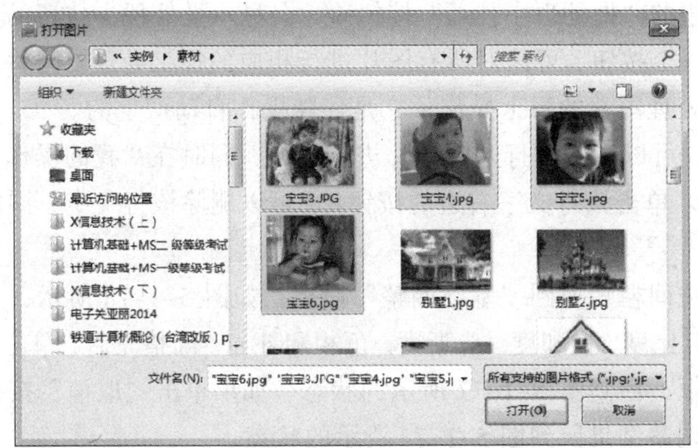

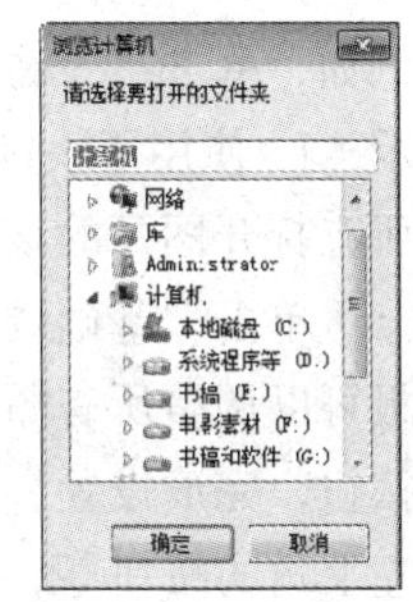

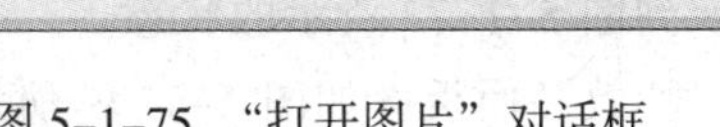
图 5-1-75　“打开图片”对话框　　图 5-1-76　“浏览计算机”对话框

此时的“美图秀秀批处理 1.2”面板如图 5-1-77 所示。该面板内左边栏用来显示导入的所有图片和加工这些图片的小工具。中间栏上边是批处理图片的几个功能按钮和一个“批处理小技巧”按钮；下边是“我的操作”栏，用来记录批处理图片的每个操作。右边栏内从上到下依次是“修改尺寸”“重命名”和“更多”栏，用来设置所有图片的参数。设置方法读者可自行通过操作来了解。右边的最下边是“保存”栏，用来保存批处理图片的结果。

图 5-1-77　“美图秀秀批处理 1.2”面板

（2）在左边栏内选中一幅图片，则在上边的预览区内会显示该图片的放大图像，单击右上角的“预览”按钮，弹出“预览大图”对话框，利用该对话框可以浏览导入的图片。单击中间的按钮，可将预览区收缩。单击中间的“清空”按钮，可将导入的所有图片删除。

将鼠标指针移到图片之上，图片之上会显示图标、和。单击图标，可删除该图片；单击图标，可逆时针旋转该图片 90°；单击图标，可顺时针旋转该图片 90°。

（3）在左边栏内选中一张图片后，单击右下角的 3 个按钮，也可以删除、逆时针 90° 和顺时针旋转 90° 选中的图。单击左下角的“添加图片”按钮，弹出“打开图片”对话框，利用该对话框可打开多幅图片。单击下边的“添加文件夹”按钮，弹出“浏览计算机”对话框，利用该对话框可以选择一个保存图片文件的文件夹，将该文件夹内的所有图片导入到“美图秀秀批处理 1.2”面板内。

（4）在中间栏内，单击中间上边的“批处理小技巧”按钮，会显示批处理小技巧的文字提示信息。单击中间 6 个按钮中的一个按钮，可以对所有图片进行相应的加工处理。同时在下边“我的操作”栏内用文字记录批处理图片的每个操作，它是伴随操作自动产生的。

例如，单击“一键美化”按钮，可以对所有打开的图片进行美化，同时在“我的操作”栏内显示“1. 使用了一键美化”文字。单击该行文字右边的按钮×，可以删除该行文字，同时取消对所有打开图片的该项操作。

（5）单击“基础调整”按钮，中间栏切换到“基础调整”面板，如图 5-1-78 所示，利用该面板可以调整所有图片的亮度、对比度、饱和度、清晰度、色相和补光。调整完后，单击“确定”按钮，完成设置，关闭该对话框，回到图 5-1-77 所示的状态。如果单击“取消”按钮或单击左上角的按钮，可以不保留调整结果回到图 5-1-77 所示的状态。

（6）单击“特效”按钮，中间栏切换到“特效”面板，如图 5-1-79 所示。单击该面板内的一个图案，可以添加该特效到所有图片。

（7）单击“边框”按钮，中间栏切换到“边框”面板，如图 5-1-80 所示。单击该面板内的一个图案，可以给所有图片添加该边框。例如，添加“电影胶片”边框后的图片如图 5-1-81 所示。

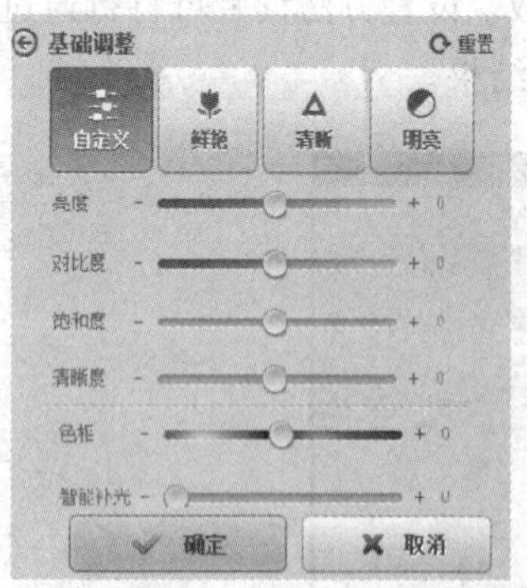

图 5-1-78 “基础调整”面板

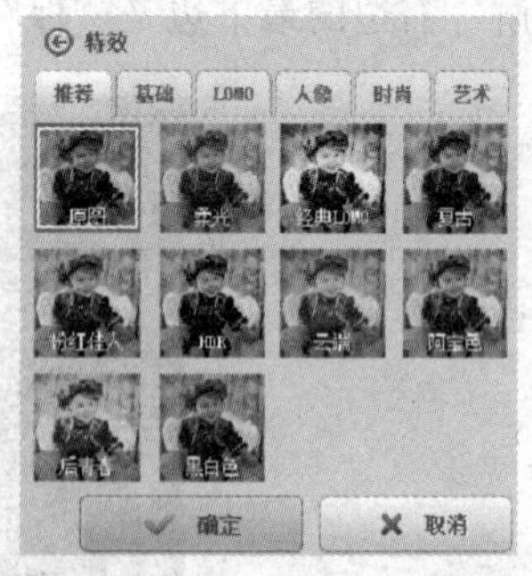

图 5-1-79 “特效”面板

（8）单击“水印”按钮，中间栏切换到“水印”面板，如图 5-1-82 所示。

单击“导入水印”按钮，可以调出“打开图片”对话框，利用该对话框可以给图片添加一幅作为水印的图像，如图 5-1-83 左图所示。拖动滑块，可以调整添加水印图像的大小、旋转角度和调整透明度，形成原图片的水印，如图 5-1-83 右图所示。另外，利用“位置”栏内的工具可以调整水印图像的位置；选中“融合”复选框，可以将水印图像和原图片融合为一体。

单击“确定”按钮，可以将水印添加到所有图片。

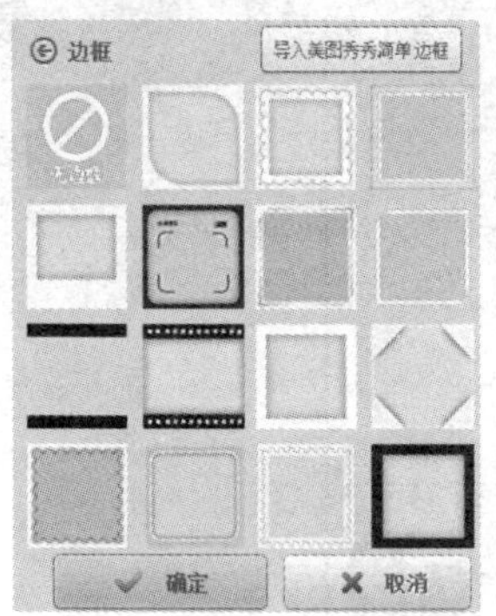

图 5-1-80　“边框”面板

图 5-1-81　添加“电影胶片”边框

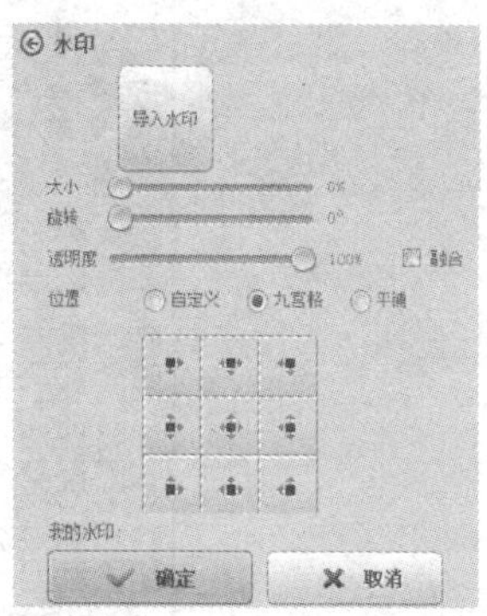

图 5-1-82　“水印”面板

（9）单击“文字”按钮，中间栏切换到“文字”面板，如图 5-1-84 所示。在文本框内可以输入添加到图片内的文字，利用其他工具可以调整文字的字体、大小、颜色、是否加粗和添加阴影，可以调整文字的透明度和旋转角度，以及调整文字的位置等。

图 5-1-83　添加水印

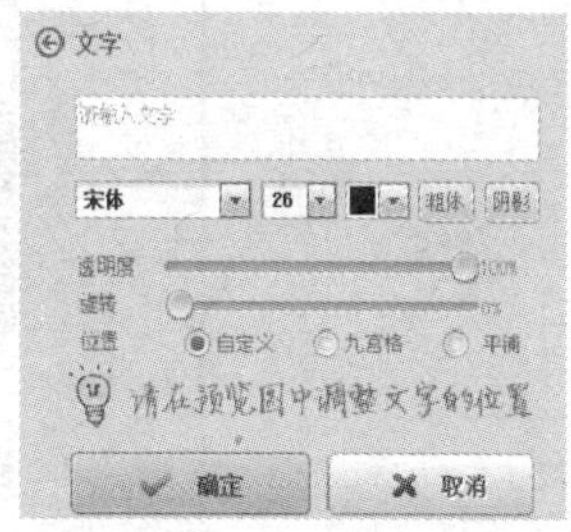

图 5-1-84　“文字”面板

如果选中“自定义”单选按钮，可以用鼠标直接在左上角的显示框内拖动水印图像或文字，调整它们的位置；如果选中“九宫格”单选按钮，则其下边会增加一个九宫格图，单击其内的按钮，可以调整水印图像或文字在九宫格中的位置；如果选中“平铺”单选按钮，则水印图像或文字会平铺整幅图片。

4．九格切图、摇头娃娃和闪图

（1）九格切图：打开一幅图片，单击“美图秀秀批处理 1.2”工作界面内的“更多功能”标签，切换到“更多功能”选项卡，单击“九格切图”按钮，弹出“九格切图”面板，如图 5-1-85 所示。

（2）摇头娃娃：打开一幅图片，切换到“更多功能”选项卡，单击该选项卡内的“摇头娃娃”按钮，弹出“摇头娃娃”面板，如图 5-1-86 所示。

单击“开始抠图”按钮，弹出“抠图”面板，进行抠图后的“抠图”面板如图 5-1-87 所示。单击“完成抠图”按钮，关闭“抠图”面板，弹出“摇头娃娃”面板，其内左边栏显示抠图，中间显示摇头娃娃动画效果，如图 5-1-88 所示。单击右边栏内的动画图案（见图 5-1-86），可以更换娃娃动画的类型。拖动中间栏内下边的滑块，可以调整摇头动作的快慢。

图 5-1-85 “九格切图”面板

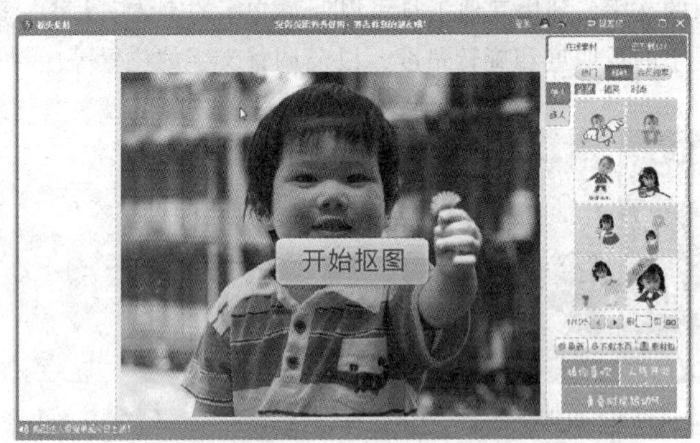

图 5-1-86 “摇头娃娃”面板

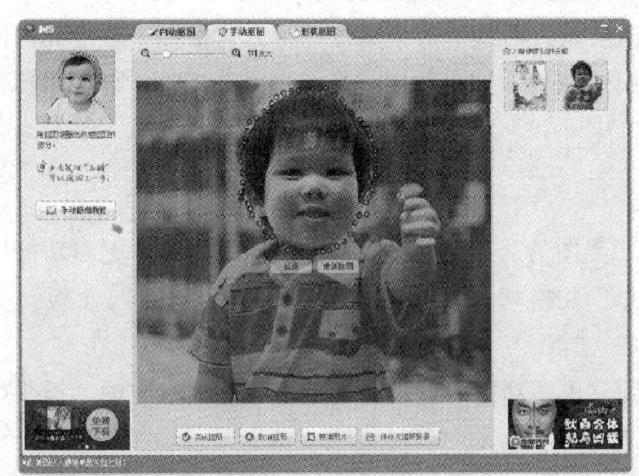

图 5-1-87 “抠图”面板

图 5-1-88 “摇头娃娃”面板

（3）闪图：打开一幅图片，切换到“更多功能”选项卡，单击该选项卡内的“闪图”按钮，弹出“闪图”面板，如图 5-1-89 所示。

如果要生成一个多幅图片依次来回切换的动画，则可以单击左边栏内的“自定义闪图”按钮，在该栏的右边自动生成一个新栏，其内上边是一开始打开的图片，下边是“添加图片”按钮和“添加一帧”按钮，参看图 5-1-90（还没有添加第 2、3 幅图片）。另外，在中间图片之上还添加了一个“添加一帧”按钮。

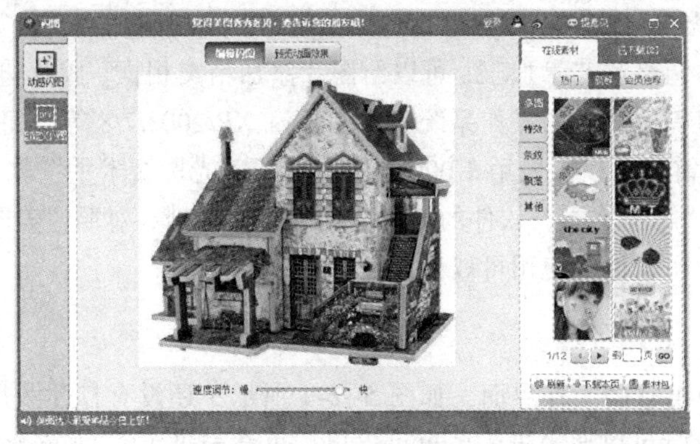

图 5-1-89　“闪图”面板

图 5-1-90　左边两栏

单击“添加一帧”按钮或者单击“添加图片”按钮，都可以弹出“打开一张图片”对话框，利用该对话框可以添加第 2 幅图片，以后再单击左起第 2 栏内的“添加一帧”按钮或者单击“添加图片”按钮，还可以导入下一幅图片。导入 3 幅图片后左边两栏如图 5-1-90 所示。

单击中间上边的“预览动画效果”按钮，可以在中间栏内观察到闪图动画的效果。拖动调整中间下边的滑块，可以调整图片的切换速度。

如果不单击左边栏内的“自定义闪图”按钮，单击右边的标签，则切换右边的闪图类型，选中右边栏内的一个动画图案，即可相应地闪图动画，在左边栏的右边生成一个新栏，其内是生成的闪图动画的几种类型，用来提供选择，如图 5-1-91 所示。选中其中的一种类型，拖动调整中间下边的滑块，即可最后完成闪图动画的制作。

图 5-1-91　“闪图”选项卡

5.2　“光影魔术手”软件

5.2.1　软件简介、工作界面和基本操作

1. 软件简介

“光影魔术手”软件也是一款国产免费图像浏览和处理软件，是一个可以改善照片图片画

质和进行个性化处理的软件，它在中国摄影圈中的人气颇高。“光影魔术手”软件在 2007 年荣获第二届中国共享软件英雄榜“最佳图像辅助软件”称号。

“光影魔术手”软件和“美图秀秀”软件一样，也具有操作简单，处理图片速度快等特点，用户都可以应用它进行图片的基本调整和艺术加工，可以给图片添加精美相框、胶片边框、艺术文字、水印，可以进行图片裁剪等。适合的操作系统有 Windows XP/2003/7/8 等，完全兼容各类 64 位操作系统。2008 年，迅雷公司以人民币 1 000 万元收购了“光影魔术手”软件。

“光影魔术手”软件的功能和“美图秀秀”软件的功能有许多相同之处，对照“美图秀秀”软件的使用方法学习“光影魔术手”软件的使用可以快速掌握。

2. 工作界面和基本操作

启动“光影魔术手”软件，弹出它的工作界面，如图 5-2-1 所示（还没有打开图片）。通常还会弹出“迅雷登录”面板，此时可以登录迅雷，也可以以后再登录迅雷。“光影魔术手”软件工作界面的特点和基本操作简介如下。

图 5-2-1 “光影魔术手”软件工作界面的编辑状态

（1）最上边的是标题栏，在标题栏左边是“光影魔术手”文字，它的右边是打开图像的路径和文件名称。

标题栏的右边有几个按钮，如果前面没有登录“光影魔术手”，则有一个“登录”按钮，单击该按钮，会弹出“迅雷登录”面板。如果已经登录了，则该按钮会变为 shendalin，其中“shendalin”是用户注册迅雷的名称，单击该按钮，会弹出一个菜单，如图 5-2-2 所示。单击该菜单内的命令，可以进行与注册的迅雷网有关的操作等。

单击按钮，弹出的菜单如图 5-2-3 所示。单击其内的命令，可以切换“光影魔术手”软件工作界面的颜色。单击按钮，弹出的菜单如图 5-2-4 所示，单击其内的命令，可以完成相应的操作。例如，单击“快捷键说明”命令，会弹出“快捷键说明”面板，列出该软件快捷键和它的说明。

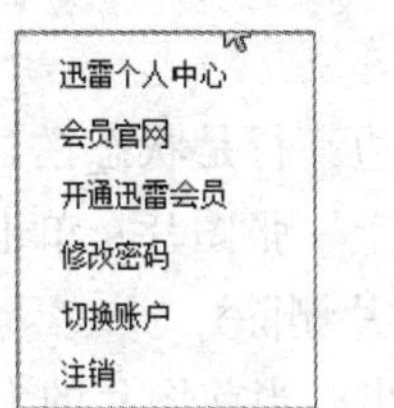

图 5-2-2　菜单 1

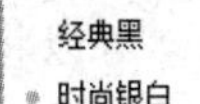

图 5-2-3　菜单 2

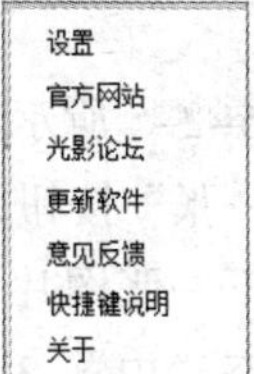

图 5-2-4　菜单 3

（2）标题栏下面有一个按钮行，其中的“打开”“保存”“另存”“尺寸”和“旋转”按钮用来完成对图片的最基本操作，这和“美图秀秀”软件中的相应工具的作用和使用方法基本一样。

（3）在标题栏下面按钮行中有 3 个按钮 ，单击该按钮，会弹出相应的菜单，单击其内的命令或选项，即可完成相应的操作和相应的设置；单击按钮 ，会弹出一个菜单，该菜单内的命令提供了日历制作、批处理图片和抠图等功能。

右边栏上边有 4 个按钮，单击它们，可以切换右边栏列表框中的内容。

（4）单击“素材”按钮，弹出“素材”菜单，单击其中的“素材中心”命令，弹出“素材中心”面板，利用该面板可以下载各种素材，当然需要用掉一些迅雷积分。单击“素材”→“上传框架”和“上传字体”命令，可以将素材上传。

（5）单击“浏览图片”按钮，弹出该软件的另一个工作界面，如图 5-2-5 所示。

在左边的列表框中选择要打开图片所在的文件夹路径，在文件列表框内选中要打开的图片文件，上边的“路径”下拉列表中可以显示该图片文件的路径和名称。双击文件列表框中的图像文件，即可关闭该界面，回到图 5-2-1 所示的“光影魔术手”软件工作界面，并打开选中的图像文件。

图 5-2-5　“光影魔术手”软件工作界面的选择图片状态

（6）将鼠标指针移到“路径”下拉列表框两边的按钮之上，会显示它的名称，即可了解该按钮的作用。单击“返回编辑”按钮或“编辑图片”按钮，都可回到图 5-2-1 所示的“光影魔术手”软件工作界面的编辑状态。“编辑图片”按钮右边的 4 个按钮用来进行多幅图片的批处理。

（7）在图 5-2-5 所示的“光影魔术手”软件工作界面内下边一行是状态栏，左边有 3 个按钮，单击“上一张”按钮，可以浏览打开图片所在文件夹内的上一张图片；单击“下一张”按钮，可以浏览下一张图片；单击“删除”按钮，可以将当前图片删除。

（8）在状态栏内这 3 个按钮右边的“尺寸:”文字右边给出了当前图片的大小，单击“图片信息”按钮，会弹出当前图片的有关信息；单击“对比”按钮，可在显示框内显示原图片和加工后的图片，进行对比； 单击“全屏”按钮，可以全屏幕显示当前图像，单击右上角的按钮，可以回到原状态；单击“适屏”按钮，可以适合显示框的大小显示当前图片；单击“原大”按钮，可以按照图片的原大小显示当前图片；拖动滑块，可以调整当前图片的显示大小。

5.2.2 基本调整、数码暗房、文字和水印

1. 图片的基本调整

单击右边栏内的“基本调整”按钮，进入图片的基本调整状态，如图 5-2-1 所示。基本调整主要用于调整图片的光色，用的较多的是数码补光。按钮行的下边是列表框，其内中各选项表示可以进行的基本调整项目。列表框中有 15 个选项，单击它们的标签▸，可以展开该选项，列出该选项的调整工具，标签▸会变为标签▾，单击标签▾，会收缩该选项，标签▾变为标签▸。下边简介主要选项的调整作用和调整方法。

（1）一键设置：展开“一键设置”栏，如图 5-2-6 所示，单击其中的各按钮，即可完成对当前图片的相关设置，非常方便。单击“数字点测光”按钮，弹出“数字点测光”对话框，如图 5-2-7 所示。

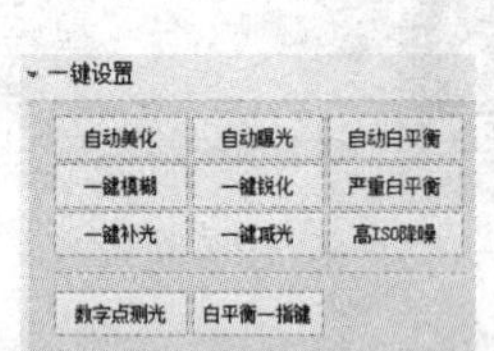

图 5-2-6 “一键设置”栏

图 5-2-7 “数字点测光”对话框

该对话框内左下角有一个 EV 标尺，拖动滑块可以改变 EV 值。EV 是曝光值（Exposure Value），它是由快门速度值和光圈值组合表示摄影镜头通光能力的一个数值。

将鼠标指针移到左边图片之上，移动鼠标指针到不同的颜色点处，会在 EV 标尺下边显示该点的 R、G、B、亮度和灰度值，并在“当前色”显示框内显示该点颜色。单击取样后，“选中色”显示框内会显示取样颜色。这时拖动滑块，可以以选中颜色为基色，调整图片的亮度和灰度。调整完成后，单击“确定”按钮，关闭该对话框，回到图 5-2-1 所示的“光影魔术手”软件工作界面。

单击“白平衡一指键”按钮，弹出“白平衡一指键”对话框，如图 5-2-8 所示。该对话框是针对相机白平衡表现不准确而进行色彩校正的工具，可以比较精确地校正相机在拍摄现场时白平衡设置不当引起的照片色彩偏色，还原自然色彩。

图 5-2-8 “白平衡一指键”对话框

在左边的原图图片中移动鼠标指针，移动到一个颜色为灰色、黑色或白色的物体之上（这种灰色物体可以是墙壁、纸张、水泥等），然后单击，观察右边图片的校正结果。如果原图图片偏色较严重，可以选中“强力纠正”单选按钮，否则可以选中“轻微纠正”单选按钮。另外，图片偏色较严重时，可以先单击“一键设置”栏内的“严重白平衡”按钮，对照片色彩进行校正，然后再使用本功能，可以获得满意效果。

“自动白平衡”功能可以智能校正白平衡不准确的图片色调。“严重白平衡”功能可以对于偏色严重的图片进行纠正，色彩溢出亦可追补。“自动曝光”功能可以智能调整图片的曝光范围，令图片更迎合视觉欣赏。

（2）基本设置：展开“基本”栏，如图 5-2-9 所示，拖动 4 个滑块，可以分别调整图片的亮度、对比度、色相和饱和度数值。在调整中可以同步看到“校正”显示框内图片的调整结果。单击“重置”按钮，可以恢复到原状态，重新进行设置。

（3）数码补光设置：展开“数码补光”栏，如图 5-2-10 所示，拖动 3 个滑块，可以分别调整图片的补光亮度，以及范围选择和强力追补大小，用来对曝光不足的部位进行补光，使图片中的亮度过渡自然。在调整中可同步看到“校正”显示框内图片的调整结果。单击“默认”按钮，可以恢复到默认的设置状态。数码补光具有易用、智能特点。

（4）数码减光设置：展开“数码补光”栏，如图 5-2-11 所示，拖动 3 个滑块，可以分别调整图片的补光亮度，以及范围选择和强力追补大小。数码减光可以对曝光过度部位的细节进行追补光，该功能用于对付闪光过度、天空过曝等图片的修正十分有效。在调整中可同步看到“校正”显示框内图片的调整结果。

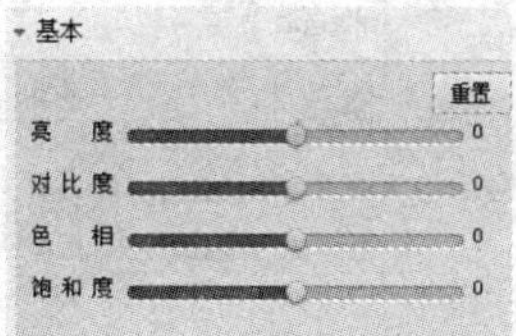

图 5-2-9 “基本”栏

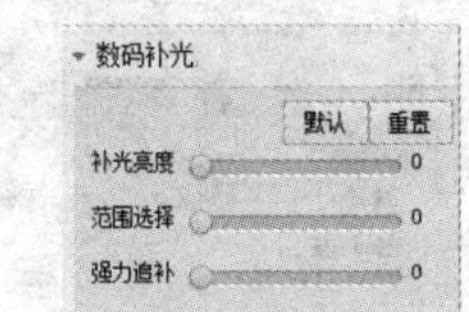

图 5-2-10 “数码补光”栏

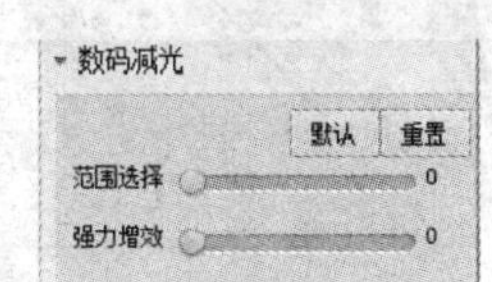

图 5-2-11 “数码减光”栏

（5）清晰度设置：展开“数码补光”栏，拖动滑块，可以调整图片的清晰度。

（6）色阶设置：展开“色阶”栏，如图 5-2-12 所示。色阶是图像亮度强弱的指示数值，图像色彩的丰满程度、精细度和层次感由色阶来决定。色阶有 2^8=256 个等级，范围是 0～255。色阶图是一个坐标图形，横轴表示色阶，取值 0～255；纵轴表示具有该色阶的像素数，其值越大，亮度越暗，其值越小，亮度越亮。图片色阶等级越多，则图像的层次越丰富，图像也越好看。

在“通道”下拉列表中可以选择 RGB 通道（所有颜色）和 R、G、B 单基色通道，以观察不同通道图片的色阶情况。例如，选中“RGB 通道”选项后的“色阶”直方图如图 5-2-12 左图所示；选中“R 红色通道”选项后的“色阶”直方图如图 5-2-12 右图所示。对于不同模式的图片，其选项也不一样。

拖动“色阶”内下边的 3 个小滑块，可以调整图片（白场、黑场、灰度系数）的色阶，对图片的色彩、亮度和对比度进行综合调整。在调整中可同步看到图片调整效果。

（7）直方图设置：展开“直方图”栏，如图 5-2-13 所示。直方图用图形表示图片每个亮度级别的像素数量，以及像素在图片中的分布情况。在“通道”下拉列表中可以选择 RGB 通道（所有颜色）和 R、G、B 单基色通道，以观察不同通道图片的直方图情况。

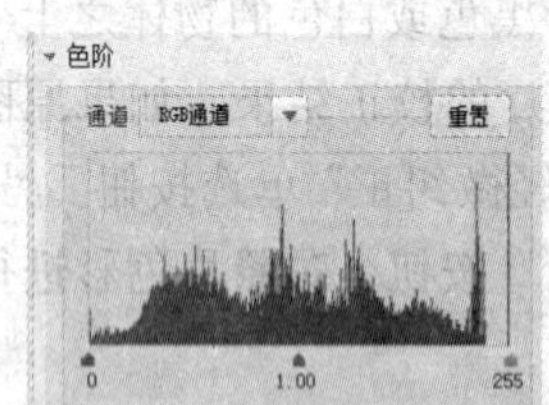

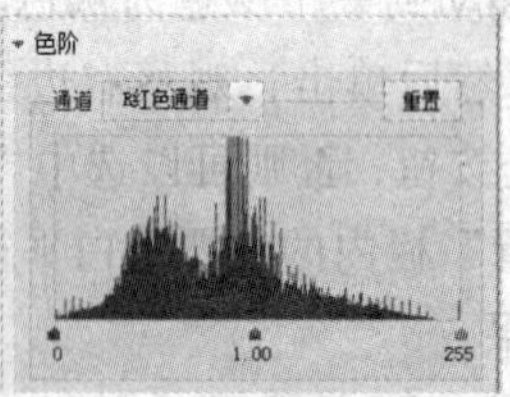

图 5-2-12 “色阶”栏

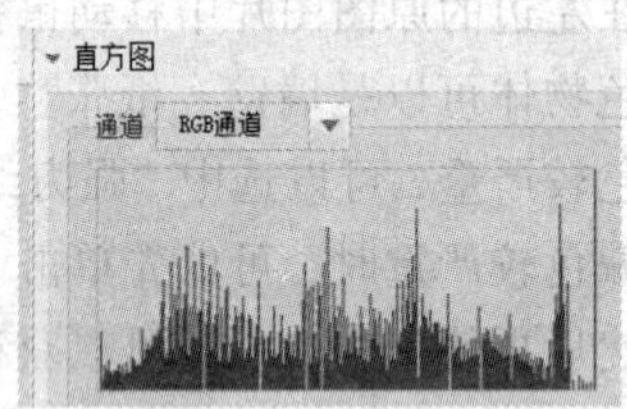

图 5-2-13 “直方图”栏

（8）曲线设置：展开“曲线”栏，如图 5-2-14 所示。“曲线”调整也可以对图片的色彩、亮度和对比度进行综合调整，使图像色彩更协调。在“通道”下拉列表中可以选择 RGB 通道（所有颜色）和 R、G、B 单基色通道，拖动斜线或曲线，可以针对图片的整个色调范围内的点（从阴影到高光）或 R、G、B 单基色通道进行曲线调整。

（9）色彩平衡设置：展开“色彩平衡”栏，如图 5-2-15 所示。“曲线”调整也可以对图片的色彩、亮度和对比度进行综合调整，使图像色彩更协调。在“通道”下拉列表中可以选择 RGB 通道（所有颜色）和 R、G、B 单基色通道，“曲线”调整可以针对图像的整个色调范围内的点（从阴影到高光），也可以对图像中的个别颜色通道进行精确调整。

（10）RGB 色调设置：展开“RGB 色调”栏，如图 5-2-16 所示。

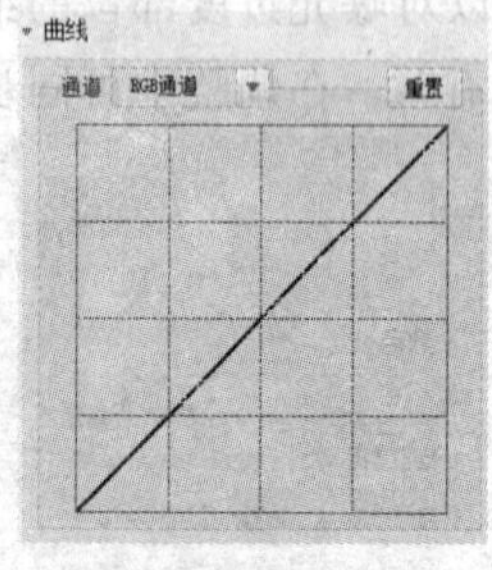

图 5-2-14 “曲线”栏

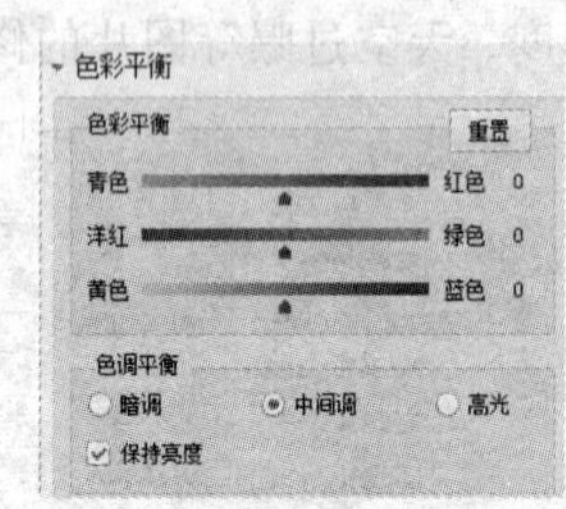

图 5-2-15 “色彩平衡”栏

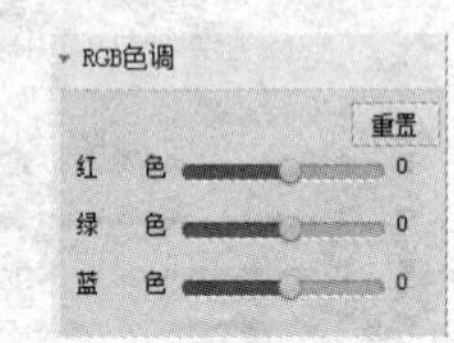

图 5-2-16 “RGB 色调”栏

（11）通道混合器：展开“通道混合器”栏，如图 5-2-17 所示。在“输出通道”下拉列表内可以选择“红色”“绿色”或“蓝色”选项，确定输出通道。然后，拖动 3 个滑块，可以分别调整 3 种基色的数值。单击“互换”按钮，弹出“互换”菜单，单击其内的命令，可以分别完成红色与绿色、红色与蓝色或绿色与蓝色的互换。

（12）添加噪点：展开“添加噪点”栏，如图 5-2-18 所示。拖动滑块，可以调整添加的噪点的数量。如果选中“单色”复选框，则产生的噪点为黑色，否则为多种彩色。

（13）夜景抑噪：展开“夜景抑噪”栏，如图 5-2-19 所示。利用该栏工具可以对夜景、大面积暗部的图片进行抑噪处理，去噪效果显著，而且不影响锐度。拖动 3 个滑块，可以分别调整“阈值”（噪点转换的临界值）、“过渡范围”和“力度”。

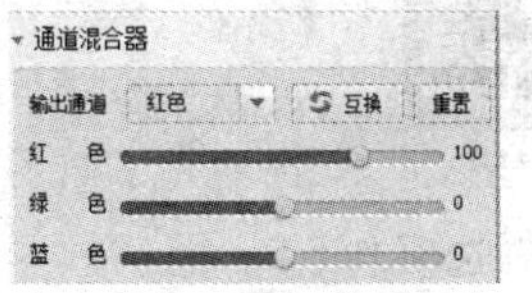

图 5-2-17 “通道混合器”栏

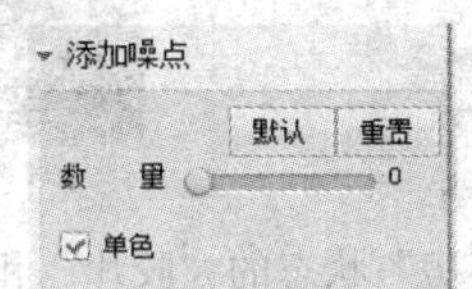

图 5-2-18 “添加噪点”栏

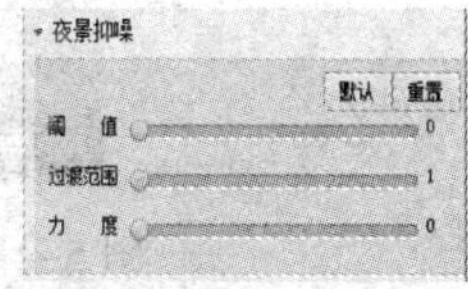

图 5-2-19 “夜景抑噪”栏

（14）颗粒降噪：展开“颗粒降噪”栏，如图 5-2-20 所示。拖动 2 个滑块，可以分别调整“阈值”和“数量”。

（15）红饱和衰减：展开“红饱和衰减”栏，如图 5-2-21 所示。“红饱和衰减”功能是针对 CCD 对红色分辨率差的弱点设计，可以有效修补红色溢出的照片（例如，没有红色细节的红花）。拖动 2 个滑块可以分别正对不同参数进行调整。

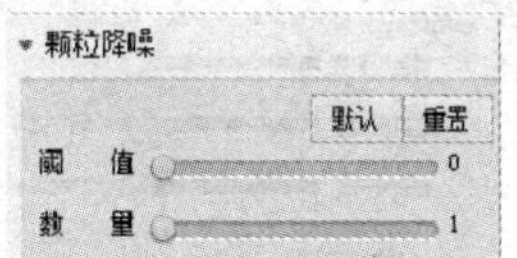

图 5-2-20 “颗粒降噪”栏

图 5-2-21 “红包和衰减”栏

2. 数码暗房

打开一幅图片，在“光影魔术手”软件工作界面内，单击右边栏内的“数码暗房”按钮，进入图片的数码暗房状态，它主要是将反转片、暗色或影楼各种特效等应用于当前的图片。它有 3 个选项卡，其中“胶片”和“人像”选项卡如图 5-2-22 所示。“全部”选项卡就是前两个选项卡内功能的总和。在上述选项卡内有多个效果图案，它显示出处理的效果图。单击该图案，可以将它的特效应用于当前图片，同时调出该特效的调整工具面板。调整完后，单击“确定”按钮。

新版本的“光影魔术手”软件在“人像”选项卡内添加了“局部美白”和“局部磨皮”功能，可以用鼠标拖动涂抹需要美白和磨皮的区域，达到美白和磨皮的效果，比使用“人像美容”功能更灵活。另外，“祛斑”功能的效果比之前版本的更自然，效果更好。

一些功能简介如下：

（1）“反转片负冲”特效：打开一幅图片，切换到“胶片”选项卡，双击“反转片效果”图案，使当前图片呈“反转片效果”效果，如图 5-2-23 所示。

图 5-2-22 “数码暗房”状态的“胶片”和“人像”选项卡

此时，在“胶片”选项卡内显示“反转片效果”特效的调整工具，如图 5-2-24 所示。拖动 3 个滑块，可以分别调整绿色饱和度、度红色饱和度和暗部细节的数字。如果选中“色相偏黄”复选框，则当前图片的颜色会偏黄一些。调整完后单击“确定”按钮完成图片的调整，回到“光影魔术手”软件工作界面的编辑状态，右边是“胶片”选项卡。

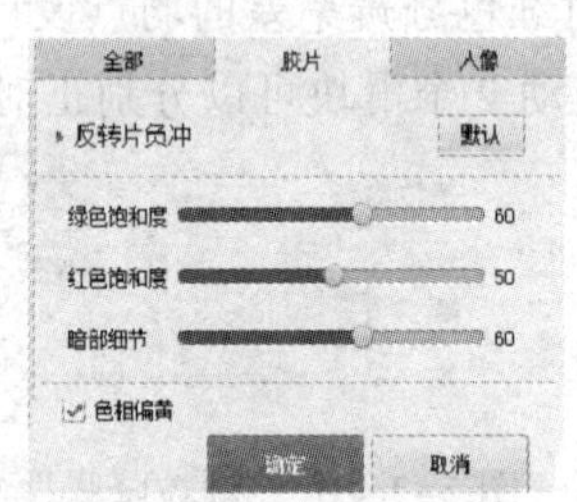

图 5-2-23 “反转片效果”胶片特效

图 5-2-24 “反转负片”特效调整

（2）“局部美白”特效：打开一幅人物图片，切换到“人像”选项卡，如图 5-2-25 所示。

图 5-2-25 “光影魔术手”软件工作界面编辑状态的“人像”选项卡

双击“局部美白”图案，在“人像”选项卡内显示“局部美白”特效的调整工具，如图 5-2-26 所示。拖动“半径”栏的滑块，可以调整鼠标圆形（中间有一个十字）指针的半径，也就是美白绘图笔圆形笔触的半径；拖动“力度”栏的滑块，可以调整美白的程度。单击“美白”按钮，再在皮肤图像之上拖动，使皮肤变白。对于细节处，可以将图像放大，单击“移动”按钮，移动图像，将要修改的部分移到显示框内（见图 5-2-27）。再单击“美白”按钮，调整“半径”数值小一些，然后在细节处拖动，美白此处的皮肤图像。如果不小心将皮肤之外的图像美白了，可以单击“橡皮擦”按钮，再在皮肤之外的美白图像处拖动，使此处的美白图像还原。

（3）“局部磨皮”特效：双击“局部美白”图案，在“人像”选项卡内显示“局部磨皮”特效的调整工具，和图 5-2-26 所示一样。工具的使用方法和“局部美白”工具的使用方法一样。

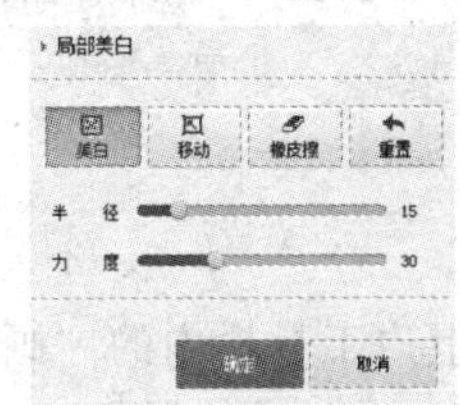

图 5-2-26 “局部美白”特效的调整工具

图 5-2-27 局部美白后的效果

3. 文字和水印

（1）文字编辑：打开一幅图片，在“光影魔术手”软件工作界面内，单击右边栏内的“文字”按钮，弹出“文字”面板，如图 5-2-28 左图所示，进入图片的文字输入和编辑状态。单击该面板内的“高级设置”按钮，展开“高级设置”栏，如图 5-2-28 右图所示。在文本框内输入文字，下面的选项用来设置文字的字体、大小、颜色、对齐方式、排列方式、透明度和旋转角度等。单击“更多字体下载”链接文字，弹出“素材中心”面板，在该面板内可以下载很多用户上传的字体。单击“插入 EXIF”按钮，弹出“插入 EXIF”菜单，选中其内的选项，可以插入相应的内容。

EXIF 信息就是由数码照相机在拍摄过程中采集一系列的信息，然后把信息放置在 JPEG/TIFF 文件的头部，也就是说 EXIF 信息是镶嵌在 JPEG/TIFF 图像文件格式内的一组拍摄参数，包括拍摄时的光圈、快门、白平衡、ISO、焦距、日期时间等各种和拍摄条件以及相机品牌、型号、色彩编码、拍摄时录制的声音以及全球定位系统（GPS）、缩略图等。简单地说，Exif=JPEG+拍摄参数。它就好像是傻瓜相机的日期打印功能一样，只不过 EXIF 信息所记录的资讯更为详尽和完备。可以利用任何可以查看 JPEG 文件的看图软件浏览 Exif 格式的照片，但并不是所有的图形程序都能处理 Exif 信息。

在“高级设置”栏内，可以设置文字的发光、描边、阴影和背景色。选中文字左边的复选框，即设置了相应的文字效果；选中文字右边的复选框，都会弹出“颜色”面板，分别用来设置发光、描边、阴影和背景的颜色。拖动滑块，可以分别调整边框的粗细、阴影的位置和背景色的透明度大小。

（2）水印编辑：打开一幅图片，在“光影魔术手”软件工作界面内，单击右边栏内的“水印”按钮，弹出“水印”面板，如图 5-2-29 所示。单击“添加水印”按钮，弹出“打开”对话框，利用该对话框打开一幅图图片，添加到当前图片之上。在“融合模式”下拉列表中选中一种融合选项，拖动滑块，调整水印图片的透明度、旋转角度和水印图片大小。

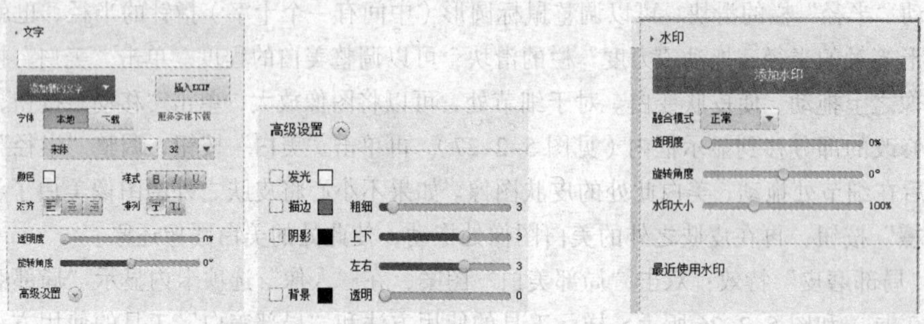

图 5-2-28 “文字”面板　　　　图 5-2-29 “水印”面板

5.2.3 画笔绘图、边框和拼图

1. 画笔绘制图形

打开一幅图片，在“光影魔术手”软件工作界面内，单击上边工具栏内的“画笔”按钮，弹出“画笔工具”面板，如图 5-2-30 所示，它提供了用于绘制图形的 9 个工具。单击其内的 6 个绘图工具按钮，在“画笔工具”面板的下边显示出“绘图工具”面板（见图 5-2-31），用来设置绘制的图形的颜色、线的宽度和图形的透明度。“文字”和“水印”工具的使用方法和前面介绍的基本一样。

单击一个绘图工具按钮，再在当前图片之上拖动，即可绘制出相应的图形，释放鼠标左键后，自动按下“选择”按钮，单击绘制的图形，可以选中该图形。选中的图形之上有一些方形控制柄，拖动这些控制柄，可以调整图形的形状，如图 5-2-32 所示。

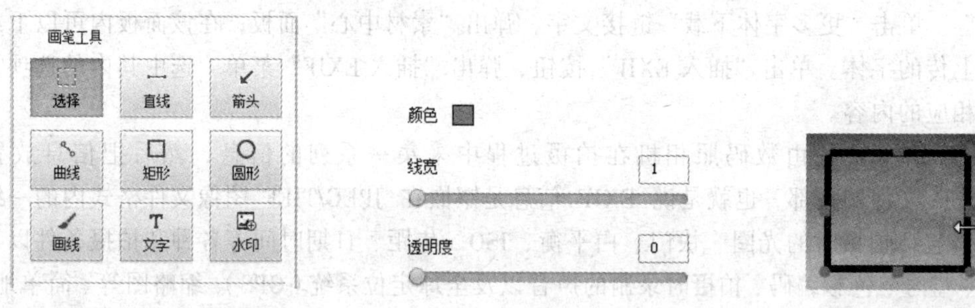

图 5-2-30 “画笔工具”面板　　图 5-2-31 “绘图工具”面板　　图 5-2-32 调整绘制的矩形

2. 边框

打开一幅图片，单击工作界面内上边工具栏内的“边框”按钮，弹出“边框”菜单，如图 5-2-33 所示，利用该菜单可以给图片添加自己喜欢的边框。具体操作简介如下：

（1）花样边框：单击“边框”→“花样边框”命令，弹出“花样边框”面板，如图 5-2-34 所示（还没有给图片添加边框）。

右边栏内上有“推荐素材”和“我的收藏”标签，可以分别切换到“推荐素材”和“我的收藏”选项卡。在“推荐素材”选项卡内又有 4 个选项卡，不同的选项卡内提供了不同的边框，单击“全部”标签，切换到“全部”选项卡，如图 5-2-34 所示。单击右下角的“下载更多花样边框”链接文字，会弹出“光影魔术手官方论坛”网页，可以下载一些边框素材等。

“我的收藏”选项卡如图 5-2-35 所示，单击其内的“导入边框”按钮，可以调出“请选择你要导入的文件夹”对话框，利用该对话框可以选择保存边框图片的文件夹。在“导入边框”按钮下边的下拉列表中可以选择边框的分类类别，单击“打开该文件夹”按钮，可以弹出保存选中类型的边框图形所在文件夹。单击下边的“花样边框素材安装说明”文字，会弹出“花样边框素材安装说明”面板，其内有文字说明。

单击各选项卡内的边框图案，即可开始下载选中的边框，在当前图片之上会显示下载图片的大小和下载进度，等待一定时间后下载完毕，即可将下载的边框图片给当前图片添加该边框图片。例如，单击图 5-2-34 所示第 1 行、第 2 列边框图案后给当前图片添加边框图像的效果如图 5-2-34 所示。

单击“边框”→“轻松边框”命令，弹出“轻松边框”面板，它和“花样边框”面板基本一样，使用方法也一样。

（2）撕边边框：单击“边框”→“撕边边框”命令，弹出“撕边边框”面板，如图 5-2-36 所示（还没有给图片添加边框）。

图 5-2-33　“边框”菜单　　图 5-2-34　“花样边框”面板　　图 5-2-35　“我的收藏”选项卡

该面板内左边与“花样边框”面板相比较，左边栏变为“边框效果”栏，其内有 12 个选项。右边栏内也有“推荐素材”和“我的收藏”选项卡，和“花样边框”面板一样，只是各选项卡内的边框图片不一样。单击右边选项卡内的一个边框图案，即可开始下载选中的边框，等待一定时间后即可将下载的边框图片添加到当前图片之上，如图 5-2-36 所示。单击左边“边框效果”栏内的选项，会给边框添加不同的效果，例如选中“原色叠加”选项后的图片效果如图 5-2-36 所示。拖动“边框效果”栏下边的“透明度”滑块，可以调整添加的“撕边边框”图片的透明度。

（3）多图边框：单击“边框”菜单内的“多图边框”命令，弹出“多图边框”面板，如图 5-2-37 所示（还没有给图片添加边框）。

该面板内左边与“花样边框”面板相比较，左边栏增加了一幅小图片和一些按钮。右边栏内和“花样边框”面板一样，只是各选项卡内的边框图片不一样。单击右边选项卡内的一个边框图案（例如，第 2 行、第 1 列图案），即可开始下载选中的边框，等待一定时间后即可将下载的边框图片添加到当前图片之上，如图 5-2-37 所示。

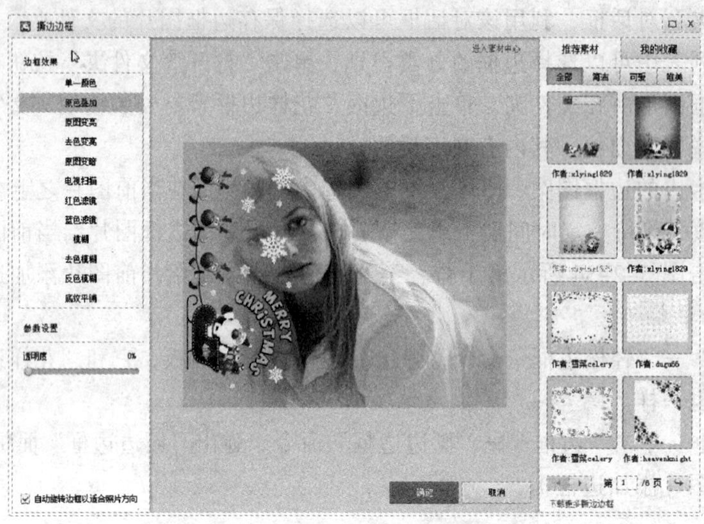

图 5-2-36 “撕边边框”面板

图 5-2-37 “多图边框”面板

单击“添加图片”按钮，弹出“打开”对话框，利用该对话框可以打开多幅图片，在左边栏内会显示打开的图片（例如，4 幅图片），同时打开的第 2 幅图片会替代原来有边框内的图像，如图 5-2-38 所示。选中左边栏内的图片，单击按钮 ，会将选中的图片向前移一位；单击按钮 ，会将选中的图片向后移一位；单击按钮 ，会删除选中的图片。单击“设置”按钮，会弹出“多图边框设置”对话框用来设置图片大小。

（4）自定义扩边：单击“边框”→“自定义扩边”命令，弹出“自定义扩边”面板，如图 5-2-39 所示（还没有给图片添加边框）。

选中右边栏内的“四边同步”复选框，此时在其下边出现一个滑槽和滑块，拖动滑块，可以调整边框的大小。选择“像素”和“百分比”单选按钮，可以设置边框数值的含义。如果没选中“四边同步”复选框，则需要在“上”“下”“左”和“右”文本框内输入数值，数值可以不相同。选中“颜色”单选按钮，单击“颜色”色块，弹出“颜色”面板，用来设置边框的颜色。在“阴影”栏内可以设置阴影的位置、颜色、大小和透明度。

图 5-2-38　“多图边框”面板

图 5-2-39　“自定义扩边”面板

3. 拼图

在“光影魔术手”软件工作界面内，单击“打开”按钮，弹出“打开”对话框，利用该对话框打开多幅图片（此处是 5 幅图片），此时的“美图秀秀”软件工作界面如图 5-2-40 所示。单击上边工具栏内的“拼图”按钮，弹出“拼图”菜单，如图 5-2-41 所示，利用该菜单将多图图片进行拼图，编排照片尺寸和排版。

具体操作简介如下：

（1）自由拼图：单击“拼图”→“自由拼图”命令，弹出“自由拼图”面板，如图 5-2-42 所示（还没有在中间的背景图片之上添加图片）。

依次拖动左边列表框内的图片到中间的背景图片之上，排列好这些图片，如图 5-2-42 所示。单击左边列表框上边的“添加多张图片”按钮，弹出“打开”对话框，利用该对话框可以添加多幅图片。单击“清空图片”按钮，可以将导入的所有图片删除。

图 5-2-40 “光影魔术手”软件工作界面

图 5-2-41 “拼图”菜单

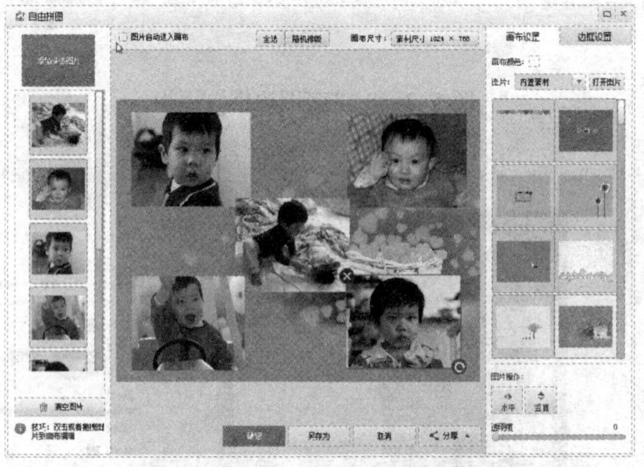

图 5-2-42 “自由拼图”面板

单击右边的背景图片，可以给多幅图片添加背景图片。单击“画布颜色”色块，弹出“颜色”面板，利用该面板可以设置画布颜色，替代背景图片。在“图片”下拉列表中还可以选择保存图片的文件夹。单击“打开图片”按钮，弹出“打开”对话框，利用该对话框可以导入一幅图片作为背景图片。

选中中间画布之上的图片，选中的图片之上出现 2 个圆形按钮，单击按钮，可删除选中的图片；单击按钮，可以旋转选中的图片。拖动右下角滑块，可以调整选中图片的透明度；单击“水平”或“垂直”按钮，可以分别使选中图片水平或垂直颠倒。

（2）模板拼图：单击“拼图”→“模板拼图”命令，弹出“模板拼图”面板，单击左边列表框上边的“添加多张图片”按钮，弹出“打开”对话框，利用该对话框可以添加多幅图片，如图 5-2-43 所示（还没有在中间添加模板和图片）。

在右边栏内切换到“模板”选项卡，单击按钮或，可以翻页选择模板，单击其内的模板图案，即可将模板添加到中间显示框内。然后将左边列表框中的图片依次拖动到模板内的矩形框中。在右边栏内切换到“底纹”选项卡，单击其内的一种底纹图案，即可给模板中的框架边框添加底纹，如图 5-2-44 所示。

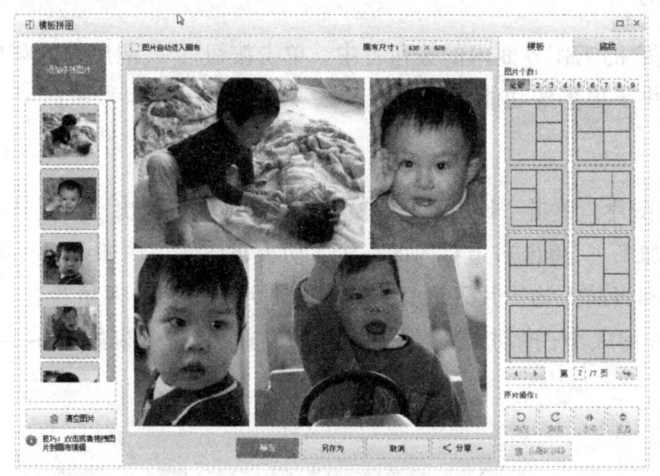

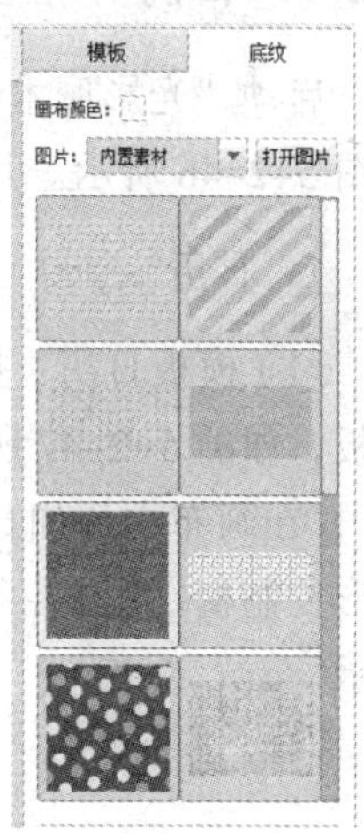

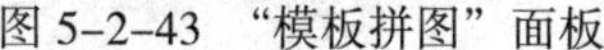

图 5-2-43 “模板拼图”面板　　　　图 5-2-44 “底纹”选项卡

（3）图片拼图：单击“拼图”→“图片拼图”命令，弹出“图片拼图”面板，按照上述方法，导入多幅图片，如图 5-2-45 所示（还没有在中间添加图片）。

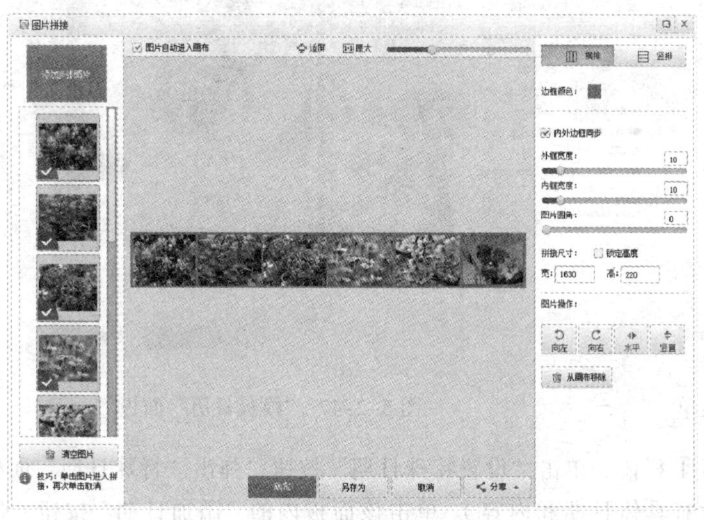

图 5-2-45 “图片拼图”面板

选中“图片自动进入画布”复选框，则左边导入的所有图片会自动移到中间画布之上，形成垂直一列（右边栏切换到“竖排”选项卡）或水平一行（右边栏切换到“横排”选项卡），如图 5-2-45 所示。

将鼠标指针移到右边“边框颜色”文字的右边，当鼠标指针呈吸管状时则单击，弹出“颜色”面板，单击一种颜色色块，设置图片边框颜色。在右边选中“内外边框同步”复选框，拖动滑块，调整图片内外边框的宽度和图片的圆角程度。如果选中“锁定高度”复选框，则画布的高度在调整边框高度时不会随之变化，而图片的高度会随之进行调整。在“宽”和“高”文本框中可以改变画布的宽度和高度，宽高比会保持不变。

5.2.4 日历、抠图和批处理等

启动“光影魔术手”软件，在它的工作界面内的按钮行中，单击按钮 ，调出它的菜单，如图 5-2-46 所示。其内的命令提供了更多的功能，简介如下：

1. 日历

（1）模板日历：打开一幅人物图片，单击“日历”→“模板日历”命令，弹出“模板日历”面板，如图 5-2-47 所示（还没有加工）。单击右边栏内的一个日历模板图案（例如第 1 行第 2 列），在画布内添加日历模板图片和当前人物图片，而且选中人物图片，该图片四角各有一个圆形控制柄。拖动控制柄，调整图片的大小；拖动图片，调整图片的位置，最后效果如图 5-2-47 所示。

日历
抠图
批处理
排版
工具
自定义工具栏

图 5-2-46 菜单

图 5-2-47 “模板日历”面板

在左边的第 1 栏内，单击“设置特殊日期”按钮，弹出“特殊日期”面板，如图 5-2-48 所示（开始还没有具体日期和内容）。单击该面板内的“添加日期”按钮，弹出“添加日期”对话框，如图 5-2-49 所示（还没有设置日期和输入描述内容）。单击“选择”按钮，弹出“日历”面板，在该面板内的下拉列表中选择年和月，如图 5-2-50 所示。再单击日子（例如，1），即可关闭“日历”面板，回到“添加日期”对话框，在“设置日期”文本框中填入“2015-6-1”，如图 5-2-49 所示。然后，在“添加描述”文本框中输入文字（例如，儿童节），再单击“确定”按钮，关闭该对话框，回到“特殊日期”面板，其内添加了“2015-6-1”和“儿童节”。

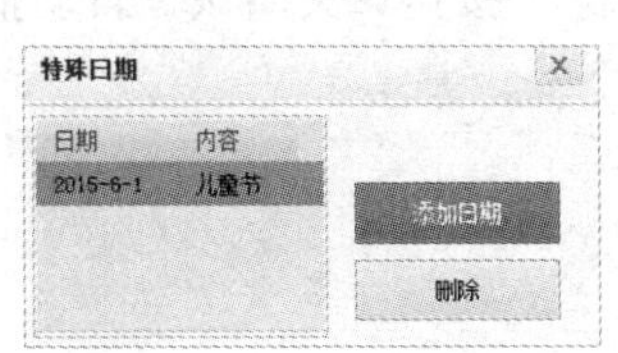

图 5-2-48　“特殊日期”面板

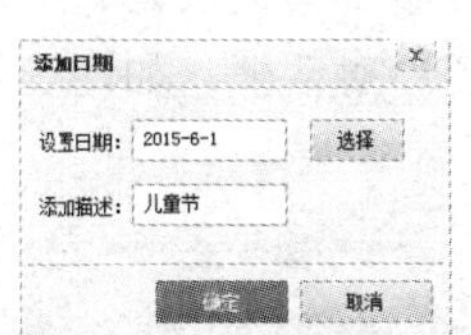

图 5-2-49　“添加日期”对话框

图 5-2-50　“日历”面板

在第 2 栏内的“语言”下拉列表中可以选择一种中文或英文形式，可以选择或不选择“显示农历”复选框。

在第 3 栏内，单击按下“年份”按钮后，可以在该按钮的下边设置年份的字体、大小、颜色和样式等参数；单击按下“月份”按钮后，可以设置月份文字的参数；单击按下“星期”按钮后，可以设置星期文字的参数；单击按下“日期”按钮后，可以设置日期文字的参数。

在第 4 栏内选中“使用边框”复选框后，其下边会显示边框设置工具，用来设置边框的颜色、填充色、边框的宽度和透明度。

（2）模板日历：打开一幅鲜花图片，单击“日历”→“模板日历”命令，弹出“自定义日历”对话框，如图 5-2-51 所示（还没有加工）。然后，利用左边 4 个栏内的不同工具，设计日历的文字和边框。最后结果如图 5-2-51 所示。

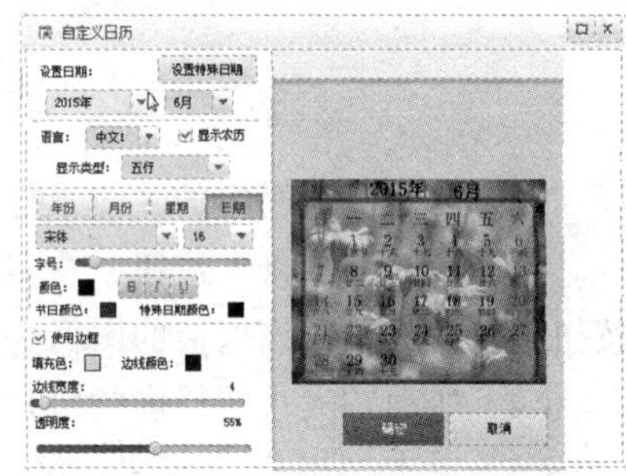

图 5-2-51　“自定义日历”对话框

2. 抠图

“光影魔术手”软件的抠图功能和“美图秀秀”软件的抠图功能基本一样，它有“自动抠图”“手动抠图”“形状抠图”和“色度抠图”4 种。下面介绍“自动抠图”的操作方法，其中的一些方法也适用于其他几种抠图功能的操作。

（1）打开一幅人物图片，单击按钮 ，弹出它的菜单，单击其内的“抠图”→“自动抠图”命令，弹出“自动抠图”对话框，如图 5-2-52 所示（还没有进行抠图操作）。单击“选中笔”按钮，再在图片要抠出的图像之上拖动绘制几条绿色线。单击“删除笔”按钮，再在不要的选区中拖动绘制红色线，创建出选中人物的选区，如图 5-2-52 所示。

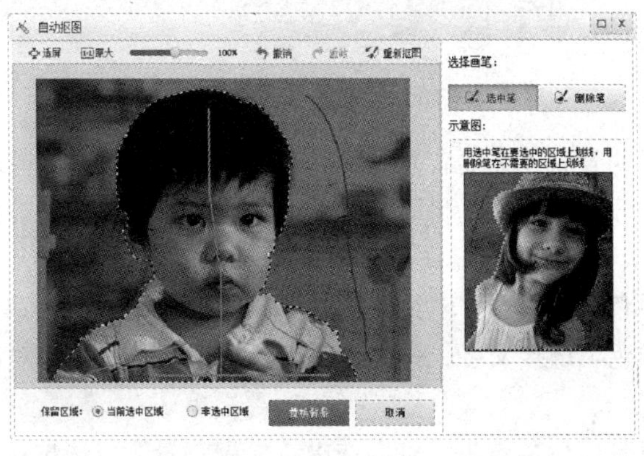

图 5-2-52　“自动抠图”对话框

（2）保证选中“当前选中区域”单选按钮，单击“替换背景”按钮，关闭该“自动抠图”对话框，弹出下一个“自动抠图”对话框，如图 5-2-53 所示。

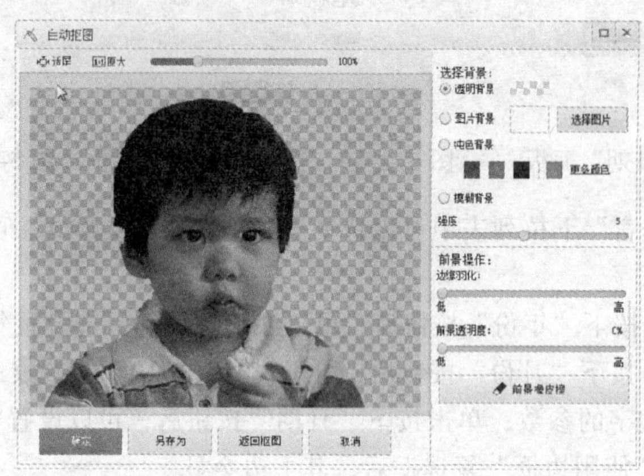

图 5-2-53 “自动抠图”对话框

（3）单击右边栏内的“前景橡皮擦”按钮，弹出“前景橡皮擦”对话框，如图 5-2-54 所示。单击“擦除前景”按钮，在多余图像之上拖动，可以擦除该处的图像；单击“恢复前景”按钮，在擦除了本该保留的图像之上拖动，可以恢复该处的图像。

（4）拖动“大小”栏内的滑块，可调整橡皮擦大小。修改后的图片如图 5-2-54 所示。

（5）单击“确定”按钮，关闭“前景橡皮擦”对话框，回到“自动抠图”对话框，如图 5-2-53 所示，其中抠图图片已经修改好了。

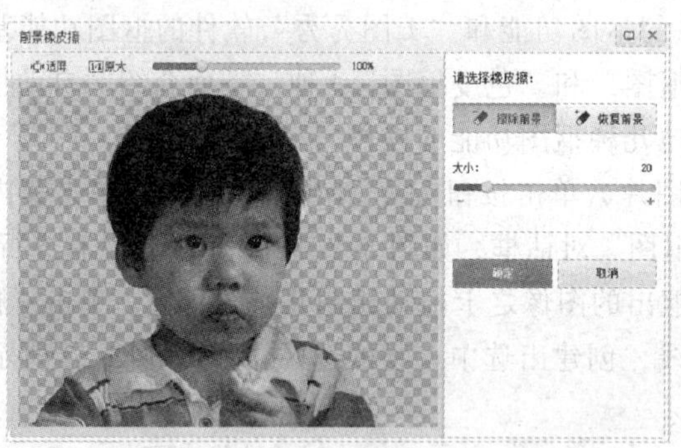

图 5-2-54 “前景橡皮擦”对话框

（6）如果不需要透明背景，需要背景图像，可以选中“图片背景”单选按钮，单击“选择图片”按钮，弹出“打开”对话框，利用该对话框导入一幅鲜花图像。此时的“自动抠图”对话框如图 5-2-55 所示。

（7）如果需要为单色，可以选中“纯色背景”单选按钮，再选中一个色块，设置背景色为该颜色。单击“更多颜色”链接文字，弹出“颜色”对话框，利用该对话框可以设置背景色为其他颜色。

（8）如果要获得背景模糊的效果，可以选中“模糊背景”单选按钮，拖动“强度”栏内的滑块，调整背景图像的模糊程度。

（9）拖动“边缘羽化”栏内的滑块，可以调整抠图图像边缘的羽化程度，使边缘效果更自然；拖动“前景透明度”栏内的滑块，可以调整抠图图像的透明度。

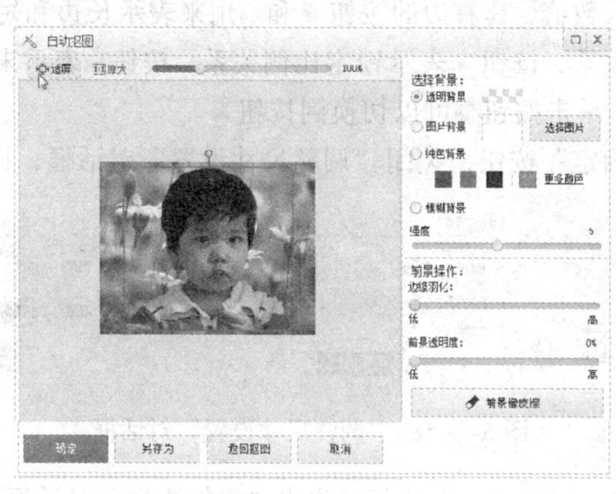

图 5-2-55　“自动抠图”对话框

3．批处理

（1）单击按钮，弹出它的菜单，单击该菜单内的“批处理”命令，弹出“批处理”对话框，如图 5-2-56 所示（还没导入图片）。单击“添加”按钮，弹出“打开”对话框，利用该对话框可以导入多幅图片；单击“添加文件夹”按钮，弹出“请选择要添加的文件夹”对话框，利用该对话框可以选择一个文件夹，将该文件夹内的所有图片导入到“批处理”对话框内，如图 5-2-56 所示。

（2）单击“下一步”按钮，切换到下一个“批处理”对话框，如图 5-2-57 所示，利用该对话框可以选择批处理的动作，添加新的批处理动作。左边“动作列表”列表框内列出已有的一些动作名称选项，它们的左边都有一个复选框，选中该复选框则表示批处理宝行该动作。如果不需要某个动作，可以单击该动作的复选框，取消选中该复选框。例如，单击“动作列表”列表框内所有动作，取消所有选中的动作复选框。

（3）单击右边“请添加批处理动作”栏内的按钮，弹出相应的面板，利用该面板可以添加相应的批处理动作，添加完后，会在左边“动作列表”列表框内后边添加相应的动作名称，并选中该动作名称的复选框。

图 5-2-56　“批处理”对话框 1

图 5-2-57　“批处理”对话框 2

（4）调整尺寸：单击“调整尺寸”按钮，弹出“调整尺寸设置”对话框，如图 5-2-58 所示。选中左边不同的单选按钮后该对话框内右边的选项会不一样，如图 5-2-58 所示。中间下拉列表框用来选择或输入数值，其右边的按钮和用来表示长边和短边或宽度和高度两个数据之间是否保持原比例关系，按钮表示锁定比例关系，按钮表示未锁定比例关系。单击按钮可以切换到按钮，单击按钮可以切换到按钮。

设置完成后单击“确定”按钮，关闭“调整尺寸设置”对话框，回到“批处理”对话框。

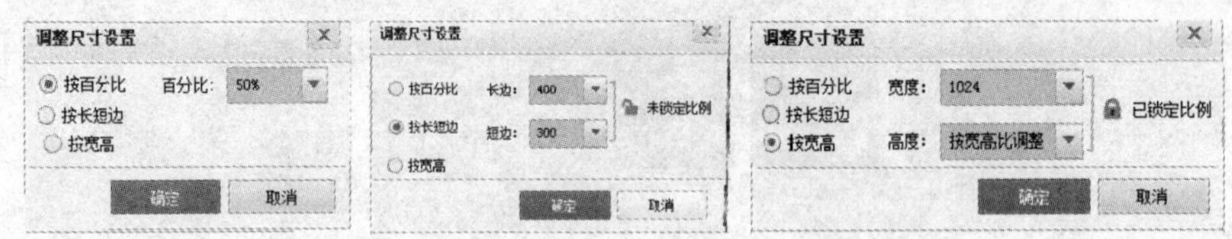

图 5-2-58 “调整尺寸设置”对话框

（5）添加边框：单击“添加边框”按钮，弹出“添加边框”对话框，如图 5-2-59 所示（还没有设置）。在“请选择边框”下拉列表中可以选择边框的类型（此处选择“花样边框”选项），在下边的下拉列表中选择“主题相册”选项，单击选中第 1 个图案，效果如图 5-2-59 所示。单击“确定”按钮，关闭该对话框，回到“批处理”对话框。

（6）单击“批处理”对话框内的“下一步”按钮，弹出下一个“批处理”对话框，如图 5-2-60 所示（还没有设置）。在该对话框内设置批处理文件的保存路径，设置输出文件的名称，设置输出格式和文件质量等。然后，单击“开始批处理”按钮，即可进行图片文件的批处理。然后，在设置的输出路径下可以看到批处理后的图片文件。

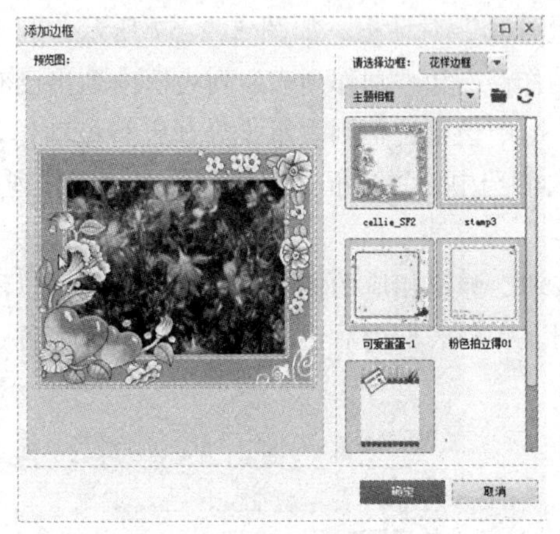

图 5-2-59 “添加边框”对话框

图 5-2-60 “批处理”对话框

思考与练习

1. 使用“美图秀秀”软件进行一幅图像的裁剪，调整该图像的大小和旋转角度。
2. 使用“美图秀秀”软件将一幅图片中的人物背景进行虚化处理。
3. 使用“美图秀秀”软件将一幅人物图像中的人物进行美化，添加饰品和文字。
4. 使用“美图秀秀”软件将一幅人物图像中的人物抠出来，再添加背景风景图像。

5. 使用“美图秀秀”软件将 6 幅图像进行统一大小和统一加工处理的批处理。

6. 使用“光影魔术手”软件进行一幅图像的裁剪，调整该图像的大小和旋转角度。

7. 使用“光影魔术手”软件将一幅图片进行一键美化和一键补光调整。

8. 使用“光影魔术手”软件将一幅图像中的人物进行美化和磨皮等加工处理，再将其中的人物图像抠出来，然后，添加一幅背景风景图像。

9. 使用“光影魔术手”软件给一组图片添加统一的框架，添加统一的文字，再以名称 TU01.bmp、TU02.bmp……保存。

10. 使用“光影魔术手”软件制作 2016 年日历，每一个月为一个图片文件。

第 6 章　中文 GIF Animator 5 软件动画制作

本章主要介绍了使用中文 GIF Animator 5 软件加工制作 GIF 动画的方法,并配有 5 个实例。可以结合实例学习软件的使用方法和使用技巧。

6.1　中文 GIF Animator 5 的基本使用方法

Ulead Gif Animator 是中文 PhotoImpact 软件的一个附属软件，是制作 GIF 格式动画的优秀软件之一。它的功能强大、操作简单。目前较流行的中文版本是 Ulead Gif Animator 5。现在，在网页上的动画多数是以 GIF 和 SWF 的格式来呈现的,而 GIF 格式图像文件更小巧。Ulead GIF Animator 5 的导入和导出功能大大增强了，目前常见的图像格式均能够被顺利导入，一些格式的视频和动画文件也可以导入，而导出格式包括 PSD、UFO、GIF、AVI、SWF、FLC、FLI、FLX、MOV 和 MPEG 等格式的图像、动画和视频文件。

6.1.1　中文 GIF Animator 5 工作界面

1．“启动向导”对话框

运行中文 GIF Animator 5，弹出中文 GIF Animator 工作界面和“启动向导”对话框，中文 GIF Animator 工作界面还不可以使用，“启动向导”对话框如图 6-1-1 所示。该对话框给出了 5 种操作方式，单击其中一个按钮，即可进入相应的操作方式。单击“关闭”按钮或“空白动画”按钮，即可进入中文 GIF Animator 5 的工作界面，同时新建一个空白的工作区窗口。单击“动画向导”按钮，弹出“动画向导”对话框，按照对话框中的提示进行操作，再单击“下一步”按钮，切换到下一个“动画向导”对话框，再按照对话框中的提示进行操作。如此一步步进行，直到完成整个动画的制作。

选中“下次不显示这个对话框”复选框后，以后再运行中文 GIF Animator 5，不会弹出“启动向导”对话框，直接进入中文 GIF Animator 工作界面。在中文 GIF Animator 工作界面内单击“文件”→“参数选择”命令，弹出“参数选择”对话框（见图 6-1-2），切换到“普通”选项卡，选中“开始使用向导”复选框，单击“确定”按钮，关闭该对话框，以后再运行中文 GIF Animator 5，又会先调出“启动向导”对话框。

2．图像和视频文件的打开

（1）利用“启动向导”对话框：在“启动向导”对话框内，单击“打开一个现有的图像文件”按钮，弹出“打开图像文件”对话框，利用该对话框可以弹出中文 GIF Animator 5 的工作界面，同时打开选中的图像文件，图像文件类型如图 6-1-3 所示；单击“打开一个现有的视频文件”按钮，弹出“打开视频文件”对话框，利用该对话框可以弹出中文 GIF Animator 5 的工作界面，同时打开选中的视频文件，视频文件类型如图 6-1-4 所示。

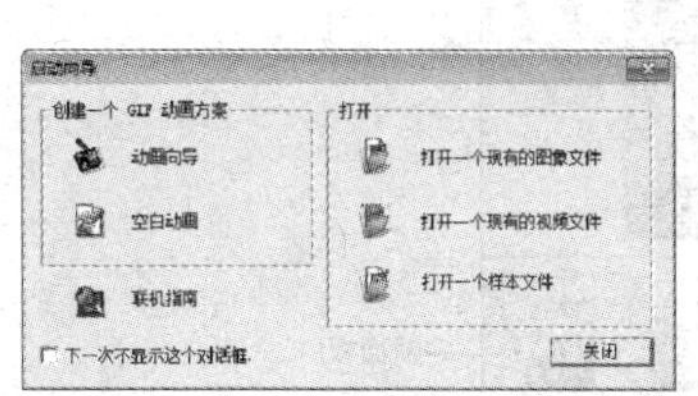

图 6-1-1　“启动向导”对话框

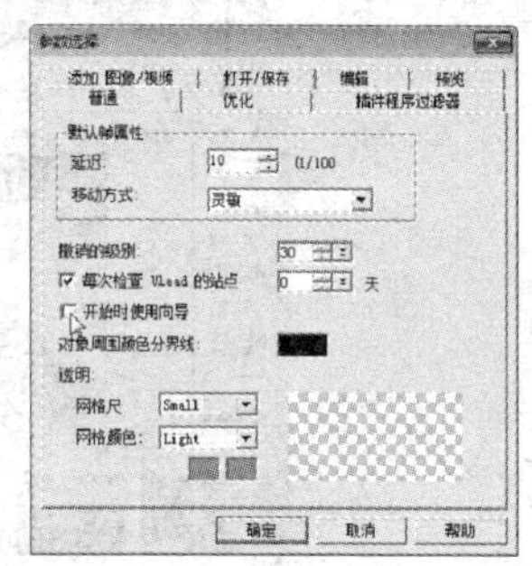

图 6-1-2　“参数选择”对话框

（2）利用菜单命令：在中文 GIF Animator 5 的工作界面内，单击“文件”→“打开图像”命令，弹出“打开图像文件”对话框。单击“文件”→“打开视频文件”命令，弹出“打开视频文件”（Open Video File）对话框。

在 Windows 7 下，有时利用上述两种方法打开“打开图像文件”对话框，选中一幅图像文件后，会使 GIF Animator 5 停止工作，此时可以采用下面介绍的方法。

（3）鼠标拖动：打开中文 GIF Animator 5 的工作界面，再打开 Windows 资源管理器或“计算机”窗口，在其内找到要导入的图像或视频文件，选中一个或多个文件，再将要导入的图像文件拖动到中文 GIF Animator 5 工作界面的标题栏或菜单栏，即可将拖动的图像添加到帧面板和工作区内，替代原来的图像或视频，创建一个新的动画方案；如果将要导入的图像文件拖动到中文 GIF Animator 5 的工作界面内其他位置，则会弹出“插入帧选项”对话框，如图 6-1-5 所示。根据提示选择单选按钮和复选框，再单击“确定”按钮，将拖动的图像或视频文件添加到帧面板和工作区内，替换当前帧，或者在当前帧的左边插入图像或视频文件。

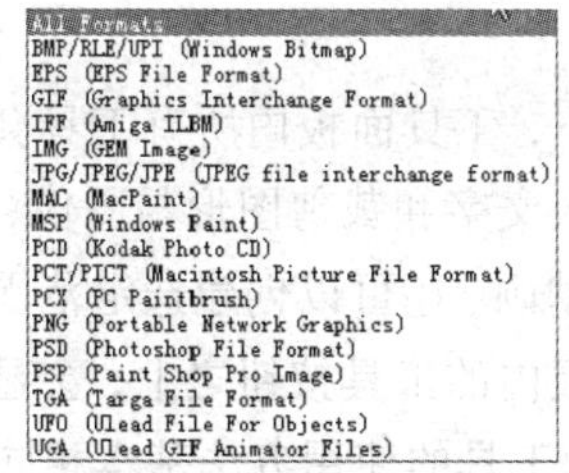

图 6-1-3　图像文件类型

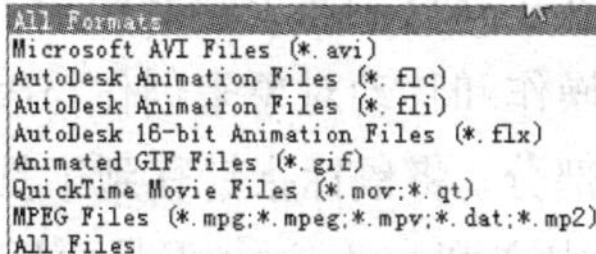

图 6-1-4　视频文件类型

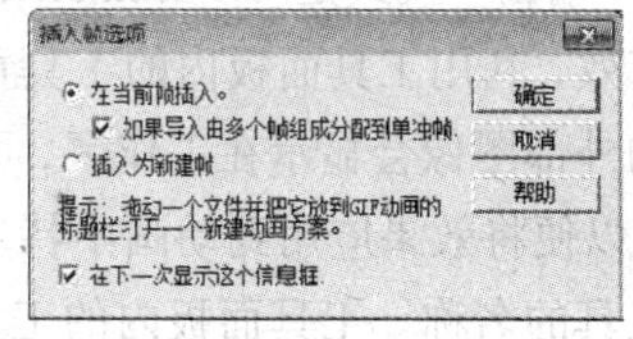

图 6-1-5　“插入帧选项”对话框

3. 中文 GIF Animator 5 的工作界面简介

打开中文 GIF Animator 5 的工作界面，将一幅图像文件和一个 GIF 格式的动画文件依次导入到中文 GIF Animator 5 的工作界面内，如图 6-1-6 所示。具体操作可以采用如下方法：

将一幅图像文件拖动到该工作界面内，弹出图 6-1-5 所示的“插入帧选项”对话框，选中“在当前帧插入”单选按钮，单击“确定”按钮，将图像插入当前帧。再将一个 GIF 格式的动画拖动到该工作界面内，弹出“插入帧选项”对话框，选中“在插入为新建帧”单选按钮，单击“确定”按钮，将 GIF 格式动画的各帧依次插入当前帧的后边，形成新的多个帧。

图 6-1-6 中文 GIF Animator 5 的工作界面

中文 Animator 5 工作界面由标题栏、菜单栏、常用工具栏、属性栏（也叫属性工具栏）、工作区、工具面板、帧面板和状态栏等组成。动画中的每帧列在帧面板内。单击帧面板内动画的某一帧时，该帧图像可在工作区内显示出来。

单击“文件”→“参数选择”命令，弹出“参数选择”对话框，利用该对话框可以设置默认值。按住【Ctrl】键，单击选中帧面板中的一个或多个帧，右击选中的帧，弹出一个菜单，列出所有可用于操作或编辑选中帧的命令。

6.1.2 中文 GIF Animator 5 工作区 3 种工作模式

工作区包括当前图像层面的编辑窗口，它被分为 3 个选项卡，可以方便地在 3 种工作模式之间切换。

1. “编辑”模式

“编辑”模式是 GIF Animator 中默认的操作模式。在这种模式下，工具面板内所有工具会变为有效，利用工具面板内的工具可以在工作区画布上绘制图形、输入文字和裁剪图形与图像，导入的外部图像会显示在工作区，可以操作和移动对象来创作与编辑动画。还可以创建选定范围区域，以便将效果应用到动画中特定的部分。将鼠标指针移到工具面板内的工具按钮之上，会显示该工具的名称。工具面板内的工具与中文 PhotoImpact 工具面板中的工具的使用方法基本相同。

2. “优化”模式

“优化”模式是供用户压缩与优化动画文件的模式，在这种模式下，可以优化动画，减少动画的字节数，以便在 Web 上传输它们。在这种模式下，可以使用此时的属性栏来对动画文件进行优化。此时的属性栏如图 6-1-7 所示。

预设 Photo 256 颜色 256 抖动 100 损耗 0 模糊

图 6-1-7 “优化”模式下的属性栏

（1）“预设”下拉列表：用来选择一种预设值，在“颜色”文本框中改变色彩数值，在“抖动”文本框中改变抖动值，在“损耗”文本框中改变有损数据等。

（2）“优化向导”按钮：单击该按钮，弹出“优化向导”对话框，利用该对话框可以对动画进行优化。

（3）“按尺寸压缩”按钮：单击该按钮，调出“按尺寸压缩”对话框，如图 6-1-8 所示。利用该对话框可以对动画进行压缩优化。

（4）“显示/隐藏优化面板”按钮：单击该按钮，调出“优化面板”面板，如图 6-1-9 所示。单击“显示/隐藏颜色面板”按钮，调出“颜色调色板”面板，如图 6-1-10 所示，利用这两个面板可以对动画进行优化。

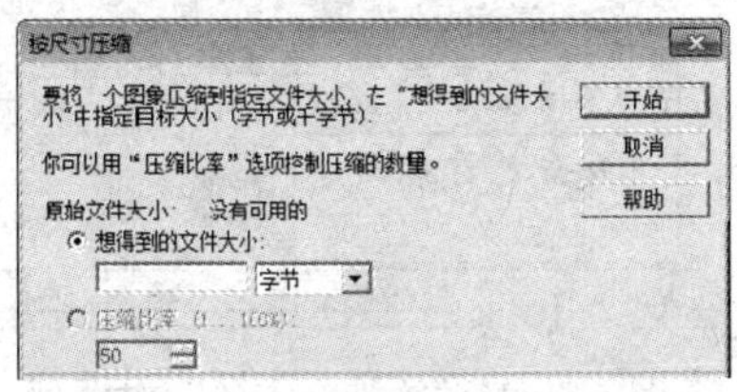

图 6-1-8 “按大小压缩”对话框

图 6-1-9 “优化面板”面板

3. “预览”模式

“预览”模式下可以在 GIF Animator 工作区中预览 GIF 格式的动画。打开 Windows 资源管理器或“计算机”窗口，在其内找到要导入的图像或视频文件，选中一个或多个文件，再将要导入的图像文件或 GIF 格式文件拖动到中文 GIF Animator 5 的工作界面“预览”模式下的工作去内，可以直接浏览图像或 GIF 格式动画。

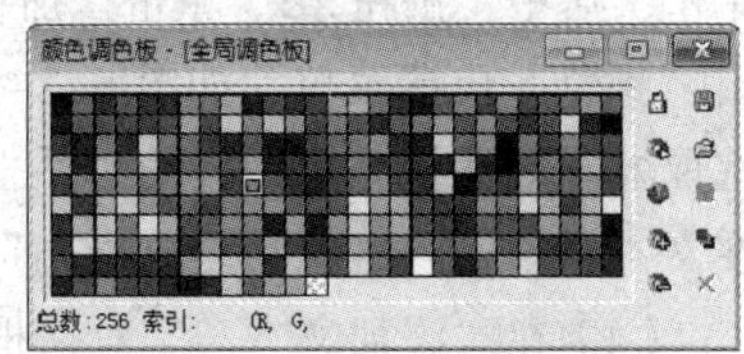

图 6-1-10 “颜色调色板”面板

6.2　中文 GIF Animator 5 制作实例

实例 1　五岳文字切换

“五岳文字切换”动画播放时，先有“五岳之首泰山”文字从右向左移入画面，再从左向右移出画面，如图 6-2-1 左图所示。接着“山岳风景黄山”文字从下向上移入画面，再从上向下移出画面，其中的一个画面如图 6-2-1 右图所示。再接着，“奇险第一华山”从上向下移入画面，再从下向上移出画面，其中的一幅画面如图 6-2-2 左图所示。最后，“秀甲天下山峨眉山”文字逐渐显示出来，其中的一幅画面如图 6-2-2 右图所示。

五岳之首泰山　　山岳风景黄山

图 6-2-1 “五岳文字切换”动画播放时的 2 幅画面

奇险第一华山　秀甲天下山峨眉山

图 6-2-2 “五岳文字切换”动画播放时的另 2 幅画面

1. 制作第 1 个文字动画

（1）单击“文件”→“新建”命令，弹出“新建”对话框，利用该对话框设置画布的宽度为 400 像素，高度为 80 像素，选中“纯背景对象”单选按钮，如图 6-2-3 所示。单击“确定”按钮，创建一个新画布。

（2）单击“帧”→“添加条幅文本”命令，弹出“添加文本条”对话框，如图 6-2-4 所示（还没有设置）。利用该对话框，可以制作各种文字移动等动画。

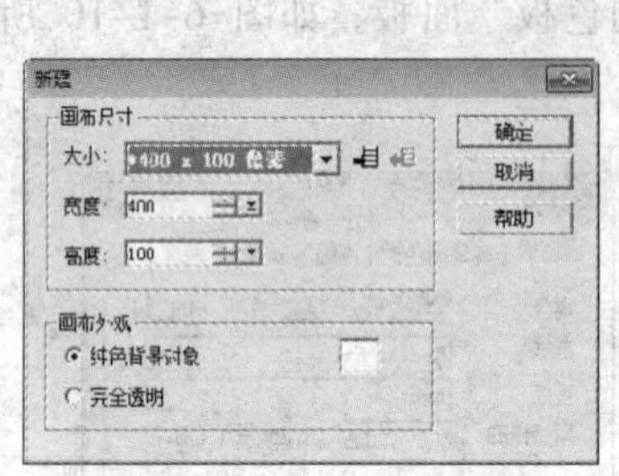

图 6-2-3 “新建”对话框

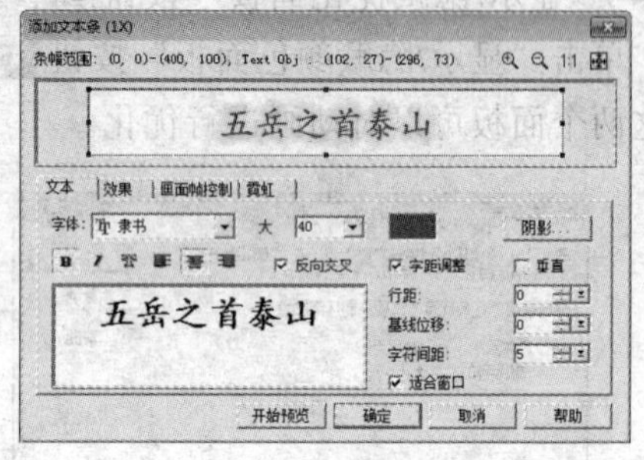

图 6-2-4 “添加文本条”对话框

（3）在“字体”下拉列表内选择字体为隶书，在“大小”列表框内选择文字大小为 40；单击“居中”按钮，单击“加粗”按钮，在“字符间距”数字框内输入 5；单击色块，弹出“颜色”快捷菜单，如图 6-2-5 所示。单击“Ulead 颜色选择器”命令，弹出与“友立色彩选取器”对话框基本一样的对话框，单击该对话框内红色色块，定义文字颜色为红色。然后，在文本框内输入“五岳之首泰山”。

（4）在“添加文本条”对话框中单击“效果”标签，切换到“效果”选项卡。选中“进入场景”和“退出场景”复选框，在两个列表框中分别选中“左侧移动”和“右侧移动”选项，在两个数字框内均输入 30，如图 6-2-6 所示。利用该对话框还可以设置其他特点的文字移入画面和移出画面的动画效果。

“画面帧控制”和“霓虹”选项卡内选项采用默认设置。文字四周有黄色霓虹光。

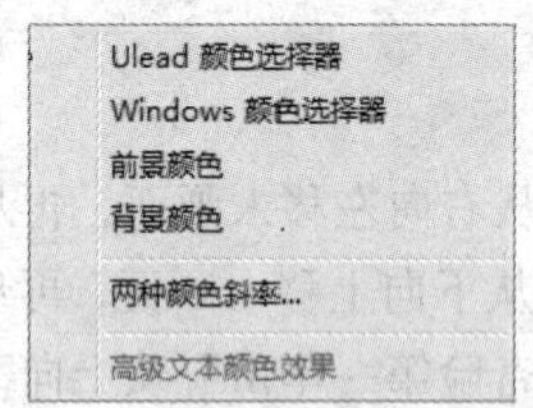

图 6-2-5 “颜色”快捷菜单

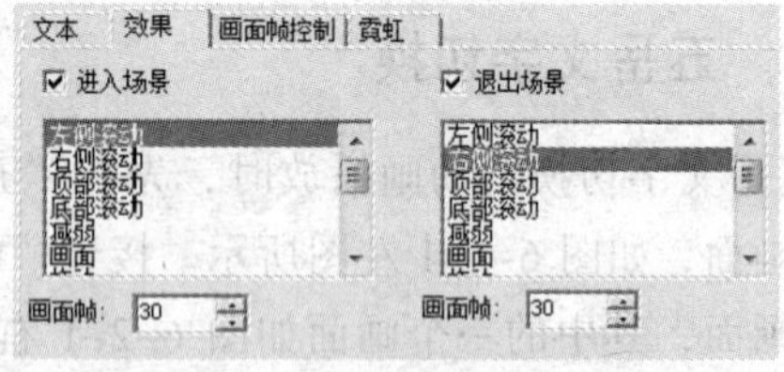

图 6-2-6 “效果”选项卡

（5）单击“添加文本条”对话框中的“开始预览”按钮，可以看到文字动画效果，单击“停止预览”按钮，可使动画播放停止。单击“确定”按钮，弹出一个菜单，单击“创建为文本条”命令，即可将创建的文字动画添加到帧面板中。

（6）按住【Ctrl】键，单击选中第 1、2 帧和最后一帧（这 3 帧内没有内容），右击选中的帧，弹出快捷菜单，单击“删除帧”命令或单击帧控制栏内的“删除帧”按钮，删除选中的帧，在帧面板内创建了 58 帧。

2. 制作其他文字动画

（1）单击帧面板内的第 57 帧，以后重复上边的操作，只是输入的文字改为“山岳风景黄山”。切换到“效果”选项卡，选中两个复选框，在两个列表框中分别选中“底部滚动”和“顶部滚动”选项，在两个数字框内均输入 30，如图 6–2–7 所示。单击“确定”按钮，弹出一个菜单，单击该菜单中的“创建为文本条”命令，即可将创建的文字动画添加到帧面板中第 58 帧的后边。删除空白帧，保留最后一个空白的第 109 帧。

（2）单击帧面板内的第 109 帧，重复上边的操作，只是输入的文字改为“奇险第一华山”，在两个列表框中分别选中“顶部滚动”和“底部滚动”选项，如图 6–2–8 所示。单击“确定”按钮，弹出一个菜单，单击其中的“创建为文本条”命令，将创建的文字动画添加到帧面板中第 109 帧的后边。删除空白帧，保留最后一个空白的第 159 帧。

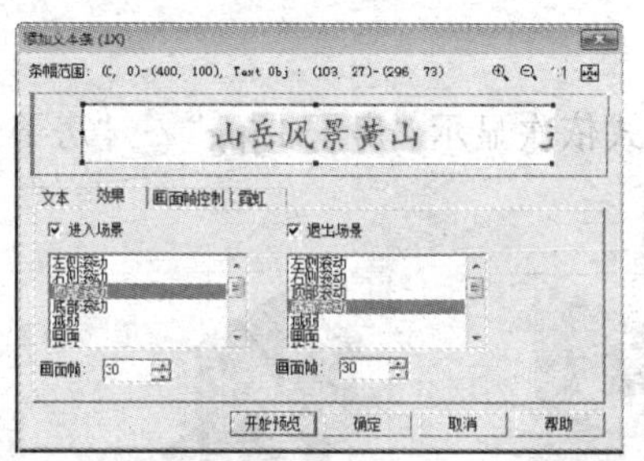

图 6–2–7 “添加文本条”（效果）对话框

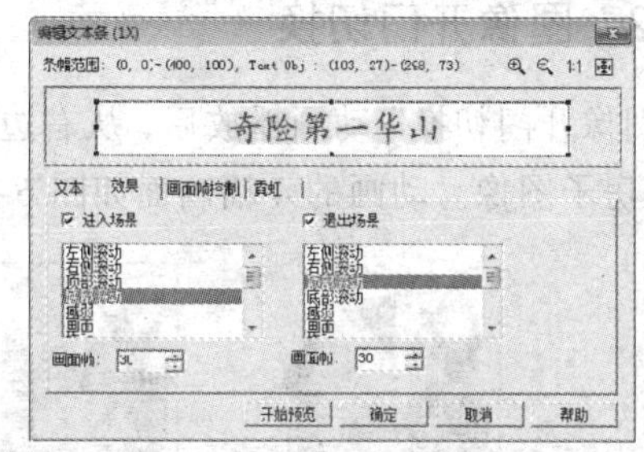

图 6–2–8 “添加文本条”对话框设置

（3）单击选中帧面板内第 159 帧，重复上边的操作，只是输入的文字改为“秀甲天下山峨眉山”，在两个列表框中分别选中“缩小”和“放大”选项，如图 6–2–9 所示。单击“确定”按钮，弹出一个菜单，单击其中的“创建为文本条”命令，将创建的文字动画添加到帧面板中第 159 帧的后边。删除空白帧，保留最后一个空白的第 159 帧。

（4）选择“添加文本条”对话框中“画面帧控制”选项卡，如图 6–2–10 所示，可以调整延迟时间和帧的延迟时间。

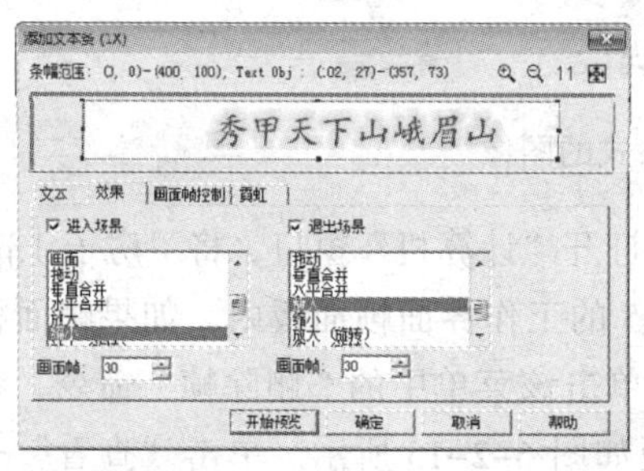

图 6–2–9 “添加文本条”（效果）对话框

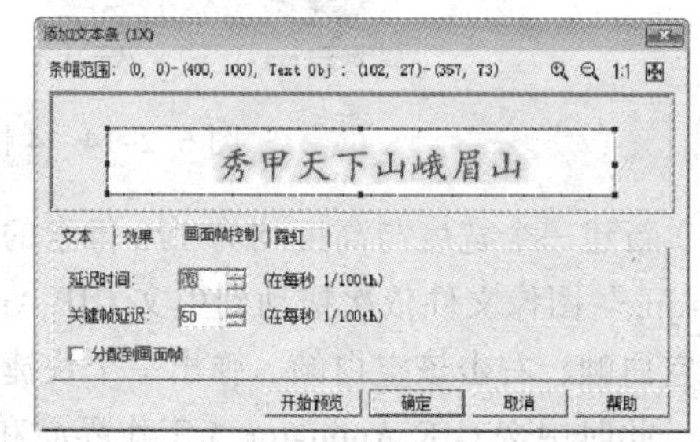

图 6–2–10 “添加文本条”（画面帧控制）对话框

（5）单击帧控制栏内的“添加文本条”按钮，也可以弹出“添加文本条”对话框。单击选中帧控制栏内的第 1 帧，单击“帧”→“帧属性”命令，弹出“画面的帧属性”对话框，如图 6–2–11 所示（还没有设置）。利用该对话框，可以设置选中帧的属性。

（6）单击“文件”→“另存为”→“GIF 文件”命令，弹出“另存为”菜单，在“保存在”下拉列表中选中保存文件的文件夹，在“文件名”文本框中输入文件名“实例 1 五岳文字切换”，如图 6-2-12 所示，单击“保存”按钮，将制作好的动画以名称“实例 1 五岳文字切换.gif”保存。

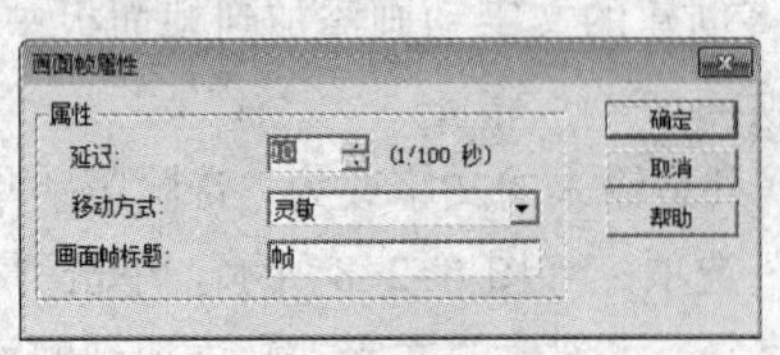

图 6-2-11 “画面的帧属性”对话框

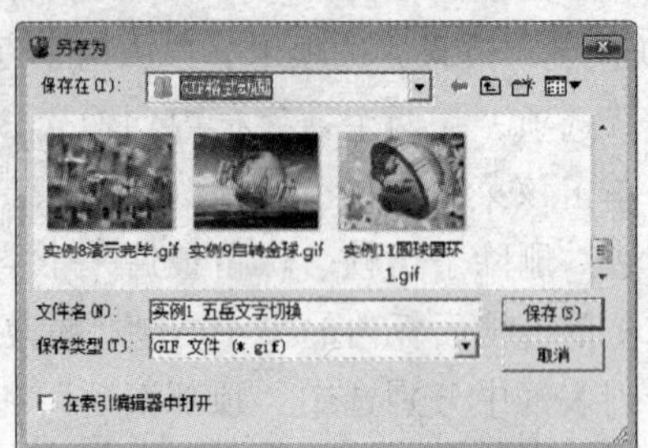

图 6-2-12 “另存为”对话框

实例 2 图像开门切换

“图像开门切换”动画播放后，从右边向左边开门式依次显示“房子 1.jpg”～“房子 4.jpg”四幅小房子图像。动画的 4 幅画面如图 6-2-13 所示。

图 6-2-13 “图像开门切换”动画播放时的 4 幅画面

（1）使用图像软件制作 4 幅一样大小（宽 120 像素、高 120 像素）的 JPG 格式的图像，如图 6-2-14 所示。它们的文件名分别是“房子 1.jpg”～“房子 4.jpg”。

图 6-2-14 4 幅 JPG 格式的图像

（2）新建一个宽度与高度均为 120 像素的画布，打开“计算机”窗口，将“房子 1.jpg”～“房子 4.jpg”图像文件依次拖动到中文 GIF Animator 5 的工作界面帧面板内，如果帧面板中最左边有空白帧，右击该空白帧，弹出一个快捷菜单，单击该菜单中的“删除帧”命令，将空白帧删除。此时中文 GIF Animator 5 工作界面和帧面板如图 6-2-15 所示。单击“查看”→“对象管理器面板”命令，弹出“对象管理器”面板，如图 6-2-16 所示。

（3）如果要调整“对象管理器”面板中图像的顺序，可以单击帧面板内第 1 帧图像，同时“对象管理器”面板中相应的图像对象的眼睛图标显示，将该对象拖动到最上边。也可以通过单击属性栏内“顺序”栏中的按钮，将该图像对象移到最上边。按照上述方法，可将 4 幅图像按从上到下顺序排列，如图 6-2-17 所示。

如果帧面板中的各帧图像顺序不正确，可用鼠标拖动帧图像来调整。

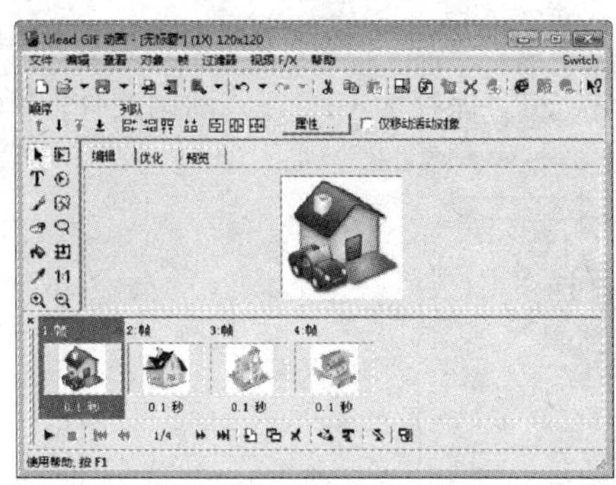

图 6-2-15　中文 GIF Animator 5 工作界面和帧面板

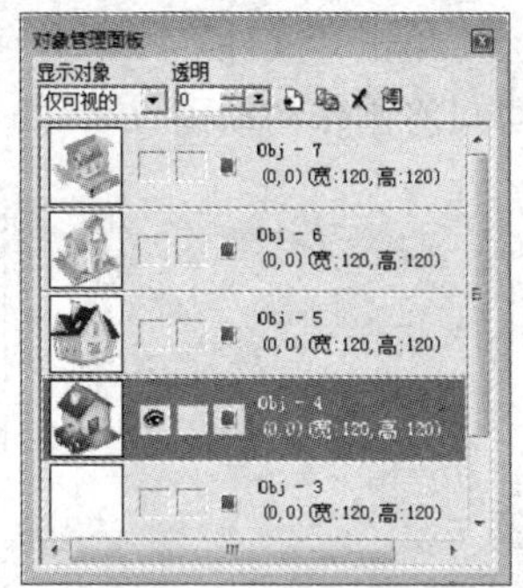

图 6-2-16　“对象管理器”面板

（4）右击帧面板中的第 1 帧图像，弹出其快捷菜单，再单击该菜单中的“相同的帧”命令，将第 1 帧图像复制一份在帧面板中。拖动复制的图像到第 4 帧图像的右边，如图 6-2-18 所示。

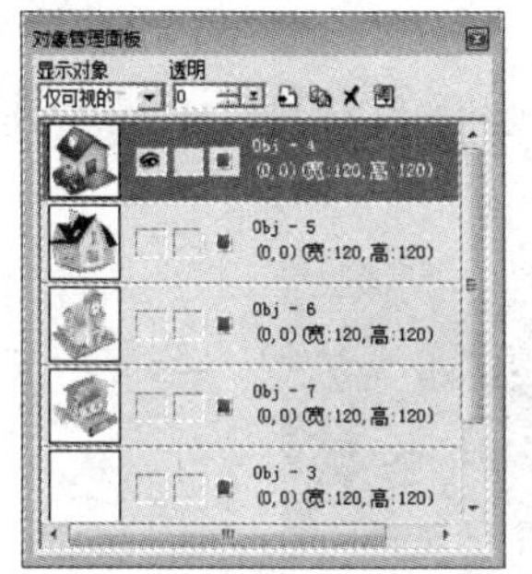

图 6-2-17　“对象管理器”面板

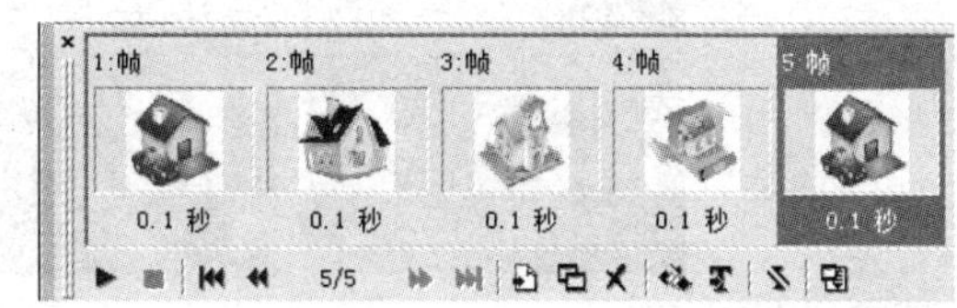

图 6-2-18　中文 GIF Animator 5 工作环境中的帧面板

（5）选中帧面板中第 1 帧图像。单击“视频 F/X”（视频滤镜）→“3D”（三维）→“通道-3D”命令，弹出“添加效果”（通道-3D）对话框，如图 6-2-19 所示（还没有设置）。在“效果类型”下拉列表中选中的是“通道-3D”选项。单击按钮◀，表示从右向左开门；在“平滑边缘”下拉列表中选择“不”选项；调整“画面帧”数字框中的数据为 15，表示该动画为 15 帧；调整“延迟时间”数字框中的数据为 6，表示每帧播放 0.06）；设置边框颜色为紫色，边框宽度为 2 像素；在“原始帧”下拉列表中选择“1：帧”选项，在“目标帧”下拉列表中选择“2：帧”选项，如图 6-2-19 所示。然后，单击“确定”按钮，关闭该对话框。

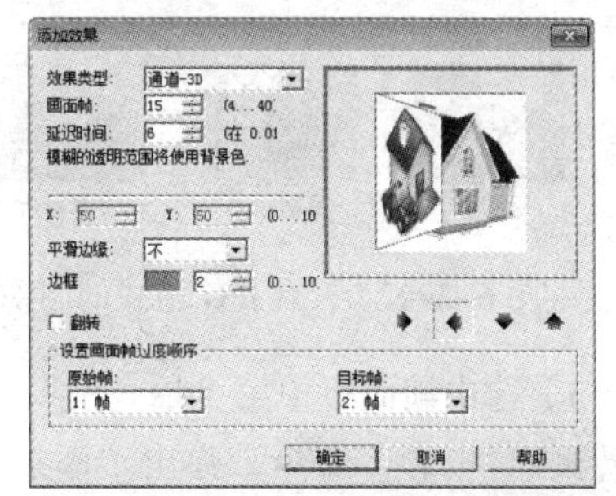

图 6-2-19　“添加效果”（通道-3D）对话框

（6）选中帧面板中最右边的第 2 幅小房子图像。单击“视频 F/X”（视频滤镜）→“3D”（三维）→“通道-3D”命令，弹出“添加效果”（通道-3D）对话框。按照上述方法进行设置，如图 6-2-20 所示。然后，单击“确定”按钮，关闭该对话框。

（7）选中帧面板中最右边的第 3 幅小房子图像，重复上述操作。选中帧面板中最右边的第 4 幅小房子图像，重复上述操作。

（8）单击“文件”→“另存为”→“GIF 文件”命令，弹出“另存为”对话框，利用该对话框可以将制作的动画以名称“实例 2 图像开门切换.gif”保存为 GIF 各式动画文件。

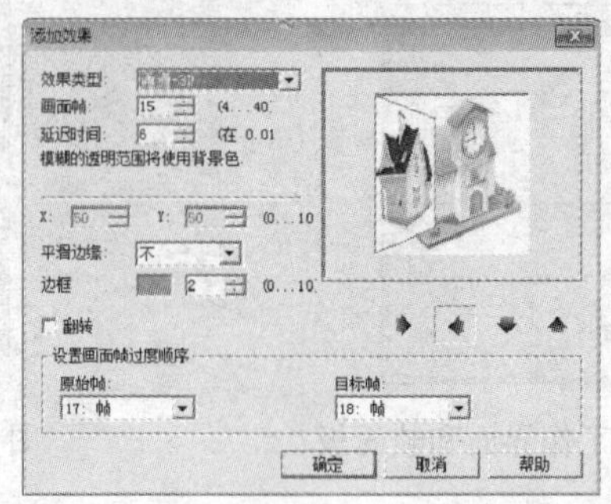

图 6-2-20 “添加效果”（通道-3D）对话框

实例 3 多幅图像翻页展示

“多幅图像翻页展示”动画播放后的两幅画面如图 6-2-21 所示。可以看到，3 幅别墅图像不断翻页展示的动画。

图 6-2-21 “翻页图像”动画播放时的 3 幅画面

（1）应用图像软件制作 3 幅一样大小（宽 400、高 300）的 JPG 格式的图像，如图 6-2-22 所示。它们的文件名分别是“别墅 1.jpg”“别墅 2.jpg”和“别墅 3.jpg”。

（2）新建一个宽为 400 像素、高 300 像素的画布。然后导入“别墅 1.jpg”“别墅 2.jpg”和“别墅 3.jpg”3 幅图像到帧面板中，删除帧面板中最左边的空白帧，再将帧面板中的第 1 幅图像复制到第 3 幅图像的右边。此时的帧面板如图 6-2-23 所示。

图 6-2-22 3 幅 JPG 格式的图像

图 6-2-23 帧面板

（3）选中帧面板中第 1 幅“别墅 1.jpg”图像，单击“视频 F/X”（视频滤镜）→“电影”→“翻转页面-电影”命令，弹出“添加效果”对话框，单击按钮 ，按照图 6-2-24 所示进行设置，单击“确定”按钮。

（4）选中帧面板中最右边的第 2 幅“别墅 2.jpg”图像，按照上述方法打开“添加效果”对话框，按照图 6-2-25 所示进行设置，单击“确定”按钮，制作“别墅 2.jpg”图像的翻页动画效果。再选中帧面板中的最右边的第 3 幅“别墅 3.jpg”图像，按照上述方法制作“别墅 3.jpg”图像的翻页动画效果。

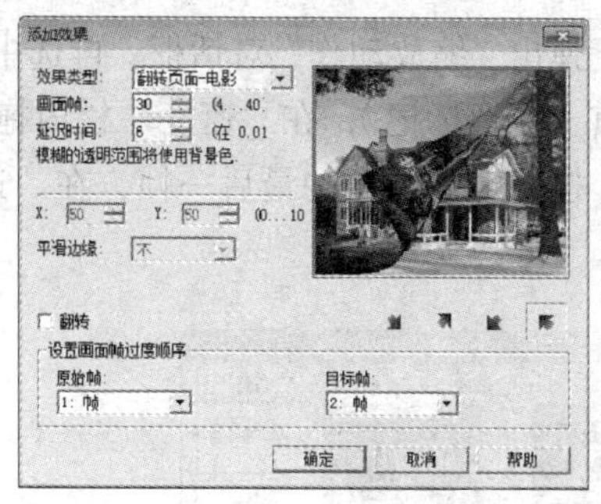

图 6-2-24 “添加效果”对话框

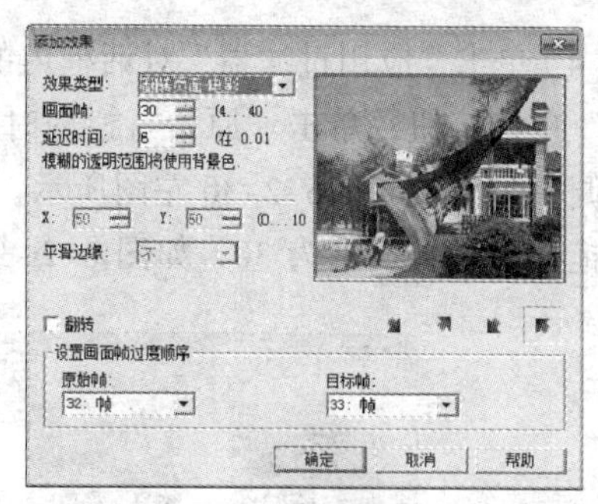

图 6-2-25 “添加效果”对话框

（5）对动画进行优化，再单击“文件”→“另存为”→“GIF 文件”命令，弹出“另存为”对话框，利用该对话框可以将制作的动画以名称“多幅图像翻页展示.gif”保存为 GIF 动画文件。

（6）单击“文件”→“另存为”→“视频文件”命令，弹出“另存为”对话框，利用该对话框可以将制作的动画以名称“多幅图像翻页展示.avi”保存为 AVI 动画文件。

（7）单击“文件”→“另存为”→“Macromedia Flash（SWF）”→“使用 JPEG”命令，弹出“另存为”对话框，利用该对话框可以将制作的动画以名称“多幅图像翻页展示.swf”保存为 SWF 动画文件。

实例 4　图像特效切换

“图像特效切换”动画播放后，一幅图像以照相机镜头效果展示，另一幅图像以刮风效果展示。动画播放时的两幅画面如图 6-2-26 和图 6-2-27 所示。

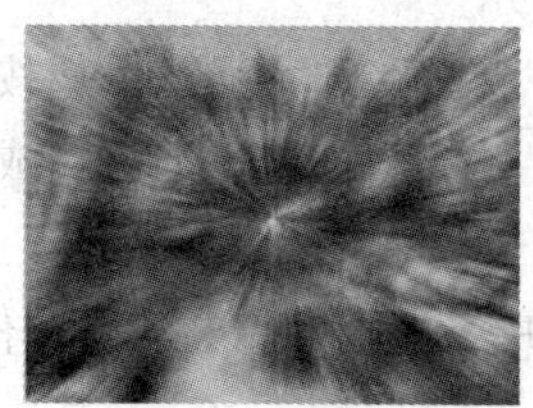

图 6-2-26　相机镜头效果动画的一幅画面

图 6-2-27　刮风效果动画的一幅画面

（1）利用图像软件制作 2 幅一样大小（宽 400、高 300）的 JPG 格式的图像，如图 6-2-28 所示。它们的文件名分别是“风景 01.jpg”和“风景 02.jpg”。

（2）按照实例 2 所述方法，新建一个宽为 400 像素、高 300 像素的画布。然后导入“风景 01.jpg”和“风景 02.jpg”图像到帧面板中。

（3）选中帧面板中的第 1 帧“风景 01.jpg”图像。再单击“视频 F/X”→“照相机镜头”→“缩放动作”命令，弹出“应用过滤器”对话框，在该对话框的数字文本框中设置动画的帧数 20，如图 6-2-29 所示。

图 6-2-28 “风景 01.jpg”和“风景 02.jpg”图像

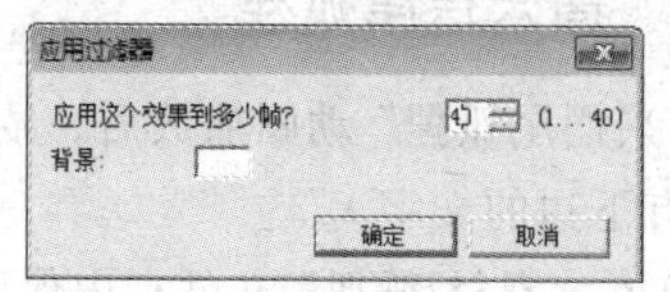

图 6-2-29 “应用过滤镜”对话框

（4）单击“应用过滤器”对话框内的“确定”按钮，弹出“缩放动作”对话框。再选中“照相机”单选按钮；单击“原始”栏内时间线上的第 1 帧（菱形标记），在“速度”栏内拖动滑块，调整为 1，如图 6-2-30 左图所示。再单击“原始”栏内时间线上的最后一帧，在“速度”栏内拖动滑块，调整为 30，如图 6-2-30 右图所示。

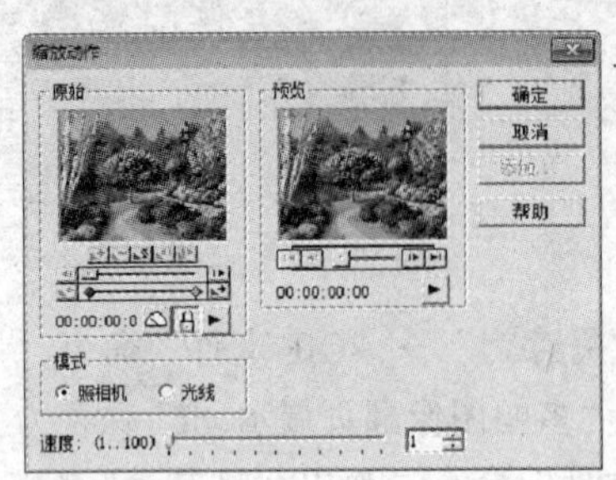

图 6-2-30 “缩放动作”对话框

（5）单击按钮，调出它的菜单，单击该菜单内的选项，可以设置不同类型的变化方式，通过实验可以观看到其效果；单击“播放/停止”按钮，可以在播放和停止动画播放之间切换。然后单击“确定”按钮，完成该动画的制作。

（6）单击帧面板中的第 2 幅图像“风景 02.jpg”图像，再单击“视频 F/X”→“特殊”→“风”命令，弹出“应用过滤镜”对话框，利用该对话框设置动画的帧数。单击该对话框内的“确定”按钮，弹出“风”对话框。单击时间线上的第 1 帧，将级别调整为 12，再选中“到右”和“爆炸”单选按钮。此时“风”对话框如图 6-2-31 左图所示。

（7）单击时间线上的最后一帧，将级别调为 30，选中“到右”和“强”单选按钮。单击该对话框右边的“播放”按钮，可以看到动画效果。单击“确定”按钮，即可完成该动画的制作。此时“风”对话框如图 6-2-31 右图所示。

（8）对动画进行优化，再按照实例 3 介绍的方法导出 GIF、AVI 和 SWF 动画文件。

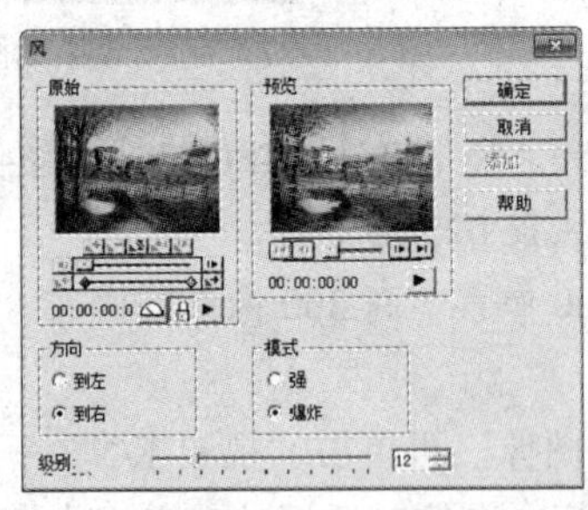

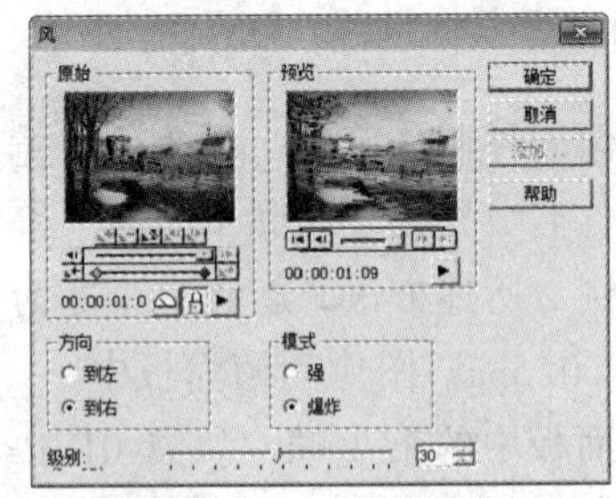

图 6-2-31 “风”对话框

实例 5 高兴摆尾狐狸

“高兴摆尾狐狸”动画播放后，显示一只狐狸不断地摆尾。动画的 7 幅画面如图 6-2-32 所示（没有下边的文字）。

（1）在“素材/狐狸”文件夹内保存有“狐狸 0.jpg”～“狐狸 6.jpg” 7 幅图像，如图 6-2-32 所示（不包括图像下边的字符，它们是图像的名称）。在一个图像软件中打开这 7 幅图像，将它们的大小均调整宽为 184 像素、高为 194 像素，如图 6-2-32 所示。

图 6-2-32　“高兴摆尾狐狸”动画播放后的 6 幅画面

（2）启动中文 GIF Animator 5，新建一个宽 184 像素、高 194 像素的画布。在“计算机”窗口打开“素材/狐狸”文件夹，按住【Shift】键，单击“狐狸 0.jpg”和“狐狸 6.jpg”图像文件图标，同时选中“狐狸 0.jpg”～“狐狸 6.jpg”7 个图像文件。拖动选中的 7 个图像文件到中文 GIF Animator 5 的工作界面帧面板内，工作区和帧面板如图 6-2-33 所示。

（3）单击“查看”→“对象管理器面板”命令，弹出“对象管理器”面板。选中帧面板内第 1 帧图像；单击“对象管理面板”面板内最下边的对象，如图 6-2-34 所示。

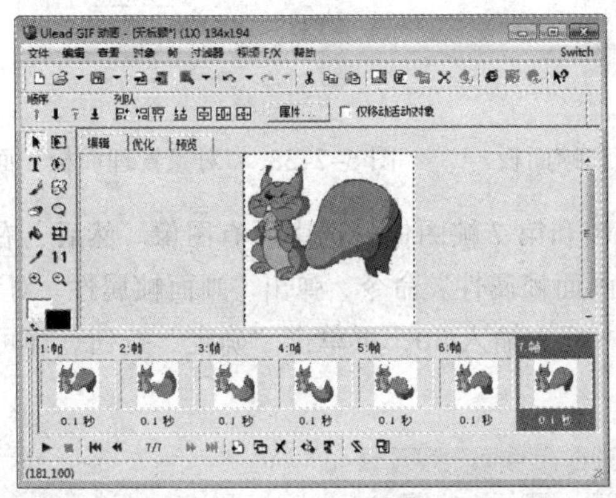

图 6-2-33　中文 GIF Animator 5 工作界面和帧面板

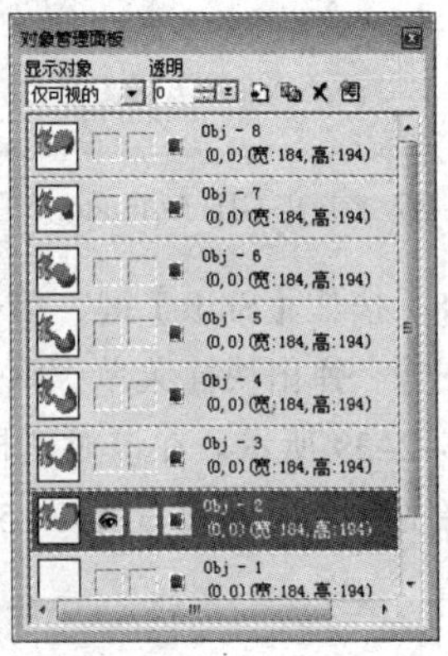

图 6-2-34　“对象管理面板”面板

（4）单击工具面板内的“选择工具-魔术棒”按钮，在其属性栏内“近似”数字框中输入 32，单击工作区内狐狸图像中的白色背景，创建选中白色背景的选区。

单击工具面板内的“选择工具-长方形”按钮，按住【Shift】键，在狐狸耳朵上方的小竖线处拖动，增添选中小竖线的选区，如图 6-2-35 所示。

如果要减去某处的选区，可以单击工具面板内的“选择工具-长方形”按钮，按住【Alt】键，同时在该处拖动取消选区。

（5）保证在“对象管理器面板”面板内选中最下边的空白图像，如图 6-2-34 所示。按【Delete】键，删除选区内的白色背景图像，效果如图 6-2-36 所示。

图 6-2-35　创建选中白色背景的选区

图 6-2-36　删除选取内的白色背景图像

（6）选中帧面板内最左边第 2 帧图像，选中“对象管理器”面板内从下向上的第 2 幅狐狸图像。单击工具面板内的“选择工具-魔术棒”按钮，单击图像外边，取消原来的选区。然后，按照上述方法，删除第 2 幅图像的白色背景图像。

（7）按照上述方法，将其他图像的白色背景图像删除。此时的中文 GIF Animator 5 工作界面内工作区和帧面板如图 6-2-37 所示。“对象管理面板”面板如图 6-2-38 所示。

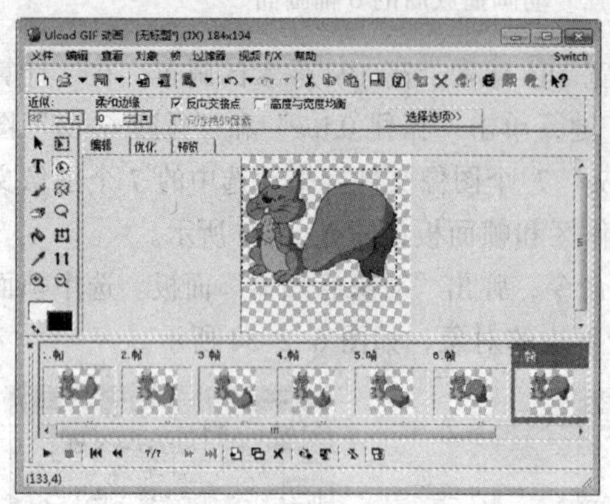

图 6-2-37 中文 GIF Animator 5 工作界面内工作区和帧面板

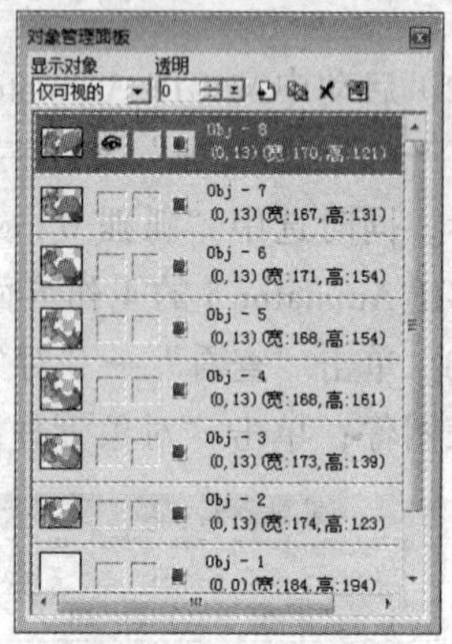

图 6-2-38 “对象管理面板”面板

（8）按住【Shift】键，单击帧面板中第 1 帧和第 7 帧图像，选中所有图像。然后，右击选中的图像，弹出快捷菜单，单击该菜单中的“画面帧属性”命令，弹出“画面帧属性”对话框，如图 6-2-39 所示。在该对话框的“延时”文本框中输入 30，再单击“确定”按钮，即可将每帧图像的播放时间设置为 0.15 秒。

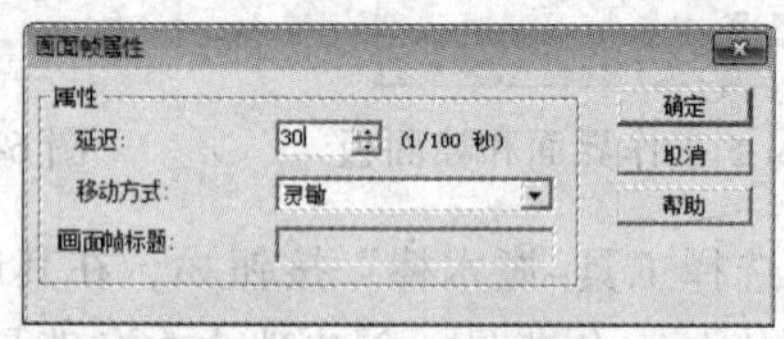

图 6-2-39 “画面帧属性”对话框

（9）右击选中的图像，弹出快捷菜单，单击该菜单中的“相同的帧”命令，将选中的 6 帧图像在右边复制一份，如图 6-2-40 所示。右击帧面板内复制的帧，弹出它的快捷菜单，单击该菜单内的“反向帧顺序”命令，弹出“反向帧顺序”对话框，选中“选定帧相反顺序”单选按钮，如图 6-2-41 所示。

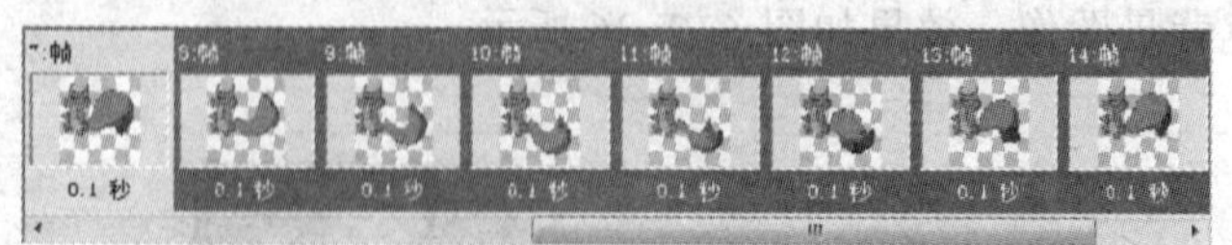

图 6-2-40 复制选中的 7 帧图像

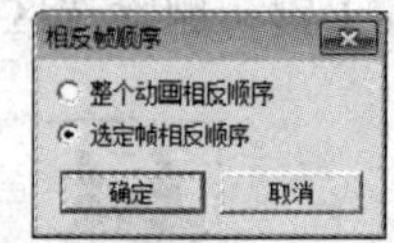

图 6-2-41 “相反帧顺序”对话框

（10）单击“反向帧顺序”对话框内的“确定”按钮，将帧面板内选中的帧反向，效果如图 6-2-42 所示。

（11）如果新建的画布不是宽为 132 像素、高为 130 像素，则单击“编辑”→“修剪画布”

命令，将动画中各帧画布调整的与图像大小一样。

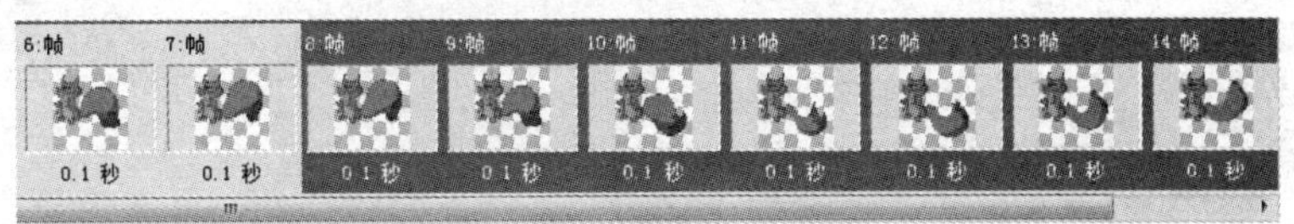

图 6-2-42　选中的 6 帧图像反向

然后，对动画进行优化，再导出 GIF、AVI 和 SWF 动画文件。

思考与练习

1. 启动中文 GIF Animator 10 软件，进行实际操作，基本掌握中文 GIF Animator 10 软件中常用工具栏、属性栏、工具面板中各工具的基本使用方法。

2. 参考实例 1“五岳文字切换”动画的制作方法，制作一个“文字变化”GIF 格式动画，该动画播放后，先有“中文 PhotoImpact 10.0”文字从右向左移入画面，再从左向右移出画面，如图 6-3-1 所示。接着“中文 GIF Animator 5.10”文字从下向上移入画面，再从上向下移出画面，其中的一个画面如图 6-3-2 所示。然后，“中文 Ulead COOL 3D Studio 1.0”文字逐渐显示出来，其中的一幅画面如图 6-3-3 所示。

中文PHOTOIMPACT 10.0

图 6-3-1 “文字变化”动画播放时的一幅画面

中文GIF ANIMATOR 5.10

图 6-3-2 “文字变化”动画播放时的一幅画面

中文COOL 3D STUDIO 1.0

图 6-3-3 “文字变化”动画播放时的一幅画面

3. 参考实例 2“图像开门切换”动画的制作方法，制作一个“教学课件”GIF 格式动画，该动画播放后，从右边向左边开门式依次显示“教”“学”“课”和“件”文字图像。动画的 4 幅画面如图 6-3-4 所示。

图 6-3-4 “教学课件”动画播放时的 4 幅画面

4. 参考实例 3“多幅图像翻页展示”动画的制作方法，制作另一个“多幅图像翻页展示”GIF 格式动画，要求翻页的图像、翻页的方向都改变。

5. 参考实例 4“图像特效切换”动画的制作方法，制作一个“图像特效切换”GIF 格式动画。要求特效切换的图像有 6 幅，特效切换的方式不同。

6. 参考实例 5“高兴摆尾狐狸”动画的制作方法，制作一个豹子飞跑的 GIF 格式动画。

第 7 章　中文 Ulead COOL 3D 软件动画制作

本章主要介绍了使用中文 Ulead COOL 3D 软件加工制作三维立体动画的方法，并配有 6 个实例。可以结合实例学习软件的使用方法和使用技巧。

7.1　中文 Ulead COOL 3D Studio 1.0 简介

7.1.1　中文 COOL 3D 简介

中文 COOL 3D 是 Ulead（友立）公司的产品，它继承了友立公司软件一贯的功能强大、操作简便和易学好用的特点，它为使用者提供了丰富的模板和插件，直接套用就可以做出丰富多彩而且非常专业的三维动画效果来；它输出的图像文件格式有 BMP、GIF、JPEG 和 TGA 等，输出的动画与数字电影文件格式有 GIF、AVI、MOV、RM 和 Flash（SWF）等。它是目前较为流行的三维图像与动画制作软件，主要用于制作立体字、图像和简单的三维动画。

对于视频爱好者，在制作数字媒体作品时，运用 Ulead COOL 3D 可以在片头和片尾加入精彩的三维动态效果；对于网页设计者，可以运用 Ulead COOL 3D 轻松制作动态按钮，动态文字和其他各种三维部件；对于平面设计爱好者，可以运用 Ulead COOL 3D 为图形和文字标题增加三维效果等。

中文 COOL 3D 已经有了 2.0、3.0 和 3.5 等版本，目前比较流行的中文版本是中文 COOL 3D 3.5 和中文 Ulead COOL 3D Production Studio 1.0。

COOL 3D Production Studio 是一套完整又好用的 3D 动画软件，它拥有强大方便的图形和标题设计工具、有型有款的动画特效以及很好的整合输出，可以制作出耳目一新的 3D 动画和视频。不论是影片标题、动画特效、网页图形、绘图设计、简报制作，都可以通过 COOL 3D Production Studio 完成绝对超乎视觉想象的 3D 作品

7.1.2　中文 Ulead COOL 3D Studio 1.0 工作界面简介

1. Ulead COOL 3D Production Studio 对话框

启动中文 Ulead COOL 3D Studio 1.0 后，会进入中文 Ulead COOL 3D Studio 1.0 的工作界面，即工作环境，同时弹出 Ulead COOL 3D Production Studio 对话框，如图 7-1-1 所示。该对话框给出了 5 种操作方式，单击其中一个按钮，即可进入相应的操作方式。单击“确定”按钮，即可进入中文 Ulead COOL 3D Studio 1.0 的工作界面，同时新建一个空白的设计演示窗口。

选中“不要再显示这个信息”复选框，单击“确定”按钮后，以后再运行中文 Ulead COOL 3D Studio 1.0，不会弹出“Ulead COOL 3D Production Studio”对话框，而是直接进入中文 Ulead COOL 3D Studio 1.0 工作界面。

Ulead COOL 3D Production Studio

按一下「插入文字」按钮可输入新的文字对象。

按一下「插入图形」按钮可输入新的图形对象。

按一下「插入车床对象」按钮可输入新的车床对象。

按一下「插入几何对象」按钮可输入新的几何对象。

按一下「插入颗粒」按钮可输入新的颗粒特效。

不要再显示这个信息 (D)

确定

图 7-1-1　“Ulead COOL 3D Production Studio”对话框

2. 中文 Ulead COOL 3D Studio 1.0 的工作环境简介

中文 Ulead COOL 3D Studio 1.0 工作界面如图 7-1-2 所示（还没有打开 GIF 格式动画文件），它主要由标题栏、菜单栏、常用工具栏、导航栏、位置工具栏、表面工具栏、百宝箱、设计演示窗口（简称演示窗口）、时间轴面板和状态栏等组成。

图 7-1-2　中文 Ulead COOL 3D Studio 1.0 工作环境

单击常用工具栏内的“重排配置”按钮，弹出“重排配置”菜单，如图 7-1-3 所示。其中第 1 栏中有“初级”“中级”和“高级”命令选项，单击其中一个命令选项，可以切换一种相应的工作环境。例如，单击“初级”命令选项，中文 Ulead COOL 3D Studio 1.0 工作环境切换如图 7-1-4 所示，部分工具栏更换了，比较适合初学者使用。

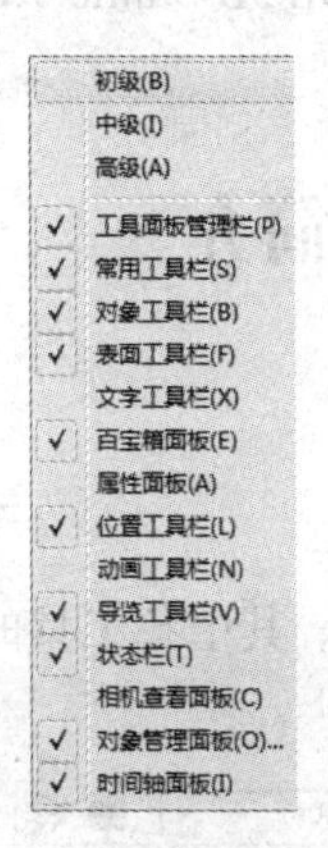

图 7-1-3　“重排配置”菜单

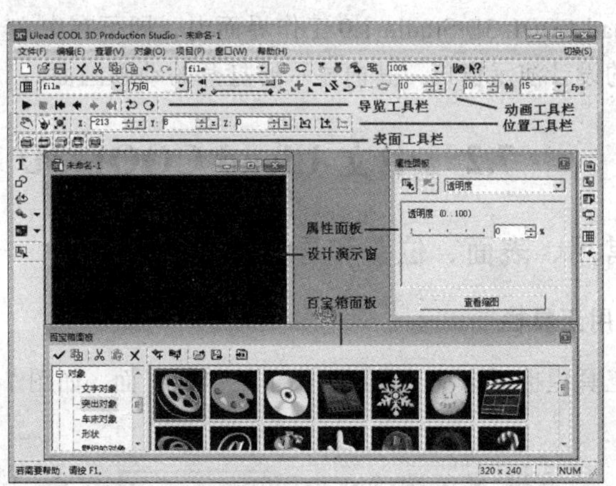

图 7-1-4　中文 Ulead COOL 3D Studio 1.0 工作环境

单击“查看”→“工具面板管理”命令，弹出“工具面板管理”菜单，该菜单和图 7-1-3 所示“重排配置”菜单内第 2 栏中的命令完全一样，单击其内的各命令，可以取消或弹出某个工具栏或工具面板。

将鼠标指针移到各工具栏或工具面板的按钮之上时，会显示它的中文名称。

3. 打开 C3D 格式文件

C3D 格式文件是 Ulead COOL 3D 软件自身的动画文件格式，打开该文件后，可以在中文 Ulead COOL 3D Studio 1.0 工作界面内编辑修改。打开 C3D 格式文件的方法介绍如下：

（1）利用菜单命令：在中文 Ulead COOL 3D Studio 1.0 工作界面内，单击“文件”→“打开”命令，弹出“打开”对话框，在“查找范围”下拉列表中选择要打开文件所在的文件夹，例如“GIF 动画 1”，在列表框内选中要打开的文件，如图 7-1-5 所示。单击“预览”按钮，可在按钮处显示选中动画的首帧画面；单击按钮 ▶，可以在“预览”按钮处播放选中的动画。

单击“打开”按钮，即可关闭“打开”对话框，在中文 Ulead COOL 3D Studio 1.0 工作界面内显示新的设计演示窗口，其内显示要打开的动画画面。

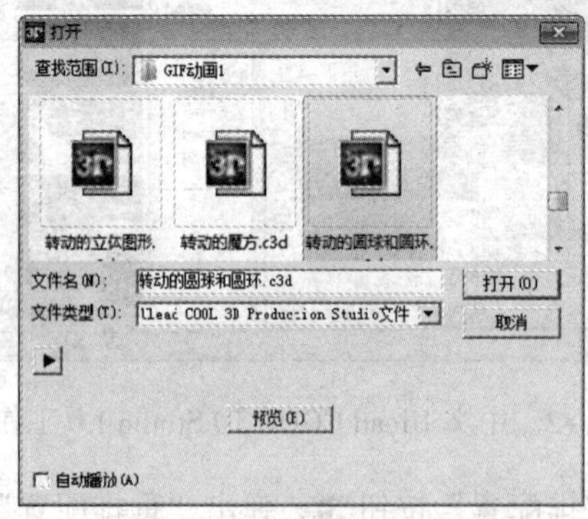

图 7-1-5 “打开”对话框

（2）鼠标拖动：打开中文 Ulead COOL 3D Studio 1.0 工作界面，再打开 Windows 资源管理器或“计算机”窗口，在其内选中一个要打开的 C3D 格式文件，再将要导入的图像文件拖动到中文 Ulead COOL 3D Studio 1.0 工作界面内，即可在中文 Ulead COOL 3D Studio 1.0 工作界面内显示新的设计演示窗口，其内显示要打开的动画画面。

7.2 中文 Ulead COOL 3D 工具栏简介

7.2.1 常用、表面、位置和导览工具栏

1. 常用工具栏

常用工具栏也叫标准工具栏，位于菜单栏下面，如图 7-2-1 所示，其中各工具的作用简介如下：

图 7-2-1 常用工具栏

（1）“新建”按钮：单击它可以新建一个设计演示窗口。

（2）“打开”按钮：单击它可以弹出“打开”对话框，利用该对话框可以打开一个 COOL 3D 的文件（扩展名为 c3d）。

（3）“保存”按钮：单击它可以弹出“另存为”对话框，利用该对话框可以将制作的图像或动画保存，文件的扩展名为 c3d。

（4）“删除”按钮：单击该按钮，可以将当前对象删除。

（5）“剪切”按钮：单击该按钮，可以将当前对象剪切到剪贴板中。

（6）“复制”按钮：单击该按钮，可以将当前对象复制到剪贴板中。

（7）“粘贴”按钮：单击该按钮，可以将剪贴板中的对象粘贴到设计演示窗口内。

（8）“撤销”按钮：单击该按钮，可以取消刚刚进行过的操作。

（9）“重复”按钮：单击该按钮，可以恢复刚刚取消的操作。

（10）“从[对象]清单中选取对象”下拉列表框：在设计演示窗口可以加入多个对象（字符、文字和图形等），加入一个对象，就自动在此下拉列表内加入它的名字。利用该下拉列表可以选择某一个对象，然后对该对象进行操作。

（11）“框架结构”按钮：单击它后，可以渲染不带表面色彩和纹理的对象，这样它们可以代表几何模型，将它们显示为由直线和曲线组成的框架，可以让用户更全面地查看对象。此效果可用来赋予对象结构化的质感。

（12）“显示/隐藏”按钮：单击该按钮，可以显示或隐藏设计演示窗口中当前对象。

（13）“调亮周围”按钮：单击该按钮，可以使设计演示窗口中的所有对象变亮。

（14）“调暗周围”按钮：单击该按钮，可以使设计演示窗口中的所有对象变暗。

（15）“预览输出品质”按钮：单击该按钮，可以具有预览输出质量的功能。每次将对象外观做变动时，Ulead COOL 3D 都需要更新对象。如要使更新的动作简化，处理速度更快，提高效率，可单击该按钮。它与单击“查看”→“输出预览”命令的作用一样。

如要让显示的对象更快地更新，可单击“项目”→“显示品质”→“草稿”命令。如要查看最精确的产生结果，可单击“项目”→“显示品质”→“最佳”命令。

（16）“重排配置”按钮：单击该按钮，可以调出一个菜单，利用其内的命令，可以选择“初级”“中级”和“高级”工作环境中的一种，还可以弹出或关闭相应的工具栏或面板，这与单击出“工具面板管理”菜单中的命令的作用一样。

（17）“查看比例”下拉按钮：在该下拉列表中选择一个百分数或者输入一个数值，即可按照设置的百分数显示设计演示窗口中的对象。

（18）“友立首页”按钮：上网后，单击它可以进入友立系统主页，了解友立最新消息、友立新技巧和友立新产品。

（19）“帮助”按钮：单击该按钮后，鼠标指针变为带“？”的箭头，将鼠标指针移至某一工具按钮之上，即可弹出该工具的使用说明。

2．表面工具栏

表面工具栏在位置工具栏下面，如图 7-2-2 所示，其中各工具的作用简介如下：

（1）“选择正面”按钮：单击它后，在进行各种效果制作（着色，加纹理等）时，可对所选对象的前表面进行加工。

（2）“选择斜角前面”按钮：单击它后，可对所选对象的前斜角表面进行加工。

（3）“选择斜角侧面”按钮：单击它后，可对所选对象的侧表面进行加工。

（4）“选择斜角后面”按钮：单击它后，可对所选对象的后斜角表面进行加工。

（5）“选择背面”按钮：单击它后，可对所选对象的后表面进行加工。

3．位置工具栏

位置工具栏在常用工具栏下面，如图 7-2-3 所示，其中各工具的作用简介如下：

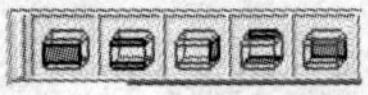

图 7-2-2 表面工具栏

X: 57 Y: 45 Z: 0

图 7-2-3 位置工具栏

（1）“移动对象”按钮：单击该按钮后，将鼠标指针移至显示窗口内，则鼠标指针会变为一个小手状。这时拖动对象，可以改变对象的位置。

（2）“旋转对象”按钮：单击该按钮后，将鼠标指针移至显示窗口内，则鼠标指针会变成 3 个弯箭头围成一圈状。这时拖动对象，可以使对象旋转。

（3）“大小”按钮：单击该按钮后，将鼠标指针移至显示窗口内，则鼠标指针会变成十字形。这时用鼠标拖动对象，可使对象的大小发生改变。如果在按住【Shift】键的同时拖动对象，可在保持对象比例不变的情况下，调整对象的大小。

（4）“X:”数字框：用来精确确定当前对象的水平坐标位置。

（5）“Y:”数字框：用来精确确定当前对象的垂直坐标位置。

（6）“Z:”数字框：用来精确确定当前对象的 Z 坐标位置，同时调整当前对象的大小。

单击数字框内的数字，可直接输入新数值，也可单击它的上、下两个小箭头按钮来调整其数值。在移动对象、旋转对象和改变对象大小的不同状态下，X、Y、Z 的含义不一样。读者可通过上机实践得出结论。

（7）“重置变形”按钮：单击该按钮后，可以将当前对象变形重置。

（8）“加入固定变形”按钮：单击该按钮后，可以给当前对象加入固定变形。

（9）“移动固定变形”按钮：单击该按钮后，可以将当前对象的固定变形移除。

4．导航工具栏

导航工具栏在位置工具栏下面，如图 7-2-4 所示，其中各工具的作用简介如下：

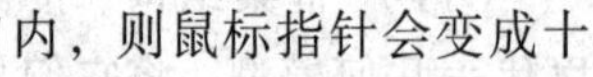

图 7-2-4 导航工具栏

（1）“播放”按钮：单击它可播放动画，同时使“停止”按钮有效。

（2）“停止”按钮：单击它暂停动画的播放，同时使“播放”按钮有效。

（3）“开始帧”按钮：单击它，会使演示窗口中显示动画的开始帧画面。

（4）“上一帧”按钮：单击它，会使演示窗口中显示动画的上一帧画面。

（5）“下一帧”按钮：单击它，会使演示窗口中显示动画下一帧的画面。

（6）“开始帧”按钮：单击它，会使演示窗口中显示动画的结束帧画面。

（7）“往返模式开启/关闭”按钮：单击该按钮，可以进入往返模式状态，动画是从第 1 帧开始一帧帧播放到最后 1 帧，然后再往回一帧帧倒着播放到第 1 帧。单击该按钮，该按钮弹起。可以退出往返模式状态，动画只从第 1 帧开始一帧帧播放到最后 1 帧。

（8）“循环模式打启/关闭”按钮：单击该按钮，可以进入循环模式状态，动画播放是从从第 1 帧开始一帧帧播放到最后 1 帧，再回到第 1 帧，重复播放。

7.2.2　百宝箱、状态栏和对象工具栏

1．百宝箱

百宝箱在设计演示窗口的右边或下边，其中左边是制作效果分类窗口，右边是相应类别的样式窗口，选择不同类别时，样式窗口中会显示不同的内容，如图 7-2-2 所示。样式窗口中的每一个图像或动画都会形象地提示用户选择该样式后会达到的制作效果。在单击某一制作效果的分类项（即选中它）后，再双击样式窗口中的某一图像或动画，即可开始对演示窗口内的字符或文字进行相应的制作加工。单击制作效果分类窗口内左边的“+”按钮，可将全部类型名称展开，单击“-”按钮，可将全部类型名称收缩。

将鼠标指针移到百宝箱内右边的列表框中右击，弹出一个快捷菜单，单击该快捷菜单内的“导入”命令，弹出“导入缩图”对话框，利用该对话框可以导入外部制作好的扩展名为.uez 和.upf 的对象和特效文件（可以从 Ulead 网站免费下载大量的对象和特效文件）、对象组合、动画特效等。

右击百宝箱内右边的列表框中的图案，弹出一个快捷菜单，单击该快捷菜单内的“导出”命令，弹出“导出缩图”对话框，利用该对话框可以导出用户制作的对象、对象组合、动画特效等导出成相应的文件（扩展名为.uez）。利用快捷菜单内的命令，还可以进行百宝箱内右边列表框中的图案的删除等操作。

2．状态栏

状态栏在最下边，用来显示操作的提示信息，生成新图像或动画时的进展情况，以及演示窗口中对象的尺寸大小、光标位置等信息。

3．对象工具栏

对象工具栏如图 7-1-2 所示左边一列。从上到下各工具的作用简介如下：

（1）“插入文字”按钮 **T**：单击该按钮，弹出“插入文字”对话框，如图 7-2-5 所示。用来输入字符或文字。用户可在选定字体和字大小后，单击该文本框，使光标在文本框中出现，然后输入字符或文字，再按【Enter】键，设计演示窗口内显示相应的三维文字。同时，在常用工具栏内的“从对象清单中选取对象”下拉列表中会增加该文字对象的名称。

单击“插入文字”对话框中的“字体”下拉列表用来选择字体。当鼠标指针移到“字体”列表内一字体名称上时，在该字体右边会显示该字体字样。如果选择 Webdings、Westwood LET、Wingdings、Wingdings 2、Wingdings 3 等字体，则输入字符时，可输入各种小图案。

（2）“插入图形”按钮：单击该按钮，弹出“矢量绘图工具”对话框，如图 7-2-6 所示。利用该对话框可以绘制矢量图形，导入扩展名为.EMF 和.WMF 格式的矢量图形，以及将点阵图像转换为矢量图形。将鼠标指针移到该对话框内的按钮或文本框之上，可显示它的名称。单击该对话框标题栏中的按钮，再单击按钮或文本框，可显示相应的帮助信息。使用这两种方法，再加上读者的操作试验，一般都可以很快地掌握该对话框的使用方法。

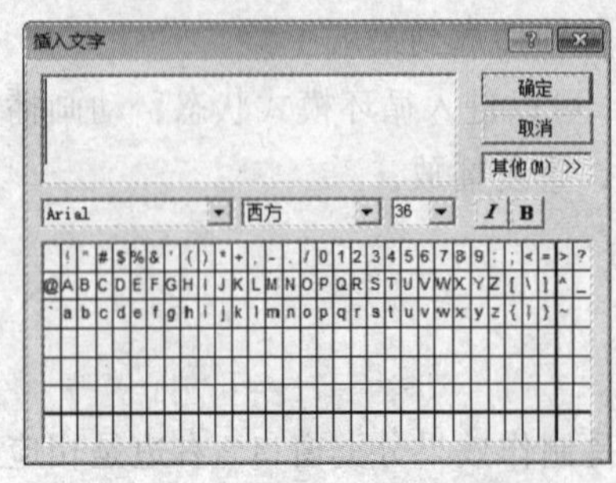

图 7-2-5 “插入文字”对话框

图 7-2-6 “矢量绘图工具”对话框

（3）“插入车床对象”按钮：单击该按钮，弹出“车床对象编辑工具”对话框，如图 7-2-7 所示。利用该对话框也可以绘制矢量图形，导入矢量图形和将点阵图像转换为矢量图形。该对话框和图 7-2-8 所示的“矢量绘图工具”对话框基本一样，使用方法也一样，只是单击“确定”按钮后，在设计演示窗口内形成的对象不一样，而是形成相应的车床对象。

在“百宝箱”面板中，选中左边列表框内的“对象”选项，展开“对象”列表，选中“车床对象”选项，即可在右边列表框中显示系统提供的车床对象，如图 7-2-8 所示。可以看到车床对象的立体三维特点。

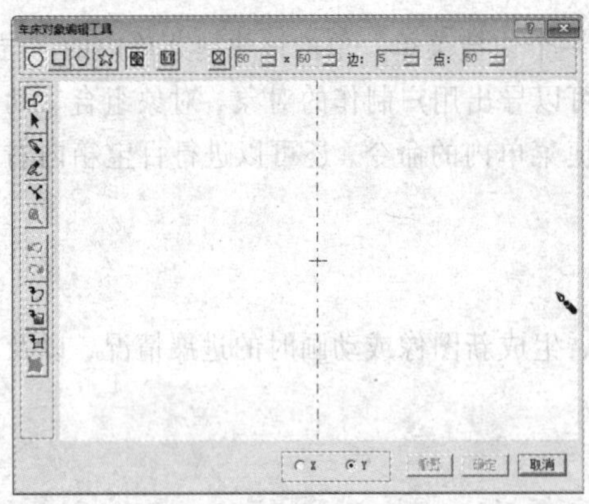

图 7-2-7 “车床对象编辑工具”对话框

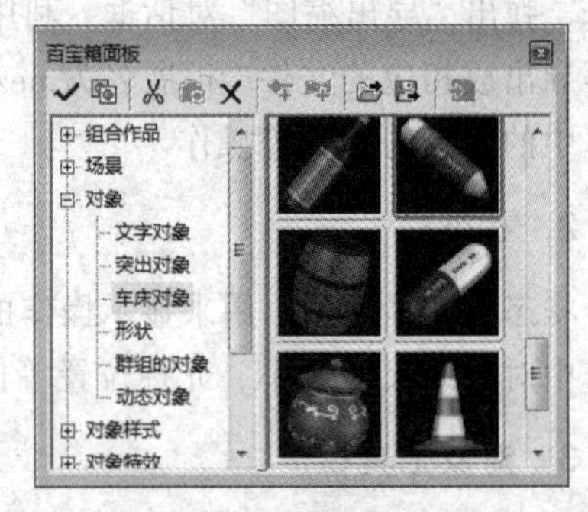

图 7-2-8 “百宝箱”面板内的车床对象

（4）“插入几何对象”按钮：单击它右下角的箭头按钮后，可以弹出一个“几何对象”面板，如图 7-2-9 左图所示。单击该面板内的一个按钮，可在演示窗口内插入相应的立体几何图形对象。

（5）“插入颗粒特效”按钮。单击该下拉按钮，弹出“颗粒特效”面板，如图 7-2-9 右图所示。单击该面板内的一个按钮，即可在演示窗口内插入相应的立体颗粒特效对象。

变化椭圆球
平截头体
圆锥体
变化球
环形曲面
圆锥体
圆柱体
角锥体
立方体
球体

泡泡
火
烟
雪

图 7-2-9 “几何对象”和“颗粒特效”面板

（6）“编辑对象”按钮：单击该按钮，弹出“车床对象编辑”“矢量绘图工具”或“插入文字”对话框，同时在该对话框内打开当前对象的轮廓路径图形或文字。

7.2.3　动画和文本工具栏

1. 文本工具栏

文本工具栏如图 7-2-10 所示。从左到右工具的作用如下：

（1）“增加字符间距”按钮：单击该按钮，可使字符间的水平间距增加。

（2）“减少字符间距”按钮：单击该按钮，可使字符间的水平间距减少。

（3）“增加行间距”按钮：单击该按钮，可使字符或文字的行距增加。

（4）“减少行间距”按钮：单击该按钮，可使字符或文字的行距减小。

（5）“居左”按钮：单击该按钮，可使文字左对齐。

（6）“居中”按钮：单击该按钮，可使文字居中对齐。

（7）“居右”按钮：单击该按钮，可使文字右对齐。

图 7-2-10　文本工具栏

（8）“分割文字”按钮：单击该按钮，可使当前一串文字分割为一些独立的字。

（9）“转换文字为图形”按钮：单击该按钮，可使当前文字转换为图形。

2. 动画工具栏

动画工具栏如图 7-2-11 所示。该工具栏中从左至右各工具的作用如下：

（1）“时间轴面板”按钮：单击该按钮，弹出“时间轴”面板，动画工具栏会被导航工具栏替代。

（2）“从对象清单中选取对象”下拉列表 film：该下拉列表用来选择设计演示窗口内的对象，使该对象成为选中的当前对象。

图 7-2-11　动画工具栏

（3）“从特性菜单中选取特性”下拉列表 方向：该下拉列表用来选择制作动画的属性，即动画画面一帧帧变化时，是对象的哪项属性在改变。动画的属性有方向、大小、色彩、材质、斜角、透明度、纹理、显示/隐藏、光线、相机和背景等。

（4）“上一帧”按钮：单击该按钮，会使演示窗口中显示动画的上一帧画面。

（5）“上一关键帧”按钮：单击该按钮，会使演示窗口中显示动画上一关键帧画面。

（6）“下一帧”按钮：单击该按钮，会使演示窗口中显示动画下一帧的画面。

（7）“下一关键帧”按钮：单击该按钮，会使演示窗口中显示动画下一关键帧画面。

（8）“时间轴控制区”滑动槽：它有两个滑动槽，上边滑动槽内有一个方形滑块，拖动方形滑块或单击滑槽某处可以使演示窗口中显示动画的某一帧画面。下边的滑动槽内有一个或多个菱形图标，指示相应的帧为关键帧，蓝色的菱形图标表示当前帧是关键帧。所谓关键帧，就是动画中的转折帧，两个关键帧之间的各个画面可由中文 COOL 3D 自动产生。因此，中文 COOL 3D 可以产生复杂的动画。

（9）“添加关键帧”按钮：单击该按钮，会在时间轴控件的下边滑槽中对应上边滑动槽内方形滑块处增加一个蓝色菱形图标，指示该帧为关键帧。

（10）“删除关键帧”按钮：单击关键帧的蓝色菱形图标，再单击该按钮，可以删除一个关键帧，选中的关键帧蓝色菱形图标会被删除。

（11）“反向”按钮：单击该按钮，会使动画朝相反的方向变化。即原来从第 1 帧到最后一帧的变化，现在改为从最后一帧向第 1 帧变化。

（12）“让移动路径平滑”按钮：单击该按钮，可使移动动画各帧间的变化更平滑。

（13）“当前帧”文本框：单击数字文本框的上、下箭头按钮，或单击它的文本框，再输入数字，可改变该文本框内的数字时，从而改变当前帧。

（14）“总帧数”文本框：可用来确定数字电影（动画）的总帧数。

（15）“每秒帧数”文本框：可用来确定动画播放的速度，即每秒钟的帧数。

7.3 对象管理器、“属性”面板和文件操作

7.3.1 对象管理器和“属性”面板

1. 对象管理器

对象管理器如图 7-3-1 所示，它给出了当前动画中的对象组成情况，使用方法如下：

（1）单击选中对象管理器内的一个对象名称，即可选中设计演示窗口内相应的对象。

（2）单击一个对象名称，再按住【Ctrl】键，同时单击其他对象名称，可以同时选中多个对象，如图 7-3-1 左图所示。单击一个对象名称，再按住【Shift】键，同时单击另一个对象名称，可以同时选中这两个对象之间的所有对象。此时“群组对象”按钮会变为有效，单击该按钮，即可将选中的多个对象组合成一个组合对象，如图 7-3-1 右图所示。

（3）单击对象管理器中的组合对象，“解散群组对象”按钮会变为有效，单击该按钮，即可将选中的组合对象分解为多个对象。

（4）在对象管理器中选中一个或多个对象，再单击“删除对象”按钮，可删除选中的对象。

（5）在对象管理器中选中一个或多个对象，再单击“锁定/解锁对象”按钮，可锁定或解锁选中的对象。锁定对象名称的左边会显示一个小锁图案，如图 7-3-2 左图所示，不可以改变锁定对象的属性，也不可以删除锁定对象。再单击该按钮，可解锁该对象，锁定对象名称左边的小锁图案消失，此时可以删除该对象。

（6）在对象管理器中选中一个或多个对象，单击“启用/停用对象”按钮，可停用（即隐藏）选中的对象，停用对象后，对象名称的左边会显示一个小图案，如图 7-3-2 右图所示，设计演示窗口内这个对象隐藏。再单击“启用/停用对象”按钮，可启用对象后，对象名称的左边的小图案消失，设计演示窗口内这个对象会重新显示出来。

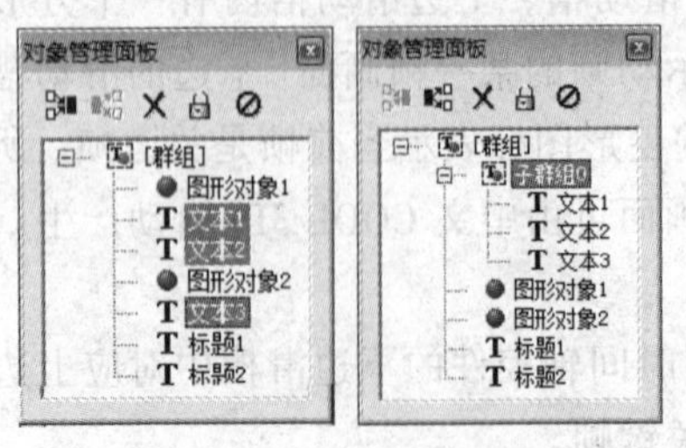

图 7-3-1 对象管理器

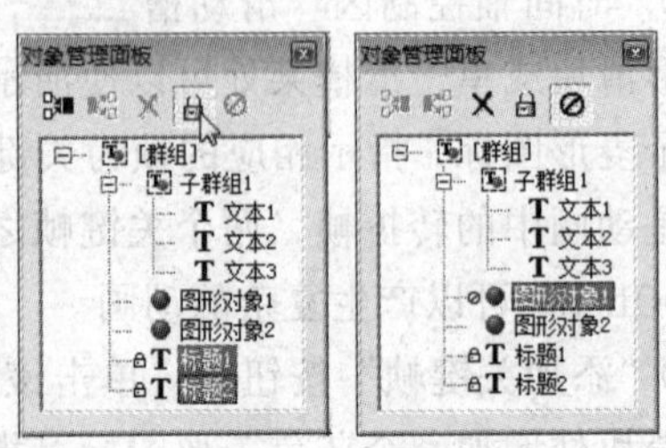

图 7-3-2 对象管理器

2. “属性”面板

“属性”面板如图 7-3-3 所示，利用“属性”面板可以设置当前对象的属性。单击该面板内的“添加外挂特效”按钮 ，弹出“添加外挂特效”菜单，如果当前选中的对象是一个群组对象时，则“添加外挂特效”菜单如图 7-3-4 所示。如果当前选中的对象是一个单一对象时，则“添加外挂特效”菜单如图 7-3-5 所示。单击该菜单内的命令，则“属性”面板中会显示相应的调整参数选项，用来调整选中对象的属性。在“属性清单”下拉列表中可以选择属性的类别。

在添加一种外挂特效后，单击“删除外挂特效”按钮 ，可删除添加的外挂特效。单击其内下边的“查看缩图”按钮，会在“百宝箱”面板内切换到相应选项，列出相应的样式图案。

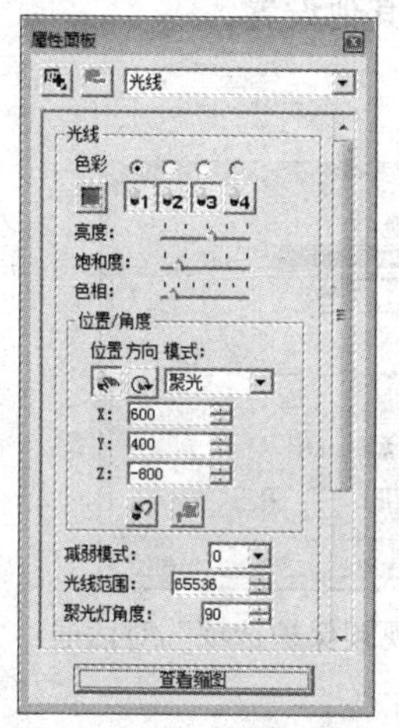

图 7-3-3　“属性”面板

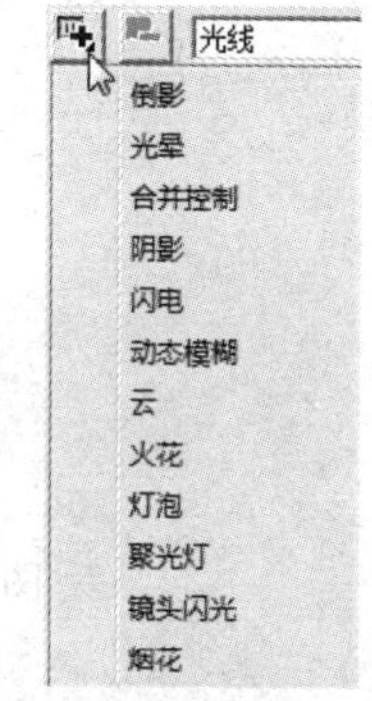

图 7-3-4　“添加外挂特效”菜单 1

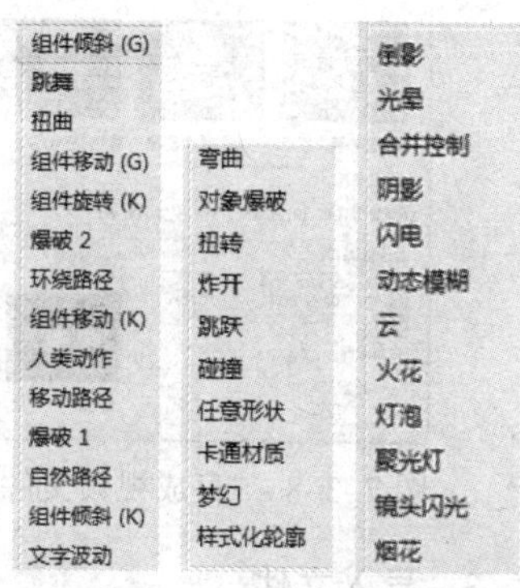

图 7-3-5　“添加外挂特效”菜单 2

7.3.2　创建文件和导入文件

1. 创建图像和 GIF 动画文件

（1）创建图像文件：制作好图像或动画后，单击“文件”→“创建图像文件”命令，弹出它的联级菜单，如图 7-3-6 所示。单击该菜单中的一项命令，即可弹出相应的对话框，利用该对话框，可以将制作的动画当前帧画面保存为相应格式的图像文件。

（2）创建 GIF 动画文件：单击“文件”→“创建动画文件”命令，弹出“创建动画文件”菜单，如图 7-3-7 左图所示。单击其内的“GIF 动画文件”命令，弹出“存成 GIF 动画文件”对话框。利用该对话框进行相关的设置，再单击“保存”按钮，即可将动画保存为 GIF 格式的动画文件。

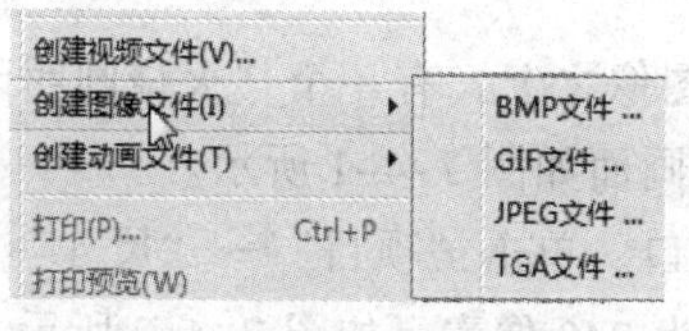

图 7-3-6　“创建图像文件”菜单

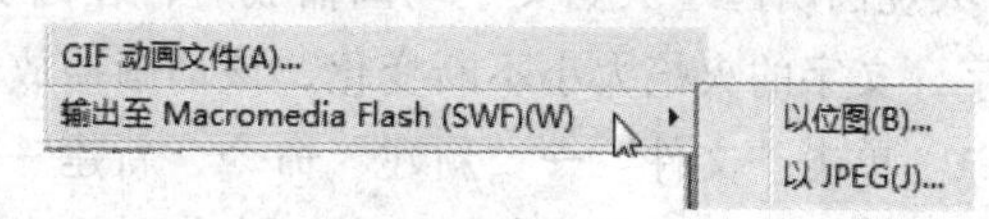

图 7-3-7　“创建动画文件”菜单和“导出到 Macromedia Flash（SWF）”菜单

2．创建 SWF 格式动画文件和 AVI 格式视频文件

（1）单击“文件”→“导出动画文件”→“输出至 Macromedia Flash（SWF）”命令，弹出它的联级菜单，如图 7-3-7 右图所示。单击该菜单中的一项命令，即可将制作的动画保存为 SWF 格式的 Flash 文件。单击“以 JPG”命令，可以使生成的文件较小。

（2）创建 AVI 视频文件：单击“文件”→“创建视频文件”命令，弹出“存成视频文件”对话框。在该对话框内的“保存类型”下拉列表中选中“Microsoft AVI 文件（*.avi）”选项，选择“实例”文件夹，如图 7-3-8 所示。然后，在“文件名”文本框内输入文件名称，再单击“保存”按钮，即可将动画存为 AVI 格式的视频文件。

单击“选项”按钮，弹出“视频保存选项”对话框，切换到“一般”选项卡，如图 7-3-9 所示。用来设置帧速度和帧大小等。切换到其他选项卡，还可以进行其他设置。

图 7-3-8 “存成视频文件”对话框

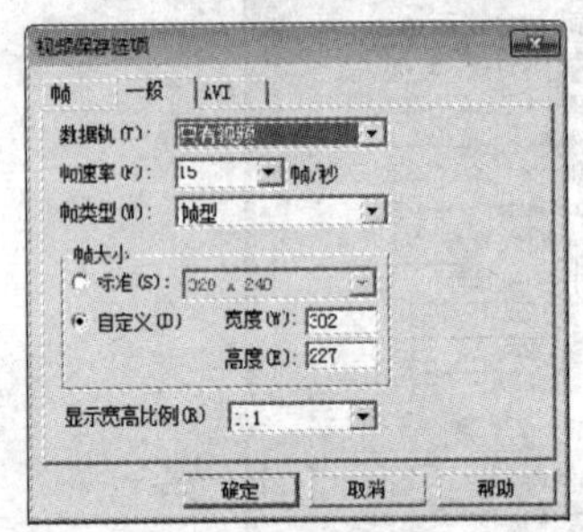

图 7-3-9 “视频保护选项”对话框

3．导入文件

（1）单击“文件”→“导入图形”命令，弹出“打开”对话框。利用该对话框可以导入 AI、EMF 或 WMF 格式的图形文件。

（2）单击“文件”→“导入 3D 模型”命令，调出它的联级菜单，如图 7-3-10 所示。单击该菜单内的命令，可以弹出相应的“打开”对话框。利用该对话框可以导入 DirectX 或 3D Studio 格式的模型文件，这种格式的文件在 Ulead 网站上免费提供。

图 7-3-10 “导入 3D 模型”菜单

7.4 Ulead COOL 3D 动画制作实例

实例 1 “火烧圆明园”火焰文字动画

“火烧圆明园”火焰文字动画播放后，在圆明园背景图像之上，有一个“火烧圆明园”立体文字，文字的火焰大小不断变化，该动画播放后的一幅画面如图 7-4-1 所示。

（1）单击“文件”→“新建”命令，新建一个演示窗口。单击“项目”→“尺寸”命令，弹出“尺寸”对话框，设置演示窗口的宽为 420 像素，高为 240 像素，如图 7-4-2 所示。单击“确定”按钮，即可看到演示窗口的尺寸已改变。

图 7-4-1 “火烧圆明园”火焰文字动画画面

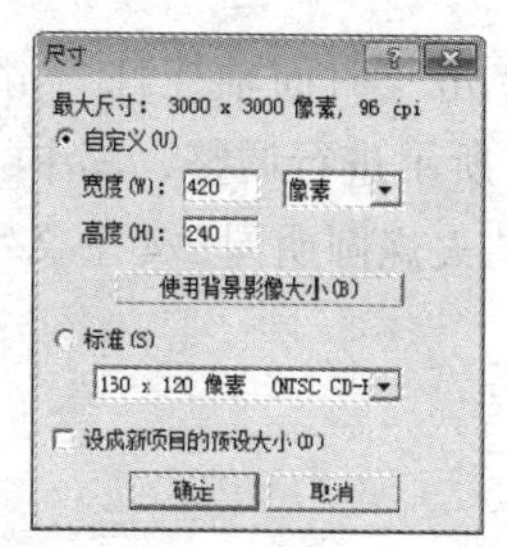

图 7-4-2 “尺寸”对话框

（2）单击“项目”→“背景”→“图像”命令，弹出“打开”对话框，利用该对话框打开一幅“火烧圆明园.jpg”图像作为动画画面的背景图像，如图 7-4-3 所示。

（3）单击对象工具栏中的“插入文字”按钮，弹出“插入文字”对话框。在文本框内输入“火烧圆明园”4 个文字，再按【Enter】键。拖动选中输入的文字，设置为隶书字体，大小为 20 磅。单击“确定”按钮，演示窗口内会显示“火烧圆明园”4 个三维立体效果的文字。同时，在常用工具栏内的“从对象清单中选取对象”下拉列表中会增加该文字对象的名称“火烧圆明园”。

（4）单击位置工具栏内“移动对象”按钮：将鼠标指针移至演示窗口内，鼠标指针变为一个小手状，拖动立体文字对象到演示窗口内的最下边，如图 7-4-4 所示。

图 7-4-3 “火烧圆明园.jpg”图像

图 7-4-4 “火烧圆明园”文字

（5）单击百宝箱中的“对象样式”→“物料属性”→“图像材质”分类名称，弹出图形样式库，双击该样式库中图 7-4-5 所示的材质图案，给文字表面添加材质。

（6）单击“位置工具”栏内的“方向”按钮，垂直向上拖动“火烧圆明园”文字，使该文字稍稍向上倾斜。此时的演示窗口如图 7-4-6 所示。

（7）单击百宝箱中的“整体特效”→“火焰”分类名称，弹出图形样式库，双击该样式库中如图 7-4-7 所示的火焰样式图案，给文字表面添加火焰效果。

图 7-4-5 材质图案

图 7-4-6 演示窗口内的“火烧圆明园”文字

图 7-4-7 火焰样式图案

（8）调出动画工具栏，利用该工具栏设置动画的总帧数为 50 帧，帧速率为 10 帧/秒，如图 7-4-8 所示。单击“时间轴控件”滑动槽中的第 1 个关键帧（即第 1 帧），将其“属性面板”面板按照图 7-4-9 所示进行调整，其中“火焰色彩”栏的颜色依次设置为黄色、金色和红色。即可看到演示窗口内的“火烧圆明园”4 个文字加上了较弱的火焰效果。

（9）单击“时间轴控件”滑动槽中的第 2 个关键帧（即第 50 帧）。再将其属性栏按照图 7-4-10 所示进行调整，其中“火焰色彩”栏的颜色依次设置为黄色、金色和红色。在演示窗口内的“火烧圆明园”4 个文字加上了较弱的火焰效果。

50 帧 10 fps

图 7-4-8　总帧数和帧速率设置

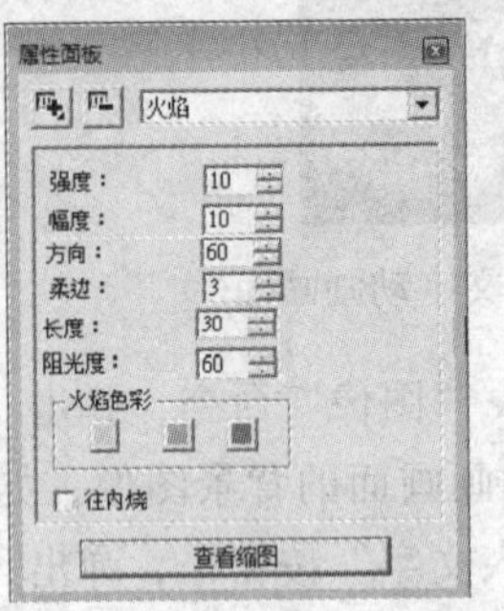

图 7-4-9　第 1 帧属性设置

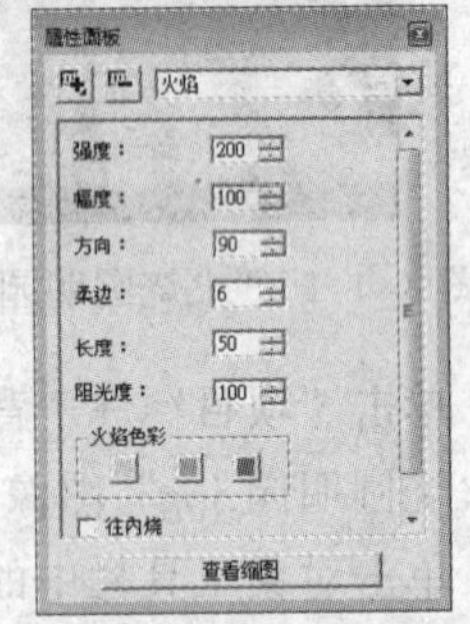

图 7-4-10　第 50 帧属性设置

动画第 1 帧演示窗口内的“火烧圆明园”4 个文字如图 7-4-11 所示，动画第 40 帧演示窗口内的“火烧圆明园”4 个文字如图 7-4-12 所示。然后以名称“火烧圆明园.gif”保存。

图 7-4-11　“火烧圆明园”动画的第 1 帧画面

图 7-4-12　“火烧圆明园”动画第 40 帧画面

实例 2 “3D 片头”动画

“3D 片头”动画播放后，该动画播放后的 3 幅画面如图 7-4-13 所示。

图 7-4-13　“3D 片头”动画播放后的 3 幅画面

（1）单击百宝箱中的“组合作品”→“影片”分类名称，调出影片库，如图 7-4-14 所示。双击其中第 1 个组合图案。此时会新建一个演示窗口，如图 7-4-15 所示。

图 7-4-14 “百宝箱”面板影片库

图 7-4-15　加入组合动画后的画面

（2）单击“查看”→“工具面板管理”→“对象管理面板”命令，弹出“对象管理面板”面板，如图 7-4-16 所示。选中其内一个对象名称，再单击“启用/停用对象”按钮⊘，可隐藏选中的对象，从而可以确定对象名称所指的对象。再单击“启用/停用对象”按钮⊘，可显示选中的对象。

（3）两次单击“对象管理面板”面板内的“COOL”文字选项，进入对象名称的编辑状态，将对象名称改为“3D 动画”。再将“3D STUDIO”对象名称改为“Ulead COOL 3D”。此时的“对象管理面板”面板如图 7-4-17 所示。

图 7-4-16　“对象管理面板”面板

（4）选中“对象管理面板”面板内的“3D 动画”文字选项，单击对象工具栏中的“编辑文字”按钮，弹出“插入文字”对话框。将对话框中的“COOL”文字改为“3D 动画”。拖动选中“动画”文字，将字体改为“华文琥珀”，字大小改为 56，如图 7-4-18 所示。然后，单击“确定”按钮。

（5）选中“对象管理面板”面板内的“Ulead COOL 3D”文字选项，单击对象工具栏中的“编辑文字”按钮，弹出“插入文字”对话框，将“COOL 3D””文字改为“Ulead COOL 3D”，字大小改为 15，字体为 Arial Black，单击“确定”按钮。

此时，演示窗口内立体动画中的文字自动改变了，如图 7-4-19 所示。

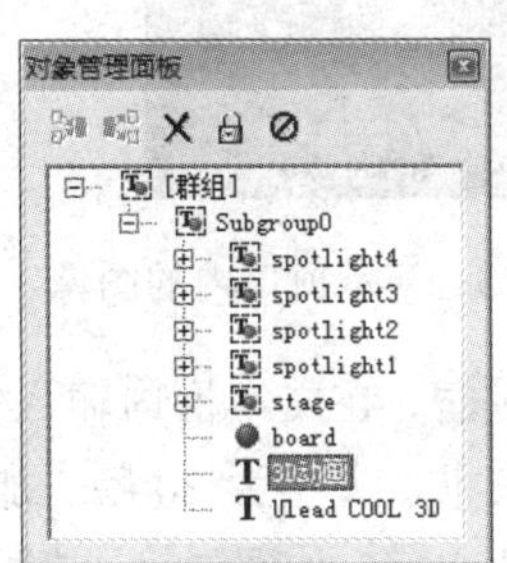

图 7-4-17　“对象管理面板”面板

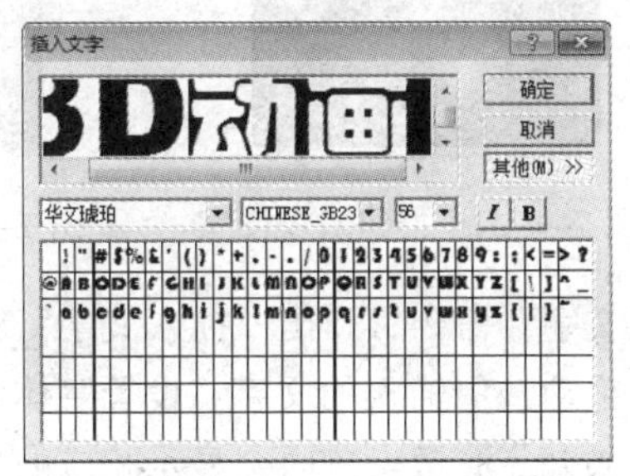

图 7-4-18　“插入文字”对话框

图 7-4-19　立体文字修改

（6）单击百宝箱中的“场景”→“图像背景”分类名称，弹出图形样式库，双击图像背景库中的第 7 个图案。此时，设计演示窗口内会加入选中的背景图像。至此，整个动画制作完毕。然后，将动画以名称“3D 片头.avi”保存在指定文件夹内。

实例 3　“保护地球”转圈文字动画

“保护地球”转圈文字动画播放后，“保护地球保护我们的家园”文字不断围绕地球转圈，该动画播放中的 2 幅画面如图 7-4-20 所示。

（1）单击“文件”→“新建”命令，新建一个演示窗口。单击“项目”→“尺寸”命令，弹出“尺寸”对话框，利用它设置图像的演示窗口宽为 320 像素、高为 240 像素。

（2）在动画工具栏内，设置动画的总帧数为 80 帧，播放速度调为 6 帧/秒。单击“时间轴控件”滑动槽中的第 1 个关键帧（即第 1 帧）。

（3）单击百宝箱中的“场景”→“图像背景”分类名称，弹出图形样式库，双击图像背景库中如图 7-4-21 所示的图案。此时设计演示窗口内会加入选中的背景图像。

图 7-4-20 “保护地球”转圈文字动画播放中的 2 幅画面

（4）单击百宝箱中左边列表框中的“对象”→“群组的对象”分类选项，双击形状样式库中如图 7-4-22 所示的图案。此时设计演示窗口内会加入一个地球图像。

（5）单击常用工具栏内的“移动对象”按钮，在其属性栏内 X、Y、Z 数字框中均输入 0，使导入的星球图像位于演示窗口的正中间。单击“大小”按钮，在其位置栏内 X、Y、Z 数字框中均输入 90，使导入的对象缩小一点，保持是一个球体。此时演示窗口内的背景和星球图像如图 7-4-23 所示。

图 7-4-21 图像背景图案

图 7-4-22 群组对象图案

图 7-4-23 演示窗口内的图像

（6）单击“编辑”→“插入文字”命令，弹出“插入文字”对话框。在文本框内输入“保护地球保护我们的家园”文字，拖动选中输入的文字，设置字体为隶书、大小为 20 磅、加粗，如图 7-4-24 所示。单击“确定”按钮，演示窗口内会显示相应的立体文字，如图 7-4-25 所示。

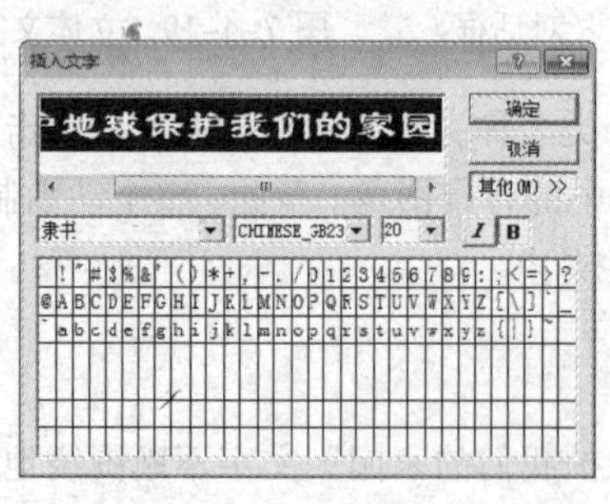

图 7-4-24 “插入文字”对话框

图 7-4-25 演示窗口内的文字

（7）单击百宝箱中的“对象样式”→“物料图库”→“金属”分类名称，弹出图像材质库，双击其内图 7-4-26 所示的图案，给文字添加金属材质，如图 7-4-27 所示。

（8）弹出“对象管理面板”面板，选中文字的对象名称，将该名称改为“保护地球”。选中“保护地球”文字对象的名称。同时，在动画工具栏内的“从对象清单中选取对象”下拉列表中会增加该对象的名称“保护地球”。

（9）单击百宝箱中的“文字特效”→“自然路径”分类名称，弹出图形样式库。双击该样式库中倒数第 2 个如图 7-4-28 所示的路径动画图案。此时动画工具栏内的“时间轴控件”滑动槽如图 7-4-29 所示，演示窗口内的文字已经环绕地球，只是第 4 关键帧的画面中，文字向右移出，需要进行调整。

图 7-4-26　材质图案

图 7-4-27　给文字添加金属材质

图 7-4-28　路径动画图案

图 7-4-29　调整好的动画工具栏

（10）在动画工具栏的“时间轴控件”滑动槽中，单击第 4 个关键帧的菱形图标，单击“删除关键帧”按钮，删除第 4 个关键帧菱形图标。调整右边的 2 个关键帧菱形图标的位置，如图 7-4-30 所示。

至此，整个动画制作完毕，然后将动画以名称“保护地球.gif”保存。

图 7-4-30　“时间轴控件”滑动槽

实例 4　“3D 片尾”动画

“3D 片尾”动画播放后，“世界名花展示结束”文字以垂直形式在下边出现，慢慢向上移至顶部，移动中会来回水平摆动旋转；移到顶部后，旋转 90° 展开。同时，“再见”文字以垂直形式慢慢从中间旋转 90° 展开。该动画播放后的 3 幅画面如图 7-4-31 所示。

图 7-4-31　“3D 片尾”动画播放时的 3 幅画面

1．文字垂直向上移动

（1）单击“文件”→“新建”命令，新建一个演示窗口。单击“项目”→“尺寸”命令，弹出“尺寸”对话框，利用它设置图像的演示窗口宽为 300 像素、高为 230 像素。

（2）打开“属性”面板，在上边的下拉列表中选择“背景”选项，在“背景模式”下拉列表中选择“图像”选项，弹出“打开”对话框，利用该对话框导入外部“鲜花 1.jpg”图像作为背景图像，如图 7-4-32 所示。此时的“属性”面板如图 7-4-33 所示。单击其内的“加载背景影像文件”按钮，弹出“打开”对话框，重新选择图像文件。

（3）单击“对象”→“插入文字”命令，弹出“插入文字”对话框，在其内文本框中输入“世界名花展示结束”文字，拖动选中文字，设置字体为隶书、大小 20 磅、加粗，如图 7-4-34 所示。单击“确定”按钮，在演示窗口内添加“世界名花展示结束”立体文字。

图 7-4-32　背景图像

图 7-4-33　“属性”面板

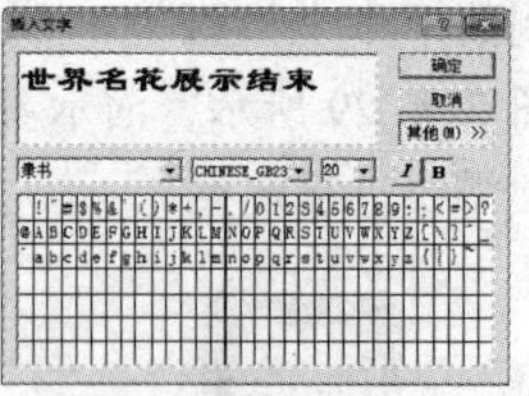

图 7-4-34　“插入文字”对话框

（4）调出“属性”面板，在上边的下拉列表中选中“色彩”选项，此时的“属性”面板如图 7-4-35 所示。单击“表面色彩”栏内的“色彩”按钮，弹出“颜色”对话框，单击其内的浅绿色色块，单击“确定”按钮，关闭该对话框，设置文字表面颜色为浅绿色。

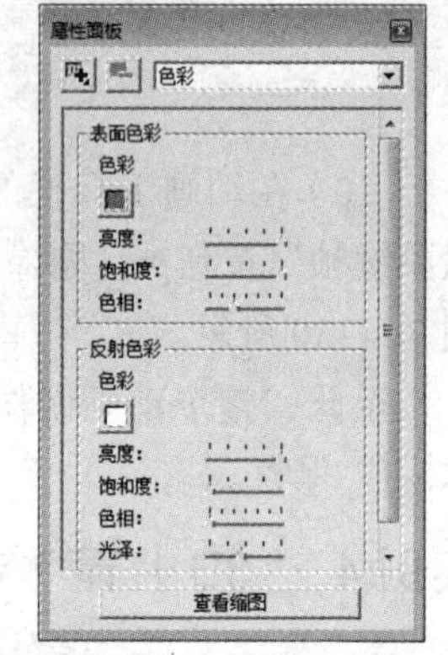

图 7-4-35　“属性”面板

按照相同的方法在“反射色彩”栏内设置文字的反射颜色为浅绿色。

（5）单击位置工具栏内的“位置”按钮，将文字拖动移到演示窗口的底部。单击位置工具栏内的“大小”按钮，水平拖动文字，调整文字的水平宽度。此时的演示窗口如图 7-4-36 所示。

（6）打开“对象管理面板”面板，其内增加了一个名称为“世界名花展示结束”的文字对象。选中该文字对象名称，单击“对象”→“分割文字”命令，将“世界名花展示结束”文字分割为 8 个独立的文字对象。此时“从对象清单中选取对象”下拉列表和“属性”面板内的“世界名花展示结束”选项变为“世”“界”“名”“花”“展”“示”“结”“束”8 个选项。

（7）单击位置工具栏内的“方向”按钮，打开“对象管理”面板，选中“世”字选项，在位置工具栏内的 Y 数字框中输入 100，将“世”字水平顺时针旋转 90°。采用相同方法，再分别将“界”“名”“花”“展”“示”“结”“束”七个文字水平顺时针旋转 90°（Y 数字框中输入的数值会稍有不同，需要调整）。此时的图像如图 7-4-37 所示。

（8）在动画工具栏内，将动画的总帧数设置为 80 帧，播放速度调为 6 帧/秒。按住【Shift】键，单击“对象管理面板”面板内的“世”和“束”文字选项，选中 8 个文字选项，单击“群组对象”按钮，将 8 个独立的文字对象组合成一个名字为“子组合 0”的对象。

（9）将“时间轴控件”滑动槽中的滑块拖动到第 40 帧处，单击“添加关键帧”按钮，将第 40 帧设置为关键帧。单击位置工具栏内的“位置”按钮，垂直向上拖动“数字媒体介绍完毕”文字，将文字移到演示窗口的上边，如图 7-4-38 所示。

图 7-4-36　加入红色文字

图 7-4-37　旋转 90° 文字

图 7-4-38　第 40 帧文字移到上边

2. 文字旋转展开和“再见”文字动画

（1）将动画工具栏内的“时间轴控制区”滑动槽中的滑块拖动到第 60 帧处，再单击“添加关键帧”按钮，将第 60 帧设置为关键帧。

（2）选中“对象管理器”面板中的组合对象“子组合 0”选项，如图 7-4-39 左图所示。单击其内的“解散群组对象”按钮，将组合对象“子组合 0”分解为 8 个独立的文字对象。拆分组合后的对象管理器如图 7-4-39 右图所示。

（3）单击位置工具栏内的“方向”按钮，选中“对象管理面板”面板“世”字选项，在位置工具栏内的 Y 数字框中输入 0，将“世”字水平逆时针旋转 90°。水平拖动“世”字，可以微调“世”字水平旋转度。采用相同方法，再分别将其他 7 个文字水平逆时针旋转 90°，图像如图 7-4-40 所示。

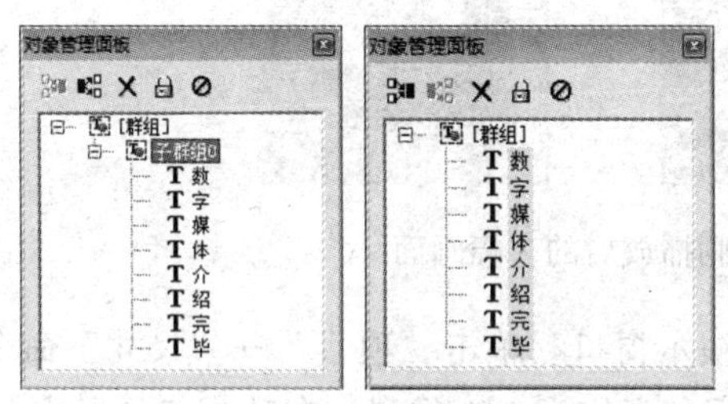

图 7-4-39　“对象管理面板”面板

图 7-4-40　第 60 帧各文字水平旋转 90°

（4）在“对象管理面板”面板内选中 8 个文字选项，单击“群组对象”按钮，重新将 8 个独立的文字对象组合成一个名字为“子组合 0”的对象。

（5）单击第 1 帧关键帧。再分别输入字体为隶书、大小为 36 磅的文字“再”和“见”，如图 7-4-41 所示。再将它们分别水平顺时针旋转 90°，再将它们移到设计演示窗口的中间位置，如图 7-4-42 所示。

图 7-4-41　“再见”文字

（6）将“时间轴控件”滑动槽中的滑块拖动到第 80 帧处，单击“添加关键帧”按钮，将第 80 帧设置为关键帧。单击“方向”按钮，再分别将“再”和“见”两个字水平逆时针旋转 90°，如图 7-4-43 所示。

（7）单击“文件”→“创建动画文件”→“GIF 动画文件”命令，弹出“存成 GIF 动画文件”对话框，将动画以名称“3D 片尾.gif”保存在指定文件夹内。

（8）单击“文件”→“导出动画文件”→“输出至 Macromedia Flash（SWF）”→“用 JPG”命令，将制作的动画以名称“3D 片尾.swf”保存在指定文件夹内。

（9）单击“文件”→“创建视频文件”命令，弹出“存成视频文件”对话框，将动画以名称“3D 片尾.avi”保存在指定文件夹内。

图 7-4-42 旋转 90°

图 7-4-43 第 80 帧的画面

实例 5 “自转正方体”动画

“自转正方体”动画播放后，一个 6 面有人物图像的正方体不断旋转并从小变大，该动画播放后的 3 幅画面如图 7-4-44 所示。

图 7-4-44 “自转正方体”动画播放后的 3 幅画面

（1）单击“文件”→“新建”命令，新建一个演示窗口。单击“项目”→“尺寸”命令，弹出“尺寸”对话框，利用它设置图像的演示窗口宽和高均为 260 像素。在动画工具栏内，将动画的总帧数设置为 60 帧，播放速度调为 6 帧/秒。

（2）调出“属性面板”，在上边的下拉列表中选中“背景”选项，在“背景模式”下拉列表中选择“图像”选项，打开“打开”对话框，导入一幅外部图像作为背景图像。

（3）单击百宝箱中的“对象”→“形状”分类名称，弹出图形样式库，双击该样式库中如图 7-4-45 所示的正方体图案。此时演示窗口内会加入一个可以自转的正方体。

（4）单击位置工具栏内的“位置”按钮，在其属性栏内 X、Y、Z 文本框中均输入 0，使导入的正方体形状对象位于设计演示窗口的正中间，且一面朝读者。单击位置工具栏内的“大小”按钮，在其属性栏内 X、Y、Z 文本框中均输入 320，使导入的正方体形状对象放大。此时演示窗口内的正方体形状对象如图 7-4-46 左图所示。

（5）打开“属性面板”，在下拉列表中选中“材质”选项，如图 7-4-47 所示。打开表面工具栏，单击按钮组中的第 1 个按钮（只按下该按钮，其他按钮弹起）。

图 7-4-45 正方体图案

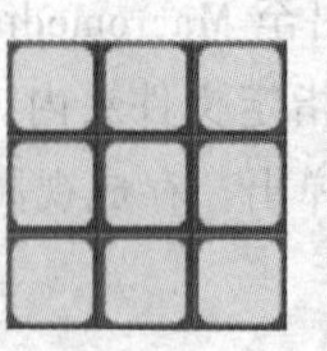

图 7-4-46 正方体贴图

图 7-4-47 属性面板

（6）在“属性”面板内的“环绕”栏内，单击“将宽度调成外框大小”和“将高度调成外框大小”2 个按钮，单击“属性”面板内的“加载材质影像文件”按钮，弹出“打开”对话框，利用该对话框导入一幅“DIY 建筑玩具 1.jpg”图像。此时设计演示窗口内的正方体图像如图 7-4-46 右图所示。

（7）单击按钮组中的第 1 和第 2 个按钮（只按下第 2 个按钮），再导入第 2 幅 DIY 建筑玩具图像。然后，依次给不同的表面导入不同的 DIY 建筑玩具图像。

（8）单击位置工具栏内的“方向”按钮，拖动设计演示窗口内的正方体图像，此时演示窗口内的正方体图像如图 7-4-48 所示。

图 7-4-48　不同角度的正方体图像

（9）在“属性”面板内的“环绕”栏内，单击“将宽度调成外框大小”和“将高度调成外框大小”2 个按钮，使这两个按钮呈抬起状态。垂直向下拖动“属性”面板下边框，将该面板在垂直方向调大，使“属性”面板内下边的选项展示出来，如图 7-4-49 所示。。

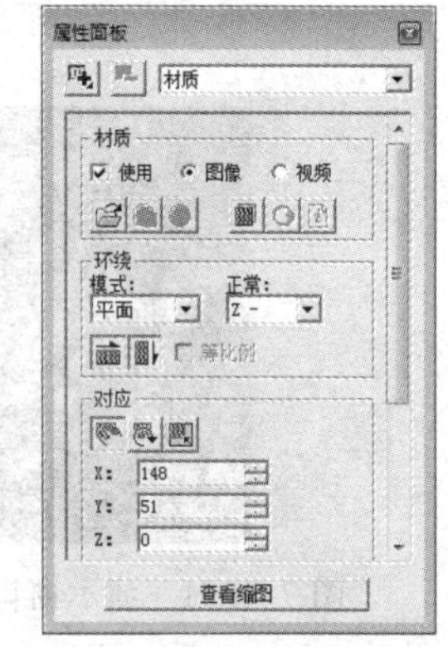

图 7-4-49　“属性”面板

（10）单击“对应”栏中的“改变材质大小”按钮，再在图像材质上拖动，可以调整图像材质的大小；单击“移动纹理”按钮，再在图像材质上拖动，可以调整图像材质的位置；单击“旋转纹理”按钮，再在图像材质上拖动，可以旋转调整图像材质。

（11）将“时间轴控件”滑动槽中的滑块拖动到第 30 帧处，再单击“添加关键帧”按钮，将第 30 帧设置为关键帧。然后，单击位置工具栏内的“方向”按钮，将自转正方体一定角度；单击位置工具栏内的“大小”按钮，在动画工具栏内的 X、Y 和 Z 文本框中分别输入 210，将正方体图像调小。

（12）将“时间轴控件”滑动槽中的滑块拖动到第 60 帧处，再单击“添加关键帧”按钮，将第 60 帧设置为关键帧。选中第 60 帧，单击“方向”按钮，将自转正方体一定角度；单击按下“大小”按钮，在 X、Y 和 Z 文本框中分别输入 350，将正方体图像调大一些。

然后，将动画以名称“自转正方体.gif”保存在相应文件夹内。

实例 6　“上下摆动圆环”动画

“上下摆动圆环”动画播放时的 3 幅画面如图 7-4-50 所示。可以看到圆球在自转，套在圆球外边的圆环围绕圆球不断上下摆动，嵌套圆球和圆环四周发出白光。

图 7-4-50　转动的圆球和圆环动画播放时的 3 幅画面

1. 制作圆环立体图形

（1）单击“文件”→“新建”命令，新建一个演示窗口。单击“项目”→“尺寸”命令，弹出“尺寸”对话框，利用它设置图像的演示窗口，宽和高均为 300 像素。在动画工具栏内，将动画的总帧数设置为 60 帧，播放速度调为 8 帧/秒。

（2）打开“属性”面板，单击该面板内的“加载背景影像文件”按钮，弹出“打开”对话框，利用该对话框导入一幅图像，此时演示窗口内如图 7-4-51 所示。

（3）单击“对象”→“插入图形”命令，弹出“矢量绘图工具”对话框。单击该对话框内左边的“形状”按钮，再单击上边的“椭圆形”按钮。然后拖动，绘制一幅正圆形图形，如图 7-4-52 所示。

图 7-4-51　演示窗口内的背景图像

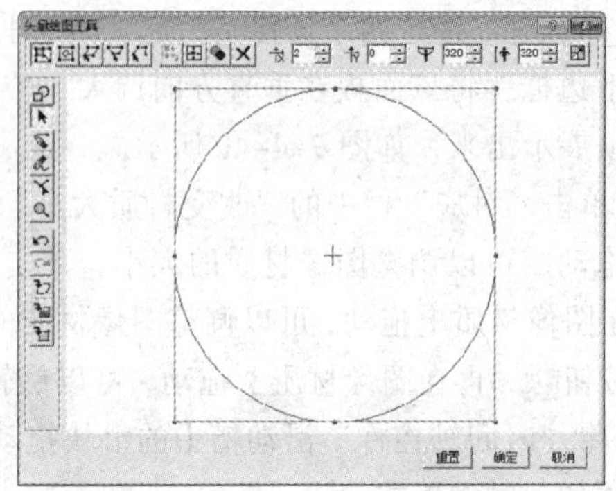

图 7-4-52　绘制正圆形

（4）单击“对象”按钮，即可选中绘制的圆形图形，单击“保持宽高比”按钮，在“宽度”或“高度”数字框内输入 320；在“水平位置”与“垂直位置”数字框内分别输入 0，如图 7-4-52 所示，调整正圆形图形的位置与大小，水平与垂直位置都为 0，与正圆外切的矩形的宽与高均为 320。

（5）单击该对话框中的“确定”按钮，即可在演示窗口内插入在“矢量绘图工具”对话框内图形确定的立体图像。单击位置工具栏内的“大小”按钮，在该栏内的 X、Y 和 Z 数字框中分别输入 200、200 和 350，调整图形大小，如图 7-4-53 所示。

（6）打开“属性”面板，在上边的下拉列表中选中“色彩”选项，此时的“属性”面板如图 7-4-35 所示。单击其内“表面色彩”栏内的“色彩”按钮，弹出“颜色”对话框，单击选中其内的橙色色块，单击“确定”按钮，设置文字表面颜色为橙色。

（7）在位置工具栏内，单击“移动对象”按钮，在 X、Y 和 Z 数字框中均输入 0，使图像处于画面正中间。单击“旋转对象”按钮，在动画工具栏内的 X、Y 和 Z 文本框中分别输入-155、296 和 0，使图像旋转一定角度。

（8）单击百宝箱中的“对象样式”→“物料图库”→“金属”分类名称，弹出金属物料图库。双击其内的第 8 个金属图案，给圆柱形图形表面填充该金色金属纹理，此时设计演示窗口内的圆柱形图形如图 7-4-54 所示。

图 7-4-53　调整图形大小

图 7-4-54　演示窗口中的图形

2．制作自转金球和摆动圆环

（1）单击百宝箱中的“组合作品”→“影片”分类名称，弹出影片库，如图 7-4-55 所示。双击其中第 1 个组合图案。此时会新建一个设计演示窗口。

（2）单击位置工具栏内的“位置”按钮，单击金色自转圆球对象，或者单击选中“对象管理面板”面板内的“Subgroup2”选项，或者在动画工具栏内“从对象清单中选取对象”下拉列表中选择“Subgroup2”选项，选中金色自转圆球对象。

（3）单击“编辑”→“复制”命令，将选中的金色自转圆球对象复制到剪贴板内。单击“上下摆动圆环.c3d”设计演示窗口的标题栏，使它成为当前设计演示窗口。

（4）单击“编辑”→“粘贴”命令，将剪贴板内的金色自转圆球对象粘贴到当前设计演示窗口内。单击位置工具栏内的“位置”按钮，拖动调整粘贴的金色自转圆球对象，使它居于金色圆柱体图形的中间。

（5）单击位置工具栏内的“大小”按钮，在该栏内的 X、Y 和 Z 数字框中分别输入 125、125 和 125，调整图像大小，如图 7-4-56 所示。

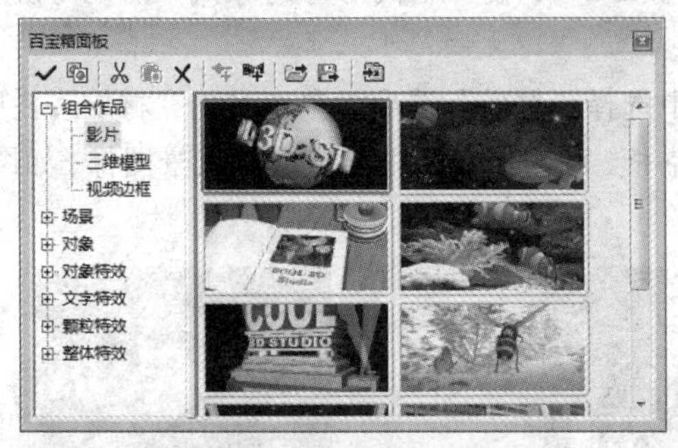

图 7-4-55　百宝箱面板影片库

图 7-4-56　添加金色圆球图形

（6）在动画工具栏内，将“时间轴控件”滑动槽中的滑块拖动到第 30 帧处，再单击“添加关键帧”按钮，将第 30 帧设置为关键帧。选中金色圆柱形图形对象，然后，单击“旋转对象”按钮，拖动鼠标，将圆柱图形旋转一定角度。

（7）按照上述方法，在动画工具栏内，再增加第 3 个关键帧（第 60 帧），并将该关键帧的圆柱图形适当旋转一定角度。

（8）在动画工具栏内，单击“时间轴控件”滑动槽中的第 1 个关键帧（即第 1 帧）。再单击百宝箱中的“整体特效”→“光晕”分类名称，弹出图形样式库，双击该样式库中如图 7-4-57 所示的黄色光晕图案。

然后，在其“属性”面板，设置“宽度”“透明度”和“柔边”文本框中的数值，光晕的颜色保持为黄色，如图 7-4-58 所示。此时演示窗口内的图像如图 7-4-59 所示。

图 7-4-57 光晕图案

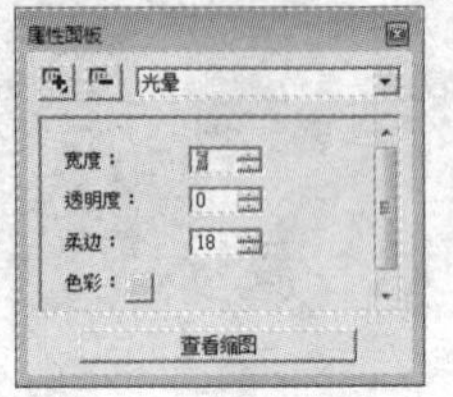

图 7-4-58 “属性”面板

图 7-4-59 加入光晕后的图像

（9）将“时间轴控件”滑动槽中的滑块拖动到第 30 帧处，再单击“添加关键帧”按钮，将第 30 帧设置为关键帧。在其“属性”面板内，设置“宽度”数字框的值为 12。至此，整个动画制作完毕。以名称“上下摆动圆环 1.gif”保存。

3. 制作自转风景球

（1）单击“文件”→“保存”命令，将动画以名称“实例 6 上下摆动圆环 1.c3d”保存。将动画以名称“实例 6 上下摆动圆环 1.gif”保存。单击“文件”→“另存为”命令，弹出“另存为”对话框，将动画以名称“实例 6 上下摆动圆环 2.c3d”保存。

（2）单击百宝箱中的“对象”→“形状”分类名称，弹出对象图形样式库，双击该样式库中如图 7-4-60 所示的彩球形状图案。此时演示窗口内会加入一个可以自转的彩球图像。

（3）单击位置工具栏内的“位置”按钮，在其位置栏内 X、Y、Z 文本框中均输入 0，使导入的彩球形状对象（Beach ball）位于演示窗口的正中间。单击位置工具栏内的“大小”按钮，在其属性栏内 X、Y、Z 文本框中均输入 240，使导入的彩球对象放大。此时演示窗口内的彩球形状对象如图 7-4-61 所示。

（4）打开“属性”面板，在下拉列表中选择“材质”选项，单击其内“材质”栏中的“加载材质影像文件”按钮，弹出“打开”对话框，利用该对话框导入一幅风景图像，如图 7-4-62 所示。

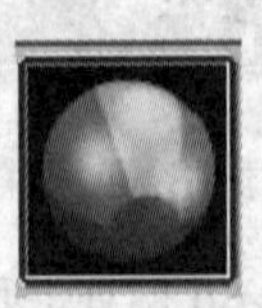
图 7-4-60 形状图案

图 7-4-61 调整后的彩球对象

图 7-4-62 贴图后的自转圆球对象

（5）打开“对象管理面板”面板，选中其内的 Beach ball 对象名称，即选中导入的彩球形状对象。

（6）将“时间轴控件”滑动槽中的滑块拖动到第 30 帧处，再单击“添加关键帧”按钮，将第 30 帧设置为关键帧。选中第 30 帧，单击动画工具栏内地“旋转对象”按钮，拖动鼠标，将圆球图形旋转一定角度。

思考与练习

1. 进行实际操作，基本掌握中文 Ulead COOL 3D Production Studio 1.0 软件中常用工具栏和其他工具栏中各工具的基本使用方法，以及“属性”面板的使用方法。

2. 参看实例 1“火烧圆明园”动画的制作方法，制作一个“火烧赤壁”动画。

3. 参看实例 2“3D 片头”动画的制作方法，利用“百宝箱”面板影片库中提供的影片，制作一个“自转金球”动画。

4. 修改实例 3“保护地球”动画和实例 4“自转正方体”动画的制作方法，使该动画的文字改为“中国著名风景和建筑”，环绕文字中间是一个不断自转的正方体，正方体各表面是不同的中国风景和建筑画面。

5. 参看实例 4“3D 片尾”动画的制作方法，制作一个从下向上慢慢移动的一段文字，最后在屏幕中间显示逐渐变大的“再见!”文字。

6. 参看实例 6“3D 片尾”动画的制作方法，利用“百宝箱”面板影片库中提供的影片，制作一个“自转金球”动画，该动画播放后，一个金色圆球不断自转，同时金色“中文 GIF Animator”文字不断围绕金色圆球转圈。该动画播放后的 2 幅画面如图 7-5-1 所示。

图 7-5-1　“自转金球”动画播放时的 2 幅画面

第8章 会声会影制作视频1

本章介绍中文“会声会影 X5”（Corel VideoStudio X5）软件的工作界面，介绍插入媒体文件、修改参数、创建项目文件、修改项目属性和影片制作步骤等的方法。同时还介绍了3个实例的制作方法，可以结合实例学习软件的使用方法和使用技巧。

8.1 “会声会影”简介和它的工作界面

8.1.1 Ulead公司和“会声会影”软件简介

会声会影也叫 VideoStudio，它最早是 Ulead 公司的一款一体化视频编辑软件。

1. Ulead公司简介

Ulead 公司是著名的生产媒体制作软件的公司，公司的创始人是华人，Ulead 公司和当时的 Macromedia 和 Adobe 公司是三大著名的图像、影视和网页制作等软件生产的公司。Ulead 公司的软件很多，其中，PhotoImpact（图像处理和网页绘图）、GIF Animator（制作网页、简报和多媒体主题的二维动画）和 Ulead COOL 3D Ulead（制作三维动画）几款软件在本书前面已有过介绍，其他软件主要有以下几种：

（1）我形我速：可让用户制作出色的相片与项目，供亲朋好友欣赏。

（2）Ulead Photo Explorer：是一套好用的多媒体秀图和管理软件。

（3）Ulead COOL 360：可以快速将一系列相片转换成 360 度全景画转场和图像。

（4）Corel VideoStudio：是一款一体化视频编辑的软件。

（5）Ulead SmartSaver Pro：动画优化、图像分割和基于表格的图像创作等。

（6）Ulead MediaStudio Pro：是一款完整的数码视频套装软件。

（7）DVD 拍拍烧：是一套数码相片管理&相册光盘制作软件。

（8）Ulead DVD Workshop：强大的 DVD 制作工具。

（9）录录烧_DVD_MovieFactory：是一套完整的 DVD 刻录软件。

2005 年 3 月，美国 InterVideo 公司总部收购了 Ulead（友立资讯）公司。2006 年 8 月美国 Corel 公司收购了 InterVideo 公司。

2. “会声会影”软件简介

“会声会影”软件是一款功能强大的视频编辑软件，具有屏幕图像捕捉、录屏和编辑修改功能，它可以导出多种常见的视频格式，进行影片剪辑，提供了多种编制功能与效果，可以直接制作成 DVD 和 VCD。它支持音频和视频等各种类型的编码，是一套专业的 DV、HDV 影片剪辑软件，能够完全满足个人和家庭所需的影片剪辑功能，且操作简单，一般用户也能很方便地使用该软件编辑出专业水准的视频。

“会声会影”软件的版本很多，从以前的 Corel VideoStudio5/7/10/12 等，到后来的 Corel VideoStudio Pro X4/X5/X6/X7/X8 等。目前使用较多的中文版有 Corel VideoStudio Pro X4 和 Corel VideoStudio Pro X5，后者于 2012 年 4 月发布，2012 年 9 月 25 日在北京发布。本章主要介绍中文 Corel VideoStudio Pro X5。会声会影 X5 的功能和特点简介如下：

（1）简单易用的界面：可以让循序渐进的界面指引用户完成创作。具有灵活的工作区，可扩展工作区，可以采用用户喜欢的任何方式进行移出、拖动和放置等操作。

（2）提供 1 个“视频”轨道、21 个“覆叠”轨道和其他轨道，可以方便地切换轨道。

（3）超多丰富的模板库：可以选择拖动各种即时项目到视频画面中，快速制作视频。可以将模板库直接加到媒体素材库，可以从 www.PhotoVideoLife.com 或其他 VideoStudio 用户处导入模板到媒体素材库中，创建自己的模板。

（4）导入多图层图形：导入分层的 PaintShop Pro 文件，在 PaintShop 中创建多层模板和效果并将其导入到多个轨道中，这对复合模板和多轨合成来说非常快捷方便。

（5）完整的屏幕录制：为用户提供了完整屏幕或局部屏幕的捕获功能，可以共享幻灯片、演示文稿戏或教程等。可以添加标题、效果、滤镜、转场和视频特效等。

（6）便捷的导入和输出：可以从光盘、设备或文件导入各种格式的媒体文件，可以输出各种常用格式的文件，可以输出到 iPad、iPhone、PSP、蓝光光盘和其他移动设备，以及网络上播放影片。支持超高清视频和变速度等。

（7）高速运行：它针对 Intel、AMD 和 NVIDIA 的新型 CPU 和 CPU/GPU 处理做了进一步优化，可进一步发挥多核 CPU 的优势，明显提高运行速度。

（8）DSLR：可以制作 DSLR 定格动画和进入 DSLR 放大模式。

（9）HTML5 支持：可以立即创建和输出真正的 HTML5 网络作品，特效图像，标题和视频均可排列用于或用作 HTML 5 网页，支持输出 MP4 和 WebM HTML 5 视频格式。

（10）DVD 制作：增加了 DVD 刻录功能和工具，可以记录 DVD 影片字幕、打印光盘标签或直接将 ISO 刻录到光盘。

在 2013 年 3 月，Corel 公司发布了会声会影 X6 旗舰版。现有繁体中文版和英文版，表示不会发布会声会影 X6 简体中文版。会声会影 X5 简体中文版将正常销售并提供技术支持。2014 年 11 月 20 日，在北京由 Corel 等公司发布会声会影 X7 简体中文版。

8.1.2　软件的工作界面简介

双击 Windows 桌面上的 Corel VideoStudio Pro X5 图标，弹出中文“会声会影 X5”（Corel VideoStudio Pro X5）软件的工作界面，单击“文件”→“将媒体文件插入到时间轴”→“插入视频”命令，弹出”浏览视频”对话框，利用该对话框导入一个视频文件。此时的“会声会影 X5”软件的工作界面如图 8-1-1 所示。

由图 8-1-1 可以看出，“会声会影 X5”软件的工作界面主要由标题栏、菜单栏、“步骤”

面板、“预览”面板、“媒体素材”面板、“时间轴和故事”面板和各种轨道等组成。

图 8-1-1 “会声会影 X5”软件的工作界面

各种面板中都有一些按钮图标和缩略图等选项，将鼠标指针移到工作界面各面板内的按钮图标和缩略图之上时，会显示它的名称和作用等文字信息。下面简要介绍“会声会影 X5”软件的工作界面内各部分面板和“时间轴”内各种轨道的作用。

1. “预览”面板

“预览”面板用来预览素材库、“故事”面板或“时间轴”面板内选中的媒体素材。单击“时间轴”面板、“故事”面板或素材库内的一个素材缩略图，稍等片刻后，即可在“预览”面板预览窗口中看到选中的视频第 1 帧画面、图像或音乐图标。选中素材库内的即时项目、标题、转场或滤镜选项，也可以在“预览”面板内显示相应的效果，在“时间轴”面板内选中一个视频素材画面，“预览”面板如图 8-1-2 所示（还没有调整开始标记和结束标记）。其内各按钮等选项的作用简介如下：

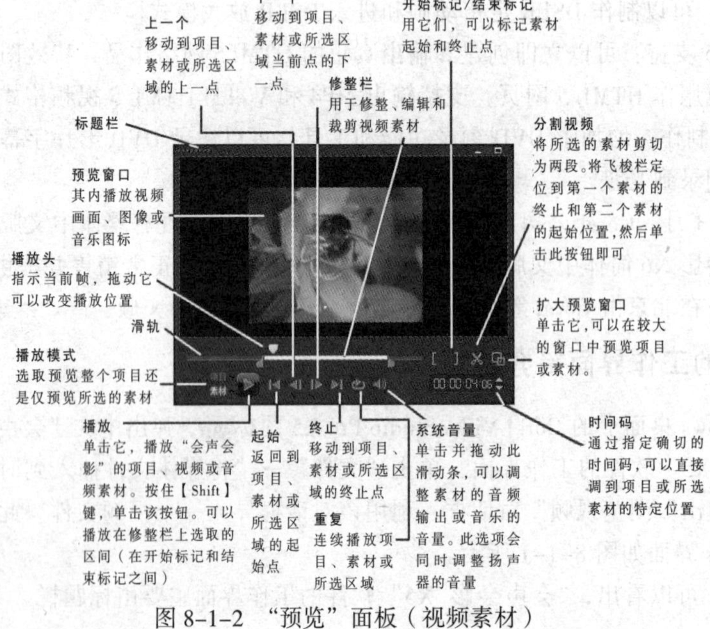

图 8-1-2 “预览”面板（视频素材）

（1）“项目”和“素材”模式切换：单击“项目”按钮，可以播放整个项目内的所有内容；单击“素材”按钮，可以播放选中素材的内容。

（2）“播放”按钮：单击该按钮，即可在在预览窗口内播放选中的视频、图像或音频媒体文件，同时“播放”按钮变为“暂停”按钮，播放头会向右移动；单击“暂停”按钮，可以暂停媒体文件的播放，同时“暂停”按钮变为“播放”按钮，播放头暂停移动。

（3）修整栏：水平拖动滑轨上左边的黄色起始修整标记滑块（飞梭）到要裁剪的视频起始位置处，水平拖动滑轨上右边的黄色结束修整标记滑块（飞梭）到要裁剪的视频结束位置处，即可设置好裁剪出来的视频片断，即修整栏，如图 8-1-2 所示。另外，拖动播放头到要裁剪的视频起始位置处，单击“开始标记”按钮，即可将黄色起始修整标记移到播放头所处的位置；拖动播放头到要裁剪的视频结束位置处，单击“结束标记”按钮，即可将黄色结束修整标记移到播放头所处的位置。

当播放头位于修整栏内时，单击“起始”按钮，播放头会移到起始修整标记处；再单击，播放头会移到滑轨最左边。当设置修整栏且播放头位于修整栏内时，单击“终止”按钮，播放头会移到终止修整标记处；再单击，播放头会移到滑轨最右边。

在创建修整栏后，单击“播放”按钮，可以从修整栏黄色起始修整标记处播放，到黄色结束修整标记处为止；按住【Shift】键，单击“播放”按钮，可以从滑轨最左边开始播放，直到滑轨最右边为止。

（4）按钮组：从左到右分别是“起始”“上一个”“下一个”和“终止”按钮。单击“起始”按钮，播放头会移到滑轨的最左边；单击“终止”按钮，播放头会移到滑轨的最右边。

单击“上一个”按钮，播放头会向左移动一个最小单位；单击“下一个”按钮，播放头会向右移动一个最小单位。时间码内的数值会减少或增加一个最小单位。

（5）选中音频和图像素材后的“预览”面板：单击“时间轴”面板、“故事”面板或素材库内的一个音乐或声音图标，则“预览”面板（音频素材）如图 8-1-3 所示。在预览窗口内显示的是音频图案，其他与图 8-1-2 所示“预览”面板（视频素材）一样。

选中“时间轴”面板、“故事”面板或素材库内的一个图像图案，则“预览”面板（图像素材）如图 8-1-4 所示。在预览窗口内显示的是选中的图像，没有黄色起始滑块和黄色结束滑块。此时，“开始标记”按钮、“结束标记”按钮和“分割视频”按钮都变为无效。

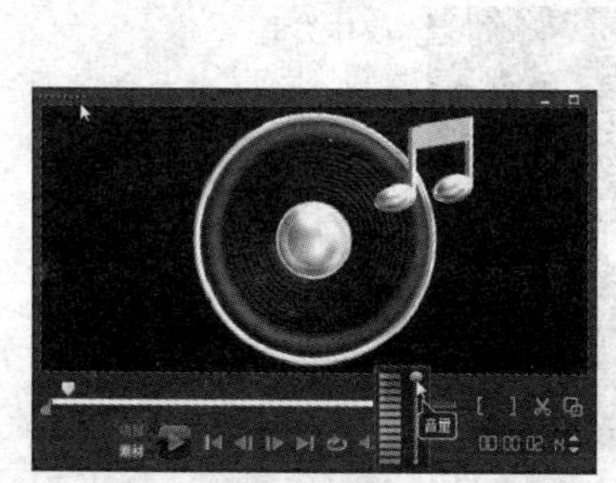

图 8-1-3 “预览”面板（音频素材）

图 8-1-4 “预览”面板（照片素材）

（6）“重复”按钮：单击该按钮，即可设置循环播放，以后再单击“播放”按钮，可以循环播放当前的项目内容，或者视频、音频和图像等素材。

（7）“扩大预览窗口”按钮：单击该按钮，可以将“预览”窗口放大，占满整个屏幕；再单击大的“预览”窗口内的“最小化”按钮，可以使“预览”窗口恢复到原来的状态。

（8）“分割视频”按钮：拖动播放头到要裁剪的视频切割点位置处，此时的“预览”面板和“视频”轨道如图 8-1-5 所示。将鼠标指针移到该按钮之上，会显示“按照飞梭栏的位置分割素材”提示文字。单击“分割视频”按钮，在播放头处将当前视频切割成两部分，此时的“预览”面板和“视频”轨道如图 8-1-6 所示。

图 8-1-5 “预览”面板和“视频”轨道 1

图 8-1-6 “预览”面板和“视频”轨道 2

（9）“系统音量”按钮：单击该按钮，会弹出一个多彩色的音量调节器，垂直拖动右边滑槽内的圆形滑块，可以调整音量的大小。

（10）时间码：它左边的数字框内由“:”分割为 4 组两位数字，双击其内一组数字，即可选中该组数字，通过键盘输入数字，可以改变选中的数字，也可以单击时间码右边的按钮，增加选中的数字；单击按钮，可以减少选中的数字。

2. “媒体素材”面板

“媒体素材”面板中的素材库用来保存图像、视频、音频等媒体素材，还保存有制作影片所需的即时项目、转场效果、动画标题文字、色彩（图形）和滤镜素材等。单击“媒体”按钮，“媒体素材”面板如图 8-1-7 所示。“媒体素材”面板内各按钮等选项的作用，以及基本使用方法简介如下：

图 8-1-7 “媒体素材”面板（视频素材）

（1）素材库显示类型切换栏：该栏位于素材库的左边，其内有 6 个垂直排列的按钮，从上到下分别是“媒体”按钮、“即时项目”按钮、“转场”按钮、“标题”按钮、“图形”按钮和“滤镜”按钮，这些按钮用来切换素材库内显示内容的类型。

（2）“媒体”素材库：单击“媒体”按钮，该按钮变为黄色按钮，同时素材库内显示系统自带的“媒体”素材内容，如图 8-1-7 所示。

（3）媒体类型切换栏：其内的 3 个按钮用来切换素材库内显示的素材类型。

单击“显示视频”按钮，该按钮变为黄色的“隐藏视频”按钮，素材库内会显示素材的第 1 帧画面，再单击该按钮，按钮还原，素材库内的视频素材隐藏。单击“显示照片”按钮或“隐藏照片”按钮，可以显示或隐藏素材库内的图像素材；单击“显示音频文件”按钮或“隐藏音频文件”按钮，可以显示或隐藏素材库内的音频素材图案。

单击媒体类型切换栏内的“列表视图”按钮，该按钮变成黄色，其右边的“编辑图视图”按钮由黄色变为灰色，素材库内列表显示素材内容，如图 8-1-8 所示。单击媒体类型切换栏内的“编辑图视图”按钮，该按钮变成黄色，其右边的“列表视图”按钮由黄色变为灰色，素材库内列表显示素材内容，如图 8-1-1 所示。

（4）“导入媒体文件”按钮：单击该按钮，调出“浏览媒体文件”对话框，如图 8-1-9 所示，可以选中外部的视频、音频、图像或图形媒体文件，再单击“打开”按钮，即可将选中的素材文件导入到素材库中。另外，还可以直接从 Windows 的资源管理器或“计算机”窗口内将素材文件直接拖动到素材库中，将该素材添加到素材库中。还可以利用“文件”菜单中的命令来将外部素材添加到素材库中。

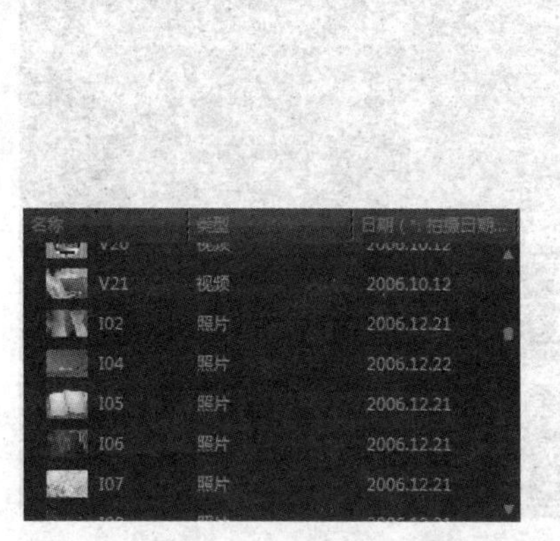

图 8-1-8　列表显示素材的素材库

图 8-1-9　“浏览媒体文件”对话框

单击“对素材库中的素材排序”按钮，弹出它的菜单，单击其内的命令选项，可以设置素材库内素材文件排顺序的依据。

单击“添加”按钮，即可在下面的“素材管理”栏内新建一个名称为“文件夹”的文件夹。右击该名称，弹出它的快捷菜单，单击该菜单内的“重命名”命令，可以将该名称进行修改，例如改为“风景”；单击该菜单内的“删除”命令，可以删除该文件夹。

（5）素材库中的素材对象：在素材库中，单击一个素材对象，可以选中该素材，同时在“预览”面板内显示该素材的画面或图案。按住【Ctrl】键，单击素材库中的多个素材对象，可以同时选中这些素材对象；按住【Shift】键，单击素材库中的起始素材对象和终止素材对象，可以选中从起始素材对象到终止素材对象的多个素材对象。

将鼠标指针移到素材库中的素材对象之上右击，弹出快捷菜单，单击其内的命令，可以查看素材的属性，以及复制、删除和粘贴素材对象，还可以按转场分割素材等。

（6）添加素材到“故事”或“时间轴”面板：拖动素材库中的素材对象到“故事”面板或“时间轴”面板中，即可将该素材对象添加到“故事”面板和“时间轴”面板中。

单击“时间轴”面板内左上角的“故事板视图”按钮，可以将“时间轴”面板切换到“故事”面板；单击“故事”面板内左上角的“时间轴视图”按钮，可将“故事”面板切换到“时间轴”面板。单击“浏览”按钮，弹出 Windows 的资源管理器，利用它可以选择要添加的素材文件，将选中的素材文件拖动到素材库内，即可添加该素材。

（7）“即时项目”素材库：即是“模板”素材库。单击“即时项目”按钮，该按钮变为黄色按钮，同时素材库内显示系统自带的“即时项目”素材内容，如图 8-1-10 所示。也可以添加外部项目文件到素材库内。

（8）导入项目模板：单击“导入一个项目模板”按钮，调出“选择一个项目模板”对话框。利用它可以导入外部项目模板文件（扩展名为.vpt）到指定文件夹内。

（9）Corel Guide 面板：单击“获取更多内容”按钮，弹出 Corel Guide 面板（首页），如图 8-1-11 所示。Corel Guide 面板提供了有关应用程序的最新信息、查找技巧、教程和帮助，可以下载新的视频样式、字体、音乐和项目模板，可以获得用于视频编辑的新工具、免费试用软件和优惠软件等，还提供了最新的 Corel VideoStudio 版本更新，各种帮助和视频教程等。Corel Guide 面板有 4 个选项卡，简介如下：

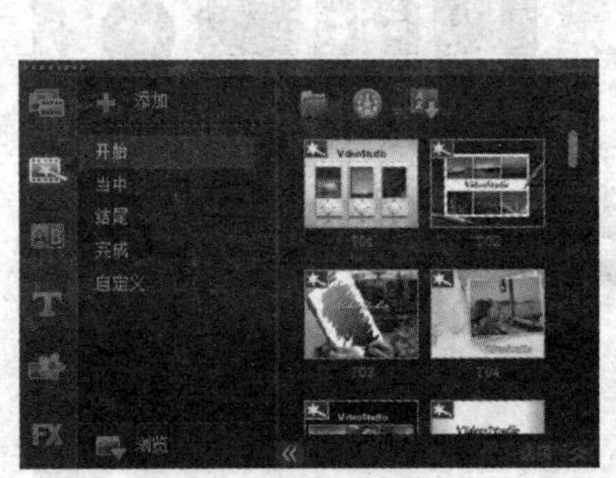

图 8-1-10 “媒体素材”面板（即时项目）

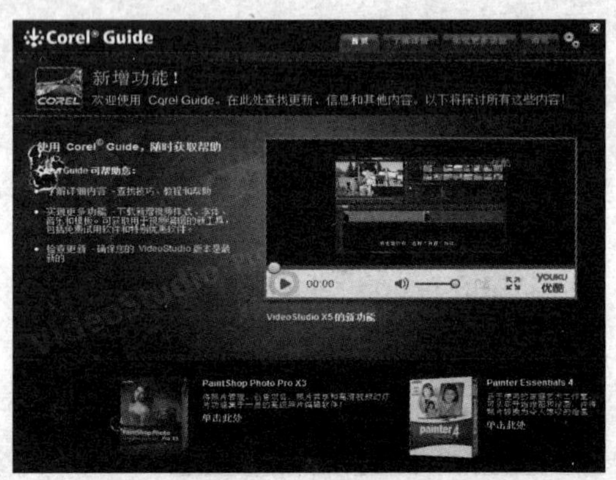

图 8-1-11 Corel Guide 面板（首页）

① 单击“首页”标签，切换到“首页”选项卡，其内有一个介绍会声会影新功能的视频，下边提供了新软件的网页下载链接，单击“单击此处”链接文字即，可进入网页。

② 单击“了解详情”标签，切换到“了解详情”选项卡，如图 8-1-12 所示。该选项卡内有一个介绍会声会影 X5 使用方法的视频，单击列表框内的选项，可切换视频内容。

③ 单击“实现更多功能”标签，切换到“实现更多功能”选项卡，该选项卡内提供了大量免费的项目样本等资源，供用户下载使用，如图 8-1-13 所示。单击其内列表框中选中项目选项中的“立即下载”按钮，可进行该项目的下载和安装，导入到素材库中。

④ 单击“消息”标签，切换到“消息”选项卡，其内会显示关于 Corel VideoStudio 软件的最新消息。

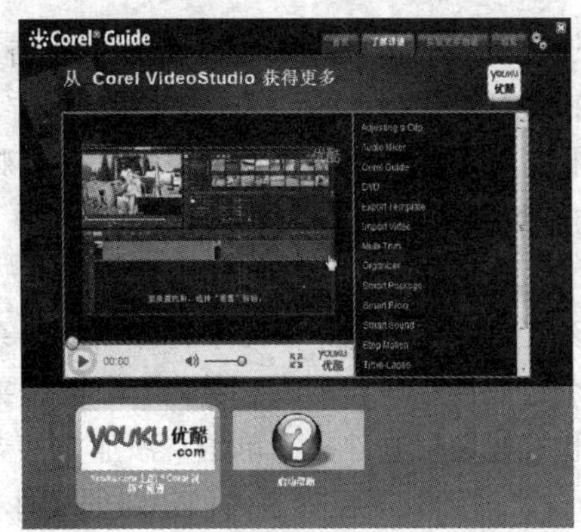

图 8-1-12　Corel Guide 面板（了解详情）

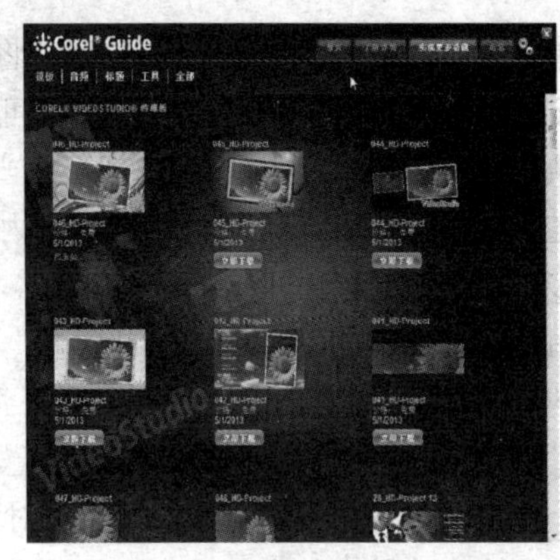

图 8-1-13　Corel Guide 面板（实现更多功能）

（10）“转场”素材库：单击“转场”按钮，该按钮变为黄色，同时素材库内显示系统自带的转场效果内容，如图 8-1-14 所示。

选中素材库内的一个转场效果动画，即可在“预览”面板内显示该转场效果画面，单击“播放”按钮，可以看到转场的动画效果。拖动一种转场效果动画到“故事”面板或“时间轴”面板中，即可将选中的转场效果添加到“故事”面板和“时间轴”面板中，将转场效果动画插入到轨道中两个图像或视频素材之间，完成两个媒体素材之间的转场切换。上述操作基本也适用于后边要介绍的“标题”“图形”和“滤镜”效果。

将鼠标指针移到上边的下拉按钮之上，会显示“画廊”提示文字，单击“画廊”下拉按钮，会弹出“画廊”列表，如图 8-1-15 所示。单击该列表中的选项，可以切换其下边素材库内的转场效果的类型。如果选中“画廊”下拉列表中的“全部”选项，可以在素材库内展示全部转场效果动画。

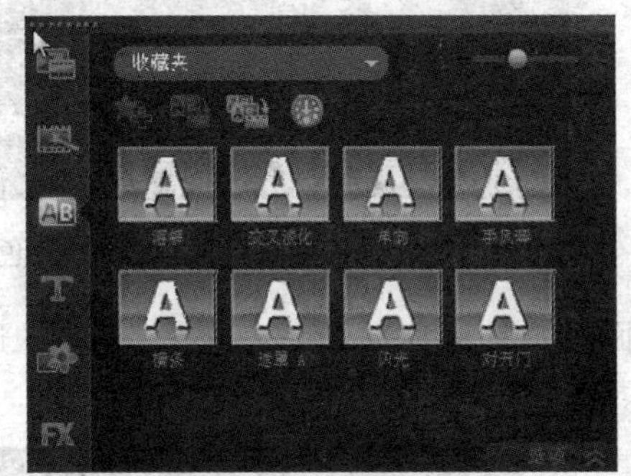

图 8-1-14　“媒体素材”面板（转场）

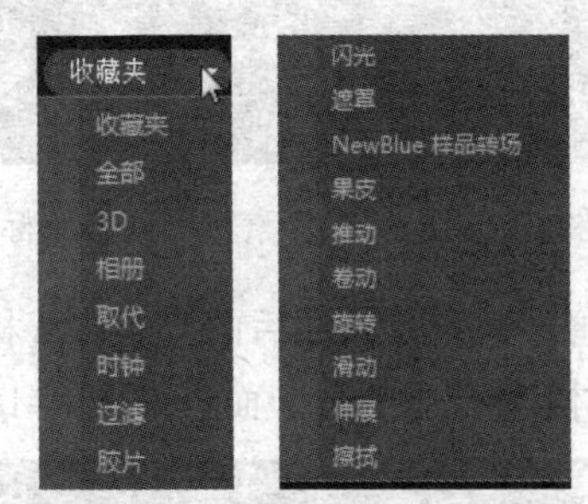

图 8-1-15　“画廊”下拉列表

在“画廊”下拉列表下边有一行 4 个按钮，选中一个转场效果动画画面后，这 4 个按钮（没选中转场效果动画画面前，只有右边两个按钮有效）都变为有效。这 4 个按钮从左到右依次是“添加到收藏夹”按钮、“对视频轨应用当前效果”按钮、“对视频轨应用随机效果”按钮和“获取更多内容”按钮。

在“画廊”下拉列表右边有一个滑槽与滑块，拖动滑块，可以调整素材库内转场效果动画画面的大小。

单击“添加到收藏夹”按钮，即可将当前选中的转场效果保存到收藏夹内，以后单击“画廊”下拉列表中的“收藏夹”选项后，即可在素材库内显示收藏夹内保存的转场效果。单击“对视频轨应用当前效果”按钮，即可将当前转场效果应用于“视频”轨道。单击“对视频轨应用随机效果”按钮，即可将素材库内一个随机的转场效果应用于“视频”轨道。单击“获取更多内容”按钮，可弹出 Corel Guide 面板。

（11）“标题”素材库：单击“标题”按钮，该按钮变为黄色，同时素材库内显示系统自带的动画标题文字内容，如图 8-1-16 所示。有一个“画廊”下拉列表，其内有“收藏夹”“标题”和“添加文件夹”选项，表示有“收藏夹”和“标题”文件夹。单击“添加文件夹”选项，弹出“标题库”对话框，利用该对话框，可以在“画廊”下拉列表内创建新的文件夹，编辑和删除新建的文件夹。

“画廊”下拉列表下边（或右边）有“添加到收藏夹”按钮和“获取更多内容”按钮。在“画廊”下拉列表右边有一个滑槽与滑块，拖动滑块，单击“添加到收藏夹”按钮，可以将选中的标题素材添加到收藏夹内。

（12）“图形”素材库：单击“图形”按钮，该按钮变为黄色。在“画廊”下拉列表右边有一个“导入媒体文件”按钮、一个“对素材库中的素材排序”按钮和一个滑槽与滑块。在“画廊”下拉列表内有“色彩”“对象”“边框”和“Flash 动画”选项。选择“色彩”选项后的“媒体素材”（图形）面板如图 8-1-17 所示。

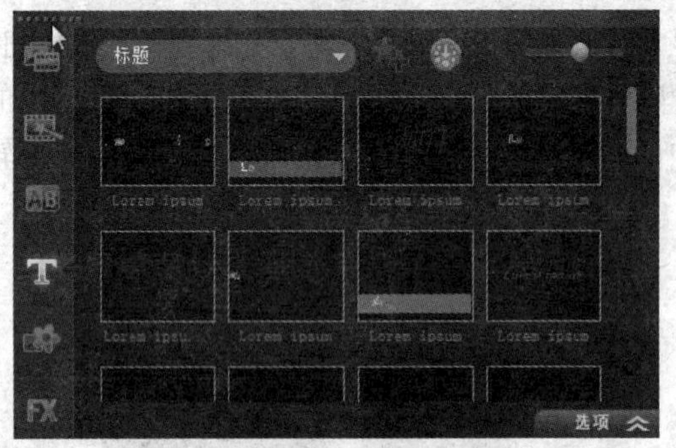

图 8-1-16 “媒体素材”面板（标题）

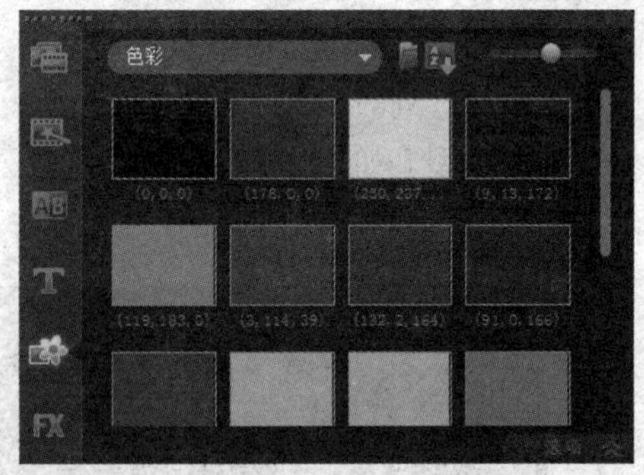

图 8-1-17 “媒体素材”面板（图形-色彩）

选择“对象”选项后的“媒体素材”（图形）面板如图 8-1-18 所示。选择“边框”选项后的“媒体素材”（图形）面板如图 8-1-19 所示。

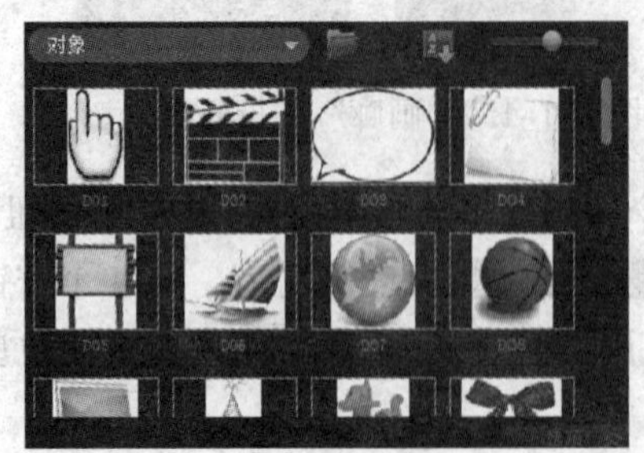

图 8-1-18 “媒体素材”面板（图形-对象）

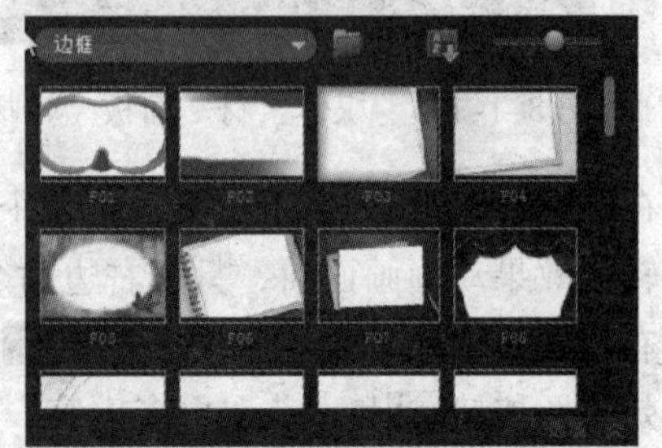

图 8-1-19 “媒体素材”面板（图形-边框）

选择“Flash 动画”选项后的“媒体素材”（图形）面板如图 8-1-20 所示。

（13）“滤镜”素材库：单击“滤镜”按钮，该按钮变为黄色，同时素材库内显示系统自带的滤镜效果动画，如图 8-1-21 所示。在“画廊”下拉列表右边有一个“获取更多内容”按钮和一个滑槽与滑块。

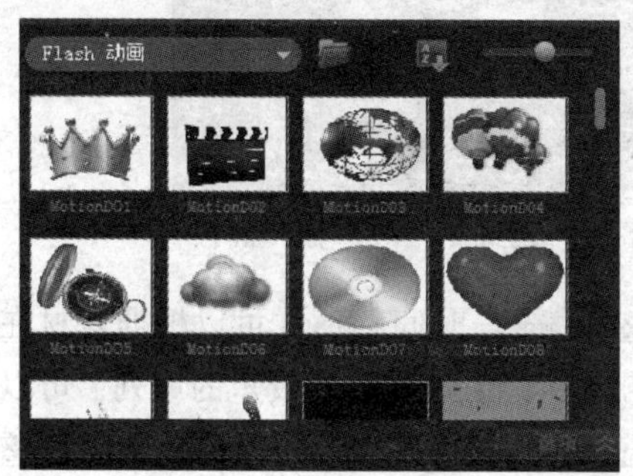

图 8-1-20　“媒体素材”面板（图形-Flash 动画）

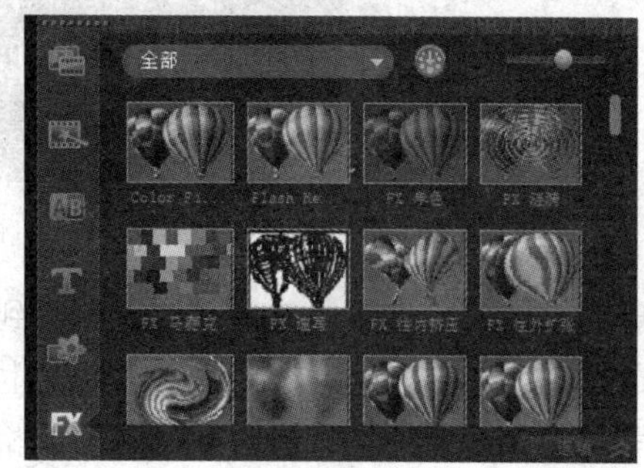

图 8-1-21　“媒体素材”面板（滤镜）

3. “时间轴和故事”面板

（1）“时间轴和故事”面板组成：“时间轴和故事”面板有“时间轴”和“故事板”两种模式。如果“时间轴和故事”面板内切换到“故事板视图”模式，则单击“时间轴视图”按钮，切换到“时间轴”模式，此时的“时间轴和故事”面板也叫“时间轴”面板，如图 8-1-22 所示。时间轴实质是项目时间轴，也是项目中素材的编辑区域。

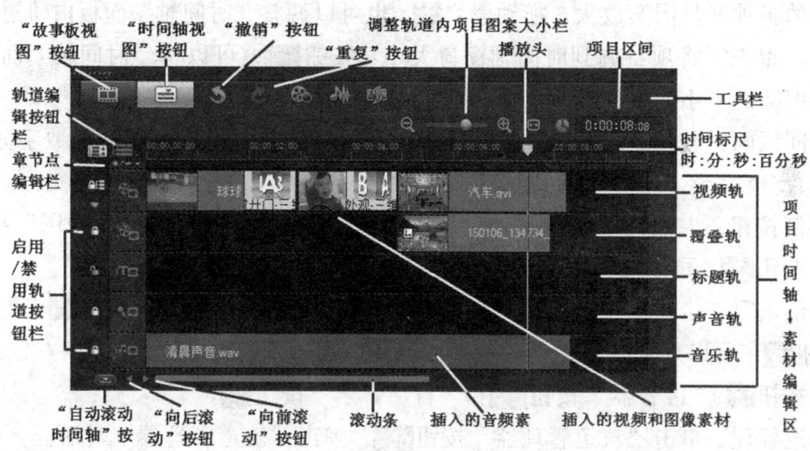

图 8-1-22　“时间轴和故事”面板的“时间轴”模式（“时间轴”面板）

如果从“时间轴和故事”面板内切换到“时间轴视图”模式，则单击“故事板视图”按钮，切换到“故事板视图”模式，此时的“时间轴和故事”面板也叫“故事板”面板，如图 8-1-23 所示。

“时间轴和故事”面板内不管切换到何种模式，该面板内的上边有都有 1 行控制按钮。第 2 行右边都有调整轨道内项目图案大小栏和时间区间，如图 8-1-22 所示。

（2）“时间轴”模式：“时间轴”面板由独立的“视频”“覆叠”“标题”“声音”和“音乐”轨道（从上到下）组成，如图 8-1-22 所示，它还包含时间标尺、播放头等。使用它可以精确地处理影片的流程。

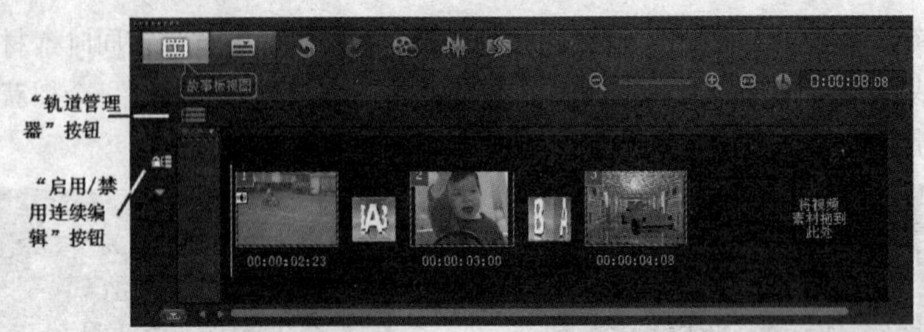

图 8-1-23 "时间轴和故事"面板的"故事板"模式（"故事板"面板）

时间轴模式允许微调效果并执行精确到帧的修整和编辑。时间轴模式可以根据素材在每个轨上的位置，来准确地显示影片中事件发生的时间和位置，在此显示为较短的序列。可以方便地从素材库中将各种素材拖动到时间轴上相应的轨道，还可以通过直接用鼠标拖动来调整这些素材的前后位置。

（3）"故事板"模式："故事板"面板内给出"视频"轨道内的所有视频和图像素材，以及素材之间的转场效果图案。也可从素材库中将视频和图像素材拖动到"故事板"面板内，还可以通过直接用鼠标拖动来调整这些素材的前后位置。

（4）调整轨道内项目图案大小栏：在"时间轴"面板内该栏中，单击"缩小"按钮，可以将"时间轴"面板内轨道中的各种素材图案缩小，时间标尺中的数据会相应地变化，保证原来素材图案的起始和终止位置的时间标注不改变；单击"放大"按钮，可以将"时间轴"面板内轨道中的各种素材图案放大；拖动滑块，也可以调整"时间轴"面板内轨道中各种素材图案的大小。单击"将项目调到时间轴窗口大小"按钮，可以将"时间轴"面板内轨道中的各种素材图案的大小调整到接近将整个轨道占满。

（5）时间区间：其内显示整个项目的播放时间长度，从左到右四组两位数字分别为小时、分钟、秒和百分秒。

（6）控制按钮：左边两个按钮是"故事板视图"按钮和"时间轴视图"按钮。单击"撤销"按钮，可以撤销刚刚进行过的一步操作，再单击"撤销"按钮，可以撤销刚刚进行过的倒数第 2 步操作……；在单击"撤销"按钮后，"重复"按钮变为有效，单击"重复"按钮，可以重复刚刚撤销后的一步操作。右边的 3 个按钮从左到右依次为"录制/捕获选项"按钮、"混音器"按钮和"自动音乐"按钮。

（7）轨道管理：单击"轨道管理器"按钮，弹出"轨道管理器"对话框，如图 8-1-24 所示。利用该对话框可以设置"覆叠"轨道、"标题"轨道、"音乐"轨道的个数。"覆叠"轨道可以最多有 21 个，"标题"轨道最多可以有 2 个，"音乐"轨道最多可有 3 个。

将鼠标指针移到"禁用视频轨"按钮之上，该按钮会变亮，单击该按钮，"视频"轨道内的素材和"预览"面板内的素材都会隐藏，再单击该按钮，素材又会显示出来；单击"禁用/启动覆叠轨"按钮，可以在显示和隐藏"覆叠"轨道内素材之间切换；单击"禁用/启动标题轨"按钮，可以在显示和隐藏"标题"轨道内标题素材之间切换；单击"禁用/启动声音轨"按钮，可以在显示和隐藏"声音"轨道内声音素材之间切换；单击"禁用/启动音乐轨"按钮，可以在显示和隐藏"音乐"轨道内音乐素材之间切换。

（8）每个轨道左边都有一个小锁按钮，单击该按钮，都可以启用或禁用相应轨道的连续编辑功能。单击视频轨小锁按钮上边的“连续编辑选项”按钮，可以弹出它的菜单，显示各轨道的连续编辑状态，如图 8-1-25 所示。单击其内“启用连续编辑”选项，可以在启用和禁用所有选中轨道的连续编辑功能；单击其中第 2 栏内的选项（只有在“启用连续编辑”选项的情况下才有效），可以在启用和禁用相应轨道之间切换；第 3 栏内的两条命令分别用来选择是否全选和全不选所有第 2 栏中的选项。

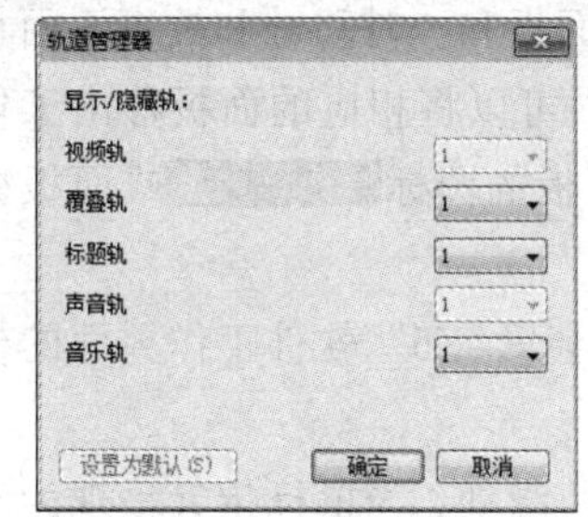

图 8-1-24 “轨道管理器”对话框

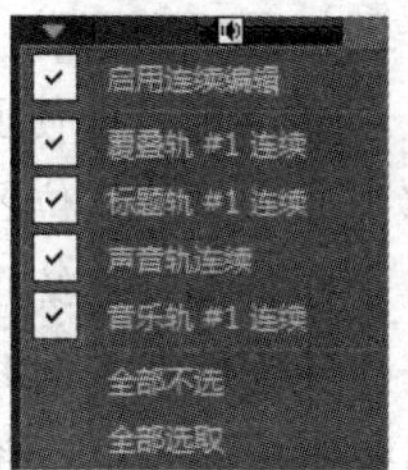

图 8-1-25 “连续编辑选项”菜单

4. 各种轨道

“时间轴和故事”面板内切换到“时间轴”模式，此时的“时间轴”（即“项目时间轴”）就是项目中素材的编辑区域，它由独立的“视频”“覆叠”“标题”“声音”和“音乐”轨道（从上到下）组成，如图 8-1-22 所示。几个轨道的特点简介如下：

（1）“视频”轨道：用来放置图像和视频素材。“视频”轨道最多可有一个轨道。

（2）“覆叠”轨道：可以将视频和图像素材放置在“覆叠”轨道中，“覆叠”轨道中的素材会覆叠“视频”轨中相同位置处的素材，制作画中画等效果。放置在此轨中的素材会被自动应用 Alpha 通道，以获得透明效果。可以使“覆叠”轨道和“视频”轨道中的两个素材交织。在“覆叠”轨道内插入有声音的视频素材时，音频与视频会自动分开。“覆叠”轨道可以最多有 21 个轨道。

要创建带有透明背景的覆叠素材，可创建 32 位 Alpha 通道 AVI 视频文件或带有 Alpha 通道的图像文件。可以使用 CorelDRAW 和 Photoshop 等软件来创建这些素材文件。

（3）“标题”轨道：标题是决定视频作品成败的关键因素。在视频作品中通常不缺少各种文字（如副标题和字幕等）。它们可以贯穿于整个项目，作为开幕和闭幕的字幕、转场标题和文字介绍等。通过“会声会影”软件可以在几分钟内就创建出带动画效果的专业化标题。“标题”轨道最多可以有 2 个轨道。

（4）“声音”轨道：用来放置声音素材，也可以放置其他音乐素材。“声音”轨道最多可以有 1 个轨道。

（5）“音乐”轨道：用来放置背景音乐素材，也可以放置其他声音素材。“音乐”轨道最多可以有 3 个轨道。

5. 自定义工作界面

“会声会影 X5”软件的默认工作界面如图 8-1-1 所示。用户还可以根据自己的习惯进行工作界面的自定义。自定义工作界面主要是调整“预览”面板、“媒体素材”面板和“时间轴和故事”面板的大小和位置，再以一个名称保存，供以后切换使用。自定义工作界面的具体操作方法简介如下：

（1）工作界面控制：单击工作界面的“最小化”按钮，可以将工作界面最小化到 Windows 的状态栏；单击“最大化”按钮，可以使工作界面占满全屏幕，可以进行全屏幕编辑；单击“还原”按钮，可以使工作界面还原为原大小，此时可以调整工作界面的位置大小。单击工作界面的“关闭”按钮，可以关闭“会声会影 X5”软件。

（2）调整面板的位置：“预览”面板、“媒体素材”面板和“时间轴和故事”面板内的左上角都有一个图标，拖动该图标或面板标题栏，可以将相应的面板移出工作界面内默认的位置，独立出来，即使面板处于活动状态。双击面板的图标或面板标题栏，可以将面板移出原来的默认位置，或移回原来的默认位置。

如果 3 个面板都在系统默认的状态，则拖动“会声会影 X5”软件工作界面的标题栏，可以在移动工作界面框架的同时，也同步移动 3 个面板。

（3）调整面板的大小：将鼠标指针移到工作界面的边缘处，当鼠标指针呈现为双箭头状时拖动鼠标，即可在拖动的方向调整工作界面的宽度或高度。将鼠标指针移到工作界面内水平排列面板之间的边缘处，当鼠标指针呈状时，水平拖动，可以调整水平排列面板的宽度比例，总宽度不变；将鼠标指针移到工作界面内垂直排列面板之间的边缘处，当鼠标指针呈状时，垂直拖动，可以调整垂直排列面板的高度比例，总高度不变。

当面板处于活动状态时，可以进行面板的最小化和最大化调整，还可以调整各个面板的大小。将鼠标指针移到面板的边缘处，当鼠标指针呈现为双箭头状时拖动鼠标，即可在拖动的方向调整面板的宽度或高度。

（4）移动面板：拖动图标或面板标题栏，可以移动该面板，在移动面板时，会有一个浅蓝色矩形框随之移动，随着鼠标指针的移动，会在工作界面区域或面板内的四边中点出现 4 个停靠标记，用来指示移动面板的停靠位置，将浅蓝色矩形框移到一个停靠标记之上，即可将该面板停靠相应的位置。例如，拖动“预览”面板向“媒体素材”面板之上移动，会在“媒体素材”面板内出现 4 个停靠标记，如图 8-1-26 所示。将浅蓝色矩形框移到右边的停靠标记之上，即可将“预览”面板停靠到“媒体素材”面板的右边。

（5）保存自定义工作界面布局：单击“设置”→“布局设置”→“保存至”命令，弹出“保存至”菜单，如图 8-1-27 左图所示。单击其内的“自定义#1”选项或其他选项，即可将当前自定义工作界面布局保存。

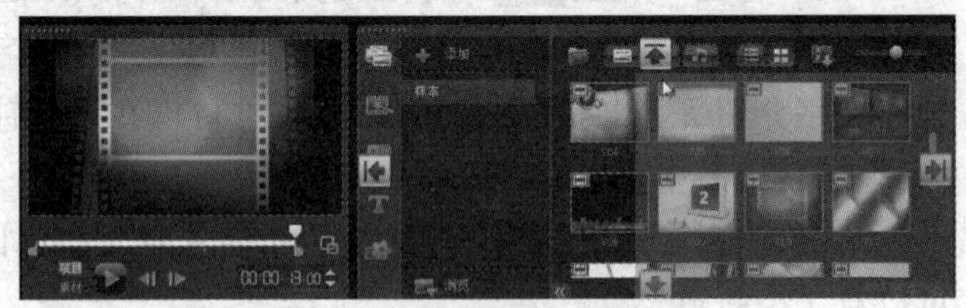

图 8-1-26　4 个停靠指南标记

（6）切换自定义工作界面布局：单击“设置”→“布局设置”→“切换到”命令，弹出“切换到”菜单，如图 8-1-27 右图所示。单击其内的“自定义#1”选项或其他选项，即可切换到相应的自定义工作界面布局状态。

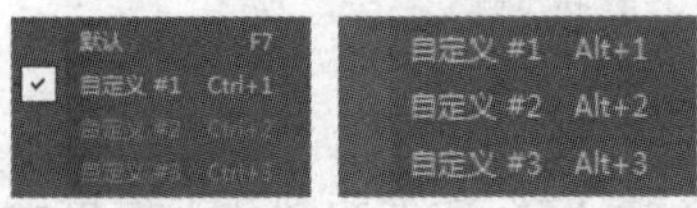

图 8-1-27 “保存至”和“切换到”菜单

8.2　参数选择和项目

8.2.1　参数选择

单击“设置”→“参数选择”命令，弹出“参数选择”对话框，该对话框有 5 个选项卡，用来进行各种参数的设置，包括一些项目文件等的默认参数设置。

1. “界面布局”选项卡设置

切换到“界面布局”选项卡，如图 8-2-1 所示，可以用来进行界面布局设置，即切换自定义工作界面布局。

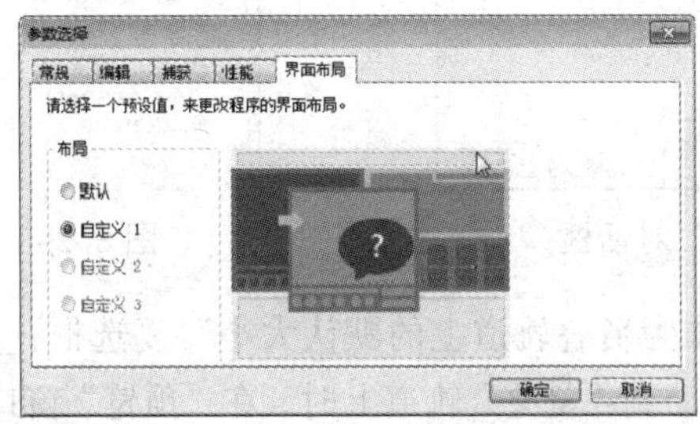

图 8-2-1　“参数选择”对话框

2. “常规”选项卡设置

切换到“常规”选项卡，如图 8-2-2 所示，其内主要参数设置的作用简介如下：

（1）设置默认的撤销级数，即单击工具栏上的“撤销”按钮可以撤销的操作步数。

（2）重新链接检查：选中该复选框后，在将素材库内的素材拖动到“时间轴”面板内时，会自动检查该素材是否还存在，如果断链，则会弹出一个提示框，提示重新连接。

（3）工作文件夹：单击该按钮，弹出“浏览文件夹”对话框，用来设置保存项目制作工作过程中临时文件保存的文件夹。通常选择非 C 硬盘内的文件夹，例如“临时文件夹”。

（4）素材显示模式：在该下拉列表内可以选择素材在“时间轴”面板内的显示模式，即设置“时间轴”面板内各素材显示“图像和名称”“图像”或“名称”。

（5）媒体库动画：选中“媒体库动画”复选框后，素材库内的转场切换和滤镜图案是动画画面，否则是一幅图像。

（6）自动保存间隔：就是项目文件自动保存的间隔时间，即在创建项目文件后，系统可以在经过一点时间后自动保存项目文件，这个默认的时间是 10 分钟，可以修改该数值。

（7）背景色：可以更改“预览”窗口内的背景色，默认是黑色，单击“背景色”色块，弹出一个颜色面板，单击其内的一个色块，即可修改“预览”窗口内的背景色。

（8）“在预览窗口中显示轨道提示”复选框：选中该复选框后，“预览”窗口内显示的“覆叠”轨道内的素材时，会显示“覆叠”轨道的编号。

3. “编辑”选项卡设置

切换到“编辑”选项卡，如图 8-2-3 所示，该选项卡内主要参数设置的作用简介如下：

（1）“应用色彩滤镜”复选框：选中该复选框后，右边的两个单选按钮才变为有效，选中一种单选按钮，用来设置电视信号制式。

（2）“重新采样质量”下拉列表：在该下拉列表中可以选择一种采样品质，有“好”“更好”和“最佳”3种采样品质可选，品质越好，加工的速度会越慢。

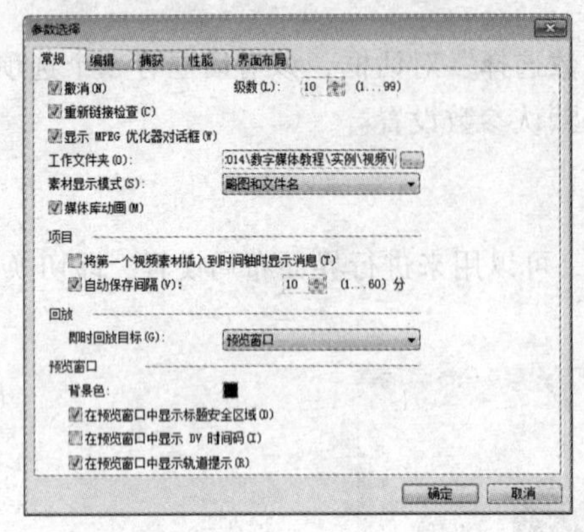

图 8-2-2 “常规”对话框

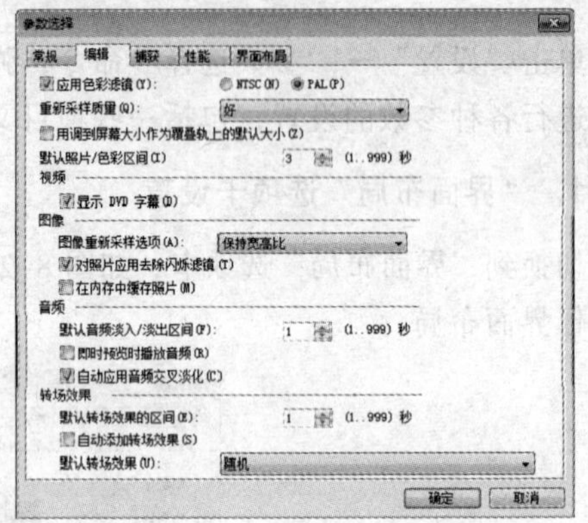

图 8-2-3 “编辑”选项卡

（3）“用调到屏幕大小作为覆叠轨道上的默认大小”复选框：如果选中该复选框，则将素材库内的图像或视频素材拖动到“覆叠”轨道上时，在“预览”窗口内的显示和屏幕大小一样，否则显示的为原大小，通常不选中该复选框。

（4）“默认照片/色彩范区间”复选框：设置默认照片/色彩范区间的秒数大小，即将素材库内的照片或色彩素材拖动到轨道内后，在轨道内占据的长度（即秒数）。

（5）在下边的“视频”“图像”“音频”和“转场效果”栏内可以设置相应的一些默认参数选项，例如，可以设置转场区间在轨道上放置时默认的秒数大小等。

4．“捕获”选项卡设置

切换到“捕获”选项卡，如图 8-2-4 所示，利用该选项卡主要可以设置捕获前后的默认参数，例如，捕获图像时图像的默认格式等。

5．“性能”选项卡设置

切换到“性能”选项卡，如图 8-2-5 所示，利用该选项卡可以进行如下参数设置：

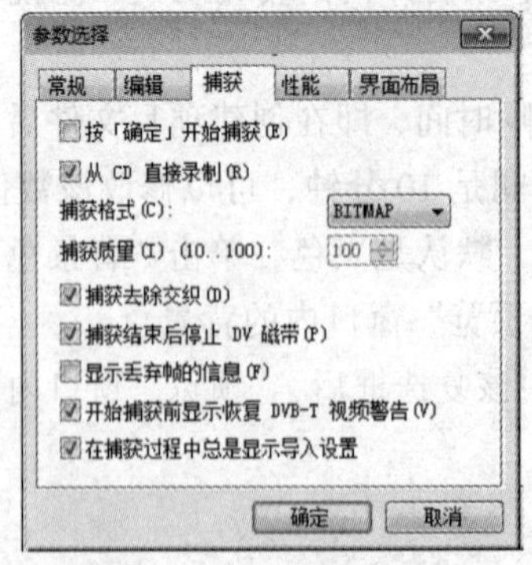

图 8-2-4 “捕获”选项卡

图 8-2-5 “性能”选项卡

（1）用来设置是否启用智能代理，默认是启用智能代理。

（2）设置当视频画面分辨率大于为多少时，可以自动创建代理，以及设置代理文件夹。

（3）如果选中“自动生成代理模板”复选框，则可以设置自动生成代理模板；如果不选中“自动生成代理模板”复选框，则下边的选项变为有效，单击“模板”按钮，可以人工设置模板。

（4）用来设置在编辑过程中和文件创建时是否启用硬件解码器加速和硬件加速优化。

8.2.2　创建项目文件和修改项目属性

1. 创建、打开和保存项目文件

项目文件(*.VSP)，是未完成的影片，只可以在“会声会影”软件中打开。可以随意编辑项目中的素材，所有的修改（如剪辑、编辑、转场效果等）均保存在项目文件中。多个不同的项目可以使用相同的素材。

（1）创建新项目文件：在启动“会声会影 X5”软件后，会自动打开一个新项目，用来制作视频作品。新项目的默认名称为“未命名”。如果是第一次使用会声会影，那么新的项目将使用初始默认设置。否则，新项目将重新使用上次使用的项目设置。

在新项目保存后，如果要创建另一个新项目，则可以单击“文件”→“项目”命令或按【Ctrl+N】组合键，都可以创建一个名称为“未命名”的新项目。

（2）创建新 HTML5 项目：单击“文件”→“HTML5 项目”命令或按【Ctrl+M】组合键，弹出“Corel VideoStudio Pro”提示框，如图 8-2-6 所示。

单击该提示框内的“确定”按钮，可创建一个新的 HTML5 项目。如果选中该提示框内的复选框，以后不会再出现该对话框。HTML5 项目和普通项目的不同之处是，原来的“视频”轨道变为背景轨道#1，如图 8-2-7 所示；还可以建立具有链接交互功能的项目。

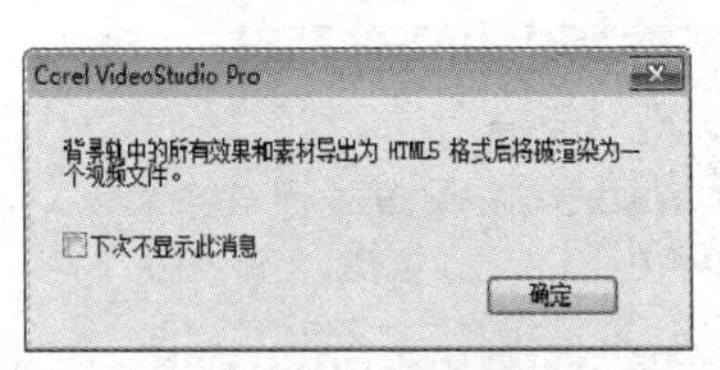

图 8-2-6　提示框

图 8-2-7　“时间轴”面板中的项目时间轴

（3）打开已有的项目文件：单击“文件”→“打开项目”命令或按【Ctrl+O】组合键，弹出“打开”对话框，如图 8-2-8 所示。在该对话框内“文件类型”下拉列表中选中一个类型选项，在“文件”列表框内选中要打开的项目文件（VSP 格式文件）例如，“球球 1.VSP”项目文件，单击“打开”按钮，即可打开选中的项目文件。

（4）项目文件另存为：单击“文件”→“另存为”命令或按【Ctrl+O】组合键，弹出“另存为”对话框，如图 8-2-9 所示。

在该对话框内“文件类型”下拉列表中选中一个类型选项，项目文件以 VSP 文件格式保存，HTML5 视频项目以 VSH 文件格式保存。在“文件名”文本框内输入项目文件的名字，例如，“球球 3.VSP”项目文件，单击“保存”按钮，即可将当前的项目文件以名称“球球 3.VSP”保存。“文件类型”下拉列表中的类型有 Corel VideoStudio X3、Corel Video Studio X4 和 Corel Video Studio X5 三个选项。

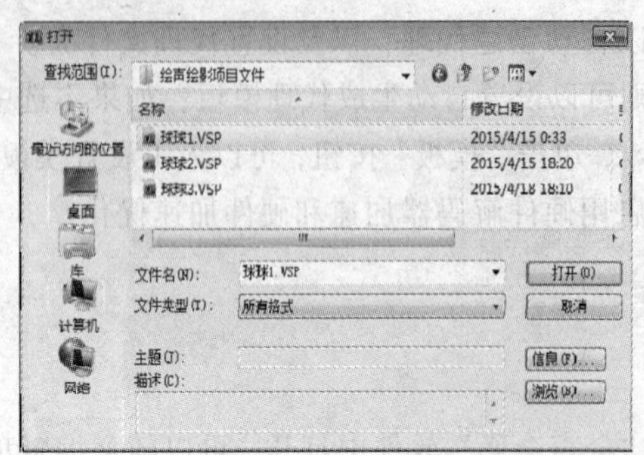

图 8-2-8 “打开”对话框

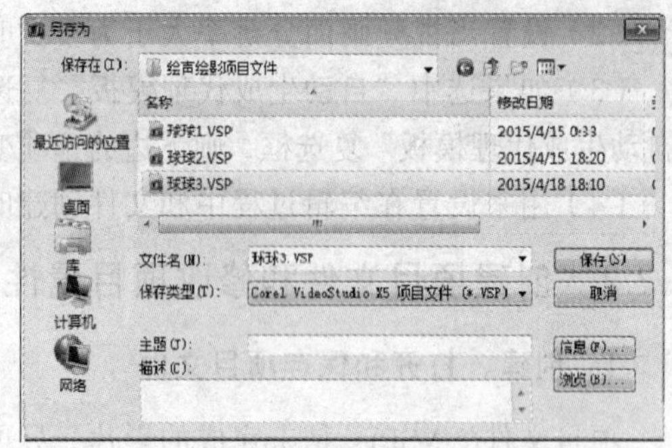

图 8-2-9 “另存为”对话框

（5）保存项目文件：单击“文件”→“保存”命令或按【Ctrl+S】组合键，即可将已经保存过并进行修改后的项目文件以原来的名称保存。如果在此之前项目没有进行过保存，也会弹出如图 8-2-9 所示的“另存为”对话框。

（6）使用智能包保存项目：如果要备份项目或传输项目到其他计算机，则对视频项目打包会很有用。还可以使用“智能包”功能中包含的 WinZip 的文件压缩技术，将项目打包为压缩文件或文件夹，准备上传到在线存储位置。

打开一个项目（如“球球 3.VSP”）或者将当前制作好的项目保存。然后，单击“文件”→“智能包”命令，弹出“Corel VideoStudio Pro”提示框，提示是否确实保存项目，如图 8-2-10 所示。

单击“是”按钮，弹出“智能包”对话框，如图 8-2-11 所示。在该对话框内选择将项目打包为一个文件夹或压缩文件，设置保存压缩文件或文件夹的路径，命名新建项目文件夹的名称和项目文件的名称。单击“确定”按钮，关闭该对话框，创建压缩后的文件或文件夹。

图 8-2-10 提示框

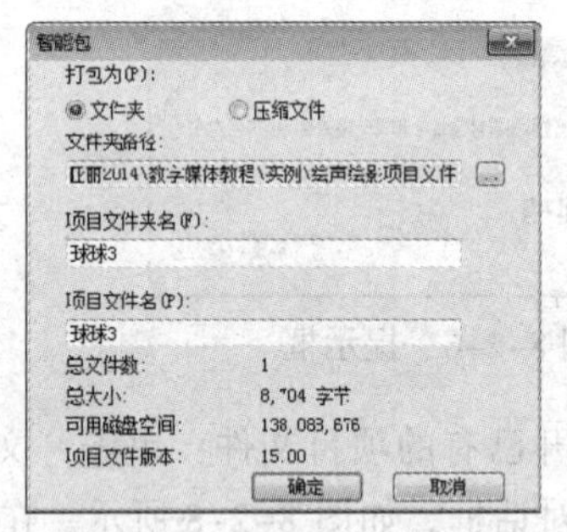

图 8-2-11 “智能包”对话框

2. 修改项目属性

单击“文件”→“项目属性”命令，弹出“项目属性”对话框，利用它可以重新设置该项目的属性，包括主题名称和文件格式等，如图 8-2-12 所示。单击“编辑”按钮，弹出“项目选项”对话框的“Corel VideoStudio”选项卡，该选项卡用来设置电视制式和音频声道等。

切换到“常规”选项卡，如图 8-2-13 左图所示，利用该选项卡可以设置帧速率、帧类型、帧大小与显示宽高比等。切换到“压缩”选项卡，如图 8-2-13 右图所示，利用该选项卡可以设置介质类型、质量大小（质量大，速度就小）、视频数据速率、音频格式、音频类型和音频频率等。

在进行自定义项目设置时，建议将自定义项目设置与捕获视频镜头的属性设置相同，以避免视频图像变形，从而可以进行平滑回放，且不会出现跳帧现象。

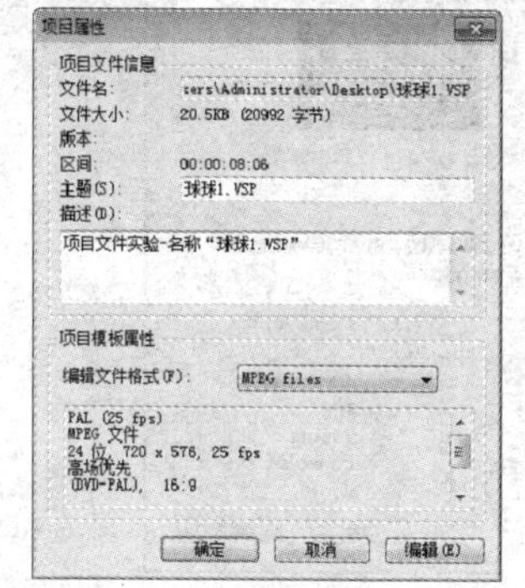

图 8-2-12　“项目属性”对话框

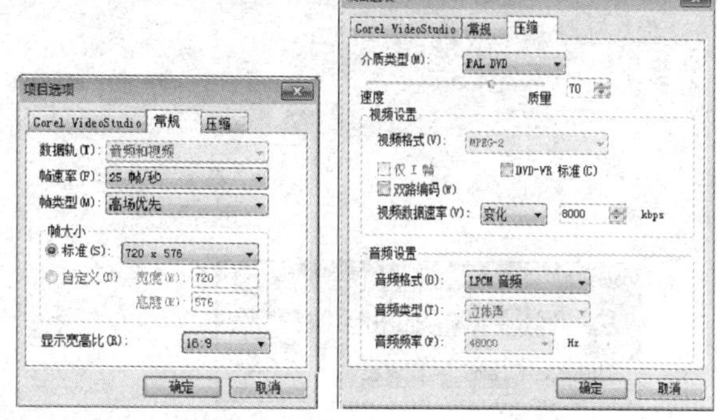

图 8-2-13　“常规”和“压缩”选项卡

3. 使用“即时项目”模板

可以使用“即时项目”模板来创建视频项目或自定义模板，具体方法简介如下：

（1）打开“即时项目”模板：“即时项目”模板也就是前面介绍的“即时项目”素材库内的素材，单击“即时项目”按钮，在素材库内即可弹出系统的“即时项目”模板，即“即时项目”素材，也包含用户自己创建的“即时项目”模板。

（2）应用“即时项目”模板：在“添加”按钮下边的文件夹列表框内选中一个文件夹，即选择一个模板类别。再将“即时项目”模板缩略图拖动到时间轴轨道内原有素材的前面或后边，即可将拖动的项目内容插入到各个轨道的相应位置。

另外，也可以右击项目模板缩略图，弹出它的快捷菜单，如图 8-2-14 所示。单击该菜单内的“在开始处添加”或“在结尾处添加”命令，即可在时间轴轨道的开始处或结尾处添加该项目模板内容的缩略图。只有在右击的项目模板是自定义模板时，快捷菜单内的“删除”命令才有效，单击该命令，可以删除右击的自定义项目。

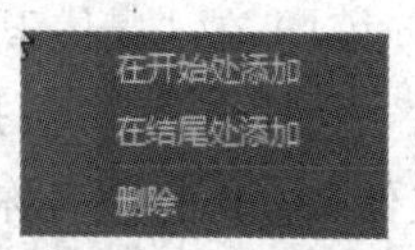

图 8-2-14　快捷菜单

（3）创建“即时项目”模板：打开想要保存为模板的视频项目，或者将制作好的项目保存。然后，单击“文件”→“导出为模板”命令，弹出“Corel VideoStudio Pro”提示框，提示是否确实保存项目，如图 8-2-15 所示。单击“是”按钮，弹出“将项目导出为模板”对话框，如图 8-2-16 所示。移动滑块可以显示不同的画面，选择想要用于模板缩略图的画面。

在该对话框内，单击按钮，弹出“浏览文件夹”对话框，利用该对话框选择保存自定义模板的路径文件夹，单击“确定”按钮，关闭“浏览文件夹”对话框，回到“将项目导出为模板”对话框。接着设置自定义项目模板的名称（此处为“球球 1”），在“类别”下拉列表中选择一种模板类别（此处为“自定义”），如图 8-2-16 所示。

最后，单击“确定”按钮，关闭“将项目导出为模板”对话框，在“即时项目”素材库内“自定义”文件夹中创建一个名称为“球球 1”的自定义项目模板。

（4）导入项目模板：单击“媒体素材”面板内的“导入一个项目模板”按钮，弹出“选择一个项目模板”对话框，查找要导入的 VPT 格式项目模板文件，选中该文件，单击“打开”按钮，关闭“选择一个项目模板”对话框，将选中的自定义项目模板导入到素材库当前文件夹内。

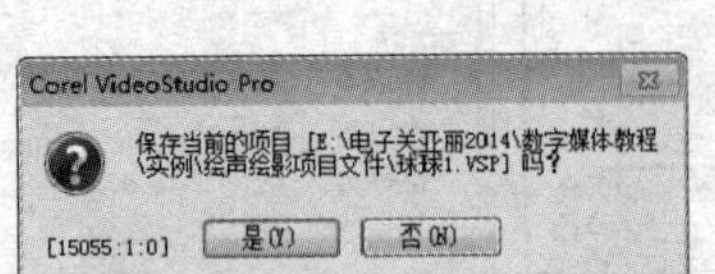

图 8-2-15 提示框

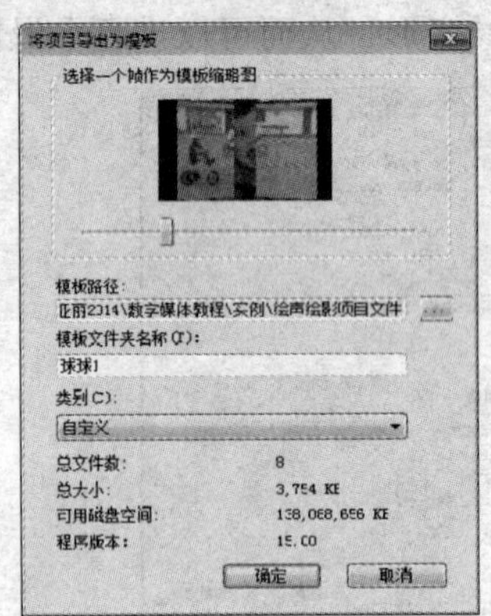

图 8-2-16 “将项目导出为模板”对话框

8.3 插入媒体素材

前面介绍了单击“导入媒体文件”按钮，弹出“浏览媒体文件”对话框，如图 8-1-8 所示。利用该对话框导入外部的视频、音频、图像或图形媒体文件到素材库中的方法和直接拖动的方法。素材库中只是保存了其内素材和计算机路径文件夹下一个同名文件的链接，当该文件夹内的素材文件移出后，素材库中虽然还有该素材的图案，但已经无法使用，需要重新建立链接。下面介绍利用菜单命令导入外部的各种素材到素材库中的方法。

8.3.1 插入素材到素材库

1. 插入视频到素材库的文件夹

（1）在“媒体素材”面板内添加一个用来保存插入的外部视频素材的文件夹（如“视频素材”文件夹），方法是：单击“添加”按钮，即可在下面栏内新建一个名称为“文件夹”的文件夹，再将该名称修改为“视频素材”，选中该文件夹。

另外，单击媒体类型切换栏内的“显示视频”按钮，该按钮变为黄色按钮。

（2）单击“文件”→“将媒体文件插入到素材库”→“插入视频”命令，弹出“浏览视频”对话框，如图 8-3-1 所示。

（3）在“查找范围”下拉列表中选中要导入的视频文件所在的文件夹（如“视频”文件夹，单击“文件类型”下拉按钮，弹出下拉列表，如图 8-3-2 所示。其内列出可插入的视频素材类型，有 AVI、SWF、FLC、FLV、GIF、WMV、MP4、MOV（需播放器 QuickTime）和 VSP（Corel VideoStudio 项目文件）等，此处选中“所有格式”选项，在文件列表框中选中要插入的视频文件，如“美女与狗.mp4”，如图 8-3-1 所示。

（4）如果选中“自动播放”复选框，以后在文件列表框中选中一个视频文件后，可马上自动播放选中视频文件中的画面。如果视频本身自带声音，在播放视频画面的同时也同步播放视频中的声音。

图 8-3-1 “浏览视频”对话框

图 8-3-2 “文件类型”列表框

（5）选中“静音”复选框后，在播放选中的视频文件时，不会播放视频中的声音。

（6）如果没有选择“自动播放”复选框，则该对话框内会显示一个“预览”按钮和“播放”按钮，单击该按钮，可以显示选中的视频文件的画面，同时“预览”按钮消失，同时“播放”按钮变为“暂停”按钮，如图 8-3-1 所示；单击“暂停”按钮，可以暂停视频的播放，同时“暂停”按钮变为“播放”按钮。

（7）如果视频文件中有标题和描述的文字，则会在“主题”文本框和“描述”列表框中显示相应的内容。

（8）单击“最近使用的目录”按钮，弹出它的菜单，其内列出最近使用过的目录，如图 8-3-3 所示，单击其内的选项，可在“查找范围”下拉列表中填入相应的目录。

（9）选中“自动播放”复选框，以后在文件列表框中选中其他视频文件后，即可马上自动播放选中视频文件中的画面和声音。

（10）在文件列表框中选中一个视频文件（如“美女与狗.mp4”），单击“打开”按钮，将选中的视频文件插入素材库内当前文件夹（如“视频素材”文件夹）中，如图 8-3-4 所示。按住【Ctrl】键的同时，单击“文件”列表框中的多个视频文件，可以选中多个视频文件；按住【Shift】键的同时单击起始和终止视频文件，可以选中连续的多个视频文件。单击“打开”按钮，可将选中的多个视频文件一次插入素材库当前文件夹内。

图 8-3-3 “最近使用的目录”菜单

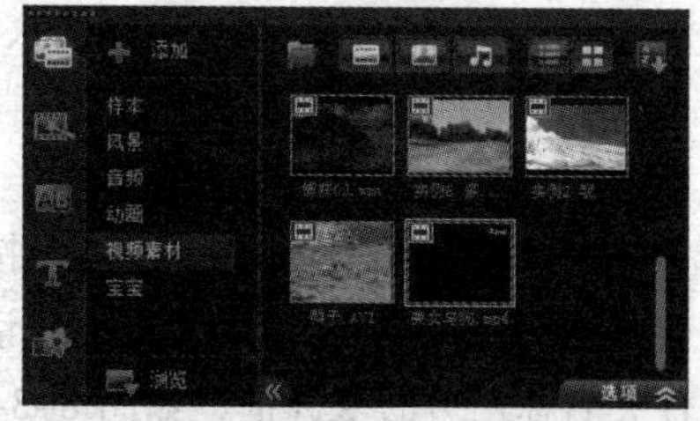

图 8-3-4 素材库“视频素材”文件夹内插入的素材

2. 插入图像到素材库的文件夹

（1）在“媒体素材”面板内，单击“添加”按钮，在下面栏内新建一个名称为“风景”的文件夹，选中该文件夹，保证插入的外部图像素材添加到“风景”文件夹中。

（2）单击媒体类型切换栏内的“显示照片”按钮，使该按钮变为黄色。

（3）单击“文件”→“将媒体文件插入到素材库”→“插入照片”命令，弹出“浏览照片”对话框，如图 8-3-5 所示。它的“文件类型”下拉列表如图 8-3-6 所示。

（4）选中一个或多个图像文件，单击“打开”按钮，即可将选中的图像文件一次插入素材库内“风景”文件夹中。

图 8-3-5 “浏览照片”对话框

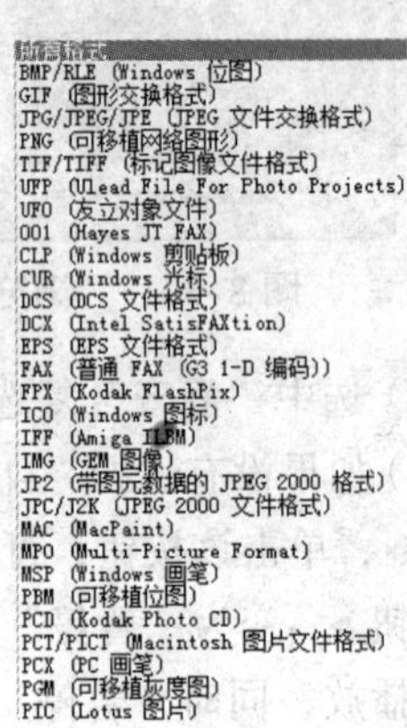

图 8-3-6 “文件类型”列表框

3．插入音频到素材库的文件夹

（1）在“媒体素材”面板内单击“添加”按钮，在下面栏内新建一个名称为“音频”的文件夹，选中该文件夹，保证插入的外部音频素材添加到“音频”文件夹中。

（2）单击媒体类型切换栏内的“显示音频文件”按钮，该按钮变为黄色按钮。

（3）单击“文件”→“将媒体文件插入到素材库”→“插入音频”命令，弹出“浏览音频”对话框。选中保存音频素材的文件夹，选中一个或多个音频文件，单击“打开”按钮，即可将选中的音频文件一次插入素材库内“音频”文件夹中。

4．插入数字媒体到素材库的文件夹

（1）在“媒体素材”面板内，单击“添加”按钮，在其下面栏内新建一个名称为“数字媒体”的文件夹，选中该文件夹，保证插入的外部素材添加到该文件夹中。

（2）单击“文件”→“将媒体文件插入到素材库”→“插入数字媒体”命令，弹出“从数字媒体导入”对话框，如图 8-3-7 所示（在列表框中还没有添加下边 2 个文件夹）。

（3）单击“选取‘导入源文件夹’”按钮或文字，或者双击列表内的选项，都可以弹出“选取”导入源文件夹””对话框，在该对话框内的列表框中找到存放数字媒体文件的文件夹，选中文件夹名称左边的复选框，如图 8-3-8 所示。

（4）单击“确定”按钮，关闭该对话框，回到“从数字媒体导入”对话框，如图 8-3-7 所示。选中列表框中一个或多个源文件夹路径名称，可以选中该源文件夹。

（5）单击按钮，可以上移选取的源文件夹选项；单击按钮，可以下移选取的源文件夹选项；单击按钮，可以删除选取的源文件夹项目；单击按钮，可以展开列表框，同时该按钮变为按钮；单击按钮，可以收缩列表框，同时该按钮变为按钮。

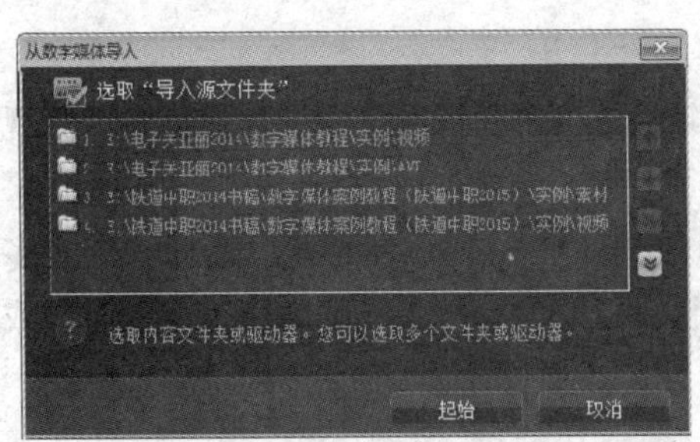

图 8-3-7　“从数字媒体导入”对话框

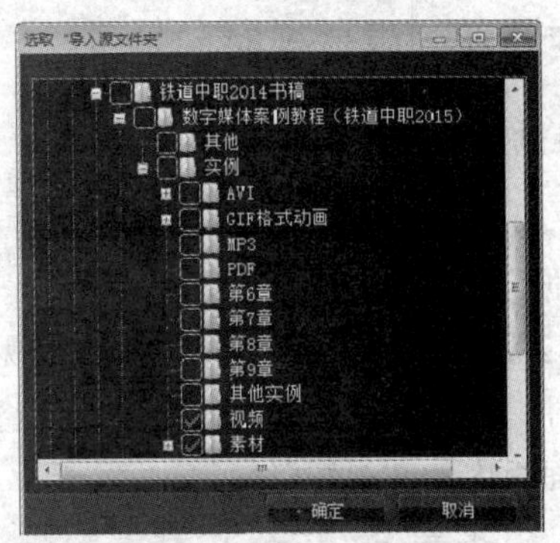

图 8-3-8　“选取‘导入源文件夹’”对话框

（6）删除选中的一条源文件夹项目（如“素材”文件夹），单击“起始”按钮，切换到下一个“从数字媒体导入”对话框，如图 8-3-9 所示（还没有选择素材）。

图 8-3-9　“从数字媒体导入”对话框

（7）在“从数字媒体导入”对话框内的列表框中，将鼠标指针移到上边一排的按钮之上，会显示按钮的名称，从名称就可以了解按钮的作用。单击“显示图片”按钮，使该按钮变亮，可以在下边的列表框中显示选中的源文件夹内的图像。

（8）选中要插入图像左上角的复选框，如图 8-3-9 所示。单击“开始导入”按钮，即可将选中的多个图像文件（也可以是其他文件）插入素材库内的“图像”文件夹中。此时，素材库内“图像”文件夹中的素材画面如图 8-3-10 所示。

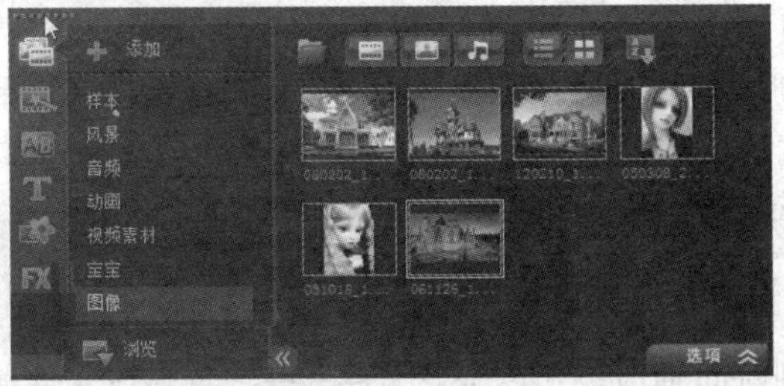

图 8-3-10　素材库内“图像”文件夹中的素材

8.3.2 插入媒体到时间轴

1. 插入视频到时间轴

（1）单击“文件”→“将媒体文件插入到时间轴”→“插入视频”命令，弹出“浏览视频”对话框，它与图 8-3-1 所示基本一样。

（2）按照前面 8.3.1 的“1.插入视频到素材库的文件夹”中介绍的方法选择一个或多个视频文件，再单击“打开”按钮，即可将选中的视频文件按照次序插入到“时间轴”面板或“故事”面板内的“视频”轨道中。

2. 插入图像、字幕、音频到时间轴

（1）单击“文件”→“将媒体文件插入到时间轴”→“插入照片”命令，弹出“浏览图片”对话框，选择文件夹、文件类型，再选中要插入的图像，选中要插入的一个或多个图像文件，单击“打开”按钮，在第 1 行“视频”轨道内右边插入选中图像，拖动图像到第 2 行“覆叠”轨道内，如图 8-3-11 所示（还没有插入其他媒体对象）。

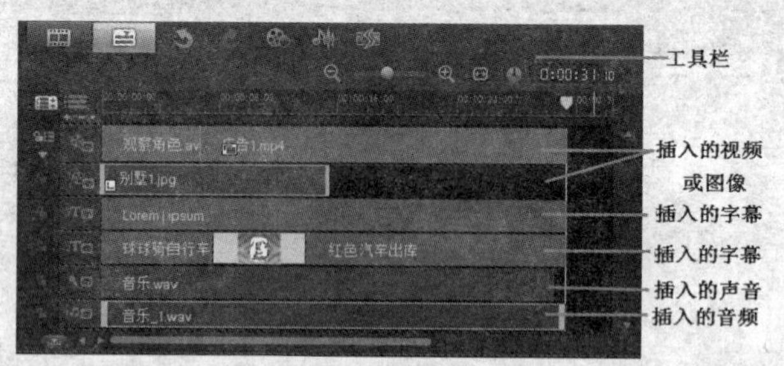

图 8-3-11 时间轴面板内各轨道插入的媒体

（2）插入字幕文件到时间轴面板：单击“文件”→“将媒体文件插入到时间轴”→“插入字幕”命令，弹出“打开”对话框，利用该对话框可以插入 UTF 或 SRT 格式的字幕文件，效果如图 8-3-11 中第 3 条和第 4 条标题轨道所示。第 4 条标题轨道是自动新增的。

（3）插入音频文件到时间轴面板：单击“文件”→“将媒体文件插入到时间轴”→“插入音频”→“到声音轨”命令，弹出“打开音频文件”对话框，利用该对话框可以插入一个选中的音频文件到第 5 条轨道（“声音”轨道），如图 8-3-11 所示。

单击“文件”→“将媒体文件插入到时间轴”→“插入音频”→“到音频轨”命令，弹出“打开音频文件”对话框，利用该对话框可以插入一个选中的音频文件到第 6 条轨道（“音频”轨道 1），如图 8-3-11 所示。

（4）插入声音文件到时间轴面板：单击“文件”→“将媒体文件插入到时间轴”→“插入数字媒体”命令，弹出“从数字媒体导入”对话框，如图 8-3-7 所示。以后的操作和前面介绍的一样，只是最后会根据插入的素材不同，将素材插入不同的轨道。

3. 插入媒体到时间轴的其他方法

（1）插入频闪照片到时间轴面板：单击“文件”→“将媒体文件插入到时间轴”→“插入要应用时间流逝/频闪的照片”命令，弹出“浏览照片”对话框，选中需要的几个图像文件（建

议从连续拍摄的一组照片选择照片)，如图 8-3-12 所示。单击“打开”按钮，关闭“浏览照片”对话框，弹出“时间流逝/频闪”对话框，如图 8-3-13 所示（还没有设置）。

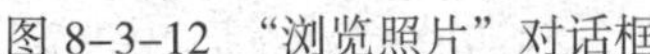

图 8-3-12　“浏览照片”对话框

图 8-3-13　“时间流逝/频闪”对话框

“保留”数字框用来设置保留图像的帧数（例如 2），“丢弃”数字框用来设置图像丢弃的帧数（此处为 2），表示整个素材按照间隔保留 2 帧和移除 2 帧；“帧持续时间”栏用来设置各帧的曝光时间。

单击“播放”按钮，可以预览图像的帧设置效果。单击“确定”按钮，可以在“时间轴”面板内的“视频”轨道内插入 6 幅图像，组成一个频闪的照片动画，如图 8-3-14 所示。同时将图 8-3-12 所示“浏览照片”对话框中选中的图像插入素材库选中的文件夹中。

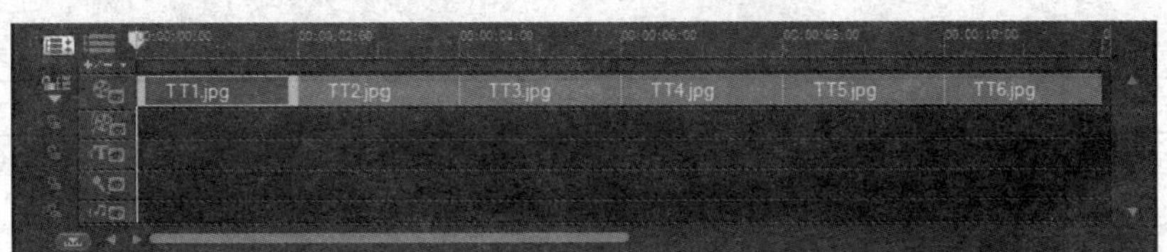

图 8-3-14　时间轴“视频”轨道内插入的 6 幅图像（组成频闪照片动画）

（2）拖动素材到“时间轴”面板：用鼠标拖动素材库内的素材到“时间轴”面板内相应的轨道，释放鼠标左键后，即可将被拖动的素材添加到鼠标指针指示的位置。如果在拖动素材时按住【Ctrl】键，则被拖动的素材会替代释入鼠标左键时鼠标指针指示位置处的素材。

（3）复制“时间轴”或“故事板”面板内的素材：右击“时间轴”或“故事板”面板内的素材，弹出该素材的快捷菜单，单击该菜单内的“复制”命令，然后将鼠标指针移到要复制该素材的位置，当鼠标指针呈▮状时单击，即可在单击处复制右击的素材。

8.3.3　绘图创建器

单击“工具”→“绘图创建器”命令，弹出“绘图创建器”对话框，如图 8-3-15 所示。该对话框用来绘制图形，以及录制绘制图形的过程并生成一个绘制图形的动画。

该对话框内有很多选项，将鼠标指针移到这些选项之上，即可显示该选项的名称。下面简要介绍这些选项的作用，以及绘制图形和制作绘制图形过程动画的方法。

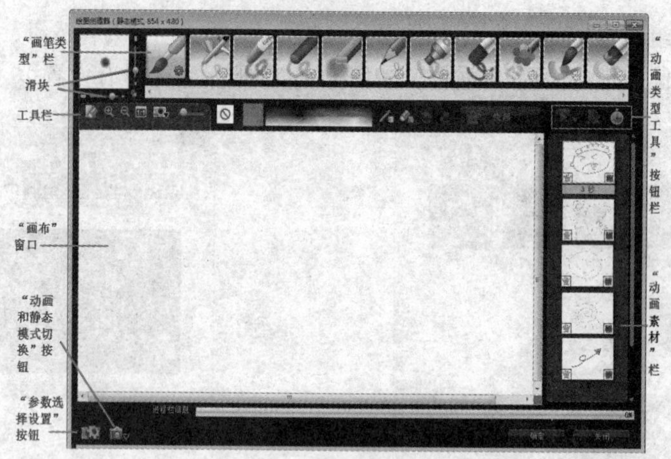

图 8-3-15 "绘图创建器"对话框

1. "画笔类型"栏和工具栏简介

（1）"画笔类型"栏：它在"绘图创建器"对话框内最上边一行，有 11 个图案按钮，用来设置画笔笔触的类型，将鼠标指针移到这些按钮之上，即可显示该按钮的名称，即显示单击该按钮后设置的画笔笔触类型。

（2）滑块：它在"绘图创建器"对话框内左上角，有水平和垂直滑块，拖动"笔刷宽度"滑块（即水平滑块），可以调整画笔笔刷的宽度；拖动"笔刷高度"滑块（即垂直滑块），可以调整画笔笔刷的高度。在调整过程中，在左边的显示框内可以看到调整效果。

（3）工具栏部分工具：工具栏工具的图标、名称和作用参看表 8-3-1。

表 8-3-1 工具栏工具的图标、名称和作用

图 标	名 称	作 用
	清除预览窗口	单击该按钮或按【Ctrl+N】组合键，可以将"预览"窗口（即"画布"窗口）清干净
	放大	单击该按钮，可将"预览"窗口内的图形放大
	缩小	单击该按钮，可将"预览"窗口内的图形缩小
	实际大小	单击该按钮，可将"预览"窗口内的图形还原为实际的大小
	背景图像选项	单击该按钮，弹出"背景图像选项"对话框，如图 8-3-16 所示。利用该对话框可以设置背景颜色或背景图像
	透明度调整	拖动其内的画块，可以调整"预览"窗口内背景图像透明度的大小
	纹理选项	单击该按钮，弹出"纹理选项"对话框，如图 8-3-17 所示。利用它可以设置笔触的纹理类型
	色彩选取器	单击该按钮，弹出"颜色"面板，用来设置画笔笔触的颜色
	色彩选取工具	单击该按钮，选中其复选框，鼠标指针变为吸管状，单击其左边的调色板，可以选取相应的颜色作为画笔笔触的颜色
	擦除模式	单击该按钮，选中其复选框，鼠标指针变为橡皮擦状，在"预览"窗口内绘图之上拖动，可以擦除绘制的图形
	撤销	单击该按钮，可撤销刚刚完成的一步操作
	重复	单击该按钮，可重复进行刚撤销的一步操作
开始录制	开始录制	单击该按钮，即可开始录制绘图过程，该按钮变为 停止录制，单击它可停止录制，同时将录制的动画保存在"动画素材"栏内

（4）“背景图像选项”对话框设置：在“背景图像选项”对话框内，选中“自定义图像”单选按钮，则其下边的 3 行选项会变为有效，如图 8-3-16 所示。单击按钮，弹出“打开图像文件”对话框，利用该对话框可以选择一幅图像设置为背景图像，按钮左边显示框内会显示背景图像的路径。下边的两个复选框用来设置背景图像大小等参数。

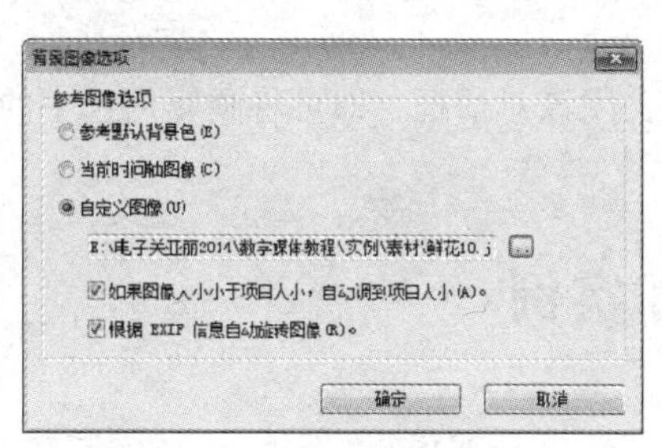

图 8-3-16　“背景图像选项”对话框

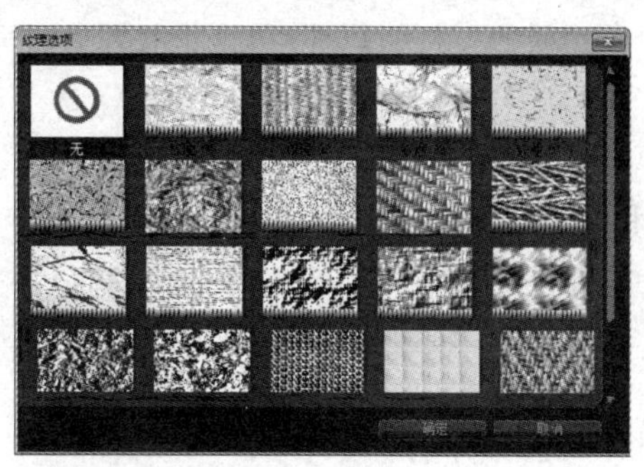

图 8-3-17　“纹理选项”对话框

2．“动画素材”栏和画布等

（1）“动画素材”栏：其内有多个不同的动画素材，选中其中的一个图案，单击“播放选中的画廊条目”按钮，即可播放选中的动画素材。将鼠标指针移到图案之上，会显示选中该图案后文字的动画素材的特点。

（2）“播放选中的画廊条目”按钮：单击该按钮右边的按钮，弹出它的快捷菜单，单击该菜单内的“录制回放”命令，以后单击该按钮可快速播放选中的录制动画；单击该菜单内的“项目回放”命令，该按钮变为状，以后单击按钮，可以正常速度播放选中的录制动画。

（3）“删除选中的画廊条目”按钮：单击该按钮，可以删除“动画素材”栏中的录制动画或快照照片素材。

（4）“参数选择设置”按钮：该按钮在对话框内的左下边，单击该按钮，弹出“参数选择”对话框，如图 8-3-18 所示。在“默认录制区间”栏的数字框中可以设置动画录制的默认时间。单击“默认背景色”复选框，弹出颜色面板，用来设置一种背景颜色。如果在图 8-3-16 所示的对话框内选中“参考默认背景色”单选按钮，则可以使用“参数选择”对话框中设置的颜色作为“预览”窗口的背景色。

（5）“更改选择的画廊区间”按钮：在“动画素材”栏中选中一个录制动画素材或快照照片素材，单击该按钮，弹出“区间”对话框，如图 8-3-19 所示，在“区间”数字框中输入数值，单击“确定”按钮，即可修改动画的录制时间。

（6）“画布”窗口：它也是“预览”窗口，用来绘制图形和播放绘制图形的过程。

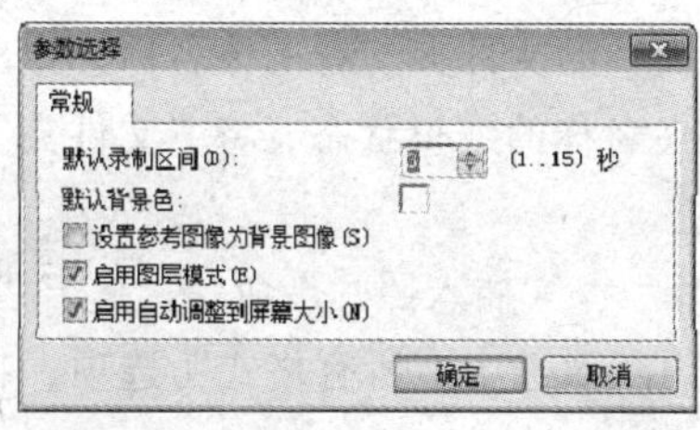

图 8-3-18　“参数选择”对话框

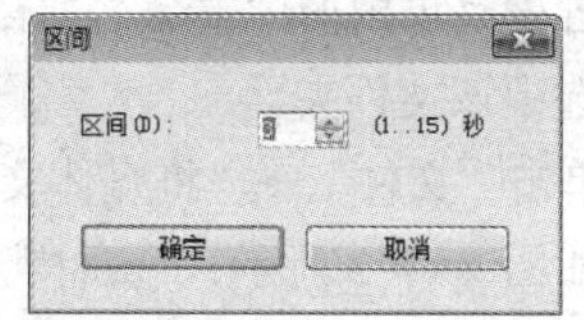

图 8-3-19　“区间”对话框

（7）“动态和静态模式切换”按钮：单击该按钮，弹出它的快捷菜单，单击该菜单内的“动画模式”命令，“绘图创建器”对话框内的工具栏中会显示“开始录制”按钮；单击该菜单内的“静态模式”命令，再单击“预览”窗口内部，“绘图创建器”对话框内的工具栏中会显示“快照”按钮。

（8）“快照”按钮：单击该按钮，可以将“预览”窗口内的画面生成一幅快照图像，保存在“动画素材”栏内。

单击“绘图创建器”对话框内的“确定”按钮，关闭该对话框，即可将画廊内选中的录制动画和快照图像添加到素材库内。

8.4 视频制作实例

实例 1 鲜花照片展示

“鲜花照片展示”视频播放后，会依次展示 6 幅鲜花照片图像，展示各幅鲜花照片图像的切换使用了不同的转场切换效果。该视频播放后的 6 幅画面如图 8-4-1 所示。

图 8-4-1 “鲜花照片展示”视频播放时的 6 幅画面

1．添加外部素材到素材库内

（1）启动“会声会影”（Corel VideoStudio X5）软件，新建一个项目，单击“文件”→“另存为”命令，弹出“另存为”对话框，在“保存在”下拉列表中选择“实例”文件夹下的“第 10 章”文件夹，在“保存类型”下拉列表内选择第 1 个选项，在“文件名”文本框中输入“鲜花照片展示”，单击“保存”按钮，即可将当前项目以名称“实例 1 鲜花照片展示.VSP”保存。

（2）单击“步骤”栏内的“编辑”按钮，切换到“编辑”状态，单击“媒体”按钮，该按钮变为黄色按钮，同时素材库内显示“媒体”素材内容。单击“添加”按钮，即可在下面的“素材管理”栏内新建一个名称为“文件夹”的文件夹。右击该名称，弹出它的快捷菜单，单击该菜单内的“重命名”命令，进入文件夹名称的编辑状态，将“文件夹”名称改为“鲜花”，选中该文件夹。

（3）单击“文件”→“将媒体文件插入到素材库”→“插入照片”命令，弹出“浏览照片”对话框，如图 8-4-2 所示，“文件类型”下拉列表内默认选中“所有格式”选项，在“查找范围”下拉列表内选择“鲜花”文件夹。

（4）按住【Shift】键的同时单击“鲜花 1.jpg”图像文件和“鲜花 6.jpg”图像文件，同时选中“鲜花 1.jpg”～“鲜花 6.jpg”之间的 6 个图像文件，如图 8-4-2 所示。“鲜花 1.jpg”～“鲜花 6.jpg”图像的大小事先均在中文 PhotoImpact 软件中将它们调整为宽 260 像素，高 200 像素。

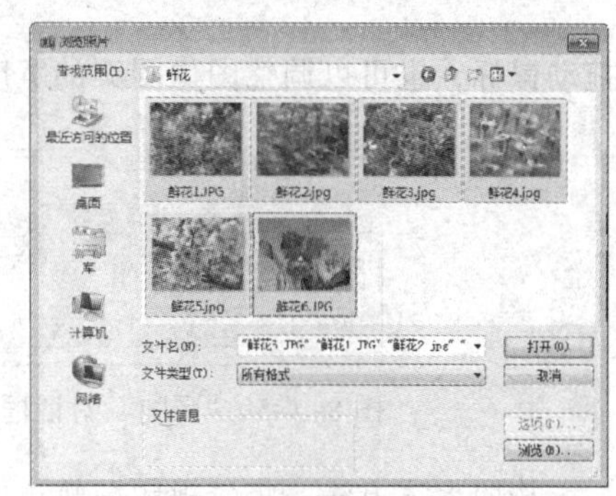

图 8-4-2　“浏览照片”对话框

（5）单击“浏览照片”对话框内的“打开”按钮，关闭该对话框，同时将选中的 6 个图像文件导入到素材库的“鲜花”文件夹中。

（6）单击“显示照片”按钮，使该按钮变为“隐藏照片”按钮，同时可以显示素材库内“鲜花”文件夹中导入“鲜花 1.jpg”～“鲜花 6.jpg”图像素材。

2．制作图像转场动画

（1）按住【Shift】键的同时单击“媒体素材”面板内的素材库中的“鲜花 1.jpg”图像文件和“鲜花 6.jpg”图像文件，同时选中“鲜花 1.jpg”～“鲜花 6.jpg”之间的 6 个图像文件，如图 8-4-3 所示。

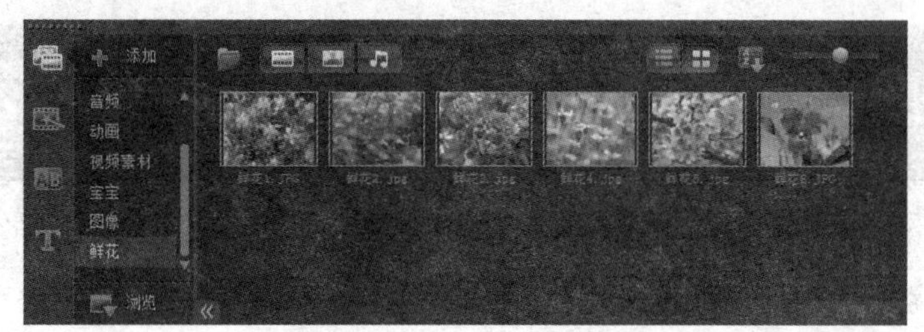

图 8-4-3　“媒体素材”面板

（2）单击“时间轴和故事”面板内的“故事面板图”按钮，切换到“故事”面板，再将素材框内选中的图像拖动到“故事”面板的“视频”轨道中，“故事”面板“视频”轨道中，各图像之间有一些空隙，如图 8-4-4 所示。

图 8-4-4　“故事”面板的”视频”轨道中导入的 6 幅鲜花照片图象

（3）右击第 1 幅图像，弹出它的快捷菜单，单击该菜单内的“更改照片区间”命令，弹出“区间”对话框，将秒（S，最大值为 59）和分秒（f，最大值为 25）文本框内的数值分别修改为 4 和 0，如图 8-4-5 所示。选中第 1 幅图像，单击素材库右下角的“选项”按钮，弹出“选项”面板的“照片”选项卡，如图 8-4-6 所示，利用它也可以改变选中图像的显示时间（即照片区间），还可以改变选中图像的一些属性。

另外，选中图像图案，将鼠标指针移到该图案的右边，当出现一个黑色大箭头时，水平拖动鼠标，也可以调整图像图案的宽度，即调整图像的显示时间。

图 8-4-5 “区间”对话框

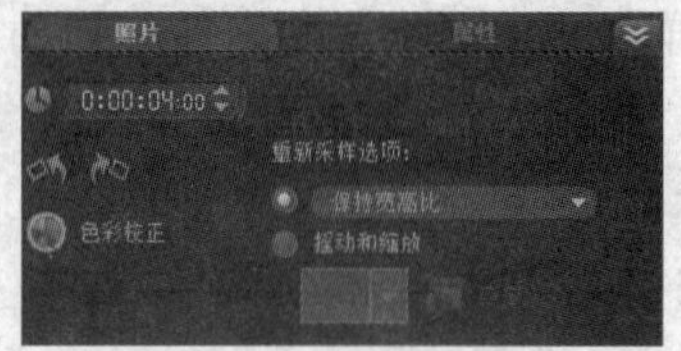

图 8-4-6 “选项”面板的“照片”选项卡

按照上述方法，将“视频”轨道内其他 5 幅图像的显示时间均调为 4 秒 0 分秒。

（4）单击素材库左边的“转场”按钮，将素材库切换到转场效果的素材库，在“画廊”下拉列表中选择“全部”选项，在素材库内显示全部转场效果的图案。

（5）在素材库内选中要使用的转场图案，单击“添加到收藏夹”按钮，将选中的转场图案添加到素材库的“收藏夹”文件夹内。继续将其他要用的转场图案复制到“收藏夹”文件夹内。

（6）选中“素材管理”栏内的“收藏夹”文件夹，将素材库内的“外观”转场图案拖动到“故事”面板”视频”轨道内第 1、2 幅图像之间。再将素材库内其他种类的转场图案拖动到“故事”面板”视频”轨道内其他两幅图像之间，如图 8-4-7 所示。

图 8-4-7 “故事”面板”视频”轨道中的 6 幅鲜花照片图像和它们之间的转场效果

（7）可以将素材库内的一种转场效果（如“外观”转场）图案拖动到“故事”面板“视频”轨道内的一种转场效果图案之上，即可更换转场转换效果。可以按住【Ctrl】键的同时拖动一个“媒体素材”面板内素材库中的图像到“故事”面板“视频”轨道内的图像之上，可以替换原来的图像。

（8）单击素材库右下角的“选项”按钮，弹出转场效果的“选项”面板，如图 8-4-8 所示。右击“故事”面板“视频”轨道内的转场效果图案，弹出它的快捷菜单，单击该菜单内的“打开选项面板”命令，也可以弹出“选项”面板。在该面板内最上边一行的“时间区间”栏用来调整转场效果的作用时间，其他选项可以调整背景色彩、边框大小、柔化边缘程度和翻面的背景色。转场效果的作用时间一般同时播放两边的图像，因此该时间的调整是在一定的范时间围内有效，转场效果时间大小的调整范围与两边图像的播放时间（时间区间）有关。

图 8-4-8 “选项”面板“转场”选项卡

（9）单击“故事”面板内左上角的“时间轴视图”按钮，可以将“故事”面板切换到“时间轴”面板，如图 8-4-9 所示。

（10）单击“步骤”栏内的“分享”按钮，切换到“分享”状态，单击“创建视频文件”按钮，弹出它的快捷菜单，单击该菜单内的“自定义”命令，弹出“创建视频文件”对话框，在该对话内的“保存在”下拉列表中选中“会声会影”文件夹，在“保存类型”下拉列表框内选中“Microsoft AVI 文件（*.avi）”选项，在“文件名”文本框内输入“实例 1 鲜花照片展示”文件名。

图 8-4-9　“时间轴”面板“视频”轨道中的 6 幅鲜花照片图像及它们之间的转场效果

然后，单击“保存”按钮，即可关闭“创建视频文件”对话框，弹出“渲染”面板，显示渲染过程，如图 8-4-10 所示。渲染完后，即可将当前加工的项目文件以名称“实例 1 鲜花照片展示.avi”保存在“第 8 章”文件夹中。

图 8-4-10　生成视频文件中的渲染

实例 2　国际和平日

“国际和平日”视频播放后，先播放一个“和平鸽“视频，接着播放另一个“节日”视频，同时一些绿色文字从视频画面下方缓慢向上移动，直至移出画面。最后显示一幅风景图像，在图像之上以闪烁方式逐渐显示出“国际和平日”立体文字。视频播放后的 3 幅画面如图 8-4-11 所示。

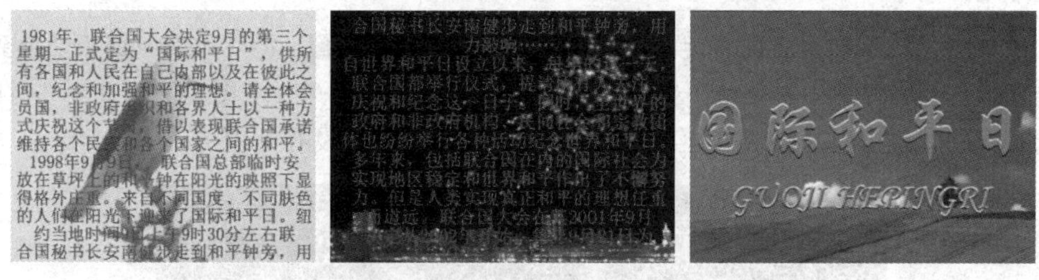

图 8-4-11　“国际和平日”视频播放后的 3 幅画面

1. 添加素材到“时间轴”面板

（1）新建一个项目，单击“文件”→“另存为”命令，弹出“另存为”对话框，将当前项目以名称“实例 2 国际和平日.VSP”保存在“第 8 章”文件夹内。

（2）将“视频”文件夹内的“鸽子.wmv”视频导入到素材库“视频素材”文件夹内。

（3）单击“媒体素材”面板中的“媒体”按钮，同时在素材库内显示系统自带的“媒体”素材内容，单击“显示视频”按钮，该按钮变为黄色“隐藏视频”按钮。

（4）选中“样本”文件夹，单击“显示照片”按钮，该按钮变为黄色“隐藏照片”按钮；按住【Ctrl】键，选中其内的“V08.wmv”视频图案和“I04.jpg”图像图案，如图 8-4-12 所示。

（5）单击“时间轴和故事”面板内的“故事板视图”按钮，切换到“故事”面板，将素材库内选中的“鸽子.wmv”和“V08.wmv”视频图案，以及“I04.jpg”图像图案拖动到“故事”面板的”视频”轨道当中，如图 8-4-13 所示。

图 8-4-12 素材图案

图 8-4-13 “故事”面板内的视频和照片素材

2．制作滚动字幕动画

（1）单击“媒体素材”面板中素材库显示类型切换栏内的“标题”按钮，该按钮变为黄色，同时素材库内显示系统自带的动画标题文字内容。拖动右上角的滑块，可以调整素材库内标题文字动画图案好的大小。在“画廊”下拉列表内选中其内的“标题”选项，此时素材库中的“标题”素材内容如图 8-4-14 所示。

图 8-4-14 素材库中的“标题”素材内容

（2）单击“故事”面板内左上角的“时间轴视图”按钮，将“故事”面板切换到“时间轴”面板。将素材库中文字从下向上滚动显示的标题文字（第 3 个图案）拖动到“时间轴”面板的“标题”轨道内，如图 8-4-15 所示（其中标题文字还没有处理）。

图 8-4-15 “时间轴”面板

（3）选中“时间轴”面板“标题”轨道内导入的标题文字动画，将“时间轴”面板内的播放指针移到标题文字动画图案内左边的位置，双击“预览”窗口内，使标题文字在“预览”窗口内显示出来。选中“预览”窗口内的标题文字，此时“预览”面板和标题文字“选项”面板的“编辑”选项卡如图 8-4-16 所示。

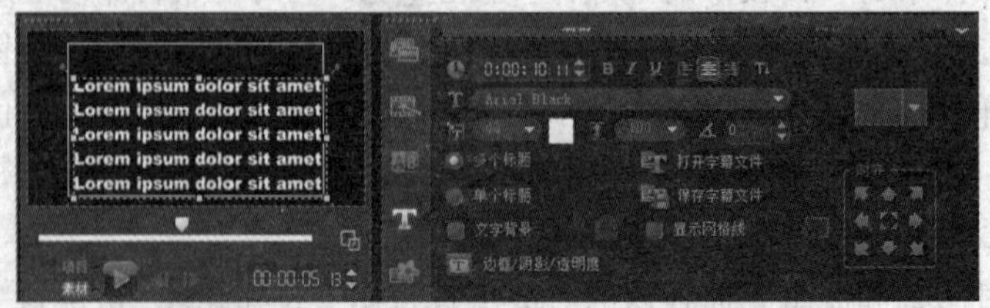

图 8-4-16 “预览”面板和标题文字的“选项”面板的“编辑”选项卡

（4）双击“预览”窗口内的矩形文本框，进入文字的编辑状态，将原文字删除，再输入一些文字。拖动选中这些输入的文字，在标题文字的“选项”窗口内，在“字体”下拉列表中选择“宋体”选项，设置字体为宋体；在“字体大小”下拉列表内选择“36”选项，设置字大小为 31；再设置字间距为 100，颜色为绿色，加粗风格。

（5）双击“时间轴”面板内“标题”轨道中的标题图案，在“预览”窗口内选中文字，将播放指针移到标题文字动画图案内偏左边的位置，如图 8-4-17 所示。或者在“预览”窗口内将播放指针移到距离左边一点距离的位置。在“预览”窗口的显示框内下边垂直向下拖动，将输入的文字块移到画面的下边，如图 8-4-17 所示。

（6）将“时间轴”面板内选中标题文字动画图案，将播放指针移到标题文字动画图案内偏右边的位置，或者在“预览”窗口内将播放指针移到右边接近终点处。在“预览”窗口内，垂直向上拖动文字框到画面的上边，如图 8-4-18 所示。

图 8-4-17　“预览”窗口内滚动字幕动画设置

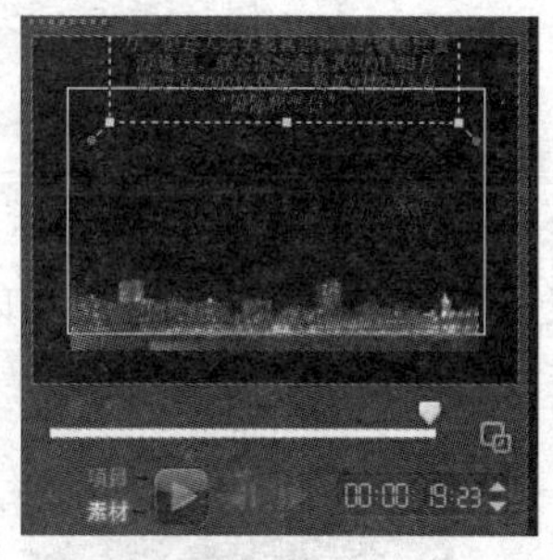

图 8-4-18　“预览”窗口内滚动字幕动画设置

3．制作“国际和平日”标题

（1）此时，“时间轴”面板“标题”轨道内滚动字幕的显示时间较短。为了调整滚动字幕的显示时间，可以选中“时间轴”面板内“标题”轨道中的滚动字幕图案，在“选项”面板“编辑”选项卡内的“时间区间”栏中单击秒处，再输入“20”。

（2）单击“时间轴”面板的“标题”轨道，即可看见“标题”轨道内的滚动字幕长度增加了。水平拖动“标题”轨道内的滚动字幕图案，调整它的位置，如图 8-4-15 所示。

（3）将素材库中倒数第 5 个闪光标题文字图案拖动到“时间轴”面板的“标题”轨道内第 1 个标题图案的末尾处。如果“视频”轨道内的“V08.wmv”视频图案的宽度过长，可以在它的“选项”面板“编辑”选项卡内重新设置它的宽度。

（4）选中“标题”轨道内新插入的标题文字图案，将鼠标指针移到该标题图案的右边，当出现一个黑色大箭头 LOREM 时，向右拖动鼠标，可以使该标题图案增长，其右边缘与“视频”轨道中视频图案右边缘对齐；向左拖动鼠标，可以使该标题图案缩短。

将鼠标指针移到该标题图案的左边，当出现一个黑色大箭头 LOREM 时，向左拖动鼠标，也可以使该标题图案增长，向右拖动鼠标，也可以使该标题图案缩短。

（5）按照前面介绍的方法，选中“标题”轨道内新插入的标题图案，在“预览”窗口内选中原有文字，将这些文字中的第 1 行大号文字改为“国际和平日”，字体改为“华文行楷”，字大小改为 120。

此时的“预览”面板和文字“选项”面板“编辑”选项卡如图 8-4-19 所示。再将第 2 行小号文字改为“华文隶书”，字大小改为 60，字体不变。

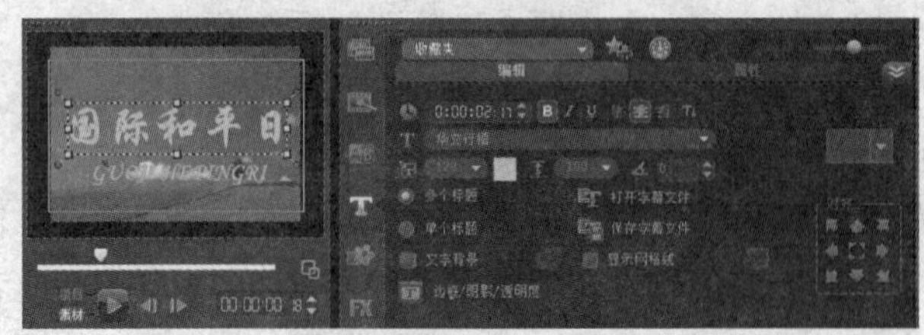

图 8-4-19 “预览”面板和标题文字的“选项”面板“编辑”选项卡

（6）单击“步骤”栏内的“分享”按钮，切换到“分享”状态，单击“创建视频文件”按钮，弹出它的快捷菜单，单击该菜单内的“自定义”命令，弹出“创建视频文件”对话框，利用该对话框将当前加工的项目文件以名称“实例 2 国际和平日.avi”保存在“第 10 章”文件夹中。

实例 3　配音和添加字幕

“配音和添加字幕”视频播放后，播放一个三维效果的视频，在视频画面的下边有一些后添加的蓝色文字，同时还有后添加的背景音乐在播放。视频播放后的 3 幅画面如图 8-4-20 所示。

图 8-4-20 “配音和添加字幕”视频播放后的 3 幅画面

1. 给视频配音

（1）启动“会声会影”软件，新建一个项目，将当前项目以名称“实例 3 配音和添加字幕.VSP”保存在“会声会影”文件夹内。

（2）单击“步骤”栏内的“编辑”按钮，单击“媒体”按钮，单击“添加”按钮，添加“视频”和“音频”的文件夹，选中“视频”文件夹。

（3）单击“文件”→“将媒体文件插入到素材库”→“插入视频”命令，弹出“浏览视频”对话框，利用该对话框将“视频”文件夹内的“自转金球.avi”视频文件导入到素材库的“视频”文件夹中，选中“视频”文件夹。再参考上述方法，将“MP3”文件夹内的“音乐.wav”音频文件导入到素材库的“音频”文件夹中。

（4）将“自转金球.avi”视频文件拖动到“时间轴”面板的“视频”轨道中，将“音频”文件夹中的“音乐.wav”音频文件拖动到“会声会影”软件“时间轴”面板的音乐轨道中，如图 8-4-21 所示（还没有调整音频播放时间的长度）。

（5）选中“时间轴”面板的“音乐”轨道中导入的“音乐.wav”音频图案，在“预览”面板内播放选中的音频文件。根据播放情况，在“预览”面板内拖动滑块和，调整和剪裁一段音乐，如图 8-4-22 所示。

图 8-4-21　“时间轴”面板

（6）弹出选中音频的“选项”面板，单击“淡入”按钮和“淡出”按钮，如图 8-4-23 所示。在“时间轴”面板内，将鼠标指针移到音频图案的右边，当出现一个黑色大箭头时，向右拖动鼠标，可以使该音频图案增长，其右边缘与“视频”轨道中视频图案右边缘对齐。另外，在“选项”面板内还可以调整播放的时间等参数。

图 8-4-22　“预览”面板

图 8-4-23　“音乐和声音”的“选项”面板

2．给视频添加文字

（1）选中“时间轴”面板的“标题”轨道，双击“预览”面板内或者双击“时间轴”面板的“标题”轨道内，再双击文字，都可以进入标题文字的编辑状态，然后输入“展示一个三维动画”文字。选中输入的文字，在“选项”面板“编辑”选项卡内，设置字体为华文行楷，字大小为 57，颜色为蓝色，其他设置和输入的文字如图 8-4-24 所示。

（2）在“时间轴”面板“标题”轨道内，将鼠标指针移到标题图案的右边，当出现一个黑色大箭头时，向右拖动鼠标，可以使该标题图案增长，其右边缘与“视频”轨道中视频图案右边缘对齐。选中“标题”轨道内的标题图案，水平拖动可以调整标题图案的位置。

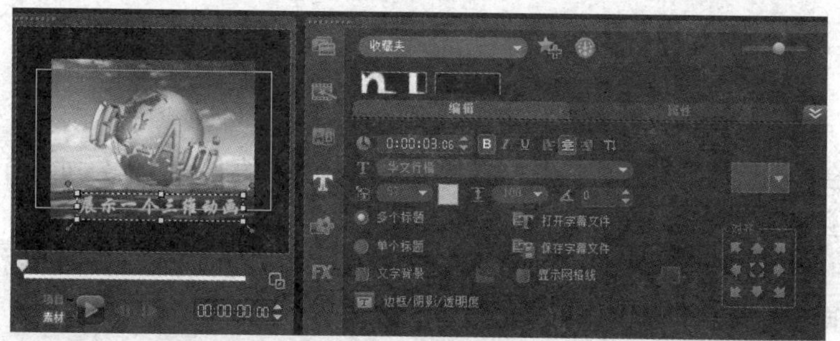

图 8-4-24　“预览”面板和标题文字的“选项”面板“编辑”选项卡

（3）按照上述方法，在“时间轴”面板“标题”轨道内不同位置，分别输入“文字围绕自转地球转”文字和“欢迎观赏下一个视频”文字。这两段标题文字的属性设置和第 1 段标题文字的设置一样。此时的“时间轴”面板如图 8-4-25 所示。

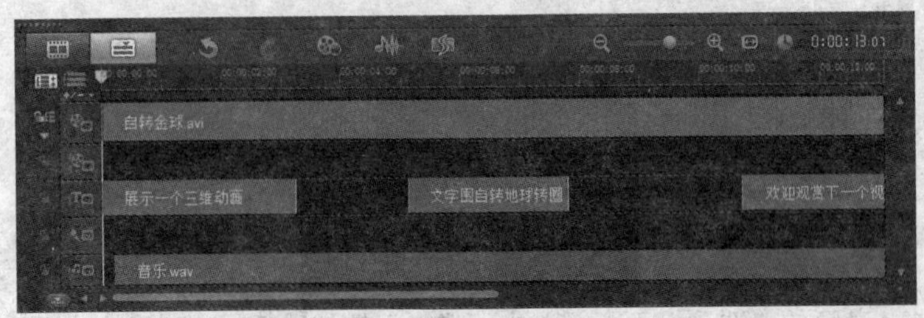

图 8-4-25 “时间轴”面板

（4）双击“时间轴”面板“标题”轨道内第 1 段标题图案，在“预览”面板内选中标题文字。单击“选项”面板内的“属性”标签，切换到“属性”选项卡，如图 8-4-26 所示。选中“动画”单选按钮，选中“应用”复选框，在其右边的下拉列表内选择“弹出”选项，选中其下边列表中的第 2 个图案，如图 8-4-26 所示。

图 8-4-26 标题文字的“选项”面板“属性”选项卡

上述操作设置了第 1 段标题文字以单个文字依次弹出的动画显示效果。

（5）按照上述方法，继续设置第 2、3 段标题文字的动画效果。可以在下拉列表中选择其他动画素材，在列表框中选择不同的图案。

（6）单击“步骤”栏内的“分享”按钮，切换到“分享”状态，单击“创建视频文件”按钮，弹出它的快捷菜单，单击该菜单内的“自定义”命令，弹出“创建视频文件”对话框，利用该对话框将当前加工的项目文件以名称“实例 3 配音和添字幕.avi”保存在“第 10 章”文件夹中。

思考与练习

1.“会声会影”软件具有什么特点？它是哪家公司生产的产品？该公司还有哪些较流行的软件？中文“会声会影 X5”软件的英文名称是什么？

2. 启动中文“会声会影 X5”软件，简介该软件“预览”面板、“媒体素材”面板和“时间轴和故事”面板的特点和基本使用方法。

3. 新建一个会声会影的项目文件，在素材库内添加 3 个名称分别为“照片素材”“音频素材”和“视频素材”的文件夹，在这 3 个文件夹内分别插入外部的 3 个图像素材、3 个音频素材和 3 个视频素材。

4. 自定义一个工作界面，再以名称“自定义#2”保存。切换到默认的工作界面，再切换到自定义的“自定义#2”工作界面。

5. 将素材库内的图像、视频和音频素材导入“时间轴”面板相应轨道中，将外部的图像、视频和音频素材导入“时间轴”面板相应轨道（包括“覆叠”轨道）中。

6. 在“故事”面板内两个图像图案、两个视频图案、一个图像和一个视频图案之间，各添加一个转场效果图案。利用“选项”面板设置这些转场的特点。

7. 打开“参数选择”对话框，重新设置自动保存间隔、背景色、撤销级数、可以撤销的操作步数、捕获图像时图像的默认格式和重新链接检查等参数。

如果拖动素材库内的图像到“时间轴”面板内“视频”轨道中，在“视频”轨道中显示的只是素材的名称，若让“视频”轨道中还同时显示素材的图像，应如何操作？

8. 利用“绘图创建器”对话框绘制一幅小树图形，将绘制过程生成一个动画，将绘制结果生成一幅快照图像。再将它们分别保存到素材库的“动画”和“图像”文件夹内。

9. 使用“会声会影”软件，制作一个“中国名胜”视频，该视频播放后，会依次展示几幅中国名胜图像，展示各幅中国名胜图像的切换使用了不同的转场切换效果。

10. 使用“会声会影”软件，制作“我的旅游照片”视频，该视频播放后，会依次展示 10 幅旅游风景照片图像，展示各幅图像的切换使用了不同的切换效果，而且为整个视频配上背景音乐，添加一些字幕和标题字幕。

第 9 章　会声会影制作视频 2

“会声会影”软件采用逐步式的操作流程，通常可以按照顶部“步骤”栏上的“捕获”“编辑”和“分享”3 个条目从左到右执行。在实际操作中，不必完全按照步骤出现的次序进行操作。另外，还介绍了 3 个实例的制作方法，可以结合实例学习使用软件制作影片的步骤和操作技巧。

9.1　影片制作的捕获

将视频录制到计算机的过程称为捕获。在“会声会影”软件启动前应连接好数码摄像机和摄像头。然后，启动“会声会影”软件，该软件可以立刻检测到捕获设置（如数码摄像机、摄像头等）。如果当前未安装捕获驱动程序，程序将自动进入“编辑”状态。如果当前安装了捕获驱动程序，程序将自动进入“捕获”状态。

9.1.1　应用“捕获”面板进行捕获

单击“步骤”栏内的按钮，可进入相应的步骤，该按钮以黄色显示。单击“步骤”栏中的“捕获”按钮后，进入“捕获”步骤（即“捕获”状态），此时的“媒体素材”面板切换到“捕获”面板，如图 9-1-1 所示。可以看到，捕获分为 5 种类型，单击不同的类型按钮，即可进入相应的捕获状态。

图 9-1-1　“捕获”面板

1. 捕获视频

在捕获视频状态下，可以将摄像头或摄像机摄制的视频直接录制到计算机的硬盘中，可以捕获成单个文件或自动分割成多个视频文件，以及静态图像文件。

（1）单击“捕获视频”按钮，“素材库”面板切换到“捕获视频”面板，“预览”窗口内显示计算机摄像头摄制的画面，“时间轴和故事”面板切换到摄像头的“信息”面板，该面板内显示摄像头的一些技术参数，如图 9-1-2 所示。

（2）在“捕获视频”面板内，在“来源”下拉列表中选择捕获设备，默认选中“USB2.0 PC CANERA”选项，即通过 USB 2.0 接口连接摄像头；“格式”下拉列表默认选中 DVD 选项；单击“捕获文件夹”按钮，弹出“浏览文件夹”对话框，利用该对话框可以选择一个用于放置捕获文件的文件夹。

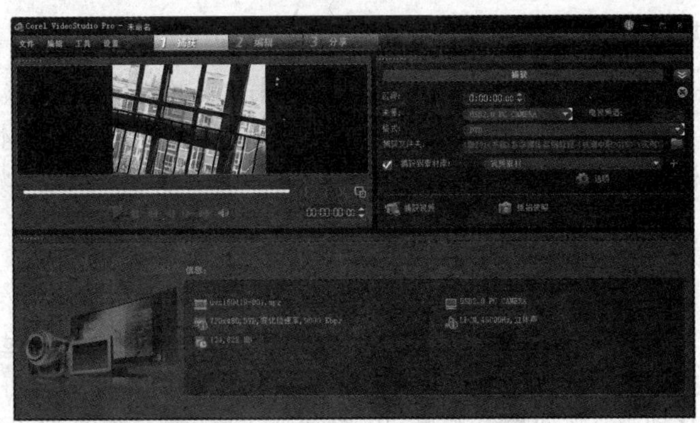

图 9–1–2　捕获视频状态下的工作界面

选中“捕获到素材库”复选框，在它的下拉列表内选择一个“素材库”面板内保存素材的文件夹，单击右边的按钮，弹出“添加文件夹”对话框，如图 9–1–3 所示，在“文件夹名称”文本框内输入文件夹名称，单击“确定”按钮，创建新文件夹。

（3）单击“选项”按钮，弹出“选项”下拉菜单，单击该菜单内的“视频属性”命令，弹出“视频属性”对话框，如图 9–1–4 所示，利用该对话框可以调整视频画面的亮度、对比度、色饱和度和清晰度等参数，拖动滑块调整时可以同步看到视频画面的变化。

（4）单击“选项”下拉菜单内的“捕获选项”命令，弹出“捕获选项”对话框，如图 9–1–5 所示，默认选中“插入到时间轴”复选框，单击“确定”按钮，保证在完成视频录制后，录制的视频即可插入到时间轴的“视频”轨道内。

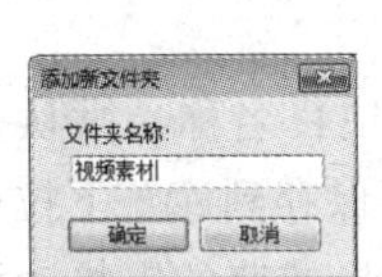

图 9–1–3　“添加文件夹”对话框

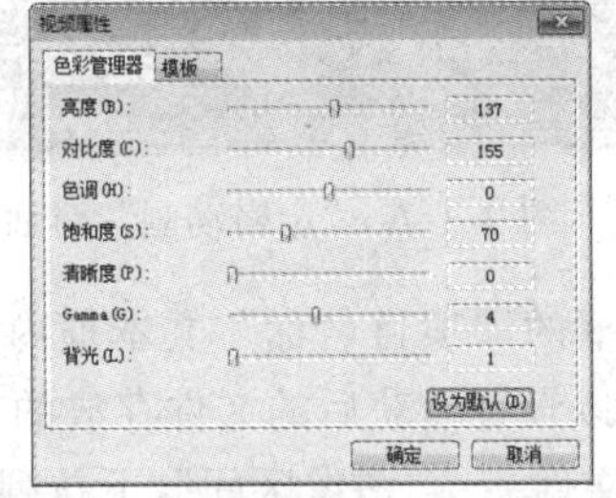

图 9–1–4　“视频属性”对话框

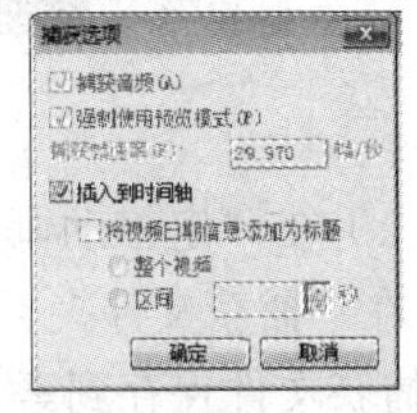

图 9–1–5　“捕获选项”对话框

（5）调整好摄像头的位置和角度后，单击“捕获视频”按钮，即可开始录制视频，在“捕获视频”面板“区间”栏的“时间”框内会显示视频录制的进度时间。单击“停止捕获”按钮，即可停止视频录制，“预览”窗口内显示恢复显示第 1 帧画面，素材库内指定的文件夹中保存了录制的视频，同时插入到时间轴内。

（6）单击“抓拍照片”按钮，可以将摄像头当前摄制的画面以图像文件形式保存在指定的文件夹内，同时该图像素材也会保存到素材库内指定的文件夹中，也会插入到时间轴的“视频”轨道内。

（7）单击“步骤”栏内的“编辑”按钮，切换到“会声会影 X5”软件工作界面的编辑状态。可以看到，录制的视频和抓拍的图像均添加到素材库和时间轴内。打开前面设置的保存录制视频的文件夹内，可以看到录制好的视频和图像文件。

2. 捕获 DV 快速扫描和从数字媒体导入

（1）DV 快速扫描：单击“DV 快速扫描”按钮，“素材库”面板切换到“DV 快速扫描”面板，该面板内的选项和图 9-1-2 所示画面中的选项相似，设置方法也基本相同。

（2）从数字媒体导入：单击“从数字媒体导入”按钮，弹出“从数字媒体导入”对话框，导入相应文件即可。

3. 定格动画

定格动画是录制动画中一定时间间隔的画面，这些画面图像组合在一起可以构成一个定格动画。例如，拍摄太阳逐渐升起，昙花开放的过程等定格动画。

（1）单击“定格动画”按钮，弹出“定格动画”对话框，如图 9-1-6 所示（下边一栏内还没有图像）。利用该对话框可以获取视频中的一些画面，这些画面可以是等间隔时间自动拍摄的，也可以是人为控制拍摄的。

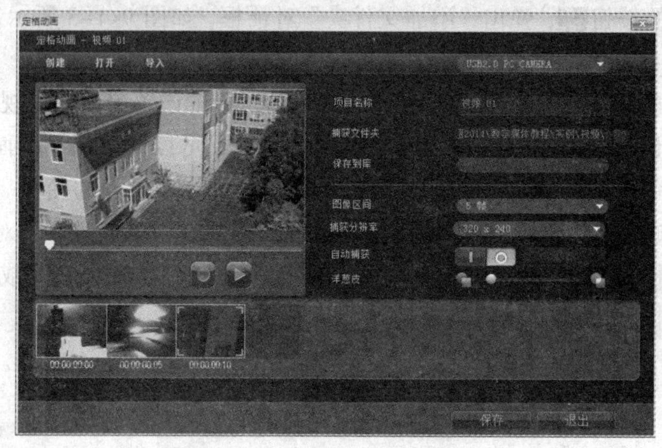

图 9-1-6 “定格动画”对话框

（2）在“定格动画”对话框的“项目名称”文本框内可以输入项目名称，默认是“视频 01”；在“捕获文件夹”栏内可以设置捕获后的文件存放的文件夹；“保存到库”下拉列表用来选择捕获文件保存到素材库的文件夹；“图像区间”下拉列表用来选择捕获的定格动画画面持续的帧数；“捕获分辨率”下拉列表用来选择图像的分辨率。

（3）单击“自动捕获”栏内的“启用自动捕获”按钮，该按钮变为黄色按钮，它左边的“禁用自动捕获”按钮变为黑色按钮，右边的“设置时间”按钮变为有效。此时，进入自动捕获状态。

单击“禁用自动捕获”按钮，该按钮变为黄色按钮，“启用自动捕获”按钮变为黑色按钮，进入禁用自动捕获状态。

（4）在自动捕获状态下，单击“设置时间”按钮，弹出“捕获设置”对话框，如图 9-1-7 所示。在“捕获频率”栏内可以设置自动捕获图像的时间间隔，3 个文本框内的数值从左到右依次为小时（H）、分钟（M）和秒（S）；在“总捕获持续时间”栏内可以设置自动捕获图像的总时间，3 个文本框内的数值从左到右依次为小时、分钟和秒。“捕获设置”对话框设置完后，单击“确定”按钮。

（5）拖动“洋葱皮”栏的滑块，可以调整洋葱皮效果的大小。

（6）在自动捕获状态下，单击红色的“开始自动捕获”按钮，即可自动捕获照相，同时该按钮变为绿色的“停止自动捕获”按钮。自动捕获照相是按照设置好的参数进行的，例如，设置如图 9-1-6 所示，则完成全部自动拍摄后录制的图像有 3 幅。在自动捕获状态下，单击“停止自动捕获”按钮，可以提前终止自动捕获拍照。

在自动捕获状态下，单击红色的“开始自动捕获”按钮，可以捕获拍照一幅图像，再单击该按钮，又可以捕获拍照一幅图像，如此不断，不会出现绿色的“停止自动捕获”按钮。

（7）捕获完后，单击“播放”按钮，可以连续播放捕获的图像，形成一个定格动画。

（8）单击“保存”按钮，可以将捕获的几幅图像保存到指定的文件夹内，同时也导入素材库内指定的文件夹中，插入时间轴的“视频”轨道内。单击“退出”按钮，关闭该对话框，回到图 9-1-6 所示的“定格动画”对话框。

4．屏幕捕获

屏幕捕获的功能和本书介绍的中文“红蜻蜓抓图精灵”、SnagIt、“录屏大师”软件基本一样，只是功能少一些。下面简要介绍屏幕捕获的方法。

（1）单击“屏幕捕获”按钮，弹出“屏幕捕获”面板，如图 9-1-7 所示，同时在屏幕上会产生一个将整个屏幕包围的矩形录屏区域，它四周有 8 个控制柄，中心有一个控制柄。

（2）将鼠标指针移到四周的控制柄处，当鼠标指针呈双箭头状时，拖动鼠标，可以调整矩形录屏区域的大小。将鼠标指针移到中心的控制柄处时，鼠标指针呈小手状，此时拖动鼠标可以改变矩形录屏区域的位置。将矩形录屏区域调小后的状态如图 9-1-8 所示。

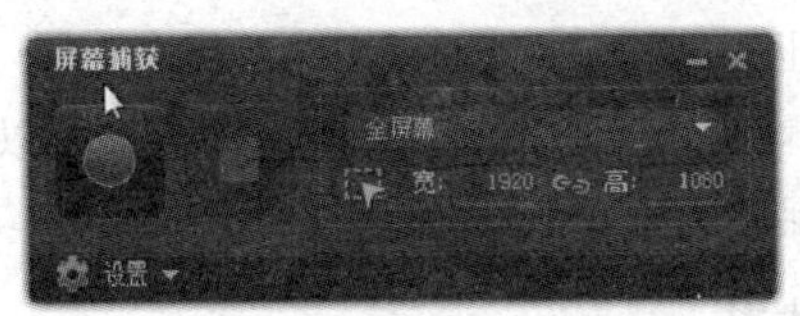

图 9-1-7　“屏幕捕获”面板

图 9-1-8　矩形录屏区域

（3）在“屏幕捕获”面板内，单击“锁定纵横比”按钮，使该按钮变为“解除纵横比”按钮，处于“锁定纵横比”状态。此时，在“宽”或“高”文本框内修改数字，则另一个文本框会随之自动改变，保持原宽高比不变。

单击“解除纵横比”按钮，使该按钮变为“锁定纵横比”按钮，处于“解除纵横比”状态。此时，可分别修改“宽”或“高”文本框内的数字。在“屏幕捕获”面板内的“宽”和“高”文本框中修改数值后，矩形录屏区域的大小会随之改变。

（4）单击“手绘选定内容”按钮，使该按钮变为黄色，在屏幕上拖出一个矩形（通常是包围一个工作界面的矩形轮廓），形成矩形录屏区域，如图 9-1-8 所示，该矩形区域为录制屏幕视频的区域。如果要使该矩形区域的宽高比不固定，则应该处于“解除纵横比”状态；如果要使该矩形区域的宽高比固定，则应该处于“锁定纵横比”状态。

（5）单击“设置”按钮，可以展开“屏幕捕获”面板，如图 9-1-9 所示。单击“设置”按钮，可以将展开的“屏幕捕获”面板收缩，如图 9-1-7 所示。

（6）在展开的“屏幕捕获”面板内，将鼠标指针移到各按钮之上，可以显示该按钮的名称，从而也就了解了该按钮的作用。可以设置捕获的视频文件的文件名称、文件的保存文件夹、视频格式、是否录音、是否启用系统音频、确定监视器等。

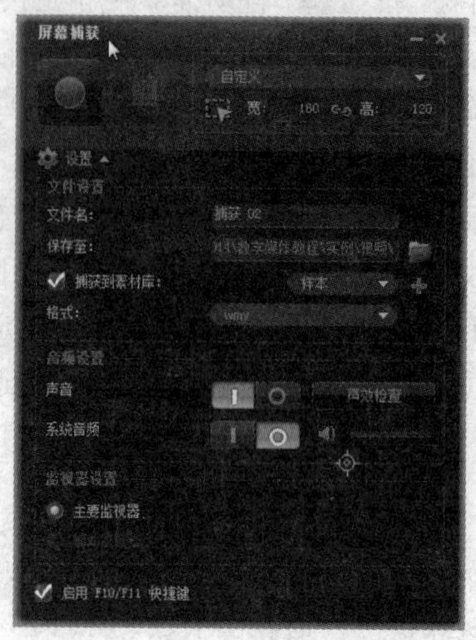

图 9-1-9 “屏幕捕获”面板

（7）单击“开始录制”按钮或按【F11】键，即可开始录制，该按钮变为“恢复录制”按钮，最小化到 Windows 的状态栏。单击 Windows 状态栏内的按钮，弹出“屏幕捕获”面板，单击其内的“恢复录制”按钮或按【F11】键，可以继续录制。单击“停止录制”按钮或按【F10】键，即可停止录制屏幕视频。

（8）单击“屏幕捕获”面板内的“关闭”按钮，关闭该面板，回到“会声会影 X5”软件的工作界面。单击“步骤”栏内的“编辑”按钮，切换到影片的“编辑”状态，可以看到素材库内增加了新录制的视频文件。在指定文件夹内保存有刚录制的视频文件。

9.1.2 应用“录制/捕获选项”面板进行捕获

另外，单击“时间轴”或“故事”面板内工具栏中的“录制/捕获选项”按钮，弹出“录制/捕获选项”面板，如图 9-1-10 所示。其中，“定格动画”“屏幕捕捉”“DV 快速扫描”“从数字媒体导入”和“屏幕捕获”功能前面已经介绍过了。还有 4 个捕获功能，简介如下：

（1）快照：单击“快照”按钮，即可将“预览”窗口内的图像捕捉到当前素材库的文件夹（即选中的素材库文件夹）中，同时也自动插入到“时间轴”面板的“视频”轨道内。

（2）画外音：单击“画外音”按钮，弹出“调整音量”对话框，如图 9-1-11 所示。在设置音量大小后，单击“开始”按钮，自动关闭“调整音量”对话框，即可对着话筒进行录音，“时间轴”面板内的播放头会自动移动。再单击“录制/捕获选项”按钮，可以使录音结束，同时在“声音”轨道内添加了录制的声音。

（3）从音频 CD 导入：单击“从音频 CD 导入”按钮，弹出“转存 CD 音频”对话框，利用该对话框可以选中播放 CD 中的轨道、保存转换的音频文件的文件夹、音频文件的格式等。单击“转换”按钮后，即刻将 CD 中选中轨道的音频转换为相应的音频文件。

（4）移动设备：单击“移动设备”按钮，弹出“硬盘/外围设备导入媒体文件”对话框，利用该对话框，可以将移动设备中的素材导入到素材库内。

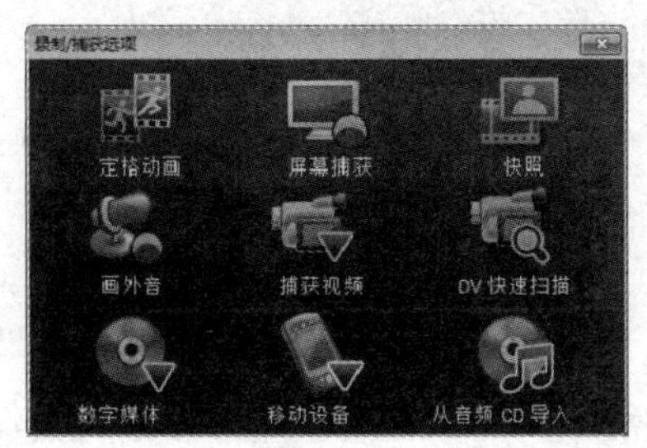

图 9-1-10 “录制/捕获选项”对话框

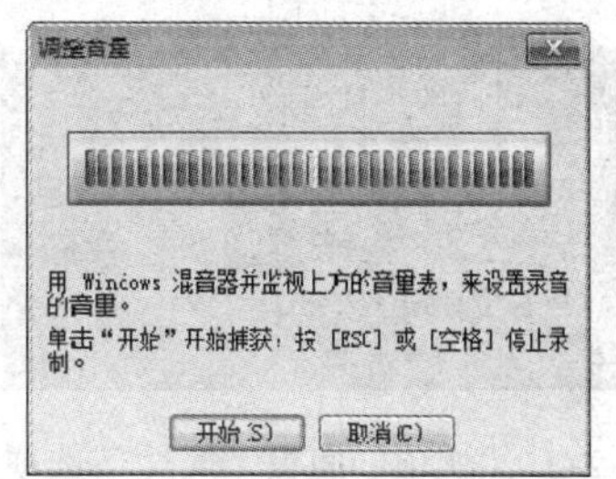

图 9-1-11 “调整音量”对话框

9.2 影片制作的编辑 1

单击“步骤”栏中的“编辑”按钮，可以进入影片的“编辑”状态。在该状态下，可以整理、编辑和修整项目中使用的各种素材，可以将素材库中的各种素材拖动到“故事”面板或“时间轴”面板的轨道中。在“预览”“媒体素材”和“故事”与“时间轴”面板内都可以进行素材的编辑，可以在“故事”或“时间轴”面板中编辑项目。可以在素材的“选项”面板中修改素材的属性。例如，可以将大量的视频滤镜应用到素材上等。

9.2.1 图像编辑

1. 图像基本编辑

选中“故事”面板或“时间轴”面板内的图像素材，单击“媒体素材”面板内右下角的“选项”按钮，展开“选项”面板，“选项”按钮变为状，如图 9-2-1 所示；单击按钮，收缩“选项”面板，该按钮变为“选项”按钮。

（1）在“选项”面板内，“照片区间”栏内显示的是选中图像的播放时间，它由小时、分钟、秒和百分秒 4 部分组成，右边的两个按钮用来调整数值大小。选中一组数字后，该数字闪烁，表示可以通过单击按钮或键盘输入来修改数值。修改“照片区间”栏内的数值后，可以看到“时间轴”面板轨道内选中的图像水平长度发生变化，表示播放时间改变了。

（2）单击“将照片逆时针旋转 90°”按钮，可以使选中的图像逆时针旋转 90°；单击“将照片顺时针旋转 90°”按钮，可以使选中的图像顺时针旋转 90°。

（3）在“预览”窗口内显示网格：选中“时间轴”面板“视频”轨内的一个图像素材，单击“选项”面板内的“属性”标签，切换到“属性”选项卡，如图 9-2-1 所示。选中“变形素材”复选框，可在“预览”窗口内图像四周显示一个矩形虚线框和 8 个黄色控制柄，以及四角的 4 个绿色控制柄。

（4）在“预览”窗口内显示网格：选中“显示网格线”复选框，可在“预览”窗口内显示网格线。单击“网格线选项”按钮，弹出“网格线选项”对话框，如图 9-2-2 所示。在“线条类型”下拉列表中选择一种线条类型。单击“线条颜色”色块，会弹出颜色面板，如图 9-2-3 所示，用来设置线条颜色。拖动调整“网格大小”栏内的滑块或改变数字框内的数据，可以调整网格线的间距。选中“靠近网格”复选框，可以在移动调整虚线框并当虚线框接近网格线时，自动和网格线靠齐。单击“确定”按钮，关闭该对话框。

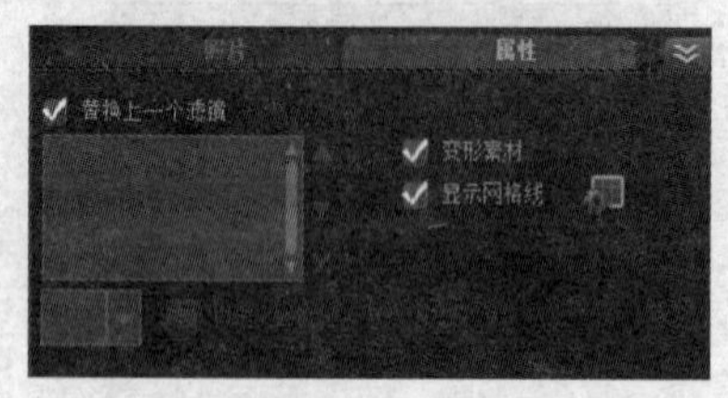

图 9-2-1 “选项”面板“属性”选项卡

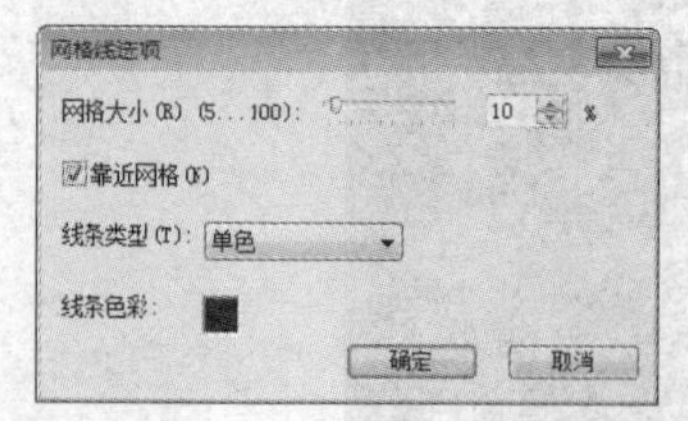

图 9-2-2 “网格线选项”对话框

图 9-2-3 颜色面板

（5）调整素材大小或变形素材：在“预览”窗口内显示网格的效果如图 9-2-4 所示。拖动矩形虚线框四角的黄色控制柄，可以调整图像的大小，如图 9-2-4（a）所示；拖动矩形虚线框四边中间的黄色控制柄，可以调整图像的宽度或高度，如图 9-2-4（b）所示。

拖动矩形虚线框四角上的绿色控制柄，可以使图像变形，如图 9-2-4（c）所示。

（a）

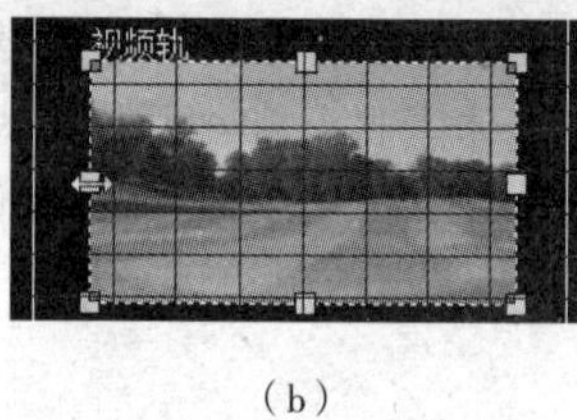

（b）

（c）

图 9-2-4 “预览”窗口内显示网格线和图像的大小与变形调整

（6）重新采样选项：切换到“照片”选项卡，如图 9-2-5 所示。选中“图像重新采样选项”单选按钮，单击右边的下拉按钮，调出它的下拉列表，其内有“保持宽高比”和“调到项目大小”两个选项可供选择。选中不同选项后，可以在“预览”窗口内看到图像的变化。

（7）调整色彩和亮度：单击“色彩校正”按钮，弹出“色彩校正”面板，如图 9-2-6 所示。利用该面板可以调整选中图像的白平衡和色彩。将鼠标指针移到该面板内的一些按钮等选项之上，可以显示这些按钮等选项的名称或作用。

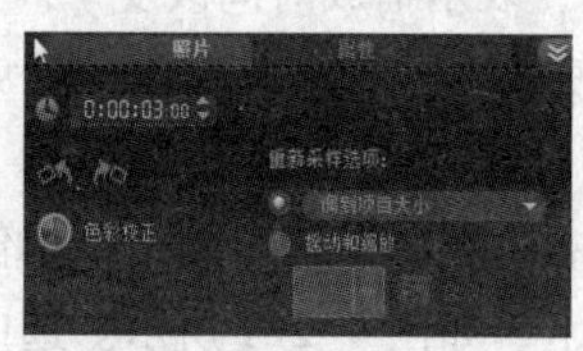

图 9-2-5 “选项”面板的“照片”选项卡

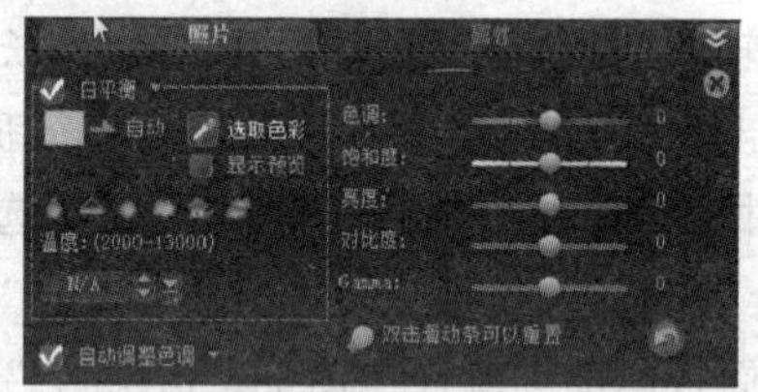

图 9-2-6 “色彩校正”面板

在“色彩校正”面板内，拖动右边栏中的圆形滑块，可以调整选中图像素材的色调、饱和度、亮度、对比度和 Gamma，在拖动滑块调整的同时，可以在“预览”面板内看到调整效果。双击滑块，可以将该滑块回到原位置；单击按钮，可以将所有滑块回到原位置，还原图像素材的原始色彩设置。

选中“自动调整色调”复选框，即可自动调整选中的图像色调，单击“自动调整色调”复选框右边的箭头按钮，调出它的下拉菜单，单击该菜单内“最亮”“较亮”“一般”“较暗”或“最暗”中的一个命令，可设置色调的不同等级。

（8）预置摇动和缩放效果的应用：选中“摇动和缩放”单选按钮，使其下边的选项变为有效。单击“摇动和缩放”下拉按钮，调出其列表，如图 9-2-7 所示。

单击其内的一个图案，即可将该摇动和缩放效果应用到选中的图像，它模拟视频相机的摇动和缩放效果。这个也称为“Ken Burns 效果”。应用了摇动和缩放效果的图像之上的左上角会添加一个标记。

图 9-2-7 “摇动和缩放”列表

右击“时间轴”面板中的图像，调出它的快捷菜单，单击该菜单内的“自动摇动和缩放”命令，即可给右击的图像应用摇动和缩放效果。应用了摇动和缩放效果的图像之上的左上角会添加一个标记。

2．“白平衡”调整

在“白平衡”栏内，通过消除由冲突的光源和不正确的相机设置导致的不需要的色偏，从而恢复图像的自然色温。例如，在图像或视频素材中，白炽灯照射下的物体可能显得过红或过黄。要成功获得自然效果，需要在图像中确定一个代表白色或中性灰的参考点（叫白点）颜色。标识白点的方法有以下几种，具体调整方法如下：

（1）自动计算白点：单击“自动”按钮，可以自动选择与图像的总体色彩相配的白点，调整白平衡。

（2）选取色彩：单击“选取色彩”按钮后“显示预设”复选框变为有效，选中该复选框，即可在右边显示预设图像，将鼠标指针移到预设图像内，鼠标指针会变为滴管图标，单击图像中的一种颜色，设置该点颜色为白点颜色，调整白平衡。

（3）白平衡预设：将鼠标指针移到按钮栏内的按钮之上，即可显示该按钮的名称，了解该按钮的作用。单击该按钮栏内的按钮，通过匹配特定光条件或情景，自动选择白点，调整白平衡。

（4）温度：“温度”栏下边的文本框和它的按钮、是用于指定光源温度，以开氏温标（K）为单位。较低值表示钨光、荧光和日光情景，而较高值表示云彩、阴影和阴暗。单击按钮可调整文本框内的温度数值；单击按钮，会显示一个滑槽和滑块，如图 9-2-8 左图所示。拖动滑块可调整文本框内的温度数值，还可以直接在文本框内修改温度值。

（5）色彩调整：单击白平衡箭头按钮，弹出“白平衡”下拉菜单，如图 9-2-8 右图所示。单击其内不同的命令，可以设置一种色彩强度。

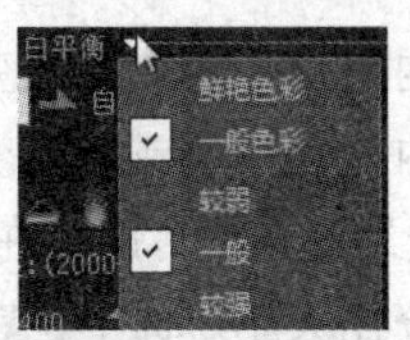

图 9-2-8　调整光源的温度和“白平衡”菜单

如果选中“媒体素材”面板内的图像素材，单击“选项”按钮，展开“选项”面板，其内右边“重新采样选项”栏内的选项会变为无效。

3. 自定义摇动和缩放效果

选中“选项”面板内的“摇动和缩放”单选按钮，单击“自定义”按钮，弹出“摇动和缩放”对话框，如图 9-2-9 所示。该对话框中的各选项用来自定义摇动和缩放效果，下面简要介绍其中部分选项的作用和操作方法。

（1）拖动左边“原始图像”窗口中矩形虚线框（即选取框）四角的黄色正方形控制柄，可以调整矩形虚线框的大小，在右边的窗口内会显示矩形虚线框内的图像。

（2）在左边“原始图像”窗口中，红色十字标记代表图像素材中的开始关键帧，白色十字标记代表图像素材中的结束关键帧。拖动开始关键帧的红色十字标记，可以调整矩形虚线框的位置。拖动结束关键帧的白色十字标记到要作为结束点的位置，可以调整摇动和缩放效果。

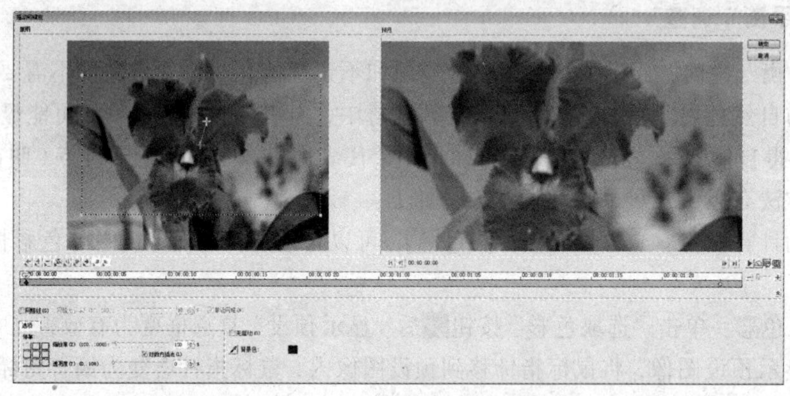

图 9-2-9 “摇动和缩放”对话框

（3）在“摇动和缩放”对话框内左下边“选项”选项卡内的停靠框（由 9 个彩色正方形按钮组成）中，单击其内的按钮，即可将选取框移到“原始图像”窗口内的相应固定位置。“选项”选项卡如图 9-2-10 所示。

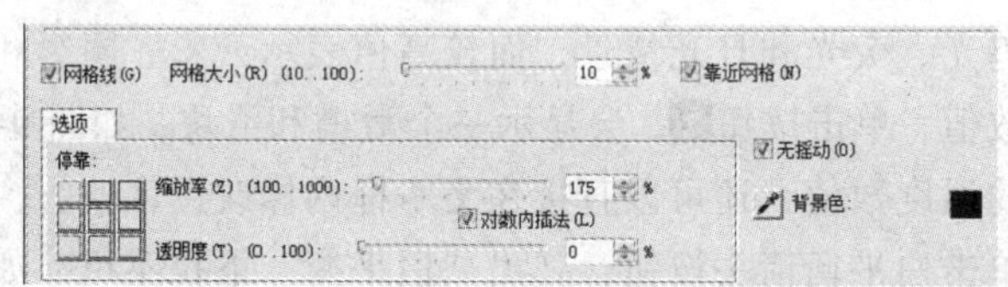

图 9-2-10 “选项”选项卡

（4）在“缩放率”栏内拖动滑块或者改变数字框内的数字，都可以改变选取框的大小。

（5）在“透明度”栏内拖动滑块或者改变数字框内的数字，都可以调整图像的透明度。

（6）单击选中“网格线”复选框，即可在“原始图像”窗口内拖动“网线大小”栏的滑块，可以调整网格线间距的百分比大小。选中“靠近网线”复选框，可以在移动调整红色或白色十字标记时，自动定位到网格线的交叉点处。

（7）选中“无摇动”复选框，则白色十字标记消失。此时不可以调整图像摇动。

（8）将鼠标指针移到其他按钮之上，会显示它的名称，可了解它的作用。完成设置和调整后，单击“确定”按钮，可以将设置好的摇动和缩放效果应用于选中的图像。

要在放大或缩小固定区域时不摇动图像，请选择无摇动。要添加淡入/淡出效果，请增大透明度。先将图像淡化到背景色，单击颜色框选择一种背景色，或者使用滴管工具在“图像窗口”上选择一种色彩即可。

9.2.2　视频编辑

1. 视频基本编辑

选中“故事”面板或“时间轴”面板内的视频素材，单击“媒体素材”面板内右下角的“选项”按钮，展开“选项”面板，切换到“视频”选项卡，如图 9-2-11 所示。在选中的视频内部包含音频时，其中的“音频”栏无效。

（1）“视频区间”栏内显示的是选中视频的播放时间 0:00:02:23，它由小时、分钟、秒和百分秒 4 部分组成，右边的两个按钮用来调整数值大小。单击选中一组数字后，该数字闪烁，表示可以通过单击按钮或键盘输入来修改数值。

（2）抓拍快照：单击“抓拍快照”按钮，即可将“预览”面板内的视频当前画面拍照，并将拍照获得的画面保存到“媒体素材”面板内选中的当前文件夹中。

（3）反转视频：选中“反转视频”复选框，即可使选中的视频反转，从“预览”面板内中可以看到视频反转效果，即从后向前播放的效果。

2. 视频“速度/时间流逝”编辑

单击“速度/时间流逝”按钮，弹出“速度/时间流逝”对话框，如图 9-2-12 所示。

图 9-2-11　“选项”面板的“视频”选项卡

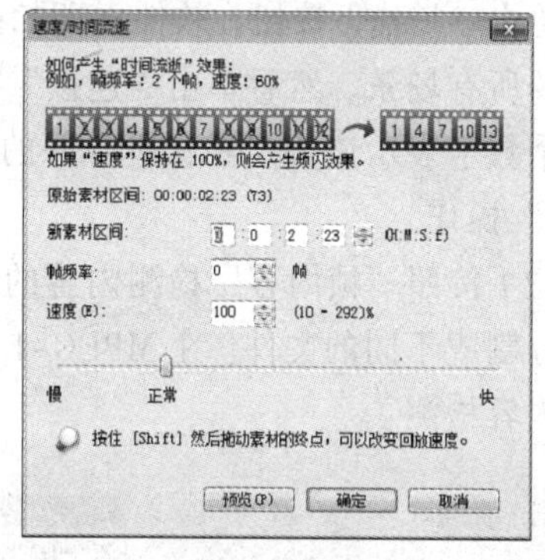

图 9-2-12　“速度/时间流逝”对话框

利用该对话框可以修改视频的播放速度，将视频设置为慢动作，可以强调动作，或设置快速的播放速度，为视频营造滑稽的气氛。还可以移除一些帧，产生时间流逝和频闪效果。调整视频素材的速度和时间流逝属性的方法简介如下：

（1）在“新素材区间”栏内可以设置视频素材的播放区间。如果想要保留素材的原始区间，则不要更改原始值。

（2）在“帧频率”数值框内设置在视频播放过程中每隔一定时间要移除的帧数量，其值越大，视频的时间流逝效果越明显。如果采用默认值 0，则会保留视频素材中的所有帧。

如果“帧频率”数字框内的数值大于 1 且素材区间不变，则会产生频闪效果。如果“帧频率”数字框内的值大于 1 且素材区间缩短，则会产生时间流逝效果。

（3）在“速度”数字框（值范围为 10%～1000%）内输入一个值，或者根据参数选择（即慢、正常或快）拖动滑块，可调整视频播放速度。该数值越大，视频的播放速度越快。

（4）在“时间轴”面板之上，将鼠标指针移到一些素材的右边终点处，当鼠标指针呈黑色箭头状时，水平拖动可以修整素材的宽度，即播放的时间。按住【Shift】键，将鼠标指针移到一些素材（例如音频素材）的右边终点处，当鼠标指针呈白色箭头状时，水平拖动可以改变播放速度。如果素材的左边有空间，则将鼠标指针移到素材左边的起始处水平拖动，也可以改变播放的时间或速度。

（5）单击“预览”按钮，可查看设置效果。单击“确定”按钮完成设置，关闭对话框。

3. 视频的按场景分割

在“时间轴”面板上选择所捕获的 DV AVI 文件或 MPEG 文件，将“预览”面板内视频的起始标记和终止标记调整到它的原始默认状态。单击“按场景分割”按钮，弹出一个提示框，单击“是”按钮，关闭该对话框，弹出“场景”对话框，如图 9-2-13 所示。利用该对话框，可以检测视频文件中的不同场景，然后，自动将该文件分割成多个素材文件。检测场景的方式取决于视频文件的类型。在捕获的 DV AVI 文件中，场景的检测方法有以下两种：

（1）DV 录制时间扫描：根据拍摄日期和时间来检测场景，将它们分割成多个文件。

在“扫描方法”下拉列表中可以选择“DV 录制时间扫描”或“帧内容”选项，单击“选项”按钮，弹出“场景扫描敏感度”对话框，在其内拖动滑块可以设置敏感度级别，此值越高，场景检测越精确。

单击“扫描”按钮，软件立即扫描整个视频文件并列出检测到的所有场景。选择要连接在一起的所有场景，然后单击“连接”按钮，可以将检测到的部分场景合并到单个素材中。加号和一个数字表示该特定素材所合并的场景的数目。单击“分割”按钮，可以撤销已完成的所有“连接”操作。

（2）按照“帧内容”检测内容的变化，例如，画面变化、镜头转换、亮度变化等，然后将它们分割成不同的文件。在 MPEG-1 或 MPEG-2 文件中，只能根据内容的变化来检测场景（即按帧内容检测）。

图 9-2-13 “场景”对话框

4. 多重修整视频

单击图 9-2-11 所示“视频”选项卡内的“多重修整视频”按钮，弹出一个提示框，提示必须将素材的属性重置为默认设置。单击该提示框内的“确定”按钮，关闭该对话框，弹出“多重修整视频”对话框，如图 9-2-14 所示。

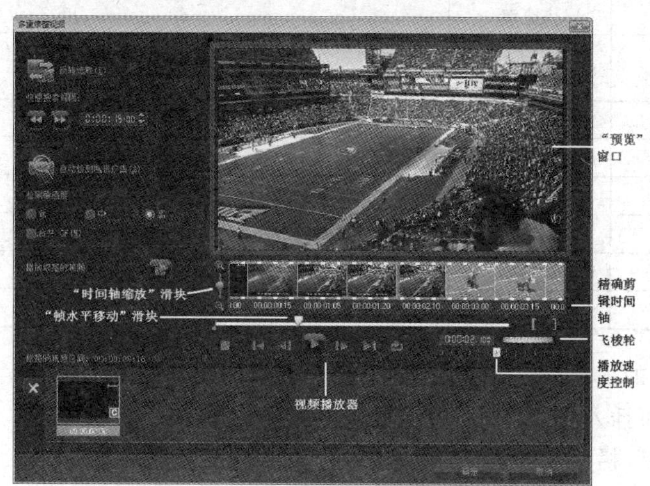

图 9-2-14　“多重修整视频”对话框

利用“多重修整视频”对话框可以实现按场景分割，是将一个视频分割成多个片段的另一种方法，它可以完全控制要提取的素材，易于只提取想要的场景。其内各选项的作用简介如下：

（1）单击“播放”按钮，查看整个素材，以确定在该对话框中标记视频片段的位置。

（2）拖动“时间轴缩放”滑块，可以选择要显示的帧数，可以选择显示每秒一帧的最小分割。拖动“帧水平移动”滑块（也叫播放头），直至到达要用作第一个片段的起始帧的视频部分。单击“设置开始标记”按钮，创建一个开始标记。再次拖动“帧水平移动”滑块到要终止该视频片段的位置，单击“设置结束标记”按钮。此时，会在下边栏内显示该视频片段的一幅幅缩略图，如图 9-2-15 所示。

重复执行步骤（1） 和（2），直到标记出要保留的所有视频片段，如图 9-2-15 所示。

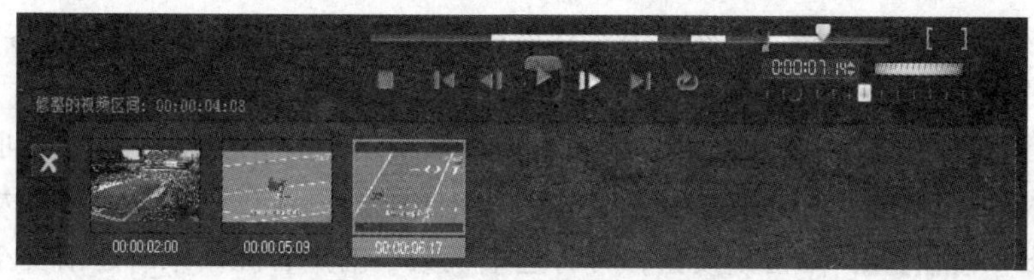

图 9-2-15　在“多重修整视频”对话框内下边栏中显示该视频片段的一幅幅缩略图

要标记开始和结束的一个视频片段，还可以在播放视频时按【F3】和【F4】键。

单击“反转选取”按钮或按【Alt+I】组合键，可以在标记保留素材片段和标记剔除素材片段之间进行切换。

（3）“快速搜索间隔”栏内用于设置帧之间的固定间隔，并以设置值浏览影片。

单击“向后搜索”按钮或按【F6】键，可以以固定时间间隔量向前浏览视频。单击“向前搜索”按钮或按【F5】键，可以以固定时间间隔量向后浏览视频。利用时间间隔设置 0:00:14:24 可以调整时间间隔量，默认情况下，时间间隔量是 15 秒。

（4）“多重修整视频”对话框中的视频播放器内各按钮的作用如表 9-2-1 所示。

表 9-2-1　视频播放器内各按钮的作用

按钮	名称	快捷键	作　　用
	播放	Space	播放视频文件；按【Shift+Space】组合键或按住【Shift】键并单击该按钮，可以只播放所选片段。
	起始	Home	移动到修整过的视频片段的起始帧
	结束	End	移动到修整过的视频片段的结束帧
	转到上一帧	←	移动到视频的上一帧
	转到下一帧	→	移动到视频的下一帧
	重复	R	重复播放视频
	停止	S	暂停播放视频，单击“播放”按钮继续播放

（5）“播放修正的视频”按钮，只播放前面截取的几个视频片段。单击“确定”按钮，保留的视频片段即可插入到“时间轴”面板的“视频”轨道内。

（6）“自动检测”栏用来自动检测电视广告，可以设置检测的灵敏度。

（7）单击“删除”按钮，可以删除选中的视频片断。

（8）单击“确定”按钮，完成视频片断的设置，关闭该对话框，将加工的视频片断添加到“时间轴”面板内的“视频”轨道中。

9.2.3　音频编辑

1. 加工视频中的音频

选中“故事”面板或“时间轴”面板内的有音频成分的视频素材，展开“选项”面板，切换到“视频”选项卡，如图 9-2-11 所示，其中的“音频”栏有效。其内各选项的作用如下：

（1）“素材音量”栏：在“素材音量”文本框内可以输入音频的音量大小数值（最大值为 500，最小值为 0）；单击“素材音量”按钮中的两个按钮，可以调整“素材音量”文本框内音量数值的大小；单击按钮，可以弹出“音量调整”面板，如图 9-2-16 所示，拖动其内的滑块，可以调整音量的大小。

（2）“静音”按钮：单击该按钮，可将选中视频中的声音在静音和播音之间切换。

（3）“淡入”按钮：单击该按钮，可将选中视频中的声音在开始时逐渐变大。

（4）“淡出”按钮：单击该按钮，可将选中视频中的声音在结束时逐渐变小。

2. 分割音频

选中“时间轴”面板内的有音频成分的视频素材，展开“选项”面板，切换到“视频”选项卡，单击其内的“分割音频”按钮，即可将视频中的声音独立出来，放置到“声音”轨道，名称与视频素材的名称一样，如图 9-2-17 所示。

图 9-2-16 “音量调整”面板

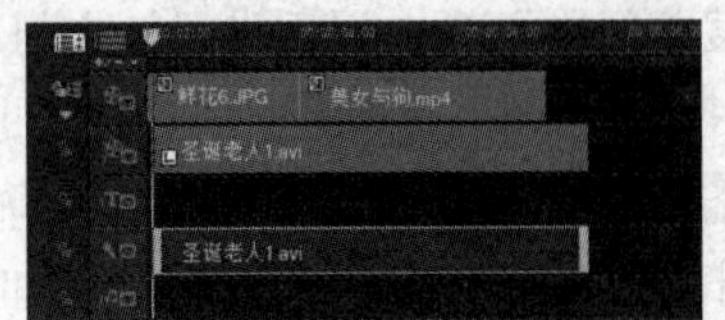

图 9-2-17 “时间轴”面板

3. 音频滤镜

（1）选中“时间轴”面板内“音乐”或“声音”轨道内的音频素材，展开“选项”面板的“音乐和声音”选项卡，如图 9-2-18 所示。其中，第 1 行各选项的作用前面已经介绍过，单击“速度/时间流逝”按钮，弹出图 9-2-12 所示的“速度/时间流逝”对话框。

（2）单击“音频滤镜”按钮，弹出“音频滤镜”对话框，如图 9-2-19 所示。在其内左边“可用滤镜”列表框中单击选中一种滤镜，“添加”按钮会变为有效，单击该按钮，可将选中的滤镜移到右边的“已有滤镜”列表框中。在其内右边“已用滤镜”列表框中选中一种滤镜，“删除”按钮和“全部删除”按钮会变为有效，单击“删除”按钮，可将选中的滤镜删除；单击“全部删除”按钮，可以删除“已用滤镜”列表框中的所有滤镜。

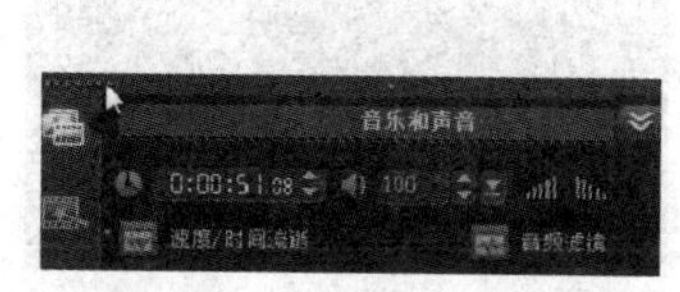

图 9-2-18 “音乐和声音”面板

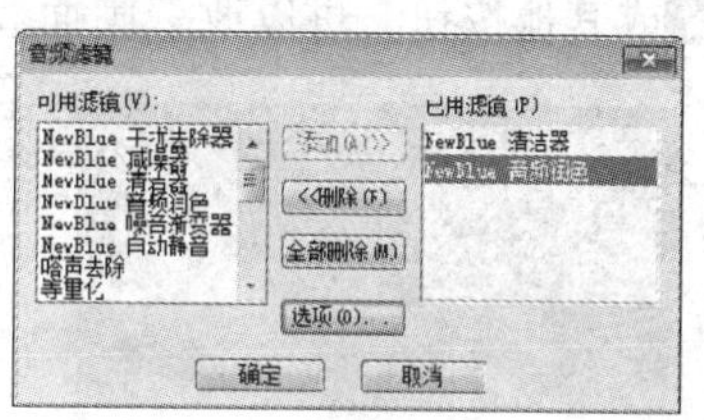

图 9-2-19 “音频滤镜”对话框

（3）选中列表框中的滤镜选项，单击“选项”按钮，即可弹出相应的滤镜参数设置对话框，用来调整该滤镜参数。

例如，选中“已有滤镜”列表框中的“NewBlue 音频润色”滤镜选项，单击“选项”按钮，即可弹出“NewBlue 音频润色”对话框，如图 9-2-20 所示，用来调整该滤镜的一些参数。再例如，选中“可用滤镜”列表框中的“删除噪音”滤镜选项，单击“选项”按钮，即可弹出“删除噪音”对话框，如图 9-2-21 所示，用来调整该滤镜的一些参数。

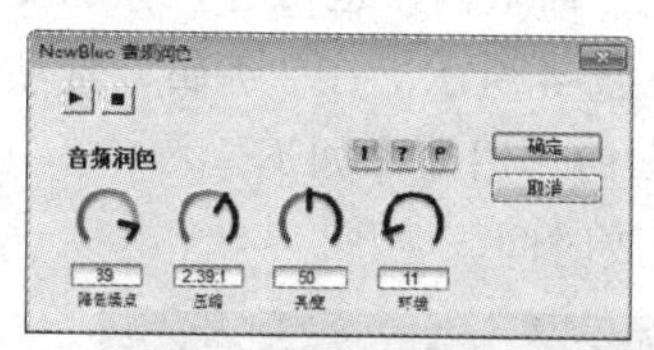

图 9-2-20 “NewBlue 音频润色”对话框

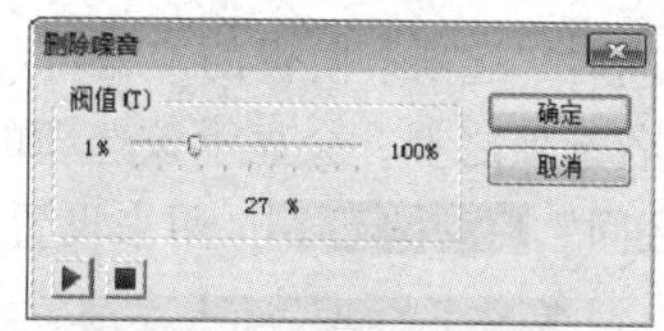

图 9-2-21 “删除噪音”对话框

9.3 影片制作的编辑 2

9.3.1 转场和标题效果编辑

1. 转场编辑

将素材库中的图像或视频素材拖动到“故事”面板或“时间轴”面板的“视频”轨道或“覆叠”轨道中，再将转场素材库内的一个转场图案拖动到两个素材之间，在它们之间会生成一个场景转换效果图案。在“预览”面板内播放整个项目，可以看到两个图像或视频素材画面在切换时的转场效果。

应用不同的转场，可以获得许多有趣的效果。转场效果可以应用于视频和图像、图像和图像、视频和视频素材之间。

选中“故事”面板或“时间轴”面板中的转场图案，展开“选项”面板，可以切换到“转场”选项卡。在该选项卡内会显示所选转场效果的属性，还可以修改这些属性参数，自定义转场效果样式，准确地控制效果在影片中的运行方式。选中不同的转场图案，则“转场”选项卡的内容会不一样。

例如，选中的转场图案是“手风琴-三维”转场图案，则“转场”选项卡如图 9-3-1 所示；选中的转场图案是“横条-卷动”转场图案，则“转场”选项卡如图 9-3-2 所示。单击其内的“色彩”色块，弹出一个颜色面板，单击其内的一个色块，即可修改三维效果或卷动效果的背景色；单击“方向”栏内的按钮或其他按钮，可以改变手风琴动画的方向；单击“方向”栏内的按钮或其他按钮，可以改变画面卷动的方向。

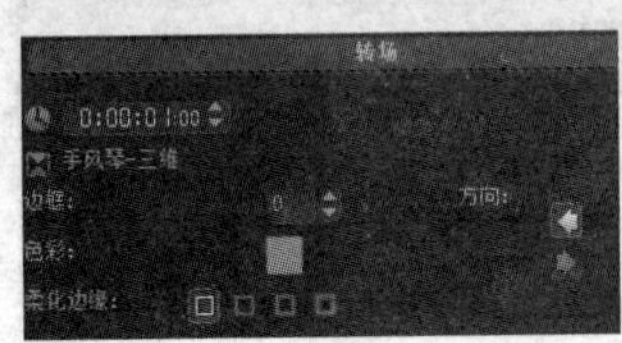

图 9-3-1 “转场”选项卡

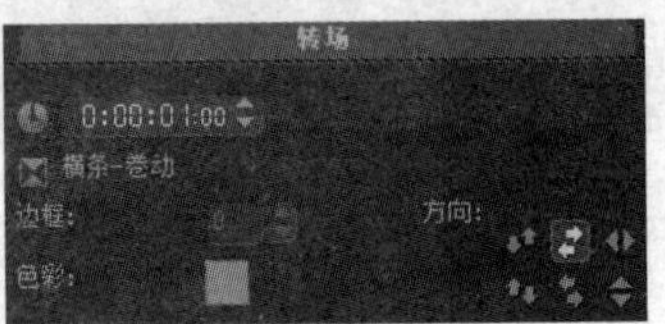

图 9-3-2 “转场”选项卡

2. 标题编辑

将“媒体素材”面板标题素材库中的标题图案拖动到“时间轴”面板内的“标题”轨道中，双击“标题”轨道内的标题图案，在“预览”面板内可以看到添加的标题文字，如图 9-3-3 所示。选中“预览”面板内的一个标题文字，展开“选项”面板，切换到“编辑”选项卡，如图 9-3-4 所示。

另外，单击选中“标题”轨道内部，再双击“预览”面板内，也可进入标题文字的输入和编辑状态，同时“选项”面板的“编辑”选项卡如图 9-3-4 所示。在“编辑”选项卡内，将鼠标指针移到各选项之上，会显示该选项的名称，各选项的作用简介如下。

（1）“区间” 0:00:03:00：用来设置标题文字的播放时间。

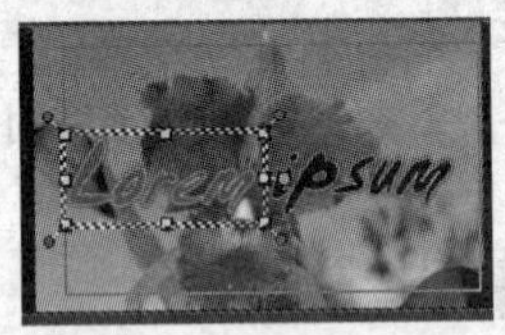

图 9-3-3 “预览”面板

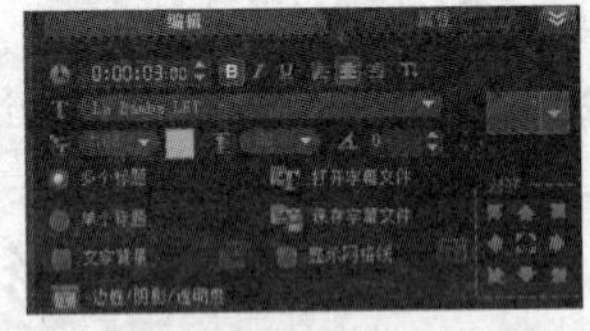

图 9-3-4 “选项”面板的“编辑”选项卡

（2）按钮组：从左到右，分别是“加粗”“斜体”“下画线”“居左”“居中”“居右”按钮。单击按钮，即可进行相应的设置。

（3）“将方向更改为垂直”按钮：单击该按钮，将标题文字改为垂直方向。

（4）“字体”下拉列表 La Bamba LET：用来选择一种字体。

（5）“字体大小”下拉列表 103：用来选择字体的大小。

（6）“色彩”按钮：单击该按钮，调出颜色面板，用来设置文字的颜色。

（7）“行间距”下拉列表 60：用来选择行间距的大小。

（8）“按角度旋转”数字框：用来设置标题的旋转角度。

（9）“多个标题”和“单个标题”单选按钮：默认选中“多个标题”单选按钮，可以输入多个标题文字；选中“单个标题”单选按钮，弹出“Corel VideoStudio Pro”提示框，提示只可以输入一个标题文字和其他有关信息，如图 9-3-5 所示。单击“是”按钮，只选中“单个标题”单选按钮，“预览”窗口内只有一个标题文字。

（10）“文字背景”复选框：选中该复选框，其右边的“自定义文字背景的属性”按钮，弹出“文字背景”对话框，如图 9-3-6 所示。在“背景类型”栏内可以选择一种类型，在下拉列表中选择一种背景图形形状，如图 9-3-7 所示。在“放大”数字框中设置背景图形的大小。

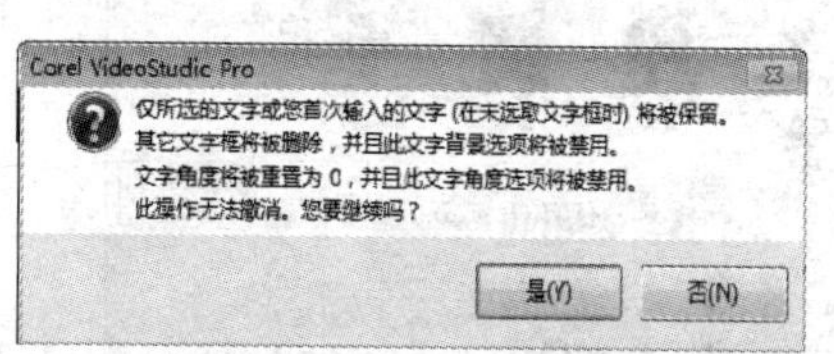

图 9-3-5　“Corel VideoStudio Pro”提示框

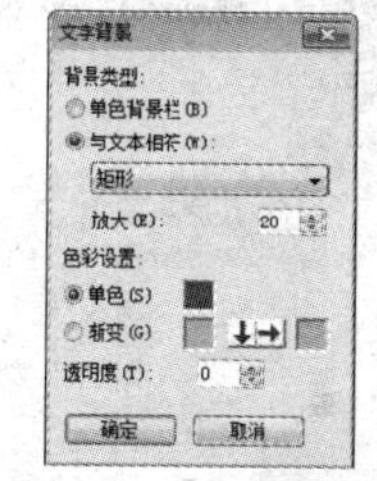

图 9-3-6　“文字背景”对话框

图 9-3-7　“背景类型”列表框

按照图 9-3-6 所示进行设置后的标题文字和背景图形如图 9-3-8 所示。

选中“单色”单选按钮后，单击色块，弹出颜色面板，利用该面板可以设置标题文字背景图形的颜色。选中“渐变”单选按钮后，依次单击两个色块，弹出颜色面板，用来设置标题文字背景图形的渐变颜色的起始颜色和终止颜色，再在“透明度”数字框内设置透明度数值，如图 9-3-9 所示。最后单击“确定”按钮。

图 9-3-8　标题文字和背景图形

图 9-3-9　渐变色设置

（11）“边框/阴影/透明度”按钮：单击该按钮，弹出“边框/阴影/透明度”对话框的“边框”选项卡，如图 9-3-10 所示，利用该选项卡可以设置边框的颜色和大小，以及透明度等属性。切换到“阴影”选项卡，如图 9-3-11 所示，利用该选项卡可以设置文字的阴影。将鼠标指针移到“边框/阴影/透明度”对话框内各选项之上，可以显示该选项的名称和它的作用，提示用户进行操作。

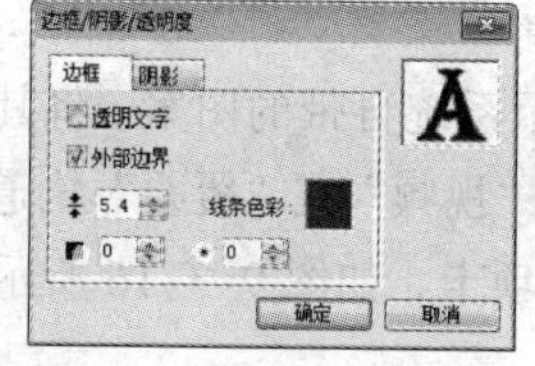

图 9-3-10　对话框“边框”选项卡

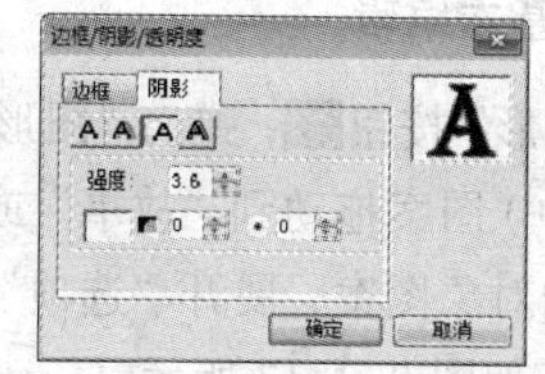

图 9-3-11　“阴影”选项卡

（12）“打开字幕”按钮：单击该按钮，弹出“打开”对话框，如图 9-3-12 所示。在其内选择扩展名为 UTF 格式的字幕文件，还可以设置字体、大小、字体颜色、阴影颜色等，最后单击“打开”按钮，打开选中的字幕文件，添加到“预览”窗口和“标题”轨道内。

（13）“保存字幕”按钮：单击该按钮，弹出“另存为”对话框，如图 9-3-13 所示，用来保存当前的标题文字。

图 9-3-12 “打开”对话框

图 9-3-13 “另存为”对话框

（14）“选取标题样式预设值”下拉按钮：单击该下拉按钮，可以弹出“选取标题样式预设值”列表，如图 9-3-14 所示。单击其内的图案，即可给当前的标题文字添加一种预设好的标题样式。

（15）“对齐”栏：如图 9-3-4 所示，单击该栏内的按钮，可以设置标题文字的位置和对齐方式。将鼠标指针移到按钮之上，可以显示按钮的名称，了解单击按钮后的作用。

（16）切换到“属性”选项卡，图 9-3-15 所示。选中“应用”复选框，下边的列表框变为有效，选中一种动画图案，即可将该动画添加到选中的标题文字。

（17）“显示网格线”复选框和“网格线选项”按钮：参看 9.2.1 中介绍的内容。

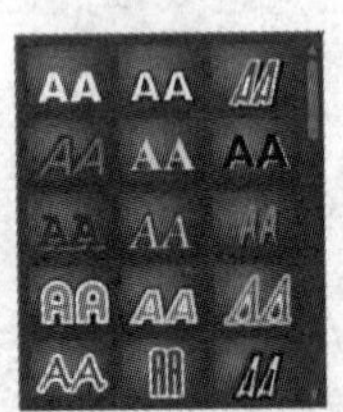

图 9-3-14 标题样式预设列表

图 9-3-15 “选项”面板的“属性”选项卡

9.3.2 图形和滤镜编辑

1. 图形基本编辑

单击“图形”按钮，弹出“图形”素材库，其内显示系统自带的图案。将其内的对象（图形素材的一种）图案拖动到“故事”或“时间轴”面板的“视频”或“覆叠”轨道内。选中“覆叠”轨道内的对象图案，展开“选项”面板的“编辑”选项卡，如图 9-3-16 所示，切换到“属性”选项卡，如图 9-3-17 所示。

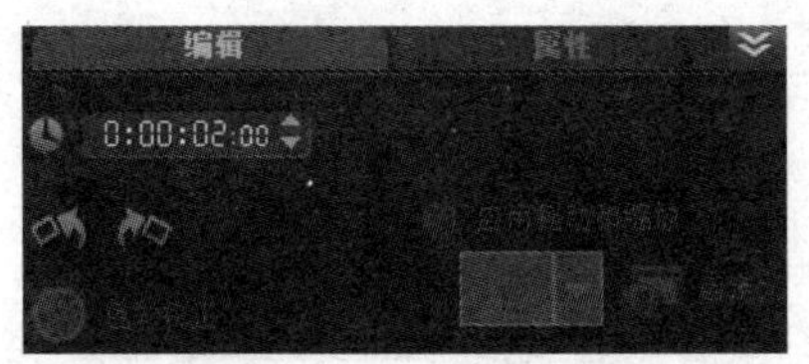

图 9-3-16 “编辑”选项卡

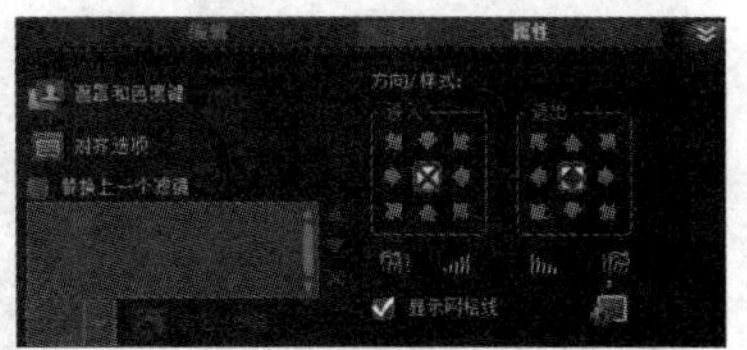

图 9-3-17 “属性”选项卡

选中“视频”轨道内的对象图案，展开“选项”面板的“属性”选项卡，它只有图 9-3-17 所示选项卡内左下边的内容，增加了关于变形和网格的选项；切换到“编辑”选项卡，它和图 9-3-16 所示“编辑”选项卡大部分相同。

如果选中“视频”或“覆叠”轨道内的色彩图案，此时的“选项”面板如图 9-3-18 所示；如果选中“覆叠”轨道内的色彩图案，“选项”面板的“属性”选项卡如图 9-3-17 所示。这些选项卡内主要选项的作用简介如下：

图 9-3-18 “选项”面板

（1）“照片区间” 0:00:02:00：用来设置色彩图案的播放时间。

（2）“色彩选取器”按钮：单击该按钮，弹出颜色面板，用来设置色彩颜色。

（3）“对齐选项”按钮：单击该按钮，弹出“对齐选项”菜单，如图 9-3-19 所示。利用其内的菜单命令，可以调整选中的素材对象的大小、位置、变形等参数。

（4）“方向/样式”栏：其内各选项的作用如图 9-3-20 所示。

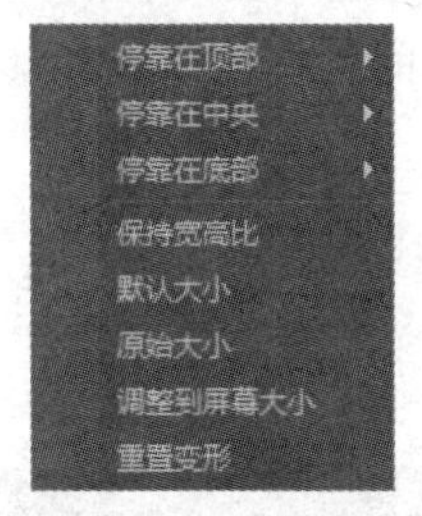

图 9-3-19 “对齐”菜单

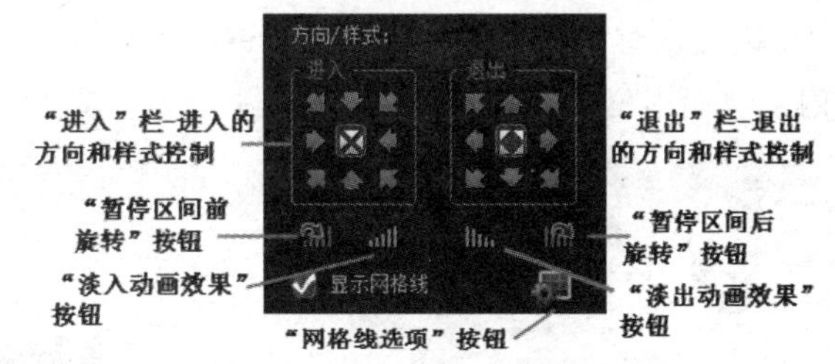

图 9-3-20 “方向/样式”栏

2. “遮罩帧和色度键”面板 1

单击“遮罩和色度键”按钮，调出“遮罩帧和色度键”面板，其内有一个“类型”下拉列表，如果前面选择的是“覆叠”轨道内的色彩图案，则“类型”下拉列表内只有“遮罩帧”选项；如果前面选择的是“覆叠”轨道内的边框、对象或 Flash 动画图案，则“类型”下拉列表内有“遮罩帧”和“色度键”选项。

如果在“类型”下拉列表内选择了“遮罩帧”选项，则“遮罩帧和色度键”面板如图 9-3-21 所示，单击“遮罩图形”列表框内的一个形状图案，即可为覆叠素材添加遮罩或镂空罩形状图形，可以将这些形状图形调整为不透明或透明。“遮罩帧和色度键”面板内各选项的作用简介如下：

（1）“透明度”数字框：用来设置图形的透明度。单击按钮，弹出一个有滑轨和滑块的面板，如图 9-3-22 所示。拖动滑块，可以调整图形的透明度大小。

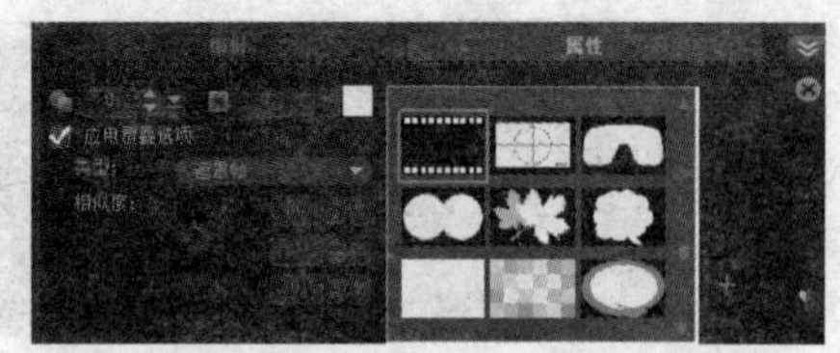

图 9-3-21 “遮罩帧和色度键”面板

图 9-3-22 有滑轨和滑块的面板

（2）“边框大小和颜色”栏：对于有些素材，该栏才有效。左边的数字框用来设置边框的大小，右边用来设置边框的颜色。

（3）添加遮罩项：单击“添加遮罩项”按钮，弹出“浏览照片”对话框，如图 9-3-23 所示。选中 1 个或多个图像文件（可以使用任何图像文件），单击“打开”按钮，弹出一个“Corel VideoStudio Pro”提示框，提示将位图转换为 8 位位图。

单击“确定”按钮，即可将选中的图像文件作为遮罩导入“遮罩和色度键”面板“遮罩图形”列表框内的后边。可以使用 CorelDRAW 等软件来创建图像遮罩。

（4）删除遮罩项：选中“遮罩和色度键”面板“遮罩图形”列表框内添加的遮罩项，单击“删除遮罩项”按钮，即可将选中的遮罩项删除。

3. “遮罩帧和色度键”面板 2

在“类型”下拉列表内选择“色度键”选项后的“遮罩和色度键”面板如图 9-3-24 所示，此时，“相似度”栏内的色块、滴管和 3 个数字框、“相似度”栏内所有选项变为有效。选择“色度键”选项可以使素材中的某一特定颜色变透明并将“视频”轨道中的素材显示为背景。对“覆叠”轨道内素材应用色度键的具体方法如下：

图 9-3-23 “浏览照片”对话框

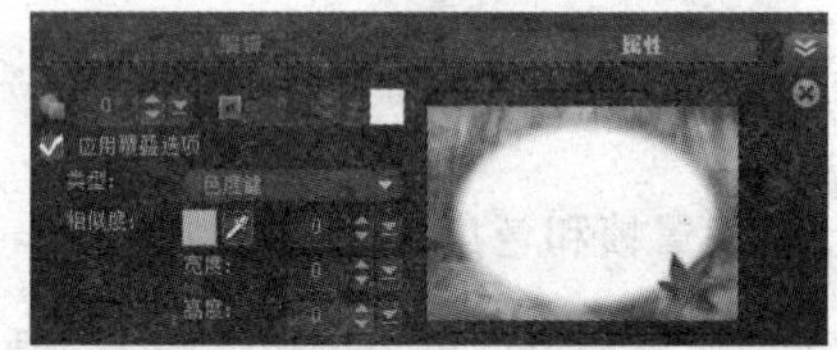

图 9-3-24 “遮罩和色度键”面板

（1）选中“覆叠”轨道内的框架图形，“预览”窗口内的图像如图 9-3-25 所示。

（2）在“相似度”栏中，单击“滴管工具”按钮，单击右边框架图像内的一种颜色（例如椭圆形内框白色），在“预览”窗口内可以立即看到图像的相应颜色变为透明色（即渲染为透明色），如图 9-3-26 所示。

（3）单击色块，弹出颜色面板，利用该面板也可以设置要透明的颜色。

（4）调整“相似度”栏内第 1 行“针对遮罩的色彩相似度”数字框的值，调整要渲染为透明的色彩范围。调整第 2 行“修剪覆叠素材的宽度”数字框的值，调整“覆叠”轨道内选中素材的宽度。调整第 3 行“修剪覆叠素材的高度”数字框的值，调整“覆叠”轨道内选中素材的高度。

图 9-3-25　未应用色度键的框架图形

图 9-3-26　应用色度键的框架图形

（5）单击“关闭”按钮，关闭“遮罩和色度键”面板，回到“选项”面板。

4．滤镜编辑

单击“滤镜”按钮，该按钮变为黄色，同时素材库内显示的滤镜效果。将素材库内的滤镜图案拖动到“视频”或“覆叠”轨道内图像、视频、图形等素材之上，给该素材添加滤镜效果，在图像等素材对象的图案中左上角会显示一个图标。

选中“视频”或“覆叠”轨道内添加了滤镜效果的素材对象图案，展开“选项”面板，切换到“属性”选项卡，如图 9-3-27 左图所示；切换到“编辑”选项卡，如图 9-3-27 右图所示，可以看到，增加了一些选项。下面介绍这些新增选项的作用：

（1）单击“滤镜样式”按钮，弹出“滤镜样式”面板，如图 9-3-28 所示，其内列出选中滤镜类型的几种不同样式的图案，单击样式图案，可以更换滤镜样式。

（2）应用多个滤镜：默认情况下，素材所应用的滤镜总会由拖动添加到素材上的新滤镜替换原有的滤镜。取消选中“替换上一个滤镜”复选框，可以对单个素材应用多个滤镜。“会声会影”软件最多可以向单个素材应用 5 个滤镜。如果一个素材应用了多个视频滤镜，单击“上移滤镜”按钮和“下移滤镜”按钮，可改变滤镜的次序。改变视频滤镜的次序会对素材产生不同的效果。单击“删除”按钮，可以删除选中的滤镜。

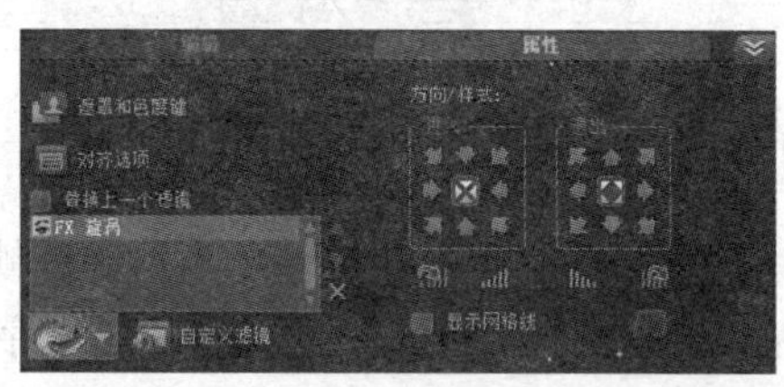

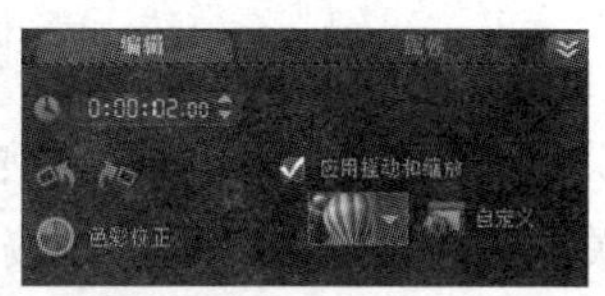

图 9-3-27　为对象添加了滤镜效果的“属性”和“编辑”选项卡

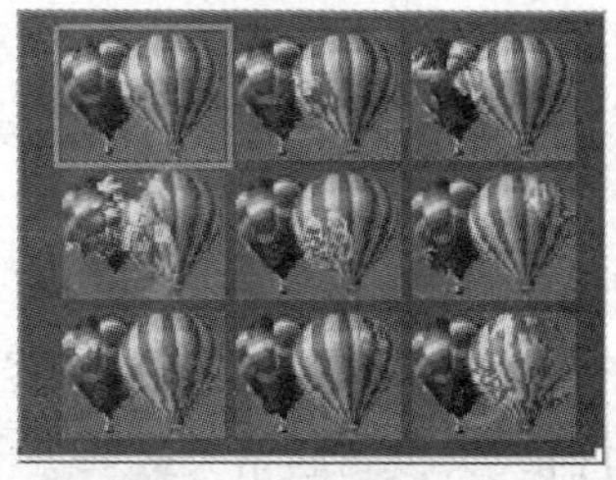

图 9-3-28　“滤镜样式”面板

（3）单击“自定义滤镜”按钮，弹出“FX 漩涡”对话框，拖动左边图像之上的圆形控制柄和左下边的滑块，右边效果图像会随之变化，如图 9-3-29 所示。可以看到，该对话框内的左上边是原图，右上边是添加滤镜效果后的动画画面。在对项目进行渲染时，只有启用的滤镜才能包含到影片中。

图 9-3-29 “FX 漩涡”对话框

“FX 漩涡”对话框内控制按钮和播放条如图 9-3-30 所示。在该对话框内的左下边有 5 行滑槽与滑块，以及数字框，用来调整图像滤镜的参数，在调整中可以同时在右上边观察到调整的效果。拖动滑块或直接修改数字框中的数据都可以改变相应的参数。对于使用不同的滤镜，它的参数选项会不一样。这里，“X”和“Y”“强度”“频率 X”和“频率 Y”数字框可以调整动画关键帧的属性参数。其他选项的作用简介如下：

①“添加关键帧”按钮：拖动播放头到非关键帧处，“添加关键帧”按钮变为有效，单击该按钮，可在播放头处添加一个关键帧，可以为关键帧设置视频滤镜参数。当前关键帧标记的颜色为红色。

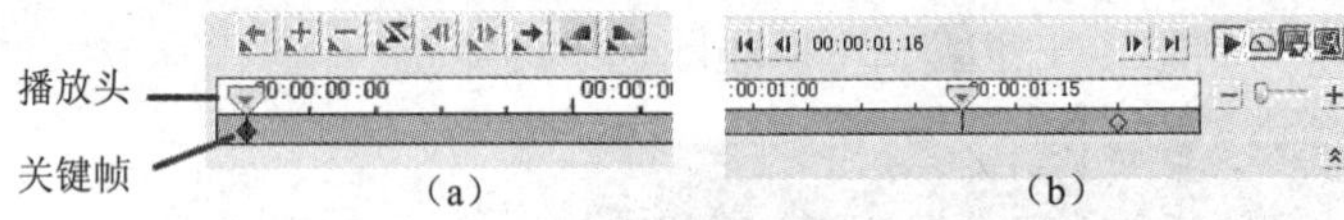

图 9-3-30 原始图和 FX 漩涡效果图的控制按钮

②“删除关键帧”按钮：单击该按钮，可以删除当前关键帧（当前关键帧标记为◆）。

③“翻转关键帧”按钮：单击该按钮，可以翻转时间轴中的关键帧的顺序，即以最后一个关键帧为开始关键帧，以第 1 个关键帧为结束关键帧。

④“转到下一个关键帧”按钮：将播放头移动到下一关键帧处。

⑤“转到上一个关键帧”按钮：将播放头移动到上一关键帧处。

⑥“淡入”按钮和“淡出”：单击两个按钮，可以分别确定滤镜上的“淡入”和“淡出”点。

⑦“将关键帧移到左边”按钮：单击该按钮，可以将当前关键帧左移一帧。

⑧“将关键帧移到右边”按钮：单击该按钮，可以将当前关键帧右移一帧。

⑨“转到起始帧”按钮：将播放头移到起始关键帧。

⑩“左移一帧”按钮：单击该按钮，可以将播放头左移一帧。

⑪“右移一帧”按钮：单击该按钮，可以将播放头右移一帧。

⑫“转到终止帧”按钮：单击该按钮，可以将播放头移到最后一帧。

⑬“播放”按钮：在右上边显示框内显示添加滤镜后的动画效果，预览所做的更改。

⑭“播放速度”按钮：单击该按钮，弹出一个“播放速度”菜单，单击其内的一个选项，即可设置一种相应的播放速度。

⑮“启用设备”按钮：单击该按钮，可以选择显示设备。

⑯“更换设备”按钮：单击该按钮，弹出“预览回放选项”对话框，用来更换设备。

9.4　影片制作的分享

9.4.1 “分享”面板

使用项目文件创建影片的实际过程在“分享”步骤中执行。单击“步骤”栏内的“分享”标签，切换到“分享”步骤的“分享”面板，如图 9-4-1 所示。在“分享”步骤中，可以将创建的项目生成（也叫渲染）保存为视频文件（AVI 和 MPEG 等格式）、音频文件（WAV 和 MP3 等格式）和刻录 VCD、SVCD 或 DVD 等光盘（通过向导来完成）。

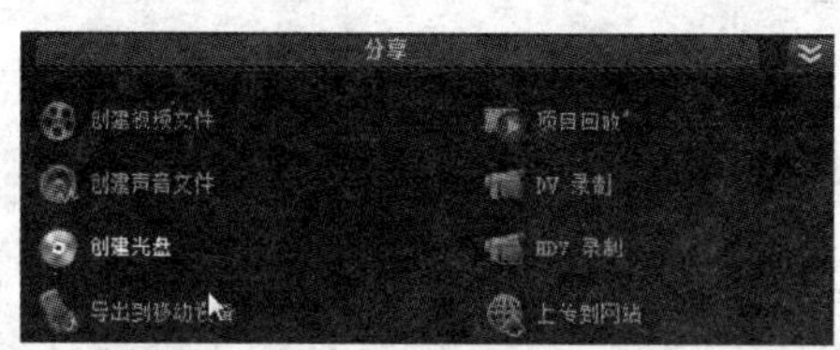

图 9-4-1 “分享”面板

“分享”面板中有 8 个按钮，它们的作用如表 9-4-1 所示。

表 9-4-1 “分享”面板中 8 个按钮的作用

图标	名称	作　　用
	创建视频文件	可以将项目保存为多种文件格式和视频设置的视频文件，还可以将项目输出为 3D 格式的视频文件
	项目回放	清空屏幕，并在黑色背景上显示整个项目或所选片段。如果有连接到系统的 VGA-TV 转换器、摄像机或录像机，则还可以输出到磁带，它还允许在录制时手动控制输出设备
	创建声音文件	将视频项目中的音频轨道中的音频内容保存为单独的音频文件。如果将同一个声音应用到其他图像上，或要将捕获的现场表演的音频转换成声音文件，则此功能尤其有用
	DV 录制	允许使用 DV 摄像机将所选视频文件录制到 DV 磁带上
	创建光盘	启动光盘制作向导，以 AVCHD、DVD 或 BDMV 格式将项目刻录到各种光盘中
	HDV 录制	可以使用 HDV 摄像机将所选视频文件录制到 DV 磁带上
	导出到移动设备	创建可导出版本的视频文件，可以在 iPhone、iPad、iPod Classic、iPod touch、Pocket PC、Nokia 等手机、Windows Mobile-based Device 设备和 SD（安全数字）卡等外围设备上使用
	上传到网站	允许使用 Vimeo、YouTube、Facebook 和 Flickr 账户在线共享视频

9.4.2　创建各种文件

1. 创建视频文件

（1）在将整个项目渲染为影片文件之前，务必将其保存为 VSP 格式的项目文件，这样随时可以返回项目并进行编辑。

（2）单击“分享”面板内的“创建视频文件”按钮，弹出“创建视频文件”菜单，其内给出要创建视频文件的多个选项，如图 9-4-2 所示。

（3）单击“创建视频文件”菜单中的一种视频输出格式，例如，单击“WMV”→“WMV HD 1080 25p”命令，弹出“创建视频文件”对话框，如图 9-4-3 所示。“保存类型”下拉列表框内的选项是依据选择的视频输出格式自动确定的。“名称”栏和“属性”列表框内分别显示要保存的视频的名称和属性。

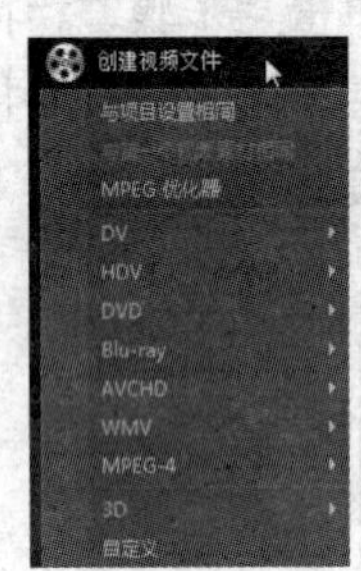

图 9-4-2 “创建视频文件”菜单

图 9-4-3 “创建视频文件”对话框

选择保存视频文件的文件夹，在“文件名”文本框内输入文件名称，单击“选项”按钮，弹出“Corel VideoStudio Pro”对话框，如图 9-4-4 所示。利用该对话框可以设置一些视频创建和渲染特点的设置，设置完成后单击“确定”按钮，关闭该对话框。

单击“创建视频文件”对话框内的“保存”按钮，弹出“渲染”面板，开始进行视频渲染（即将项目内容转换为相应格式的视频文件），其中的一幅画面如图 9-4-5 所示。在渲染过程中，单击按钮，可以在“预览”面板内预览和停止预览渲染效果之间切换；单击按钮和，可以在暂停渲染和继续渲染之间切换；按【Esc】键，可以终止渲染。

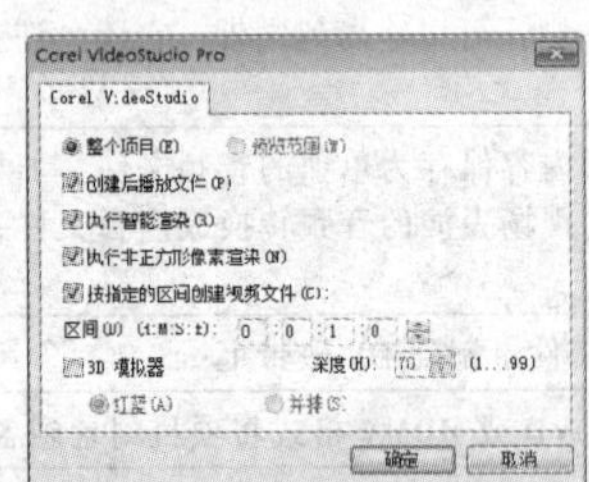

图 9-4-4 “Corel VideoStudio Pro”对话框

图 9-4-5 “渲染”面板

（4）单击“创建视频文件”菜单中的“与第一个视频素材相同”命令，可以弹出“创建视频文件”对话框，利用该对话框可以使用视频轨上的第一个视频素材的设置来将当前项目保存为一个指定的视频文件。

（5）单击“创建视频文件”菜单中的“与项目设置相同”命令，弹出“创建视频文件”对话框，利用它可以使用当前项目的设置将项目输出为视频文件。可以通过单击“设置”→“项目属性”命令，弹出“项目属性”对话框，利用该对话框来访问当前项目的设置。

（6）单击“创建视频文件”菜单中的“MPEG 优化器”命令，弹出“MPEG 优化器”对话框，利用该对话框可以查看视频和音频设置，可以设置转换文件的大小。单击“接受”按钮，关闭该对话框，弹出“创建视频文件”对话框，利用该对话框可以优化 MPEG 影片的渲染，将项目输出为视频文件。

（7）单击“创建视频文件”菜单中的“自定义”命令，弹出“创建视频文件”对话框，如图 9-4-6 所示，在该对话框内的“保存类型”下拉列表中可以选择一种视频文件格式，单击“保存”按钮，可以将项目输出为选定格式的视频文件。单击“选项”按钮，弹出“视频保存选项”对话框，如图 9-4-7 所示，用来设置视频创建、渲染属性。

图 9-4-6 “创建视频文件”对话框

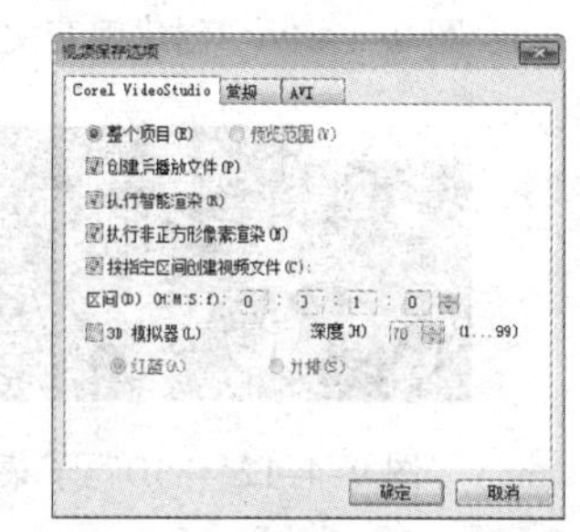

图 9-4-7 “视频保存选项”对话框

切换到“常规”选项卡，如图 9-4-8 所示，用来设置帧速率、帧类型和帧大小等属性。切换到“AVI”选项卡，如图 9-4-9 所示，用来设置 AVI 格式视频的数据类型、音频格式何属性等参数。

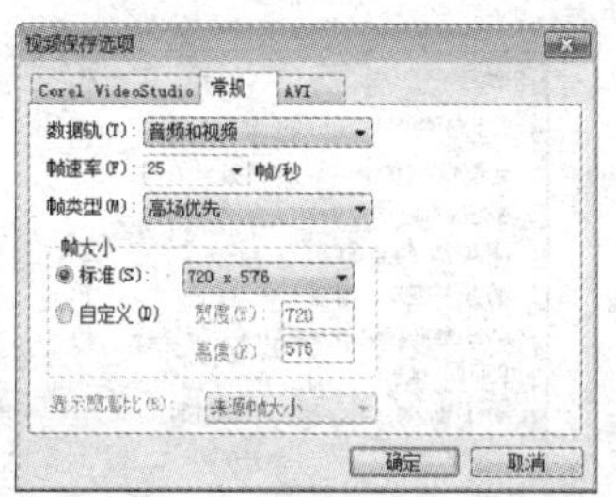

图 9-4-8 “常规”选项卡

图 9-4-9 AVI 选项卡

2. 创建音频文件

单击“分享”面板内的“创建声音文件”按钮，调出“创建声音文件”对话框，如图 9-4-10 所示，可以选择的音频文件格式如图 9-4-11 所示。利用该对话框可以将项目的音频部分保存为指定格式的声音文件，也可创建 M4A、OGG、WAV 或 WMA 格式的音频文件。

3. 创建 3D 视频文件

“会声会影 X5”软件可让用户创建 3D 影片或将普通的 2D 视频转化为 3D 视频文件，使用此功能并结合兼容的 3D 工具，只需几个简单的步骤就可以在屏幕上观看 3D 视频。

（1）单击“创建视频文件”菜单中的 3D 命令，弹出 3D 子菜单，如图 9-4-12 所示。单击其内的一个子命令，弹出 Corel VideoStudio Pro 提示框，如图 9-4-13 所示。此命令只有在使用标记的 3D 媒体素材且未应用 2D 滤镜或效果时才可以使用。

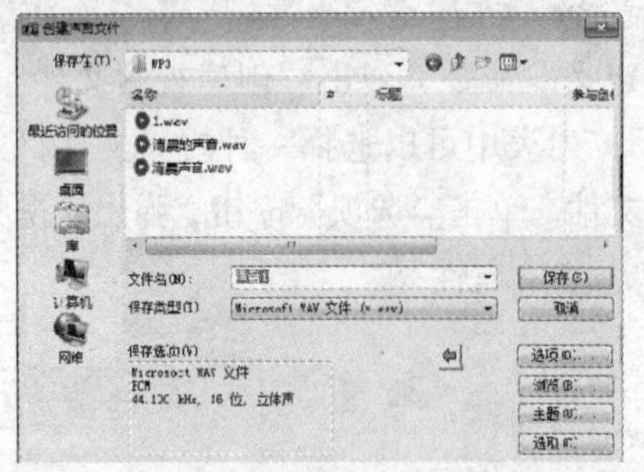

图 9-4-10 “创建声音文件”对话框

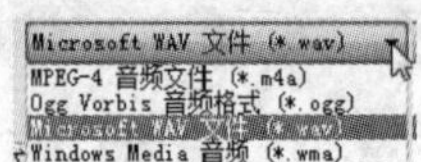

图 9-4-11 “保存类型”下拉列表

图 9-4-12 “3D”子菜单

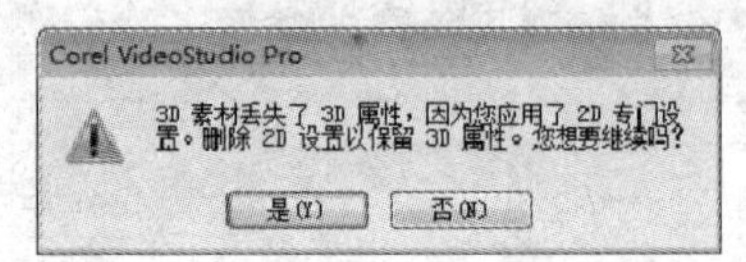

图 9-4-13 “Corel VideoStudio Pro”提示框

（2）单击“是”按钮，关闭该提示框，弹出“创建视频文件”对话框，如图 9-4-14 所示。单击“选项”按钮，弹出 Corel VideoStudio Pro 对话框，如图 9-4-15 所示。

图 9-4-14 “创建视频文件”对话框

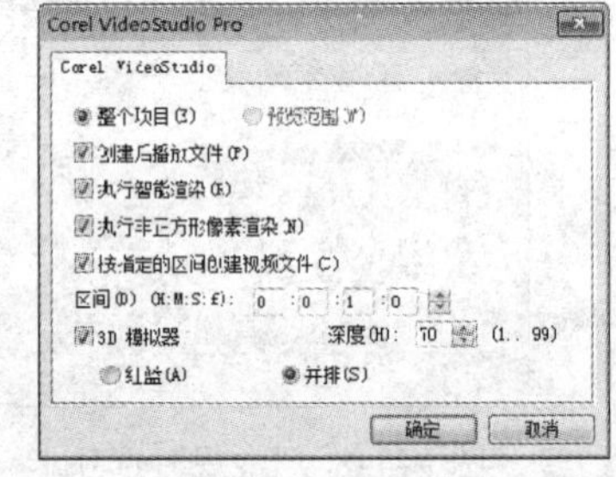

图 9-4-15 “Corel VideoStudio Pro”对话框

根据 3D 项目中所使用的媒体素材的属性，启用以下其中一个选项：

①“3D 模拟器”复选框：在“时间轴”面板内有可模拟为 3D 的 2D 媒体素材时，该复选框才有效。

②“深度”数字框：在该数字框内输入一个数值，用来调整 3D 视频文件的深度。

③“红蓝”单选按钮：选中该单选按钮，设置“红蓝”3D 视频模式，观看 3D 视频时需要红色和蓝色立体 3D 眼镜，无须专门的显示器。

④“并排”单选按钮：选中该单选按钮，设置“并排”3D 视频模式，观看 3D 视频需要偏振光 3D 眼镜和可兼容的偏振光显示器。

观看 3D 视频需要一个可以支持 3D 视频播放的软件。

（3）“名称”栏和“属性”列表框内分别显示要保存的视频的名称和属性。选择要保存 3D 视频文件的文件夹，在“文件名”文本框内输入文件名称，单击“保存”按钮，即可将项目以选定的文件类型和输入的文件名保存。

9.4.3　创建光盘和导出到移动设备

1. 创建光盘——添加媒体

（1）单击“分享”面板内的“创建光盘”按钮，弹出“创建光盘”菜单，单击其内的一个命令，即可设置光盘类型，如“DVD”，表示刻录的光盘为 DVD。

（2）在单击 DVD 命令后，会弹出“Corel VideoStudio Pro”对话框的“1 添加媒体”选项卡，如图 9-4-16 所示。其内左边有“添加媒体”“编辑媒体”和“高级编辑”栏，下边列表内是各段视频图案，右边是视频播放器和编辑器。下边列表和右边的视频播放器和编辑器与图 9-2-14 所示的“多重修整视频”对话框内相应部分完全一样。该选项卡内各选项的作用简介如下：

① 添加媒体：将鼠标指针移到“添加媒体”栏内的图案按钮之上，在“添加媒体”文字的右边会显示该按钮的名称，提供相应的帮助，同时还会独立显示图案按钮的名称。

- 单击左起第 1 个“添加视频文件”按钮，弹出“打开视频文件”对话框，如图 9-4-17 所示。利用该对话框选择一个或多个视频文件，单击“打开”按钮，关闭该对话框，在“Corel VideoStudio Pro”对话内下边列表中显示该视频图案，表示添加了该视频素材。

图 9-4-16　“Corel VideoStudio Pro”对话框

- 单击左起第 2 个“添加 VideoStudio 项目文件”按钮，弹出“打开”对话框，如图 9-4-18 所示。利用该对话框选择一个或多个项目文件，单击“打开”按钮，在“Corel VideoStudio Pro”对话框内下边列表中显示该项目图案，表示添加了该项目素材。
- 单击左起第 3 个“数字媒体”按钮，弹出“从数字媒体导入”对话框，如图 9-4-19 所示。它和“从数字媒体导入”对话框基本一样，可以导入 1 个或多个视频素材到“Corel VideoStudio Pro”对话框内下边列表中，表示添加了这些视频素材。
- 单击左起第 4 个“数字媒体”按钮，弹出“从硬盘/外围设备导入媒体文件”对话框，如图 9-4-20 所示，利用它可以从硬盘/外围设备导入 1 个或多个视频素材到 Corel VideoStudio Pro 对话框内下边列表框中，表示添加了这些素材。

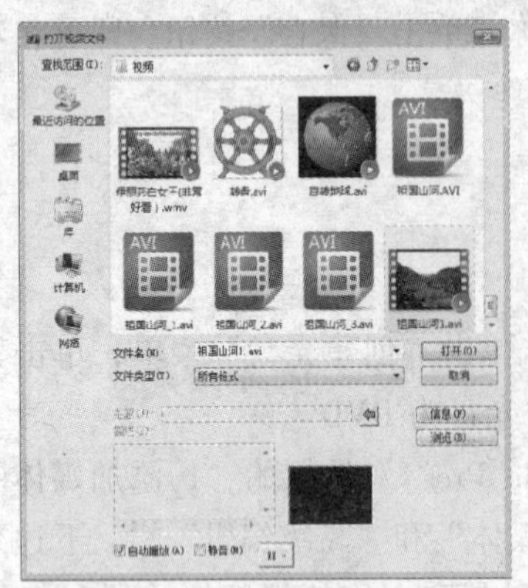

图 9-4-17 “打开视频文件”对话框

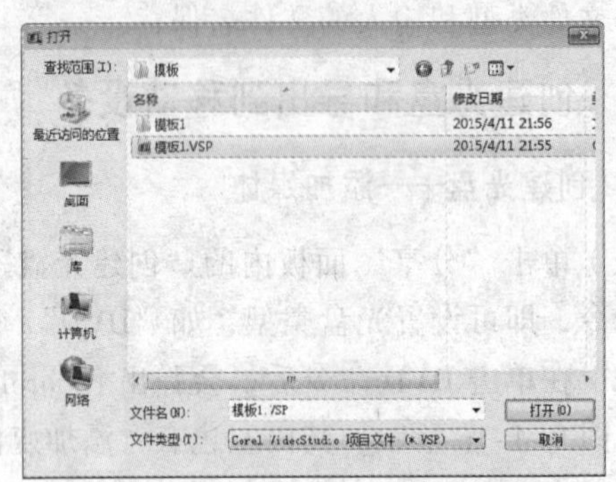

图 9-4-18 “打开”对话框

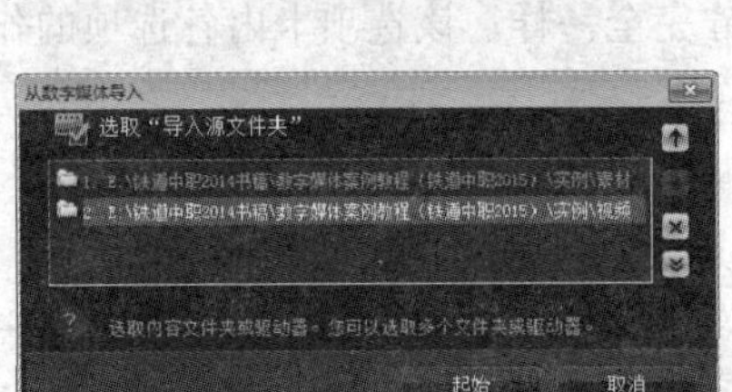

图 9-4-19 “从数字媒体导入”对话框

图 9-4-20 “从硬盘/外围设备导入媒体文件”对话框

通过上述方法，导入多个视频素材和项目素材后，Corel VideoStudio Pro 对话框如图 9-4-21 所示，下边列表框中显示出导入素材的首帧画面。

图 9-4-21 Corel VideoStudio Pro 对话框

② 编辑媒体：选中下边列表中的一个素材图案，例如最左边的“球球 1.avi”视频素材画面。

- 单击“编辑媒体”栏内的“添加/编辑章节”按钮，弹出“添加编辑章节”对话框，其下边列表中显示要添加章节的素材，如图 9-4-22 左图所示，单击其中的“撤销”按钮，可以撤销刚刚进行过的操作。
- 将鼠标指针移到“自动添加章节”按钮，会显示相应的帮助信息，如图 9-4-22 中图所示。单击该按钮，弹出“自动添加章节”对话框，单击“确定”按钮，即可根据视频中场景的变化自动添加场景号。

- 单击“当前选取的素材”下拉按钮，展开它的列表，如图 9-4-22 右图所示，可以选择其他导入的素材，再给其他素材自动添加章节号。

图 9-4-22　“添加编辑章节”对话框的几个选项

- 自动添加章节号后的“添加/编辑章节”对话框如图 9-4-23 所示。可以看到“球球 1.avi”视频素材的总章节号为 3，划分情况在右边的播放器内可以看到，左边还增加了“删除章节”和“删除所有章节”2 个按钮。单击“删除章节”按钮，可以删除视频素材内选中的章节片段；单击“删除所有章节”按钮，可以删除视频素材内所有章节片段。

图 9-4-23　“添加/编辑章节”对话框

- 单击“确定”按钮，关闭“添加/编辑章节”对话框，完成项目中所有素材的章节添加和编辑工作，回到图 9-4-21 所示的“Corel VideoStudio Pro”对话框。

③ 高级编辑：“高级编辑”栏内有 3 个按钮和 2 个复选框：其中“编辑字幕”按钮的作用在后面介绍。其他 2 个按钮和 2 个复选框的作用简介如下。

- “多重修整视频”按钮：即按场景分割。单击该按钮可以弹出“多重修整视频”对话框，它和图 9-2-14 所示基本一样。
- “创建菜单”复选框：选中该复选框后，刻录出的 DVD 有菜单，单击菜单命令，可以控制浏览相应的视频。
- “将第一个素材用作引导视频”复选框：选中该复选框后，刻录出的 DVD 将第一个素材用作引导视频。
- “导出所选素材”按钮：选中下边列表中的一个素材图案，如最左边的“球球 1.avi”视频素材画面，单击“导出所选素材”按钮，弹出“保存视频文件”对话框，如图 9-4-24 所示，利用该对话框可以将选中的素材保存在选定的文件夹中。

④ 编辑字幕：创建和编辑字幕的方法简述如下。

- 打开“Corel VideoStudio Pro”对话框，播放选中的视频素材，记录下各章节视频（一段视频）的起始时间和终止时间。
- 单击“高级编辑”栏内的“编辑字幕”按钮，弹出“编辑字幕”对话框，如图 9-4-25 所示。如果已有字幕，要重新修改字幕，可单击“导入字幕文件”栏内的“删除”按钮。

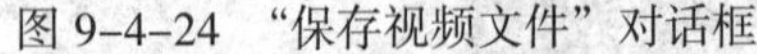

图 9-4-24 “保存视频文件”对话框

图 9-4-25 “编辑字幕”对话框

- 启动 Windows 的“记事本”程序，其内输入如下内容。然后以名称“字幕 1.utf”（UTF 和 SRT 格式文件都是字幕文件）保存在指定的文件夹内。

```
1
00:00:00,000 --> 00:00:02,000
球球骑自行车

2
00:00:02,000 --> 00:00:04,000
球球照片 1

3
00:00:04,000 --> 00:00:08,000
红色汽车出库
```

上边第 1 行数字表示字幕序号，第 2 行“00:00:00,000 --> 00:00:02,000”表示起始时间到终止时间，第 3 行文字是字母文字。

- 在“编辑字幕”对话框内，单击“导入字幕文件”栏内第 1 行的按钮，弹出“打开”对话框，利用该对话框选择扩展名为 UTF 或 SRT 格式的字幕文件，单击“打开”按钮，即可将选中的字幕文件标识的字幕文字在一定的时间段添加到视频画面中。
- 在“导入字幕文件”栏内，在第 2 行“代码页”下拉列表中选择一种用于代码页的字体，在“偏移时间”栏中调整字幕文字的出现时间；在“文字格式”栏内，设置字母文字的字体、字大小和文字风格；在“文字颜色”栏内，设置文字外观、背景和边框颜色。
- 单击“确定”按钮，关闭“编辑字幕”对话框，回到 Corel VideoStudio Pro 对话框，播放选中的视频素材，观察添加的字幕情况。

2. 创建光盘——菜单和预览

（1）添加和编辑媒体素材后，单击“Corel VideoStudio Pro”对话框中的“下一步”按钮，切换到“2 菜单和预览”选项卡，如图 9-4-26 所示，该选项卡内左边有两个选项卡，默认切换到“画廊”选项卡。

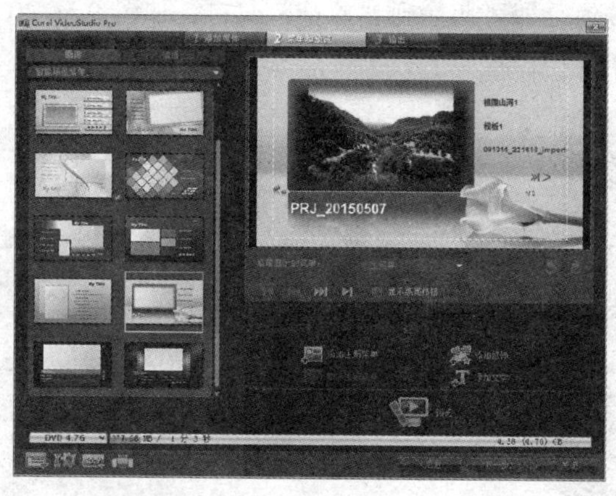

图 9-4-26　“2 菜单和预览”选项卡

（2）该选项卡内右边是视频菜单编辑窗口，它的下边是控制按钮栏等。在“画廊”选项卡内的下拉列表中可以选择一个菜单模板类型，单击其下边列表中的图案，即可应用相应的菜单模板，右边视频菜单编辑窗口内的菜单也会随之改变。

（3）在“当前显示的菜单”下拉列表中选择一个菜单选项，上边即可显示该菜单的背景图像和主题与各级菜单文字。选中文字，可以拖动控制柄调整文字大小；将鼠标指针移到文字中心，当鼠标指针呈双箭头状时，拖动文字，即可调整文字的位置；双击文字，进入文字的编辑状态，可修改文字内容。

（4）单击控制按钮栏内的“添加注解菜单”按钮，即可切换到注解菜单编辑状态，如图 9-4-27 所示，在上边的视频菜单编辑窗口内可以设计和编辑注解菜单。

（5）单击控制按钮栏内的“删除注解菜单”按钮，即可删除注解菜单。单击控制按钮栏内的“添加修饰”按钮，弹出“打开”对话框，如图 9-4-28 所示。

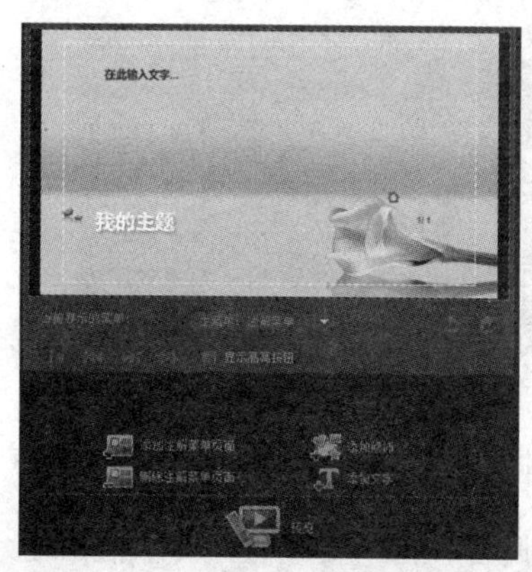

图 9-4-27　注解菜单编辑状态

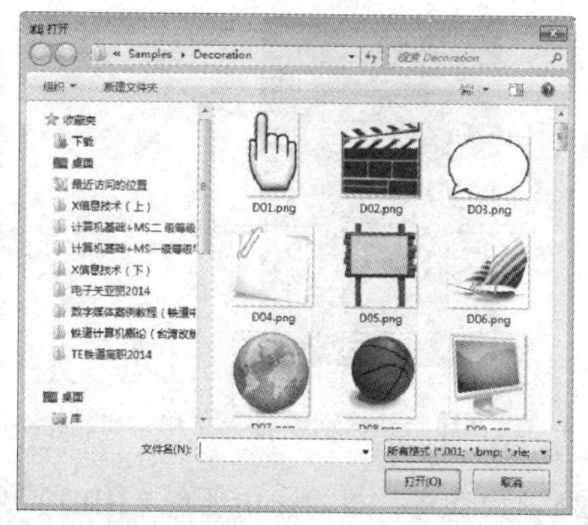

图 9-4-28　“打开”对话框

利用该对话框可以给菜单界面添加系统自带的一些图案，也可以添加其他外部图案。单击“添加文字”按钮，可以在菜单介面之上添加新的文字。

（6）切换到“编辑”选项卡，如图 9-4-29 所示，利用该选项卡内的各选项，可以进行菜单的各种属性编辑。

（7）单击“预览”按钮，即可切换到“预览”窗口，如图 9-4-30 所示。此时，可以模拟播放光盘的效果，包括用遥控器控制的效果等。

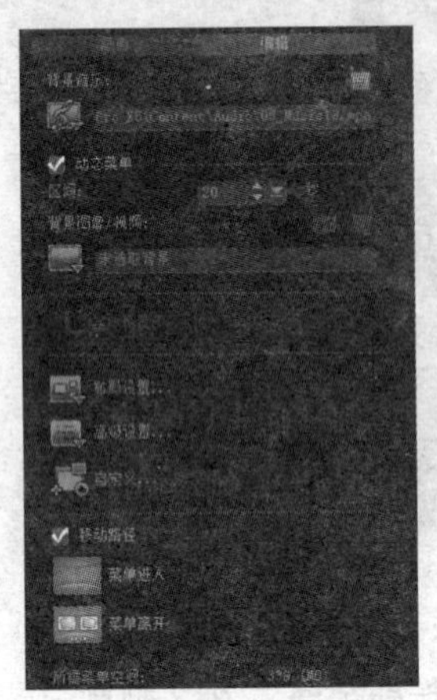

图 9-4-29 “编辑”选项卡

图 9-4-30 “预览”窗口

（8）单击“后退”按钮，回到图 9-4-26 所示的对话框，单击“下一步”按钮，切换到 Corel VideoStudio Pro 对话框“3 输出”选项卡，利用该选项卡可以完成光盘刻录机等设置，进行光盘的最后刻录工作。

3. 导出到移动设备

（1）单击“导出到移动设备”按钮，弹出“导出到移动设备”菜单，如图 9-4-31 所示。单击其内的一个命令，即可保存为这种设备可以播放的文件。例如，单击“导出到移动设备”菜单内的 iPod MPEG-4（320×240）命令，弹出“将媒体文件保存至硬盘/外围设备”对话框，如图 9-4-32 所示。

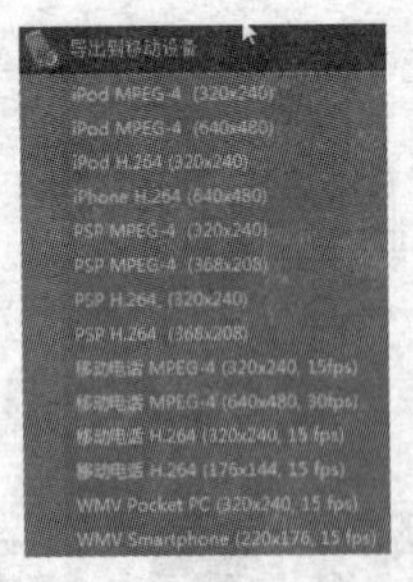

图 9-4-31 “导出到移动设备”菜单

图 9-4-32 “将媒体文件保存至硬盘/外围设备”对话框

（2）在“设备”栏内选中硬盘（HDD）或其他外围设备，在“文件名”文本框内输入文件的名字。

（3）单击“设置”按钮，弹出“设置”对话框，如图 9-4-33 所示。单击该对话框内的“浏览”按钮，弹出“浏览计算机”对话框，选中导出的视频文件保存的文件夹，如图 9-4-34

所示。单击“确定”按钮，关闭该对话框，回到“设置”对话框。

（4）单击“确定”按钮，关闭“设置”对话框。单击“将媒体文件保存至硬盘/外围设备”对话框内的“确定”按钮，即可导出指定设备类型的视频文件到指定的外围设备。

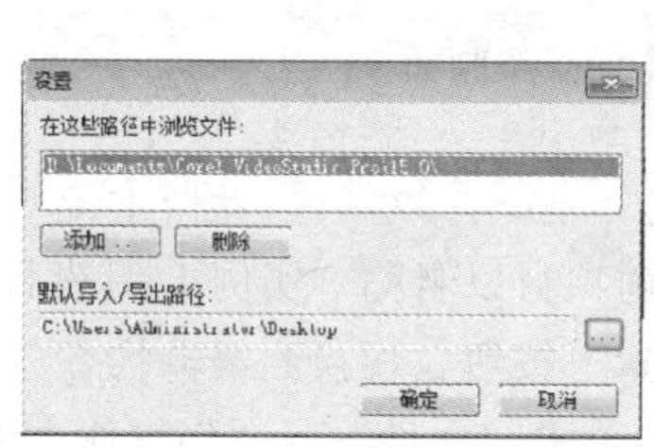

图 9-4-33　“设置”对话框

图 9-4-34　“浏览计算机”对话框

9.5　视频制作实例

实例 1　月夜日昼

“月夜日昼”视频播放后，显示一幅较亮的“圆明园”图像，接着该图像逐渐变暗，同时一幅“月亮”图像从左向右移动，其中的两幅图像如图 9-5-1 所示。

图 9-5-1　“月夜日昼”视频播放中的 2 幅画面 1

再接着从左向右水平移动推出一幅“颐和园”图像，原来较暗的“圆明园”图像也随之从左向右水平移动，直至“圆明园”图像完全消失，“颐和园”图像完全显示。在上述过程中，两幅图像都从暗逐渐变亮。其中的两幅图像如图 9-5-2 所示。

图 9-5-2　“月夜日昼”视频播放中的 2 幅画面 2

最后，一幅“风景”图像从中间向两边扩展，逐渐将原来的“颐和园”图像遮盖，其中的两幅图像如图 9-5-3 所示。

图 9-5-3 “月夜日昼”视频播放中的 2 幅画面 3

1. 制作亮暗变化图像的视频

（1）启动“会声会影”软件，新建一个项目，将当前项目以名称“实例 1 月夜日昼.VSP”保存在“第 9 章”文件夹内。单击“步骤”栏内的“编辑”按钮，切换到编辑状态。

（2）单击“媒体”按钮，选中“图像”文件夹，单击“文件”→“将媒体文件插入到素材库”→“插入照片”命令，弹出“浏览照片”对话框，利用该对话框将“第 9 章”文件夹内“TU”文件夹中的所有图像文件导入到素材库的“图像”文件夹中。

（3）将素材库内“图像”文件夹中的“圆明园.jpg”和“颐和园.jpg”图像图案拖动到“时间轴”面板“视频”轨道中。将“音频”文件夹中的“音乐.wav”音频文件拖动到“时间轴”面板的“音乐”轨道中。然后，调整各图案的水平宽度，如图 9-5-4 所示（还没有添加场景切换）。

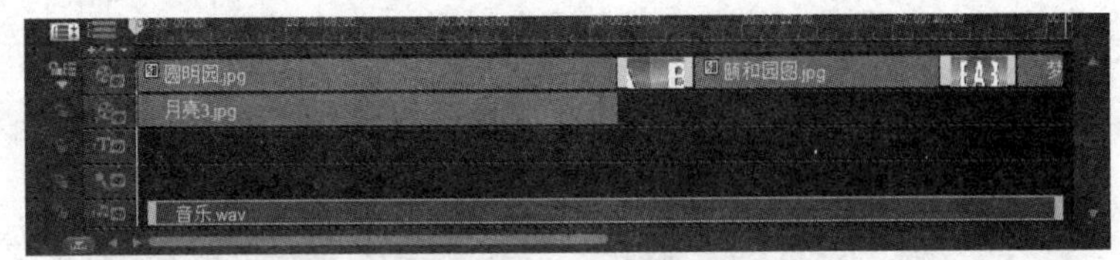

图 9-5-4 “时间轴”面板

（4）单击“滤镜”按钮，素材库内显示系统自带的滤镜效果图案，在“画廊”下拉列表中选中“全部”选项，滤镜素材库如图 9-5-5 所示。将素材库中的“亮度和对比度”滤镜图案拖动到“时间轴”面板“视频”轨道中的“圆明园.jpg”图像图案之上。此时“圆明园.jpg”图像图案上左上角显示一个滤镜图标，表示该视频素材添加了滤镜。

（5）选中“圆明园.jpg”图案，单击“选项”按钮，切换到“圆明园.jpg”图像的“亮度和对比度”滤镜的“选项”面板，单击“属性”标签，切换到“属性”选项卡，如图 9-5-6 所示。

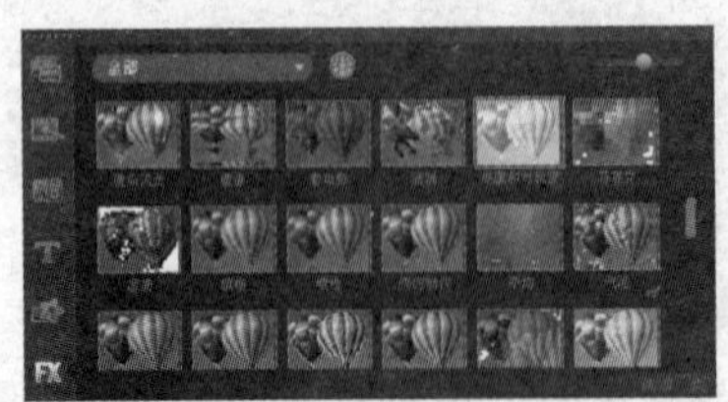

图 9-5-5 滤镜素材库

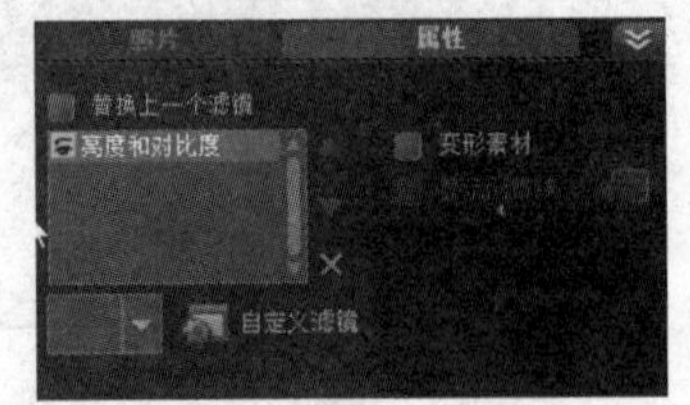

图 9-5-6 滤镜“选项”面板的“属性”选项卡

此时，“选项”面板中的“已用滤镜”列表框内会显示出“亮度和对比度”选项，表示该图像添加了该滤镜。一个图像或视频文件可以添加多个滤镜。

单击“预设值”按钮，弹出“预设值”显示框，其内会显示几种“亮度和对比度”的预设图案，单击其中的一个图案，即可给视频添加相应的亮度和对比度。

（6）单击“自定义滤镜”按钮，弹出“亮度和对比度”对话框，如图 9-5-7 所示。

图 9-5-7　“亮度和对比度”对话框

单击第一个关键帧的菱形小图标（选中的菱形小图标会变为红色），该对话框内左下边的“参数调整”栏如图 9-5-8 所示。在“通道”下拉列表（见图 9-5-9）内选择“主要”选项，拖动“亮度”栏的滑块，使亮度值调整为 40，使图像稍微偏亮一些。单击最后一个终止关键帧的菱形小图标，调整它的亮度值为 30。

（7）将播放头移到时间轴的中间位置，单击“添加关键帧”按钮，在播放头指示的位置添加一个关键帧并选中该关键帧。拖动“亮度”栏的滑块，使亮度值调整为-100，使图像偏暗。单击“确定”按钮，完成亮度变化动画的设置，退出该对话框。

（8）选中“颐和园.jpg”图案，切换到“颐和园.jpg”图像“亮度和对比度”滤镜的“选项”面板内的“属性”选项卡。单击“自定义滤镜”按钮，弹出“亮度和对比度”对话框，如图 9-5-7 所示。按照上述方法设置第一个关键帧的亮度值为-100，终止关键帧的亮度值为 11。单击“确定”按钮，完成亮度变化动画的设置，退出该对话框。

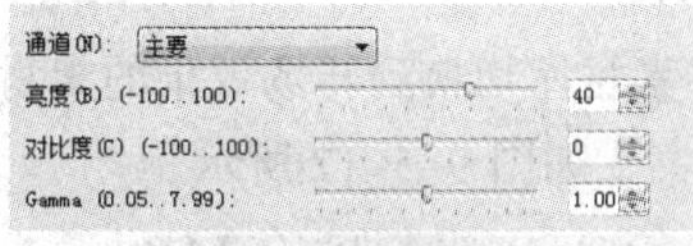

图 9-5-8　“参数调整”栏

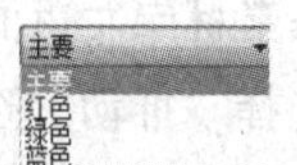

图 9-5-9　“通道”下拉列表框

（9）切换到“选项”面板的“照片”选项卡，如图 9-5-10 所示。选中“重新采样选项”单选按钮，在“重新采样选项”下拉列表中选中“调到项目大小”选项、可以看到“预览”窗口内的图像也随之发生了变化。

图 9-5-10　“选项”面板的“照片”选项卡

2. 制作移动的月亮视频

（1）将素材库内“图像”文件夹中的“月亮.jpg”图像拖动到“时间轴”面板“覆叠”轨道中。选中“覆叠”轨道中的“月亮.jpg”图像，调整它的宽度。

（2）单击“选项”按钮，切换到“选项”面板的“属性”选项卡，此时的“预览”窗口和“选项”面板的“属性”选项卡如图 9-5-11 所示。调整“预览”窗口内“月亮.jpg”图像的大小和位置，如图 9-5-11 所示。

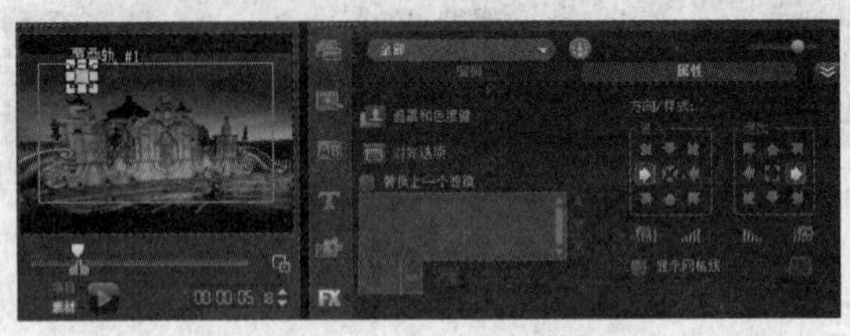

图 9-5-11 “预览”窗口和“选项”面板的“属性”选项卡

（3）单击“方向/样式”栏“进入”栏中的按钮■和“退出”栏内的按钮■。调整“预览”窗口内的起始修整标记滑块■和结束修整标记滑块■到一处，并位于滑轨上偏左的位置，如图 9-5-11 所示。保证产生月亮图像缓慢从左边移入画面，缓慢向右移动，最后移出画面的动画效果。

（4）选中“覆叠”轨道中的“月亮.jpg”图像，单击“选项”面板“属性”选项卡内的“遮罩帧和色度键”按钮，弹出“遮罩帧和色度键”面板，在“类型”下拉列表内只有“色度键”选项。

（5）在“相似度”栏中，单击“滴管工具”按钮■，单击右边月亮图像四周的黑色，调整“相似度”栏内第 1 行“针对遮罩的色彩相似度”数字框的值，使月亮四周的黑色完全透明。在“预览”窗口内可以看到月亮图像的四周颜色变为透明。

3. 制作图像转场切换视频

（1）单击素材库左边的“转场”按钮■，将素材库切换到转场效果的素材库，在“画廊”下拉列表中选择“推动”选项，选中“单向”图案，如图 9-5-12 所示。

图 9-5-12 “单向–推动”转场的“媒体素材”面板

（2）将素材库内的“单向–推动”转场图案拖动到“时间轴”面板“视频”轨道内“圆明园.jpg”和“颐和园.jpg”图像之间，如图 9-5-4 所示。

（3）选中“时间轴”面板“视频”轨道内的“单向–推动”转场图案，单击“选项”按钮，切换到“单向–推动”转场的“选项”面板，调整推动转场的变化方向，以及转场所用时间（即时间区间）为 5 秒，如图 9-5-13 所示。

（4）选中“时间轴”面板“音乐”轨道中导入的“清晨的声音.wav”音频图案，在“预览”面板内播放选中的音频文件。根据播放情况，在“预览”面板内拖动滑块和，调整剪裁一段音乐，如图 9-5-14 所示。在“时间轴”面板内，将鼠标指针移到音频图案的右边，当出现一个黑色大箭头时水平拖动，使该音频图案右边缘与“视频”轨道中右边图像图案的右边缘对齐。

（5）打开音频的“选项”面板，单击“淡入”按钮和“淡出”按钮。

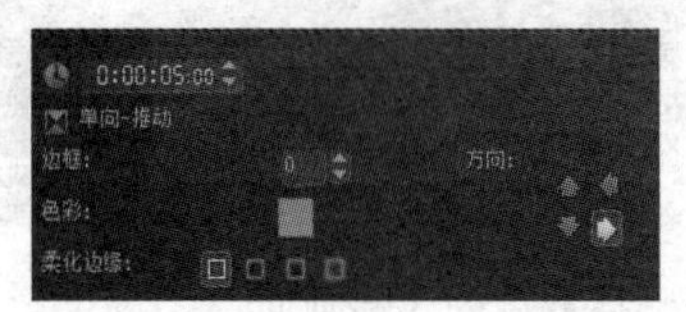

图 9-5-13　“选项”面板的“转场”选项卡

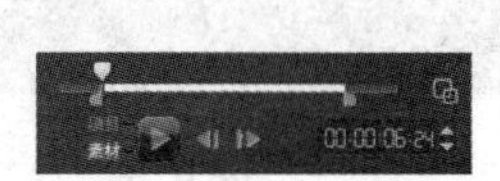

图 9-5-14　剪裁一段音乐

（6）将素材库内的“对开门-伸展”转场图案（见图 9-5-15）拖动到“时间轴”面板“视频“轨道内“颐和园.jpg”和“梦幻风景 2.jpg”图像之间，如图 9-5-4 所示。

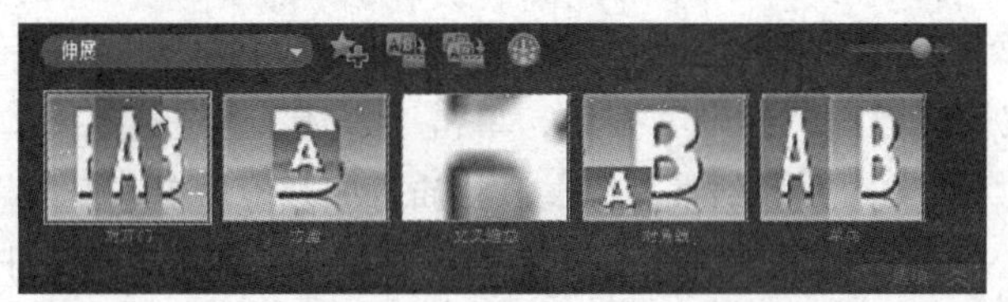

图 9-5-15　“对开门-伸展”转场的“媒体素材”面板

（7）选中“时间轴”面板“视频“轨道内的“对开门-伸展”转场图案，单击“选项”按钮，切换到“对开门-伸展”转场的“选项”面板，调整对开门伸展转场的变化方向，以及转场所用时间（即时间区间）为 4 秒。

（8）单击“步骤”栏内的“分享”按钮，切换到“分享”状态，单击“创建视频文件”按钮，弹出它的菜单，单击其内的“自定义”命令，弹出“创建视频文件”对话框，利用它将当前项目文件以名称“实例 1　月夜日昼.avi”保存在“第 9 章”文件夹中。

实例 2　梦幻奇景人间仙境

“梦幻奇景人间仙境”视频播放后，首先播放第 1 段视频，在深山有一座古堡，画面中有移动和大小变化的圆形灯光，以及闪耀的闪电，构成“梦幻奇景”的视频画面。在播放这段视频画面的同时，“梦幻奇景”棕色立体文字一个个由小变大地依次在屏幕中间显示出来。其中的 2 幅画面如图 9-5-16 所示。

图 9-5-16　“梦幻奇景人间仙境”视频播放后的 2 幅画面

接着播放第 2 段视频，在“山间小路”画面中，有许多从下向上移动的透明气泡组成一个人间仙境的画面。播放一会后“云中仙境”画面从下向上移入画面中间，画面中呈现很多飘逸的浮云。当“云中仙境”画面完全将“山间小路”画面遮挡后，“人间仙境”立体文字也采用相同的方法显示出来。第 2 段视频播放后的 3 幅画面如图 9-5-17 所示。

图 9-5-17 “梦幻奇景人间仙境”视频播放后的 3 幅画面

1. 制作“梦幻奇景”视频

（1）启动“会声会影 X5”软件，新建一个项目，将当前项目以名称“实例 2 梦幻奇景人间仙境.VSP”保存在“第 9 章”文件夹内。单击“步骤”栏内的“编辑”按钮，单击“媒体”按钮，选中“图像”文件夹。

（2）单击“步骤”栏内的“编辑”按钮，单击“媒体”按钮，选中“图像”文件夹。单击“文件”→“将媒体文件插入到素材库”→“插入照片”命令，弹出“浏览照片”对话框，利用该对话框将“第 9 章”文件夹内“梦幻风景”文件夹中的所有图像文件导入到素材库的“图像”文件夹中。

（3）将素材库内“图像”文件夹中的“梦幻风景 01.jpg”和“梦幻风景 02.jpg”图像拖动到“时间轴”面板“视频”轨道中。将素材库内“图像”文件夹中的“梦幻风景 03.jpg”图像拖动到“时间轴”面板的“覆叠”轨道中。然后，调整各图案的水平宽度，如图 9-5-18 所示（还没有添加标题文字）。

（4）单击“滤镜”按钮，素材库内显示系统自带的滤镜效果动画，在“画廊”下拉列表中选中“全部”选项。将素材库中的“闪电”“星形”和“亮度和对比度”滤镜图案拖动到“时间轴”面板“视频”轨道中的“梦幻风景 01.jpg”图像之上。

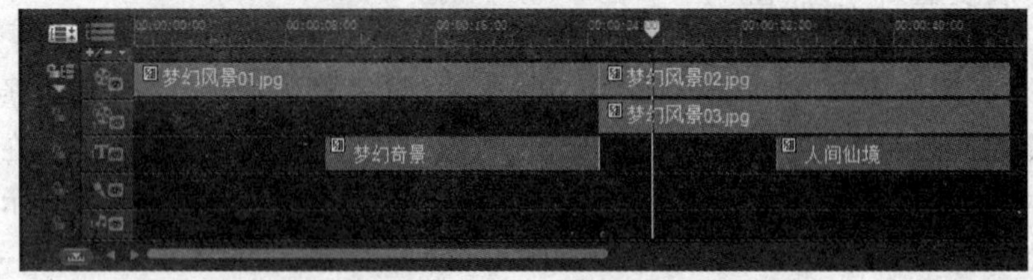

图 9-5-18 “时间轴”面板

（5）选中“梦幻风景 01.jpg”图像，单击“选项”按钮，切换到滤镜“选项”面板的“属性”选项卡，如图 9-5-19 所示。此时，“选项”面板的“已用滤镜”列表框中会显示出“闪电”“星形”和“亮度和对比度”滤镜，表示该视频中添加了这 3 个滤镜。

（6）在“已用滤镜”列表框中选中“闪电”选项，单击“预设值”按钮，弹出“预设值”显示框，如图 9-5-20 所示。“预设值”显示框内显示几种“闪电”的预设图案，单击其中的第 2 个图案，即可给视频添加相应的预设的闪电滤镜。

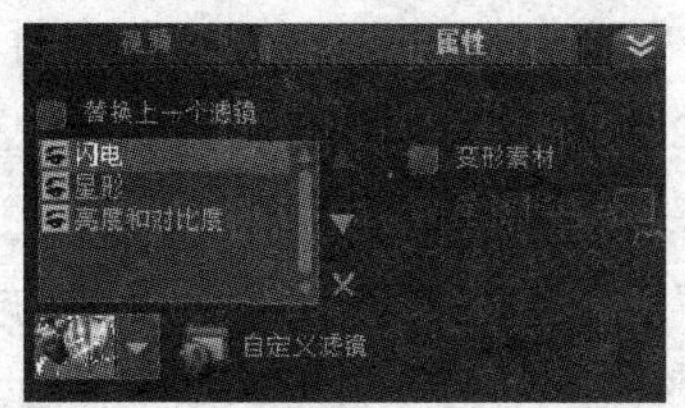

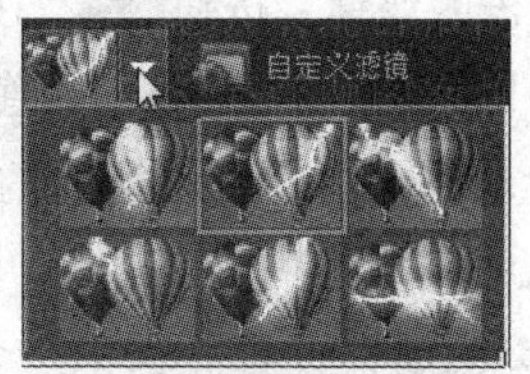

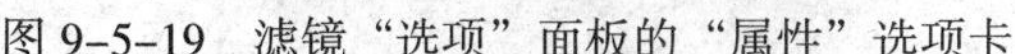
图 9-5-19　滤镜“选项”面板的“属性”选项卡　　　图 9-5-20　“预设值”显示框

（7）切换到“选项”面板“照片”选项卡，如图 9-5-21 所示。选中“重新采样选项”单选按钮，在“重新采样选项”下拉列表中选中“保持宽高比”选项。

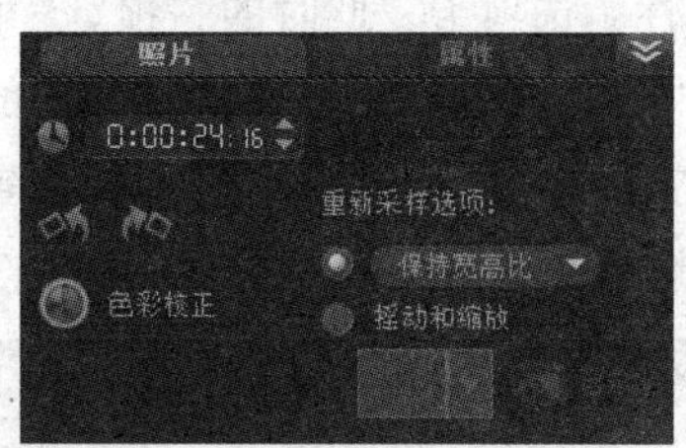

图 9-5-21　“选项”面板“照片”选项卡

（8）单击“自定义滤镜”按钮，弹出“闪电”对话框，它和“亮度和对比度”对话框基本一样。单击关键帧（菱形小图标），再在该对话框内左下边的“基本”和“高级”选项卡内进行属性的设置。然后，单击“确定”按钮，完成亮度变化动画的设置，退出该对话框。

（9）在“已用滤镜”列表框中依次选中“星形”和“亮度和对比度”滤镜选项，按照上述方法，分别进行“星形”和“亮度和对比度”滤镜的属性设置。切换到“选项”面板的“照片”选项卡，选中“重新采样选项”单选按钮，在“重新采样选项”下拉列表中选中“保持宽高比”选项。

（10）双击“标题”轨道内的标题图案，在“预览”窗口内选中原文字，将第 1 行大号文字改为“梦幻奇景”，字体改为“华文行楷”，字大小改为 125。此时的“预览”面板和“选项”面板“编辑”选项卡如图 9-5-22 所示。再将第 2 行小号文字删除。

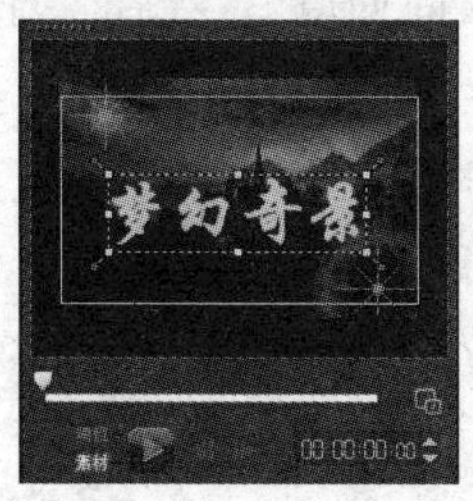

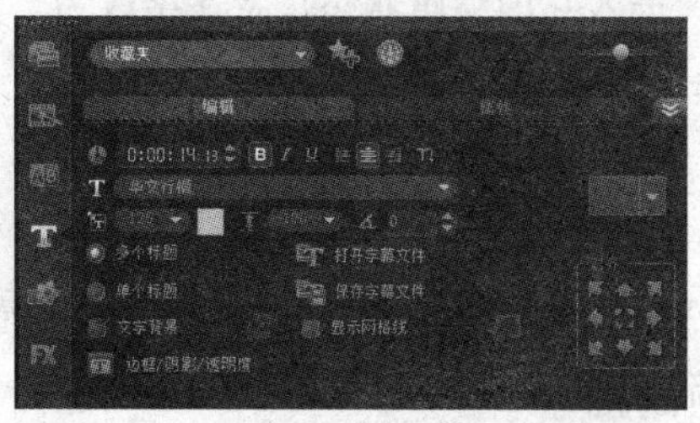

图 9-5-22　“预览”面板和“选项”面板的“编辑”选项卡

（11）单击“媒体素材”面板中的“标题”按钮，素材库内显示系统自带的动画标题图案。在“画廊”下拉列表内选择“标题”选项。将素材库中倒数第 5 个标题图案拖动到“时间轴”面板的“标题”轨道内，再调整标题文字图案的长度。

2．制作“人间仙境”视频

（1）单击“滤镜”按钮，在“画廊”下拉列表中选中“全部”选项，将素材库中的“气泡”滤镜图案拖动到“视频”轨道中的“梦幻风景 02.jpg”图像之上，将素材库中的“云彩”滤镜图案拖动到“覆叠”轨道中的“梦幻风景 03.jpg”图像之上。

（2）选中“梦幻风景 02.jpg”图像之上的“气泡”滤镜选项，参考前面介绍的方法，进行“气泡”滤镜的属性设置。选中“梦幻风景 03.jpg”图像之上的“云彩”滤镜选项，参考前面介绍的方法，进行“云彩”滤镜的属性设置。

例如，在各自的“预设值”显示框内选择一种预设的滤镜样式。

（3）选中“时间轴”面板内“覆叠”轨道当中的“梦幻风景 03.jpg”图像，单击“选项”按钮，切换到“选项”面板“属性”选项卡。此时的“预览”面板和“选项”面板“属性”选项卡如图 9-5-23 所示。单击“方向/样式”栏“进入”栏内的按钮，设置调整“梦幻风景 03.jpg”图像的移动方向；调整方向位置再拖动滑块，可以调整“梦幻风景 03.jpg”图像动画的移动起始时间。按钮位置不影响动画效果。

图 9-5-23 “选项”面板的“属性”选项卡

（4）右击“标题”轨道内“梦幻奇景”标题图案，弹出它的快捷菜单，单击其内的“复制”命令，将“梦幻奇景”标题复制到剪贴板内。此时的鼠标指针变为带加号的手指状，而且有一个和复制的标题图案一样大小的白色矩形与时间值。移到“人间仙境.wmv”视频画面下边的“标题”轨道内单击，即可复制一份“梦幻奇景”标题图案。

（5）双击复制的“梦幻奇景”标题图案，在“预览”窗口内选中“梦幻奇景”文字，双击“梦幻奇景”文字，进入它的编辑状态，将文字改为“人间仙境”。然后，调整“人间仙境”标题图案的大小和位置。

（6）切换到“分享”状态，单击“创建视频文件”按钮，弹出它的快捷菜单，单击该菜单内的“自定义”命令，弹出“创建视频文件”对话框，利用该对话框将当前加工的项目文件以名称“实例 2 梦幻奇景人间仙境.avi”保存在“第 9 章”文件夹中。

实例 3 多视频同播

“多视频同播”视频分为两段，第 1 段视频播放后，显示第 1 幅风景图像，其上边有 2 个视频在播放，左边的视频实际是 3 个视频依次显示；右边的视频水平从右向左移入画面，播放完毕，再水平从左向右移出画面。同时，在风景图像之上的下边从左到右依次逐字显示出“同时播放多个视频”蓝色立体文字。该段视频播放后的 3 幅画面如图 9-5-24 所示。

图 9-5-24　“多视频同播”视频播放的 3 幅画面

第 1 段视频播放后，显示第 2 幅风景图像以手风琴三维效果方式展示出来，其上边有 3 个视频从不同方向移入画面，一个在上边，一个在左下方，另一个在右下方。三个视频的播放画面都呈透视状。该段视频播放后的 3 幅画面如图 9-5-25 所示。

图 9-5-25　“多视频同播”视频播放的 3 幅画面

该视频的制作过程如下：

1．制作第 1 段视频

（1）启动“会声会影 X5”软件，新建一个项目，将当前项目以名称“实例 3 多视频同播.VSP”保存在“第 9 章”文件夹内。单击“轨道管理器”按钮，弹出“轨道管理器”对话框，利用该对话框设置“覆叠”轨道为 3 个。

（2）单击“步骤”栏内的“编辑”按钮，单击“媒体”按钮，添加一个“风景”文件夹，选中该文件夹，单击“文件”→“将媒体文件插入到素材库”→“插入照片”命令，弹出“浏览照片”对话框，利用该对话框将“素材”文件夹内的“梦幻风景 02.jpg”和“梦幻风景 03.jpg”图像文件导入到素材库的“图像”文件夹中。

（3）选中“视频素材”文件夹，单击“文件”→“将媒体文件插入到素材库”→“插入视频”命令，弹出“浏览视频”对话框，将“视频”文件夹内的“风车.avi”“雪.avi”“闪耀红星和弹跳彩球.avi”“圆球和圆环.avi”“国庆阅兵庆典.avi”“袋鼠生活.wmv”和“赛车 1.avi”视频文件导入到素材库的“视频素材”文件夹中。

（4）将“图像”文件夹内的“梦幻风景 02.jpg”和“梦幻风景 03.jpg”图像文件依次拖动到“时间轴”面板的“视频”轨道中。将“视频素材”文件夹内的“风车.avi”视频文件拖动到“时间轴”面板的“覆叠 1”轨道中；将“闪耀红星和弹跳彩球.avi”“雪.avi”和“圆球和圆环.avi”视频图案依次拖动到“时间轴”面板的“覆叠 2”轨道中。然后，调整这些视频图案的宽度，如图 9-5-26 所示（其他 3 个视频文件还没有添加）。

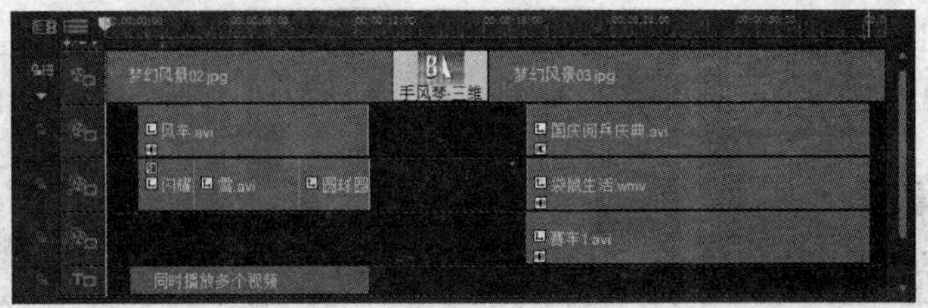

图 9-5-26 “时间轴”面板

（5）选中“风车.avi”视频图案，单击“选项”按钮，弹出它的“选项”面板的“属性”选项卡，单击“方向/样式”栏“进入”栏中的按钮和“退出”栏中的按钮，两个按钮变亮，如图 9-5-27 所示。表示选中的视频从右向左水平移入画面，播放一段时间后再从左向右水平移出画面。

（6）在“预览”窗口内，“风车.avi”视频被选中，拖动调整它四周的黄色控制柄，可以调整它的大小，拖动整个视频画面，可以调整该视频画面的位置。

按照相同的方法，调整其他 3 个视频画面的大小和位置。

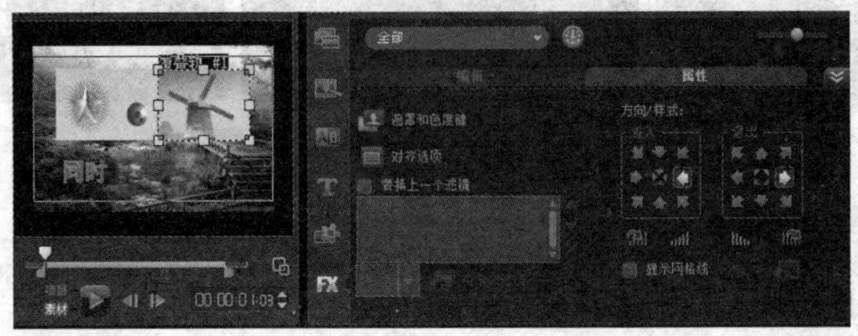

图 9-5-27 视频的“预览”窗口和“选项”面板的“属性”选项卡

2. 制作第 2 段视频

（1）将“会声会影”文件夹内的“国庆阅兵庆典.avi”“袋鼠生活.wmv”和“赛车 1.avi”视频图案依次拖动到“时间轴”面板的“覆叠 1”“覆叠 2”和“覆叠 3”轨道中。然后，调整这 3 个图像的位置和宽度，使它们的起始和终止位置一样（见图 9-5-26）。

（2）单击素材库左边的“转场”按钮，将素材库切换到转场效果的素材库，在“画廊”下拉列表中选择“全部”选项，在素材库内显示全部转场效果的动态图案。将素材库内的“手风琴–三维”转场图案拖动到“时间轴”面板“视频”轨道内的第 1、2 幅图像之间，如图 9-5-26 所示。

（3）单击“时间轴”空白处，再选中“单向”转场图案，单击“选项”按钮，弹出它的“选项”面板“属性”选项卡，如图 9-5-28 所示。利用该选项卡，可以设置转场时间、边框大小、单向卷轴的背景颜色和单向卷动的转场方向。

（4）在“时间轴”面板内“覆叠 1”轨道内，选中“国庆阅兵庆典.avi”图像，切换到“选项”面板的“属性”选项卡，“方向/样式”栏设置如图 9-5-29 左图所示；选中“袋鼠生活.wmv”图像，“方向/样式”栏设置如图 9-5-29 中图所示；选中“赛车 1.avi”图像，“方向/样式”栏设置如图 9-5-29 右图所示。

图 9-5-28　“单向”转场“选项”面板的“属性”选项卡

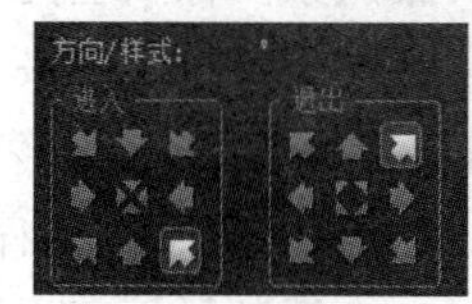

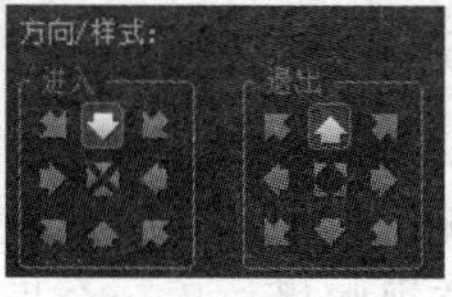

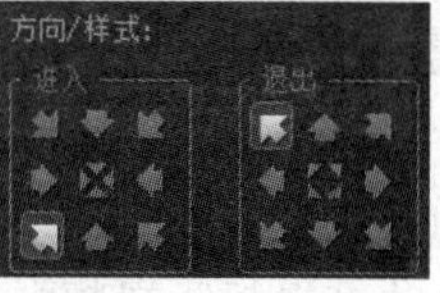

图 9-5-29　3 个视频“选项”面板的“属性”选项卡的“方向/样式”栏设置

（5）在“预览”面板中选中“国庆阅兵庆典.avi”图像，调整视频画面的大小和位置，垂直向下拖动左上角的绿色控制柄，垂直向上拖动左下角的绿色控制柄，将视频画面调整为透视状，如图 9-5-30 左图所示；选中“袋鼠生活.wmv”图像，调整视频画面的大小和位置，水平向右拖动左下角的绿色控制柄，水平向左拖动右下角的绿色控制柄，将视频画面调整为透视状，如图 9-5-30 中图所示；选中“赛车 1.avi”图像，调整视频画面的大小和位置，垂直向下拖动右上角的绿色控制柄，垂直向上拖动右下角的绿色控制柄，将视频画面调整为透视状，如图 9-5-30 右图所示。

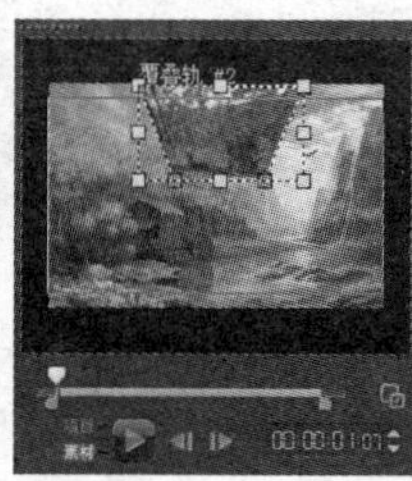

图 9-5-30　3 个视频“选项”面板的“预览”窗口调整

（6）切换到“分享”状态，单击“创建视频文件”按钮，弹出它的快捷菜单，单击该菜单内的“自定义”命令，弹出“创建视频文件”对话框，利用该对话框将当前加工的项目文件以名称“实例 3　多视频同播”保存在“第 9 章”文件夹中。

思考与练习

1. 利用摄像头捕捉一段视频，保存在素材库的“视频素材”文件夹内。录制一段定格动画，动画中各帧之间的时间间隔为 6 s，也保存在素材库的“视频素材”文件夹内。录制一段 Word 软件的操作过程，生成一个视频，也保存在素材库的“视素材频”文件夹内。

2. 将素材库中的一幅图像和一个视频素材添加到“时间轴”面板内的“视频”轨道中，将素材库中的 2 个音频素材分别添加到“时间轴”面板内的“声音”和“音乐”轨道中，在“视频”轨道中图像图案和视频图案之间添加不同的转场，分别为图像和视频图案添加不同的滤镜。

然后，分别编辑“时间轴”面板内的不同素材，以及修改转场和滤镜效果。

3. 在“时间轴”面板内的“标题”轨道中，添加两行标题文字，进行文字的各种设置。在“视频”轨道内添加 2 种不同的图形，进行图形编辑。然后，进行图形替换。

4. 制作一个“气泡变化”视频，在一个视屏画面之上，有很多气泡从下向上浮动并逐渐变大。

5. 制作一个“风景如画”的视频，该视频播放后，一幅风景图像从上向下移动，逐渐将下边的另一幅风景图像遮挡住。同时还有背景音乐在播放，播放的时间应为 8 秒钟。

6. 制作一个“中国名花”视频，该视频播放后，会依次展示 10 幅中国名花图像，图像的切换使用了不同的转场效果。其中几幅图像还使用了不同的滤镜以及摇动和缩放动画。

7. 制作一个“多视频”视频，该视频播放后，会显示一个视频画面，视频画面之上显示不同透明度的 4 个视频，大小一样。隔一定时间后，4 个视频的位置移动，透明度发生变化。接着，再移动变化 3 次，回到原始状态。

8. 制作一个“视频和图像混合播放”视频，该视频播放后，先播放一个视频，再以马赛克形式切换到另一个视频，以后又以缩小左移出方式切换到一幅图像，最后以中间燃烧方式切换到最后的视频。

参 考 文 献

[1] 沈大林．多媒体设计案例教程[M]．2 版．北京：中国铁道出版社，2009．
[2] 沈大林．Authorware 多媒体制作案例教程[M]．北京：中国铁道出版社，2007．
[3] 杜文洁，刘洋．数字多媒体技术案例设计[M]．北京：水利水电出版社，2011．
[4] 刘惠芬．数字媒体：技术·应用·设计[M]．2 版．北京：清华大学出版社，2008．